微机原理及应用

Microcomputer Principles and Applications

主　编：黄自鑫
副主编：王乐君　林梦颖　梁　旭　肖楚阳

图书在版编目(CIP)数据

微机原理及应用/黄自鑫主编;王乐君等副主编. —武汉:中国地质大学出版社,2024.8. —
ISBN 978-7-5625-5940-5

Ⅰ.TP36

中国国家版本馆 CIP 数据核字第 20248XD122 号

			黄自鑫	主　编
微机原理及应用	王乐君	林梦颖　梁　旭　肖楚阳		副主编

责任编辑:唐然坤	选题策划:唐然坤	责任校对:张咏梅

出版发行:中国地质大学出版社(武汉市洪山区鲁磨路388号)　　　　　　　邮编:430074

电　　话:(027)67883511　　传　　真:(027)67883580　　E-mail:cbb@cug.edu.cn
经　　销:全国新华书店　　　　　　　　　　　　　　　　　　　　http://cugp.cug.edu.cn

开本:787 毫米×1092 毫米　1/16　　　　　　　　　　　字数:640 千字　　印张:25
版次:2024 年 8 月第 1 版　　　　　　　　　　　　　　印次:2024 年 8 月第 1 次印刷
印刷:武汉市籍缘印刷厂

ISBN 978-7-5625-5940-5　　　　　　　　　　　　　　　　　　　　　　定价:68.00 元

如有印装质量问题请与印刷厂联系调换

前言
PREFACE

世界范围内新一轮科技革命和产业变革正加速进行,以新技术、新业态、新产业、新模式为特点的全新经济体系蓬勃发展,对复合型、创新型工程科技人才的需求日益迫切。我国拥有世界规模最大的高等教育体系,整体水平已进入世界第一方阵,但仍在持续推进以保持高质量发展。

为推动工程教育深层次变革,加快新兴领域工程科技人才培养,高等教育事业的开拓者主动布局、全力推进了多项重大工程,着力培养未来战略必争领域的创新型领军人才。"101计划"是教育部组织实施的本科基础教育改革工作计划,旨在以课程、教材、教师、实践项目等基础要素"小切口",牵引解决人才培养"大问题",带动实现高等教育改革"强突破"。2024年4月19日,教育部召开基础学科系列"101计划"工作推进会暨计算机"101计划"成果交流会,提出要推动基础学科系列"101计划"理念再深化、质量再提级、范围再拓展,为全面提升人才培养质量夯实根基。

《微机原理及应用》是自动化及信息技术类专业主干课程教材,内容涵盖了微型计算机组成、微处理器体系结构、存储器、输入输出系统、中断与定时器等,目标是指引学生深入了解微型计算机的基本组成、工作原理与体系结构,提高微机系统应用过程中对理论与实践问题的分析、解决能力,并具备微机系统全栈开发各环节的学习能力和实践能力。

国内外现有微机原理教材侧重点差异较大,与当前国内高等教育教学主流形势契合度较低,思想政治教育与专业知识教学分离,前沿科技发展与教材知识内容脱节,理论知识学习向实践动手能力转化不充分,诸多因素限制了对学生创新精神的形成和实践能力的培养。本教材在编写过程中,聚焦于教学实践中发现的现行教材短板,在教材内容安排、工程案例选取、思政元素挖掘、学赛共轭引领等方面进行挖掘和完善。

1. 落实立德树人政策,实施"思政融入"整个教学周期的全程育人

新时代新征程,高等教育的任务就是为党育人、为国育才。"要用好课堂教学这个主渠道,思想政治理论课要坚持在改进中加强,使各类课程与思想政治理论课同向同行,形成协同效应",这是习近平总书记在全国高校思想政治工作会议上对课程思政重要性的深刻论断。教材是解决专业课程"思政融入"问题的重要抓手,将思想建设、价值塑造、知识传授和能力培养融为一体,在教学活动中开展思政教育,学生接受程度更高,更能达到"润物细无声"的效果。在每章节的工程案例选取和分析讲解中,引导学生关注当前科技的最新发展和应用趋势,在潜移默化中坚定学生理想信念、厚植爱国主义情怀、加强品德修养、增长知识见识、培养奋斗精神,从而提升学生综合素质。

2. 立足创新思维培养，践行教材理论知识与科学技术发展深度融合

国内同类教材仍然囿于传统的观念，强调知识传授，而忽视了创新思维、问题解决能力和跨学科融合的培养，培养育人模式单一，无法满足现代高等教育对技术人才全面发展的需求。本教材结合课程教学经验，立足于科教融合，围绕基本理论和实用技术主线，在教材内容上进行了适当取舍和合理编排。以丰富的实际科研案例分析穿插对核心知识点的讲解，结合知识单元间的耦合关系进行串联巩固，注重知识点的系统性和完整性，层层递进激发学生的学习兴趣，培养学生的创新思维和问题解决能力。

目前大部分微机原理教材仍以 x86 架构下的 16 位微处理器为基础，沿用过往案例，以汇编语言进行程序讲解，脱离了应用。作为现行的四大主流芯片架构之一，x86 架构在许多应用场景下仍具有优势，但作为学习案例中微机系统的控制器，在硬件资源、功能拓展、指令系统等方面，本书所选择的结构简单、资源丰富、指令精简的 80C51 单片机更加适合初学者。教材中选择了微机系统实际应用中的真实案例，并以易于学习和理解的 C51 语言编写例程，另外以独立章节对指令系统进行讲解。

3. 课程体系改革创新，推进专业理论教学与科研实践教学协同育人

理论教学与实践教学内容不匹配会导致课程教学无法达到预期效果，使学生难以利用所学知识进行实践，导致理论知识学习向实践能力转化不充分。

为了增强理论教学教材与实践教学的衔接，本教材抓住课程学习知识点与竞赛所需技能项目之间存在映射关系的特点，充分利用课堂学习知识的即时性，补充学科竞赛相关内容，分析学科竞赛中的专业技能要求，以需求导向帮助学生进行靶向性的学习。在课程中学习竞赛所需的技能理论知识点，根据备赛的实际情况对学习进度和学习重点进行实时调整，充分调动学生自主学习的积极性和主动探究的创新性，体现了"以赛促学"；在学科竞赛中检验理论知识学习成果，锻炼学生团队协作能力和创新思维，拔高解决实际工程问题的能力，突出了"以学促赛"。

编写本教材的初衷是为了填补当前高等教育工科基础学科教学现况与实际需求之间的鸿沟，为学生专业知识学习提供更加贴近实际、具有创新性和实践性的参考书。在编写本教材的过程中，笔者经过了多轮讨论、检查、修改，但书中仍有不足和错误之处，欢迎广大读者予以批评指正，以便不断改进和完善本教材。

衷心感谢为本教材编写做出贡献的所有人，包括所参考文献的作者、提供建议的领域专家学者及参与调研反馈的学生的支持，同时感谢武汉工程大学对本教材的赞助，特别感谢邓婕、熊倩、李莹莹、龙汝杰、胡航、杨胡、谭琳、徐丽、练槟宜、胡欣妍、常涛、姜晗、尹如辉、王志远、张润松、任子昂、邹蝶等。希望本教材能够对广大读者有所帮助，敬祝学习愉快！

笔　者

2024 年 7 月于武汉

目录

CONTENTS

1 微型计算机基础知识 (1)
　1.1 微型计算机概述 (1)
　　1.1.1 微型计算机发展历程及组成 (1)
　　1.1.2 微型计算机的应用领域及其分支 (4)
　　1.1.3 微型计算机的基本工作原理和工作过程 (5)
　1.2 微型计算机系统的结构 (8)
　　1.2.1 冯·诺依曼结构 (8)
　　1.2.2 哈佛结构 (9)
　1.3 计算机中的信息及转换 (10)
　　1.3.1 常用数制及转换 (10)
　　1.3.2 数在计算机中的表示 (13)
　　1.3.3 无符号数的算数运算和逻辑运算 (15)
　　1.3.4 有符号二进制数的表示和运算 (19)
　1.4 整数的二进制表示方法 (23)
　　1.4.1 原码与反码 (23)
　　1.4.2 补码及其运算 (24)
　　1.4.3 溢出及其判断方法 (27)
　1.5 学赛共轭:"云说新科技"科普新星秀 (28)
　　1.5.1 宣扬科技成就 (28)
　　1.5.2 弘扬科学家精神 (29)
　　1.5.3 揭示科技原理 (31)

2 微处理器及其体系结构 (33)
　2.1 微处理器概述 (33)
　　2.1.1 微处理器的发展 (33)
　　2.1.2 单片机的发展 (38)
　2.2 MCS-51系列单片机的基本结构 (42)
　　2.2.1 CPU (43)
　　2.2.2 存储器 (48)
　　2.2.3 I/O端口结构 (48)
　　2.2.4 定时/计数器 (51)

  2.2.5 中断系统 ·· (51)
  2.2.6 总线 ·· (52)
 2.3 MCS-51系列单片机的工作方式 ·· (52)
  2.3.1 时钟与时序 ··· (52)
  2.3.2 复位 ·· (55)
 2.4 MCS-51系列单片机的存储器组织 ·· (57)
  2.4.1 程序存储器配置 ·· (57)
  2.4.2 数据存储器配置 ·· (59)
  2.4.3 特殊功能寄存器 ·· (61)
 2.5 学赛共轭:全国大学生嵌入式芯片与系统设计竞赛 ··· (62)
  2.5.1 芯片应用赛道 ··· (63)
  2.5.2 芯片设计专项赛 ·· (66)
  2.5.3 FPGA专项赛 ··· (71)

3 存储器 ·· (72)
 3.1 存储器概述 ·· (72)
  3.1.1 存储器的分类 ··· (72)
  3.1.2 存储器的结构类型 ··· (75)
  3.1.3 半导体存储器的基本结构 ·· (78)
  3.1.4 半导体存储器的性能指标 ·· (80)
 3.2 随机存取存储器 ··· (82)
  3.2.1 静态随机存取存储器 SRAM ··· (82)
  3.2.2 动态随机存取存储器 DRAM ·· (85)
 3.3 只读存储器 ·· (87)
  3.3.1 EPROM 存储器 ·· (88)
  3.3.2 EEPROM 存储器 ·· (93)
  3.3.3 闪速存储器 ··· (97)
 3.4 存储器的应用 ·· (105)
  3.4.1 存储器的扩展 ··· (105)
  3.4.2 存储器的设计示例 ··· (108)
 3.5 学赛共轭——全国大学生电子设计竞赛 ·· (111)
  3.5.1 空地协同智能消防系统 ··· (111)
  3.5.2 基于声传播的智能定位系统 ·· (114)

4 输入输出技术 ··· (117)
 4.1 计算机中的输入/输出系统 ·· (117)
  4.1.1 输入/输出接口的概念、功能与结构 ··· (117)
  4.1.2 输入/输出接口的分类 ·· (120)
  4.1.3 输入/输出(I/P)接口端口编址 ··· (121)

4.2 输入/输出方式 (124)
4.2.1 程序控制方式 (124)
4.2.2 中断传送方式 (127)
4.2.3 直接存储器存取传送方式 (129)

4.3 微机与外设间的信息通信方式 (130)
4.3.1 并行通信与串行通信 (130)
4.3.2 常见串行通信接口标准 (131)
4.3.3 单工、半双工与全双工通信 (136)
4.3.4 同步通信与异步通信 (139)

4.4 串行通信接口技术 (141)
4.4.1 串行通信的特点 (141)
4.4.2 I^2C 总线接口技术 (144)
4.4.3 SPI 总线接口技术 (151)
4.4.4 单总线接口技术 (155)

4.5 学赛共轭:中国大学生计算机设计大赛 (161)
4.5.1 软件应用与开发 (161)
4.5.2 人工智能应用 (161)
4.5.3 物联网应用 (163)

5 中断系统与定时/计数器 (165)
5.1 80C51 单片机的中断系统 (165)
5.1.1 中断的概念 (165)
5.1.2 中断系统的结构 (165)

5.2 80C51 单片机的中断处理过程 (171)
5.2.1 中断请求 (171)
5.2.2 中断响应 (172)
5.2.3 中断服务 (173)
5.2.4 中断返回 (174)

5.3 定时器与计数器 (174)
5.3.1 定时/计数器概述 (174)
5.3.2 定时/计数器 T0、T1 的结构及工作原理 (175)
5.3.3 定时/计数器的工作方式寄存器和控制寄存器 (177)
5.3.4 定时/计数器的工作方式实例 (177)
5.3.5 系统故障重启 (184)

5.4 定时/计数器应用实例 (185)
5.4.1 流水灯 (185)
5.4.2 倒计时警报发生器 (187)
5.4.3 LED 数码管秒表 (189)

5.5 学赛共轭:中国机器人及人工智能大赛 ………………………………………… (191)
  5.5.1 智能家居服务:雷达建图与自主导航 ………………………………… (191)
  5.5.2 智慧养老:环境监测、智能家居与跌倒检测 ………………………… (194)

6 模数和数模接口及应用 …………………………………………………………… (198)
6.1 模拟量的输入/输出通道 ………………………………………………………… (198)
  6.1.1 模拟量输入通道 ………………………………………………………… (198)
  6.1.2 模拟量输出通道 ………………………………………………………… (200)
6.2 D/A 转换器 ……………………………………………………………………… (201)
  6.2.1 D/A 转换器概述 ………………………………………………………… (201)
  6.2.2 8 位 D/A 转换器芯片 DAC0832 ……………………………………… (204)
  6.2.3 12 位 D/A 转换器芯片 DAC1210 ……………………………………… (206)
6.3 A/D 转换器 ……………………………………………………………………… (210)
  6.3.1 A/D 转换器概述 ………………………………………………………… (210)
  6.3.2 8 位 A/D 转换器芯片 ADC0808/0809 ………………………………… (215)
  6.3.3 12 位 A/D 转换器芯片 AD574 ………………………………………… (220)
6.4 MCS-51 系列单片机模数和数模接口及应用 ………………………………… (222)
  6.4.1 A/D 转换器与 CPU 的连接 …………………………………………… (222)
  6.4.2 A/D 转换器与 MCS-51 系列单片机的接口与应用 ………………… (223)
  6.4.3 D/A 转换器与 CPU 的连接 …………………………………………… (227)
  6.4.4 D/A 转换器与 MCS-51 系列单片机的接口与应用 ………………… (228)
6.5 学赛共轭:全国大学生集成电路创新创业大赛 ……………………………… (231)
  6.5.1 18 位高精度 ADC 设计 ………………………………………………… (231)
  6.5.2 数模混合信号芯片设计 ………………………………………………… (232)

7 MCS-51 系列单片机汇编程序设计 ……………………………………………… (234)
7.1 MCS-51 系列单片机汇编语言与指令系统概述 ……………………………… (234)
  7.1.1 汇编语言的特点 ………………………………………………………… (234)
  7.1.2 汇编语言指令类型及指令格式 ………………………………………… (234)
  7.1.3 汇编语言指令常用符号 ………………………………………………… (238)
7.2 操作数寻址方式 ………………………………………………………………… (239)
  7.2.1 立即寻址 ………………………………………………………………… (239)
  7.2.2 直接寻址 ………………………………………………………………… (240)
  7.2.3 寄存器寻址 ……………………………………………………………… (241)
  7.2.4 寄存器间接寻址 ………………………………………………………… (241)
  7.2.5 变址寻址 ………………………………………………………………… (242)
  7.2.6 相对寻址 ………………………………………………………………… (243)
  7.2.7 位寻址 …………………………………………………………………… (243)
7.3 MCS-51 系列单片机指令系统 ………………………………………………… (244)
  7.3.1 数据传送类指令 ………………………………………………………… (244)

  7.3.2 算术运算类指令 …… (253)
  7.3.3 逻辑运算类指令 …… (259)
  7.3.4 控制转移类指令 …… (263)
  7.3.5 位操作类指令 …… (269)
 7.4 汇编语言程序设计案例分析 …… (274)
  7.4.1 汇编语言程序设计的基本步骤 …… (274)
  7.4.2 汇编源程序的组成结构 …… (274)
  7.4.3 汇编程序设计举例分析 …… (278)
 7.5 学赛共轭:中国机器人大赛 …… (287)
  7.5.1 医疗机器人 …… (287)
  7.5.2 救援机器人 …… (289)
  7.5.3 创新创意赛 …… (290)

8 C51程序设计 …… (294)
 8.1 C51语言概述 …… (294)
  8.1.1 C51的数据类型 …… (295)
  8.1.2 C51的数组与指针 …… (299)
  8.1.3 C51的运算符和表达式 …… (304)
 8.2 C51的函数 …… (307)
  8.2.1 C51函数的定义和调用 …… (307)
  8.2.2 C51的库函数 …… (308)
  8.2.3 C51的中断函数 …… (310)
 8.3 C51的基本程序结构 …… (311)
  8.3.1 顺序程序 …… (311)
  8.3.2 分支程序 …… (314)
  8.3.3 循环程序 …… (316)
  8.3.4 子程序及其调用 …… (318)
 8.4 C51程序设计案例分析 …… (320)
  8.4.1 智能循迹车 …… (320)
  8.4.2 智能奏乐电子编钟 …… (327)
 8.5 "蓝桥杯"全国软件和信息技术专业人才大赛 …… (331)
  8.5.1 单片机设计与开发 …… (331)
  8.5.2 嵌入式设计与开发 …… (335)

9 微型计算机在化工过程控制中的应用 …… (339)
 9.1 微机控制系统概述 …… (339)
  9.1.1 化工领域中的微机控制系统 …… (339)
  9.1.2 微机控制系统的基本组成 …… (341)
 9.2 化工园区反事故装置 …… (342)
  9.2.1 智能监测与预警系统 …… (342)

  9.2.2 火灾报警与灭火系统 ……………………………………………………(347)
  9.2.3 泄漏监测与应急处理 ……………………………………………………(348)
 9.3 智能化钢铁冶炼生产设备 ……………………………………………………(351)
  9.3.1 汽包水位的控制 …………………………………………………………(354)
  9.3.2 燃烧系统的控制 …………………………………………………………(355)
  9.3.3 蒸汽过热系统的控制 ……………………………………………………(356)
 9.4 现代化磷矿产业中的自动化设备 ……………………………………………(358)
  9.4.1 矿井探测无人机 …………………………………………………………(360)
  9.4.2 电力巡检无人机 …………………………………………………………(361)
  9.4.3 矿山测绘无人机 …………………………………………………………(363)
 9.5 学赛共轭:"挑战杯"全国大学生课外学术科技作品竞赛"揭榜挂帅"专项赛 …(366)
  9.5.1 钢铁关键工序生产过程中碳排放的数字化仿真 ………………………(366)
  9.5.2 面向钢铁烧结过程的多工况碳耗建模与智能控制系统设计 …………(368)

附　录 ………………………………………………………………………………(371)

 附录1:十进制数、二进制数、BCD码、十六进制数的相互关系 ………………(371)
 附录2:8位二进制数的原码、反码和补码 …………………………………………(372)
 附录3:ASCII码表 ……………………………………………………………………(373)
 附录4:ASCII码控制符号的定义 …………………………………………………(374)
 附录5:微处理器性能演进过程表 …………………………………………………(375)
 附录6:常用8位51单片机型号及性能表 …………………………………………(376)
 附录7:MCS－51系列单片机位寻址区地址表 …………………………………(377)
 附录8:MCS－51系列单片机的特殊功能寄存器 ………………………………(378)
 附录9:MCS－51系列单片机指令一览表 ………………………………………(379)
 附录10:C51的基本数据类型 ………………………………………………………(384)

主要参考文献 …………………………………………………………………………(385)

1 微型计算机基础知识

1.1 微型计算机概述

微型计算机(简称微机)是20世纪科学技术最卓越的成就之一,推动了人类社会的进步,使人们的生产、生活方式发生了质变。它不仅仅是一种工具,更是一种能够驱动各种高科技应用的核心技术。它作为一种小型、便携式的计算机系统,通常由中央处理器(Central Processing Unit,简称CPU)、内存、存储设备和输入输出设备组成。

1.1.1 微型计算机发展历程及组成

1.1.1.1 微型计算机发展历程

微型计算机的发展经历了4个阶段:电子管计算机时代、晶体管计算机时代、集成电路计算机时代、大规模和超大规模集成电路计算机时代。这4个发展阶段以硬件进步为主要标志,随着集成电路技术的进步,计算机的体积逐渐缩小,性能逐渐提升,同时也伴随了软件技术的发展,计算机发展的历史阶段如表1-1所示。

第一阶段,即电子管计算机时代,见证了计算机从军用走向民用的历程。这一时期的计算机采用真空电子管为逻辑电路部件,以延迟线或磁鼓等为存储手段(这一时期的计算机没有内存,所有的数据和指令都通过外部设备来完成)。这一时期的计算机虽然体积庞大、耗电量高,但它的运算能力已经足以支持科学计算和军事研究的需求。

第二阶段,即晶体管计算机时代。这一时期计算机采用晶体管作为逻辑电路部件,分别用磁芯、磁盘作为内存和外存。晶体管的出现极大地提高了计算机的运算速度和可靠性,同时也使得计算机的体积得以大幅缩小。这一时期,高级语言和编译程序的出现更是极大地提高了计算机软件的开发效率。至此,计算机开始广泛应用于信息处理、工业控制等领域,成为推动社会进步的重要力量。

第三阶段,即集成电路计算机时代。这一时期的计算机采用了中小规模的集成电路作为核心部件,这不仅极大地提高了运算速度,还使得计算机的体积得以进一步缩小,价格也变得更加亲民。半导体存储器出现并逐步替代磁芯存储器作为内存,但仍以磁盘为外存。与此同时,这一时期的计算机出现了操作系统,使得计算机的操作和管理变得更加便捷。而且计算机语言也实现了标准化,结构化程序设计方法开始被广泛应用。更为重要的是,这一时期出现了计算机网络,使得计算机之间的信息交流变得更加方便。

第四阶段,即大规模和超大规模集成电路计算机时代。这一时期的计算机芯片的集成度和工作速度得到了极大的提升,仍以半导体存储器和磁盘为内存、外存,半导体存储器不断向大容量、高速度的方向发展,全面取代了磁芯存储器。这一时期的计算机不仅性能到规模持续提高,价格也大幅度降低,广泛应用于社会生活的各个领域,走进办公室和家庭。

这一时期,各种系统软件和应用软件被大量推出,功能配置也变得更加完善,并产生了结构化程序设计和面向对象程序设计的思想。微型计算机和计算机网络的产生与发展,使得计算机的应用更加普及,并深入到社会生活的各个方面。

表1-1 计算机发展的历史阶段

时间阶段	逻辑元件	存储方式	编程语言	特点
第一阶段	电子管	延迟线或磁鼓	机器语言	容量小,体积大,成本高,运算速度低,只有几千到几万次每秒
第二阶段	晶体管	磁芯存储器	开始使用高级语言	运算速度提升到几万次到几十万次每秒,出现操作系统雏形
第三阶段	中小规模集成电路	半导体存储器	高级语言	高级语言迅速发展,操作系统也进一步发展,开始有了分时操作系统
第四阶段	大规模和超大规模集成电路	半导体存储器	高级语言	集成化程度提高,出现了并行、流水线、高速缓存和虚拟存储器等概念

计算机技术经历了从电子管到晶体管再到集成电路、大规模和超大规模集成电路的发展历程。这一历程不仅见证了技术上的巨大飞跃,更改变了整个社会的生活方式和工作模式。在计算机科技发展的历程中,微机原理作为其核心基础之一,始终推动着技术的进步。

1.1.1.2 微型计算机组成

从系统的构成角度来看,微型计算机系统主要包括硬件和软件两个部分。硬件部分是指在微型计算机的基础上,通过添加必要的由外部设备、外部存储器和电源设备等组成的设备集合;而软件部分则是指运行在计算机上的程序,如操作系统和应用软件等。

通用的微型计算机是由CPU、存储器(RAM、ROM)、系统总线、接口芯片(I/O接口)和输入/输出(Input/Output,I/O)设备组成,其中系统总线又分为地址总线(Address Bus,AB)、数据总线(Data Bus,DB)和控制总线(Control Bus,CB),如图1-1所示。

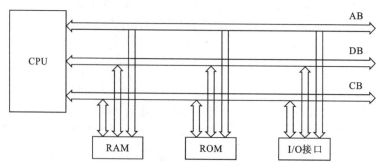

图1-1 微型计算机中的总线结构

1. CPU

CPU通常由算术逻辑单元(Arithmetic Logic Unit,简称ALU)、寄存器、控制单元和高速缓存等组成,负责解释和执行计算机程序中的指令,处理数据和控制计算机的各项操作。

微处理器(Microprocessor)是将运算器和控制器集成在一块芯片上，构成微型计算机的中央处理单元，所以也称为中央处理器，即 CPU。一般来说，强调其作为计算机系统的组成时称为 CPU，强调其本身的性能、发展时称为微处理器。

2. 存储器

计算机是一种处理数据的工具，它通过存储在内存中的程序和数据来执行任务。存储器是计算机中用于存储程序和数据的部件。在微型计算机中，存储器分为主存和辅存两部分。

主存通常由高速的半导体存储器构成，具有高速存取的特点，但容量相对较小。它主要用于存放当前正在运行的程序和待处理的数据，因此也被称为"内存"。

辅存则主要由磁盘和光盘等存储介质构成，具有容量大、存取速度相对较慢的特点。它主要用于长期保存程序和数据，即使在计算机关闭后也能保留数据。辅存可以安装在主机箱内或机箱外，CPU 通过 I/O 接口与其进行数据交换，因此又被称为"外存"。

3. I/O 设备和 I/O 接口

I/O 设备是指微机上用于输入和输出的外部设备，也被称为外部设备或外围设备(简称外设)。这些设备的主要功能是为微机提供具体的输入/输出手段，使其能够与外部环境进行交互。

微机上通常配备了一些标准的输入/输出设备，其中最常用的包括键盘和显示器，它们合称为控制台，是用户与微机进行交互的主要工具。通过键盘，用户可以输入各种指令和数据，从而与计算机进行沟通和操作；而显示器则用于展示微型计算机的输出结果，包括文本、图形、图像等各种形式的信息。

除了标准 I/O 设备外，微机还可以配备其他种类的 I/O 设备，如鼠标、打印机、绘图仪和扫描仪等。这些设备具有各自的特点和功能，能够满足不同的需求。例如鼠标用于光标定位和选择操作，打印机用于输出文本和图形，绘图仪用于绘制各种图表和图像。

各种外设的工作速度、驱动方式差别很大，无法直接与 CPU 匹配。为了解决这个问题，需要使用接口电路来充当外设与 CPU 之间的桥梁。接口电路能够完成信号的转换、数据的缓冲和 CPU 的联络等工作，使得外设能够与 CPU 进行有效的通信和数据传输。

在微机系统中，较复杂的 I/O 接口电路通常被集成在一块独立的电路板上，这种电路板被称为"卡"(Card)。卡的一侧有连接外界的插座，另一侧则做成插入端。当将此插入端插入总线槽(I/O 通道)时，卡就与系统总线相连，从而实现了外设与微机系统的连接。

4. 系统总线

系统总线是指处理器与存储器和 I/O 设备之间传递信息的公共通道。系统总线一般可以分为 3 组，分别是地址总线、数据总线和控制总线。

地址总线用于传递地址信息，CPU 通过地址总线输出要访问的内存单元或 I/O 接口的地址。地址总线的位数直接影响了 CPU 可以直接寻址的内存单元的范围。例如 16 位地址总线可以寻址 64KB 的内存，而 20 位地址总线则可以寻址 1MB 的内存。

数据总线用于传输数据信息，包括 CPU 读取内存或外设的数据以及 CPU 写入内存或外设的数据。数据总线的位数是微型计算机的一个重要指标，它与 CPU 的位数对应。数据的含义是广义的，可以是指令代码、状态量和控制量，也可以是真正的数据。

控制总线用于传递控制信息,包括 CPU 的控制信号和状态信号传送至外部设备,以及请求或联络信号送往 CPU 等。控制总线的传送方向取决于具体的信号,可能是输出、输入或双向。除了 CPU 有控制总线的能力外,直接存储器访问(Direct Memory Access,简称 DMA)控制器等设备也有控制总线的能力,而连接在总线上的存储器和 I/O 设备是被访问及被控制的对象。

系统总线是微机系统的核心组成部分,采用公共通道的方式,使得微机系统具有组态灵活、扩展方便的特点。在实际应用中,用户可以根据需要插入不同的外设接口控制器,实现灵活的配置和扩展。

1.1.2 微型计算机的应用领域及其分支

1.1.2.1 微型计算机的应用领域

微型计算机在现代科学技术的发展中发挥着越来越重要的作用,它不仅仅是一种工具,更是一种能够驱动各种高科技应用的核心技术。下文将详细探讨微型计算机在科学计算、数据处理、过程控制、计算机辅助设计和人工智能等领域的具体应用。

无论是在物理、化学、生物等基础科学研究,还是在工程、地质、气象等应用科学研究,微型计算机都能提供强大的数值计算和模拟能力。通过使用各种专业软件,科研人员可以利用微型计算机进行复杂的数学建模、物理模拟和工程分析,从而深入探索自然规律、解决实际问题(金钟等,2019)。

在大数据时代,数据处理已经成为各行各业的核心业务之一。微型计算机以其高效的数据处理能力,广泛应用于金融、医疗、教育、交通等众多领域。这些领域都要求微型计算机具备较快的速度、高精度的运算、大内存的容量以及完备的输入/输出设备。代表性的产品包括个人电脑(Personal Computer,简称 PC),即专为个人单独使用而设计的微机。现代 PC 已经在存储容量、运行速度等方面赶上或超过了原来的小型计算机,成为不同应用场合的理想选择。通过数据库管理系统、数据挖掘和分析工具,微型计算机能够帮助企业和机构处理海量数据,提取有价值的信息,为决策提供支持。

工业自动化和智能制造领域的微型计算机被广泛应用于过程控制,一些专用微机,如工业 PC、STD(Standard)总线工控机及微处理器芯片构成的各种目标系统得到广泛应用。通过将微型计算机与传感器、执行器等设备集成,可以实现生产过程的实时监控、自动控制和优化。这不仅能提高生产效率、降低能耗,还能提高产品质量、降低产品生产成本。

在产品设计和开发过程中,微型计算机已经成为不可或缺的工具。图 1-2 是利用计算机辅助设计(Computer Aided Design,简称 CAD)软件渲染出的微型处理器设计效果图。采用 CAD 技术可以高效地进行产品建模、仿真和优化。这不仅可以缩短产品开发周期,还能够提高设计质量、降低开发成本。

图 1-2 CAD 软件渲染出的微型处理器设计效果图

微型计算机在人工智能领域的应用是近年来最为引人注目的。通过微型计算机,人们可以实现机器学习、深度学习等先进算法,从而让计算机具有类似于人脑的智能。微型计算机在语音识别、图像处理、自然语言处理等领域的应用已经取得了显著的成果,未来还有望在自动驾驶、智能家居、医疗诊断等领域发挥更大的作用(李国杰,2019)。

1.1.2.2　微型计算机的重要分支

单片微型计算机(通常简称单片机)作为微型计算机领域的一个重要分支,自20世纪70年代诞生后凭借其独特的优势,逐渐在各行各业中发挥着极其重要的作用。

单片机之所以能够在众多领域中得到广泛应用,首先得益于其体积小巧、质量轻便的特点,这使得单片机能够轻松集成到各种设备中,实现智能化控制。其次,单片机还具备强大的抗干扰能力,能够在复杂的环境中稳定运行,对环境的要求相对较低。

除了上述优点外,单片机还以其低廉的价格、高可靠性和极高的灵活性赢得了市场的青睐。无论是工业控制、智能仪器仪表,还是机电一体化产品,又或是在家用电器等领域,单片机都能够发挥出色的性能,满足各种复杂的应用需求。

单片机按照用途可分为通用型和专用型两大类。通用型单片机的内部资源丰富,性能全面,适应能力强,用户可以根据需要设计各种不同的应用系统。专用型单片机是针对各种特殊场合专门设计的芯片,这种单片机的针对性强,可根据需要来设计部件。因此,它能实现系统的最简化和资源的最优化,可靠性高、成本低,在应用中有很明显的优势。

单片机凭借其体积小、质量轻、抗干扰能力强、价格低廉、可靠性高及灵活性好等优点,在各行各业中得到了广泛应用。随着科技的不断发展,单片机将继续发挥其重要作用,推动更多领域的智能化、自动化变革。

1.1.3　微型计算机的基本工作原理和工作过程

1.1.3.1　基本工作原理

微型计算机采用"程序存储控制"的原理工作,这一原理是由冯·诺依曼(John von Neumann,全名约翰·冯·诺依曼)于1946年提出的,它构成了计算机系统的结构框架。

在程序存储控制原理下,计算机的工作流程为:首先,通过输入设备将程序和原始数据输入计算机,这些程序和数据被存储在存储器中;其次,控制器按照程序中指令的顺序,从存储器中依次读取每一条指令,经过译码分析后,向运算器、存储器等部件发出控制信号,完成指令所规定的操作;最后,通过输出设备输出结果。

控制器的控制主要依赖于存放在存储器中的程序。因此,计算机工作有两个基本能力:一是能存储程序,二是能自动执行程序。计算机利用内存来存放所要执行的程序,CPU则依次从内存中取出程序的每条指令,加以分析和执行,直到完成全部指令序列。

1.1.3.2　工作过程

根据冯·诺依曼的设计,计算机应能自动执行程序。因为程序是由若干条指令组成的,所以微机的工作过程就是执行存放在存储器中的程序的过程,也就是逐条执行指令序列的过程。执行一条指令需要以下4个基本操作。

(1)取指令:按照程序所规定的次序,从内存储器某个地址中取出当前要执行的指令,送到CPU内部的指令寄存器中暂存。

(2) 分析指令：把保存在指令寄存器中的指令送到指令译码器，译出该指令对应的操作。

(3) 执行指令：根据指令译码，由控制器向各个部件发出相应控制信号，完成指令规定的各种操作。

(4) 写回结果：将执行指令后得到的结果写回寄存器或内存中。

如此 4 个步骤不断重复，直至执行完程序的所有指令，整个程序运行结束。因此，微型计算机的工作过程实际上是执行程序的过程。首先，CPU 进入取指令阶段，从存储单元中取出指令代码，通过数据总线送至 CPU 中的指令寄存器进行寄存；然后，对该指令进行译码，译码器经译码后发出相应的控制信号，通过控制总线，CPU 将控制信息传送到存储器或输入/输出系统，它们会按照 CPU 的命令进行相应的动作，即 CPU 执行指令指定的操作。

取指令阶段由一系列相同的操作组成，因此取指令的时间总是相同的。而执行指令的阶段是由不同的事件组成的，它取决于执行指令的类型。在执行完一条指令后，接着执行下一条指令，即取指令→执行指令、取指令→执行指令……如此反复，直至程序结束。这是一种串行工作方式，该方式限制了早些时候计算机的工作速度。为了解决这个问题，可以采用并行操作。

现在的计算机采用流水线技术，这是一种同时进行若干操作的并行处理方式。它把取指令操作和执行指令操作并行进行，在执行一条指令的同时，又取另一条和若干条指令。在 80C51 单片机内部结构中，总线接口部件完成取指令操作，首先把指令预先放在指令寄存器队列中，之后执行部件执行程序，两个步骤可以同时进行，从硬件上保证了流水线技术的实施。

冯·诺依曼型计算机的核心工作原理是"存储程序"和"程序控制"，这一设计理念成为了现代计算机体系结构的基石。简而言之，微型计算机在启动时会预先将程序加载到存储器中，一旦启动，计算机便遵循这些程序指令自动运行。这种设计使得计算过程更为高效、连续，极大地提高了计算机的灵活性和效率，减少了对人工干预的需求。

如果要求计算机自动完成解题任务，必须将问题分解为计算机能够处理的步骤，并用适当的语言描述这些步骤，然后计算机按照规定的步骤进行工作。这就是计算机设计语言，它分为低级语言和高级语言。

低级语言包括机器语言和汇编语言。机器语言是计算机硬件唯一能够直接理解和执行的语言，它由 0 和 1 码组成。这种语言很难阅读、理解和记忆，并且很难检查错误。汇编语言是对机器语言的改进，它使用助记符号代替 0 和 1 码，从而提高了可读性和可记性。汇编语言与机器语言指令——对应，是计算机提供给用户最快、最有效的编程语言之一。然而，它要求程序设计者必须掌握计算机的硬件知识，这对于仅对问题感兴趣的用户来说是一个障碍。

面向对象、过程的程序设计语言被称为高级语言。这些语言旨在让用户更加关注自己领域内的问题，如数值计算、工业控制、专家系统、数据管理和数据库等。高级语言要求程序员为每个应用任务编写一系列明确的过程来完成任务。这些语言包括 FORTRAN、COBOL、PROLOG、BASIC、Pascal 和 C 语言等。使用高级语言编写的程序被称为源程序，需要通过编译或解释、链接等步骤才能被计算机处理。编译是将源码翻译成机器码，链接是将二进制目标文件装配成一个具有特定格式的二进制可执行文件。

微型计算机处理简单任务如"1+5=?"时,背后涉及一系列复杂步骤。首先,需使用汇编指令助记符精心编写源程序,确保计算机能按步骤执行;其次,通过汇编工具将源程序编译为机器语言目标程序,这是计算机真正能理解的代码;最后,通过输入设备将数据和程序加载到存储器中。

以汇编语言为例:

```
MOV   A,#01H    ;将数值01H加载到累加器A中
MOV   A,#05H    ;将数值05H加载到累加器A中
SJMP  $         ;跳转指令,使程序循环回到自身,停止执行
```

编译后的机器语言为:

```
74  01H    ;01H存入累加器A。
24  05H    ;05H与A中的内容相加,结果仍存于A中
80  FEH    ;循环,程序在此处停止执行
```

思政导入　　　计算机人的求索之路——程锦松

1971年,美国硅谷研制出第一台商用微处理器Intel 4004。消息很快传到我国,那时国内还在普遍使用大型电子管和晶体计算机的众多科技工作者意识到:计算机必须要实现轻量化和微型化才能有下一步的发展。作为安徽无线电厂微型计算机研制项目负责人的程锦松立刻接受了一项艰巨的任务——投身到中国第一台微型计算机的研制工作中去。研制过程中最关键的就是技术问题,但团队没有任何数据,想要突破瓶颈完成先进的微型计算机研发,只能一点点试验,一点点推进,每一个步骤都需要经历千百次尝试,就像蚂蚁啃骨头。

为了早日把微型计算机研发出来,程锦松在杭州计算机中心借用设备调试的那段时间,每天晚上都会工作到半夜12点,但他乐此不疲。在研究微处理器、剖析芯片电路时,为加快设计编程,程锦松常常加班到凌晨,到了最后调试阶段,有时会紧张到失眠。当时的软件编码完全依靠手写,再用纸带输入,计算量非常大。

尽管无人指导,没有数据和资料,所有的基础知识全部依靠书籍,有时仅仅为了优化芯片的空间利用率,压缩芯片空间就要耗费一整月的时间。但是功夫不负有心人,经过3年多的艰苦攻关,突破无数技术障碍后,程锦松及其团队负责研发的我国第一台微型计算机DJS-050终于在1977年4月23日于合肥诞生。这台微型计算机的成功研制彰显了中国在计算机领域取得的重要进展,奠定了国内计算机技术的发展基础,也提高了中国在国际竞争中的地位,意义非凡。

中国微型计算机的求索之路,既是一场技术的冒险,又是对中国科研工作者智慧和毅力的极大考验。在逐步攻克技术问题的过程中,程锦松及其团队为中国的计算机科技发展奠定了基础。他们的努力不仅推动了计算机轻量化和微型化的进程,也为中国在计算机领域迎头赶上国际先进水平做出了重要贡献。程锦松及其团队的奋斗精神在中国微型计算机研制历史上留下了浓墨重彩的一笔。

1.2 微型计算机系统的结构

微型计算机可以采用不同的结构，其中使用较为普遍的两种是冯·诺依曼结构和哈佛结构。

1.2.1 冯·诺依曼结构

冯·诺依曼结构被称为计算机体系架构的基石，如图1-3所示。在此结构中，程序代码与数据被统一存储在同一存储器内，它们虽然占据不同的物理位置，但共享相同的宽度。以Intel的Pentium(奔腾)处理器为例，它采用32位架构，其中程序指令和数据都是32位宽的。这种统一的数据宽度使得处理器可以高效地处理指令和数据，并且与内存系统和其他计算机组件之间进行通信。在冯·诺依曼结构中，数据存储的标准化非常重要，因为它确保了指令和数据的一致性与可靠性，使得处理器可以正确地执行程序并处理数据。这种标准化特性在奔腾处理器中得到了充分体现，为后来的处理器设计奠定了基础。

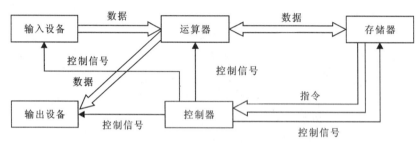

图1-3 冯·诺依曼结构图

1945年，冯·诺依曼率先提出了"存储程序"的理念和二进制运算基础。这些创新思想后续被广泛应用于电子计算机的设计中，形成了现在所称的冯·诺依曼结构计算机。这类计算机的核心特点在于它使用单一的存储器来同时存储程序代码和数据，并通过统一的总线系统进行传输。

冯·诺依曼结构计算机具备几个基本要素：一是存储器，用于保存程序和数据；二是控制器，负责整个系统的运行控制；三是运算器，执行算术和逻辑运算；四是输入设备和输出设备，实现人与计算机之间的信息交流。这种结构在冯·诺依曼时代因其简洁性和程序代码与数据间的紧密联系而成为首选。

在通用微型计算机中，这种结构尤为常见。运算器和控制器被集成到微处理器中，与内部存储器一起构成了微型计算机的核心部分。内部存储器与微处理器之间通过高效的总线连接，程序代码和数据在其中快速传输。此外，主机外部还配备外部存储器，用于长期保存数据和程序。

当需要执行某个应用软件时，该软件的程序代码和数据从外部存储器加载到内部存储器中，由微处理器进行处理。这种设计使得通用微型计算机能够灵活应对不同的应用需求，但同时也带来了对内部存储器频繁重新分配的需求。在这种情况下，冯·诺依曼结构的优势在于其能够实现资源的高效利用，特别是在统一编址方面。

相应的是，这种结构的局限性也显而易见，即：由于程序代码和数据共享同一总线，数据传输往往成为提升计算机性能的瓶颈。特别是在需要大量数据传输的场合,微处理器在等待数据输入或输出时处于闲置状态,这严重影响了程序代码的执行速度。由此可知,冯·诺依曼结构在资源利用方面有显著优势,但在提升计算机整体性能方面仍需进一步改进。

1.2.2 哈佛结构

哈佛结构是一种将程序代码与数据存储位置分离的存储器结构,如图 1-4 所示。它采用并行体系结构,将程序代码和数据存储在不同的存储空间中,以实现独立编址和独立访问,提升了存储器的利用效率。

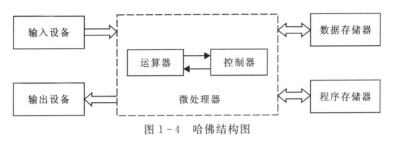

图 1-4 哈佛结构图

在哈佛结构中,微处理器、程序存储器、数据存储器和输入/输出设备等组成结构协同工作。程序存储器和数据存储器采用不同的总线,确保了较大的存储器带宽,从而使得数据传输更为便捷,提高了数字信号处理性能。

与冯·诺依曼结构相比,哈佛结构具有两个显著特点:一是使用两个独立的存储器模块,分别存储指令代码和数据;二是采用独立的两条总线作为微处理器与每个存储器之间的通信通道,这两条总线互不关联。

在哈佛结构中,微处理器能够通过两条总线同时执行指令代码和传输数据,从而解决了冯·诺依曼结构中数据传输对计算机性能的限制问题。然而,由于程序代码和数据分别存储在不同的存储器中,并采用不同的访问方式,故哈佛结构的计算机结构相对复杂。

另外,冯·诺依曼结构计算机的程序代码和数据是混合存储在同一个存储器中的,结构相对简单,成本较低;哈佛结构更适合于程序需要固化、任务相对简单的控制系统。

在微处理器领域,冯·诺依曼结构和哈佛结构都有一定的市场占有率。这两种结构各有特点和优势,因应用需求不同而有所侧重。

使用冯·诺依曼结构的微处理器在通用计算领域占据主导地位。例如 Intel 的 x86 系列、AMD(Advanced Micro Devices)公司的 x86 系列等主流桌面和服务器处理器,以及 IBM(International Business Machines)公司的 POWER 系列和 ARM(Advanced RISC Machines)公司的 Cortex-A 系列等嵌入式处理器,均采用冯·诺依曼结构。因为结构简单、成本效益高,冯·诺依曼结构微处理器更适用于通用计算的需求。

哈佛结构的微处理器在特定应用领域表现出色。例如美国微芯科技公司(Microchip Technology Incorporated)的 PIC 系列芯片、摩托罗拉公司(Motorola Inc)的 MC68 系列等嵌入式微控制器及美国国家半导体公司(Santa Clara)的 ARC 系列高性能数字信号处理器,均采用哈佛结构。哈佛结构的特点是程序和数据存储独立,可实现并行处理,适用于对性能要求较高的应用,如信号处理、实时控制等。

1.3 计算机中的信息及转换

在计算机科学中,信息是一种重要的资源,它以各种形式存在并被处理和转换。为了更好地管理和操作这些信息,计算机采用了一系列复杂而精确的机制。以下是对计算机中信息及其转换的深入探讨。

计算机中的信息以二进制形式表示,二进制是由两个数字 0 和 1 组成的数制系统。这种简单的系统为计算机提供了极大的便利,因为它只有两个可能的值,这使得信息的存储和处理变得高效且准确。

在计算机内部,所有的信息,无论是文本、图像、音频还是视频,最终都会被转换为二进制代码。这个转换过程通常被称为编码。编码的方式有很多种,但最常用的是 ASCII (American Standard Code for Information Interchange)码和 Unicode 码。

ASCII 码是用于表示英文字符和符号的编码,而 Unicode 码则可以表示所有已知的语言和字符。一旦信息被编码为二进制,它就可以存储在计算机的内存、硬盘或其他存储介质中。这种存储的过程通常涉及数据的写入和读取。在写入过程中,数据被编码并存储在特定的位置;而在读取过程中,数据被解码并呈现给用户或应用程序。

此外,计算机中的信息不仅限于存储。为了进行计算、处理或传输,信息经常需要在不同的格式之间转换。例如文本信息可以被转换为图像或音频,而数字数据则可以被压缩或加密以提高存储或传输效率。

1.3.1 常用数制及转换

常用的数制包括十进制、二进制、八进制和十六进制。这些数制在计算机科学、电子信息技术等领域中经常被使用,它们之间的相互转换也是计算机科学和编程中的基本概念。掌握常用数制和转换关系对于理解计算机内部运作及进行编程工作都是至关重要的。

计数制,又称为进位计数制,是指一种使用固定的符号和规则来表示数值、在计数过程中采用进位的方法。

数位是指数码在一个数中所处的位置。例如在十进制数 123 中,个位是 3,十位是 2,百位是 1。

基数是指在一个进位计数制中,数位上所能使用的数码个数,也就是这个计数系统中采用的数字符号个数。十进制数的基数是 10,因为它只能使用 0~9 这 10 个数字符号。

位权也称为权,是指在某种进位计数制中,不同位置上数码的单位数值。在十进制数中,从右往左数,每一位的权都是 10 的幂次方。例如个位的权是 10^0 也就是 1,十位的权是 10^1 也就是 10,百位的权是 10^2 也就是 100。同理,在二进制数中,从右往左数每一位的权都是 2 的幂次方。

数码是计数制中的基本符号,用于表示数值。例如二进制只有 0 和 1 两个数码,而十进制则有 0、1、2、3、4、5、6、7、8、9 共 10 个数码。

此外,不同的计数制有其特有的运算规则。例如在十进制中,当个位数达到 10 时,就会向十位数进1；而在二进制中，当任何一位达到2时，就会向高位进1。为了区分不同计数制的数据表示，有两种常用的方法，即下标法和字母后缀法。例如二进制的11010011可以写成$(11010011)_2$或11010011B。

1.3.1.1 不同制数表示法

1. 二进制数的表示法

二进制计数法基数为2，每个数位都只能是0或1，计算机内部以电平高低表示0和1，所以二进制非常适用于计算机内部的数据存储和处理。二进制计数法的特点为：①以2为底，逢2进位；②其中有2个数字符号0、1。二进制数N_B通常以式(1-1)来表示，且用后缀B表示二进制数（Binary）。

$$N_B = \sum_{i=-m}^{n-1} B_i \times 2^i \quad\quad\quad (1-1)$$

【例1-1】二进制计数法练习。

$1\,010.1B = 1\times 2^3 + 0\times 2^2 + 1\times 2^1 + 0\times 2^0 + 1\times 2^{-1}$

2. 十进制数的表示法

十进制计数法基数为10，每个数位可以是0到9之间的数字，是日常生活和科学计算中最常见的计数法。十进制计数法的特点为：①以10为底，逢10进位；②其中有10个数字符号0、1、2、3、4、5、6、7、8、9。

十进制数N_D通常以式(1-2)来表示，且用后缀D表示十进制数（Decimal），通常情况下标识符D省略。

$$N_D = \sum_{i=-m}^{n-1} D_i \times 10^i \quad\quad\quad (1-2)$$

【例1-2】十进制计数法练习。

$374.54D = 3\times 10^2 + 7\times 10^1 + 4\times 10^0 + 5\times 10^{-1} + 4\times 10^{-2}$

3. 十六进制数的表示法

十六进制计数法的特点为：①以16为底，逢16进位；②其中有16个数字符号0、1、2、…、9、A、B、C、D、E、F。该计数法用A～F依次表示10～15。

十六进制数N_H通常以式(1-3)来表示，且用后缀H表示十六进制数（Hexadecimal）。

$$N_H = \sum_{i=-m}^{n-1} H_i \times 16^i \quad\quad\quad (1-3)$$

【例1-3】十六进制计数法练习。

$101.1H = 1\times 16^2 + 0\times 16^1 + 1\times 16^0 + 1\times 16^{-1}$

1.3.1.2 计数制转换

1. 十进制数转换成十六进制数

将十进制数转换为十六进制数的步骤如下。

(1) 将十进制数除以16，并记录余数和商。

(2) 将商重复上述步骤，直到商为0。

(3) 将所有记录的余数按倒序排列，并将它们转换为十六进制数。

【例1-4】将327转换成十六进制数。

$$
\begin{array}{r|l}
16 & 327 \\
16 & 20 \quad \cdots\cdots 7 \\
16 & 1 \quad \cdots\cdots 4 \\
& 0 \quad \cdots\cdots 1
\end{array}
$$

要将十进制数327转换为十六进制数,使用除法和取余数的方法,具体转换步骤如下。
(1)将327除以16,得到商20和余数7,所得余数7对应十六进制数中的7。
(2)将商20继续除以16,得到商1和余数4,所得余数4对应十六进制数中的4。
(3)将商1除以16,得到商0和余数1,所得余数1对应十六进制数中的1。
由于在每一步中得到的余数是从最低位到最高位的,所以最终得到327=147H。

2.十进制数转换成八进制数

将十进制数转换为八进制数的具体步骤如下。
(1)将十进制数除以8,并记录余数和商。
(2)将商重复上述步骤,直到商为0。
(3)将所有记录的余数按倒序排列,并将它们转换为八进制数,通常用后缀O(Octonary)或Q表示。

【例1-5】将628转换成八进制数。

$$
\begin{array}{r|l}
8 & 628 \\
8 & 78 \quad \cdots\cdots 4 \\
8 & 9 \quad \cdots\cdots 6 \\
8 & 1 \quad \cdots\cdots 1 \\
& 0 \quad \cdots\cdots 1
\end{array}
$$

要将十进制数628转换为八进制数,使用除法和取余数的方法,具体转换步骤如下。
(1)将628除以8,得到商78和余数4,所得余数4对应八进制数中的4。
(2)将商78除以8,得到商9和余数6,所得余数6对应八进制数中的6。
(3)将商9除以8,得到商1和余数1,所得余数1对应八进制数中的1。
(4)将商1除以8,得到商0和余数1,所得余数1对应八进制数中的1。
由于在每一步中得到的余数是从最低位到最高位的,所以最终得到628=1164Q。

3.任意进制数转换成十进制数

将任意进制数转换为十进制数需要遵循以下步骤。
(1)确定给定数的基数(即它是什么进制的)。如果它是一个二进制数,基数为2;如果是八进制数,基数为8;如果是十六进制数,基数为16。
(2)从右到左读取该数,并在每个位置上乘以相应的基数指数。例如对于二进制整数1010,从右到左的数字是0、1、0、1,基数是2,所以第一个数字0乘以2的0次方,第二个数字1乘以2的1次方,以此类推。
(3)将所有乘积相加得到十进制数。对于二进制数1010,结果是$0\times2^0+1\times2^1+0\times2^2+1\times2^3=2^3+2^1=8+2=10$。

(4) 得出十进制数的值。

【例 1-6】 将三进制数 1020T 转换成十进制整数。

$2021T = 2 \times 3^3 + 0 \times 3^2 + 2 \times 3^1 + 1 \times 3^0 = 61$

【例 1-7】 将二进制数 1110110B 转换成十进制整数。

$1110110B = 1 \times 2^6 + 1 \times 2^5 + 1 \times 2^4 + 0 \times 2^3 + 1 \times 2^2 + 1 \times 2^1 + 0 \times 2^0 = 118$

【例 1-8】 将十六进制数 A2EH 转换成十进制整数。

$A2EH = 10 \times 16^2 + 2 \times 16^1 + 14 \times 16^0 = 2606$

1.3.2 数在计算机中的表示

计算机能够直接识别和处理的只有机器语言,然而人们在生活、学习和工作中更习惯于使用十进制数。因此,为了方便使用,人们有时希望计算机能够直接处理以十进制形式表示的数据。

为了实现这一目标,需要将十进制数转换为二进制数。在转换过程中,使用特定的算法将十进制数转换为二进制数。这种算法会根据十进制数的每个数字位,将其转换为对应的二进制位。例如将十进制数 35 转换为二进制数,可以得到 00100011。

除了处理数值领域的问题,现代计算机还需要处理大量非数值领域的问题,如文字处理、信息发布、数据库系统等。为了满足这些需求,计算机还需要能够识别和处理各种字符与符号。这些字符与符号包括数字、字母、专用符号及控制字符等。

所有这些字符、符号以及十进制数最终都必须转换为二进制格式的代码才能为计算机所处理。这意味着字符、十进制数都必须用若干位二进制码来表示。这种将字符、十进制数转换为二进制码的过程称为信息和数据的二进制编码。

在二进制编码中,使用特定的编码方案将字符和十进制数转换为二进制码。这些编码方案包括 ASCII 码、Unicode 码等。ASCII 码是一种常用的字符编码标准,它将每个字符映射到一个唯一的二进制码。例如字母 A 的 ASCII 码为 65,字符 3 的 ASCII 码为 51。通过使用 ASCII 码可以将字符和数字转换为二进制码,并由计算机进行识别和处理。

1.3.2.1 定点数与浮点数

在计算机中,数的表示可以根据小数点的位置分为定点数表示和浮点数表示。

1. 定点数

定点数是指小数点位置固定不变的数。根据小数点的位置,定点数可以分为定点整数和定点小数。定点整数的小数点约定在最低数位右面,用于表示纯整数;定点小数的小数点约定在符号位右面、最高数位左面,用于表示纯小数。在无符号定点整数中,正整数不需要设符号位,所有数位都用来表示数值大小,并约定小数点在最低数位的右面。

在进行运算时,参加运算的数及运算的结果必须在该定点数所能表示的数值范围之内,否则会发生"溢出"。溢出发生时,CPU 中状态标志寄存器的溢出标志 OF 会被置 1。

2. 浮点数

由于定点数的表示比较单一、数值范围较小且容易发生溢出,因此计算机中引入了类似于十进制的科学表示法来表示二进制实数。这种方法称为浮点数表示法,其小数点的实际位置随指数的大小而浮动。

浮点数由阶码 E 和尾数 M 两部分组成。浮点数表示的数值为"M×R^E",阶码 E 表示指数部分,R 为基数,尾数 M 表示有效数字部分。浮点数的表示范围比定点数更大,可以表示值很大或很小的数,也可以表示既有整数部分又有小数部分的数。

在进行浮点数运算时,需要考虑到舍入误差、溢出和下溢等问题。与浮点数相比,定点数的表示比较简单,但数值范围较小;浮点数的表示范围更大,可以表示更大或更小的数值,但运算时需要考虑的问题更多。在进行数值运算时,需要根据实际情况选择合适的表示方法。

1.3.2.2 二进制编码的十进制数

二进制编码表示的十进制数被称为二-十进制码(Binary Coded Decimal,简称 BCD)。这种编码方式保留了十进制的权值,通过 0 和 1 的组合来表示数字。为了表示一个十进制数,至少需要 $\log_2 10$ 个二进制位,即 4 位二进制码。其中,8421BCD 码是一种常用的 BCD 码,它使用 4 位二进制编码来表示 1 位十进制数。这 4 位二进制码的每一位都有特定的权值,从左至右分别为 2^3、2^2、2^1 和 2^0,因此被称为 8421 码。

值得注意的是,BCD 码表示的是十进制数,只有 0~9 这 10 个有效数字。其余的 6 种组合(1010~1111)对于 BCD 码是非法的,但对于有效的十六进制数则是有效的。

表 1-2 列出了 BCD 码与十进制数的对应关系。通过这个对应关系,可以将十进制数转换为 BCD 码,或者将 BCD 码转换为十进制数。这种转换在计算机科学中非常重要,因为计算机内部使用二进制数进行存储和计算,而人们更习惯于使用十进制数。因此,通过 BCD 码,可以实现人与计算机之间的数值交流和转换。

表 1-2 BCD 码与十进制数的对应关系

十进制数	8421BCD 码	十进制数	8421BCD 码
0	0000	5	0101
1	0001	6	0110
2	0010	7	0111
3	0011	8	1000
4	0100	9	1001

1.3.2.3 字符的编码

字符和符号的表示也需要遵循特定的编码规则。ASCII 码和 Unicode 码是计算机中两种重要的字符编码标准,它们在信息处理和转换中起着至关重要的作用。

1. ASCII 码

ASCII 码是目前微型计算机中广泛采用的标准字符编码系统。ASCII 码使用 7 位二进制数来表示所有的大写和小写英文字母、数字与常用的符号,这使得它非常适合在计算机系统中进行信息的存储、传输和处理。

一个字节(Byte)在微型计算机中通常由 8 位二进制数组成。为了与 ASCII 码的 7 位编码相匹配,我们通常将一个字节的低 7 位用于存储 ASCII 码,而将字节的最高位恒定设置为 0。这样,每个 ASCII 字符都可以用一个字节来表示。

根据 ASCII 码的规定，数字 0～9 的码值为 30H～39H，大写英文字母 A～Z 的码值为 65H～90H，而小写英文字母 a～z 的码值为 97H～122H。这些编码规则使我们能够在计算机中准确地表示和识别各种字符与符号。然而，数据在计算机内的处理过程中可能会出现错误，为了减少和避免这种错误，除了提高软硬件系统的可靠性外，还可以采用数据校验码等编码方法。数据校验码是一种能够发现错误并具有自动纠错能力的编码方法，它通过在数据中加入一定的特征码来检测和纠正错误。

在 ASCII 码的传输中，奇偶校验是一种常用的校验方法，它利用校验位来检查数据传输过程中是否有一位出现错误。偶校验是指包括校验位在内的 8 位二进制码中 1 的个数为偶数，奇校验则是指包括校验位在内的 8 位二进制码中 1 的个数为奇数。例如大写字母 A 的 ASCII 码为 1000001，具有偶校验的 A 的 ASCII 码是 01000001，具有奇校验的 A 的 ASCII 码是 11000001。

通过采用奇偶校验等数据校验方法，可以有效地检测和纠正数据传输中的错误，确保数据的准确性和可靠性，这对于保证计算机系统的正常运行和数据的正确处理至关重要。然而，ASCII 码只能表示 128 个不同的字符，这对于表示其他语言和特殊符号来说显然不够。因此，Unicode 码应运而生。

2. Unicode 码

Unicode 码是一种更为全面的字符编码标准，旨在为全球范围内的各种语言和符号提供统一的编码方式。Unicode 码使用两个字节的 16 位二进制数来表示一个字符，总共可以表示 65 536 个不同的字符。这使得 Unicode 码能够涵盖几乎所有的语言、符号和特殊字符，满足了跨文化、跨语言的信息处理需求。

1.3.3　无符号数的算数运算和逻辑运算

在计算机系统中，数值通常以无符号数和有符号数两种表示方式呈现，这两种数在计算机中的表示方法存在一些差异。对于无符号数，由于没有符号，表示起来相对简单，可以直接使用它对应的二进制形式进行表示，当位数不足时会在前面添加 0 进行补齐。例如在机器字长为 8 位的条件下，无符号数 157 在计算机中表示为 10011101B，而 46 在计算机中表示为 00101110B。

在计算机科学中，十六进制数经常被用于表示数据、存储单元地址和代码等，特别是在汇编语言程序中。使用十六进制数的主要原因在于它与二进制数之间存在一种简洁的对应关系。具体来说，每一个十六进制数都可以表示为 4 位二进制数的组合状态，而每一个十六进制符号则可以代表一种特定的 4 位二进制数的组合状态。这种对应关系使得十六进制数在表示和转换上变得非常方便。通过使用十六进制数，程序员可以更直观地理解和操作二进制数据，从而简化了一些计算和转换过程。在计算机科学中，十六进制数是一种非常重要的数制表示方法。

表 1-3 列出了十进制数、二进制数、二-十进制数、十六进制数之间的相互关系。通过这张表，可以更好地理解不同数制之间的转换方法与它们之间的关系。例如十进制数 255 在二进制数中表示为 11111111，在 BCD 数中表示为 001001010101，而在十六进制数中则直接表示为 FF。

表 1-3　十进制数、二进制数、二-十进制数、十六进制数之间的相互关系

十进制数(D)	二进制数(B)	二-十进制数(BCD)	十六进制数(H)
0	0000	0000	0
1	0001	0001	1
2	0010	0010	2
3	0011	0011	3
4	0100	0100	4
5	0101	0101	5
6	0110	0110	6
7	0111	0111	7
8	1000	1000	8
9	1001	1001	9
10	1010	×	A
11	1011	×	B
12	1100	×	C
13	1101	×	D
14	1110	×	E
15	1111	×	F

1.3.3.1　二进制数的算术运算

二进制数的算术运算是计算机进行数值计算的基础。加法和减法作为最基本的算术运算,对于后续的乘法、除法等数值运算具有关键作用。

1. 二进制数的加法运算

根据二进制数的加法规则"逢2进1"可知:当两位数字相加结果为0时,该位结果为0;当两位数字相加结果为1时,该位结果为1,进位为0;当两位数字相加结果为2时,该位结果为0,进位为1。具体来说,有以下几个关键的运算规则。

$$\begin{array}{cccc} 0 & 0 & 1 & 1 \\ +0 & +1 & +0 & +1 \\ \hline 0 & 1 & 1 & 10 \end{array}$$

以二进制数 1110 和 1010 为例,从最低位开始将被加数与加数逐位相加,可以得到结果为 11000。

$$\begin{array}{r} 1110 \\ +\ 1010 \\ \hline 11000 \end{array}$$

2. 二进制数的减法运算

根据二进制数的减法规则"逢 2 借 1"可知:当被减数位大于减数位时,该位结果为 1,无借位;当被减数位等于减数位时,该位结果为 0,无借位;当被减数位小于减数位时,该位结果为 1,有借位;当被减数位减去 1 后等于或大于减数位时,该位结果为 0,有借位。与加法类似,减法运算也有以下一系列关键的运算规则。

$$\begin{array}{cccc} 0 & 1 & 1 & 10 \\ -0 & -0 & -1 & -1 \\ \hline 0 & 1 & 0 & 1 \end{array}$$

以二进制数 1110 和 1001 为例,从最低位开始将被减数与减数逐位相减,可以得到结果为 0101。

$$\begin{array}{r} 1110 \\ -\ 1001 \\ \hline 0101 \end{array}$$

3. 二进制数的乘法运算

二进制数的乘法运算是基于加法和移位操作的一种复合运算。根据乘法规则,当两个二进制位相乘时,如果乘数为 1,则结果为被乘数;如果乘数为 0,则结果为 0。具体来说,有以下几个关键的运算规则。

$$\begin{array}{cccc} 0 & 0 & 1 & 1 \\ \times 0 & \times 1 & \times 0 & \times 1 \\ \hline 0 & 0 & 0 & 1 \end{array}$$

以二进制数 1011 和 1101 为例,用乘数各位分别乘以被乘数后求和,可以得到结果为 10001111。

$$\begin{array}{r} 1011 \\ \times\ 1101 \\ \hline 1011 \\ 0000 \\ 1011 \\ 1011 \\ \hline 10001111 \end{array}$$

4. 二进制数的除法运算

二进制数的除法运算是基于减法和移位操作的一种复合运算。根据除法规则,当被除数的某一位大于或等于除数的对应位时,进行减法运算;否则,将该位直接舍去。具体来说,有以下几个关键的运算规则。

$$1\overline{)0}^{\ 0} \qquad 1\overline{)1}^{\ 1}$$

以二进制数 11100111 和 1011 为例,将被除数 11100111 的前 4 位与除数 1011 的对应位进行比较。由于 1011 被 11100111 的前 4 位 1110 除后可以得到商 1,得到余数 0011。然后,将被除数向右移一位,得到新的被除数 00110,将新的被除数的最低位与除数的对应位进行比较,由于被除数的前 4 位不可以被除数 1011 除,因此商 0 且被除数继续向右移动。重复上述步骤,直到被除数的长度小于除数的长度。最终,得到商为 10101。

```
              10101
       ┌─────────────
   1011)11100111
       − 1011
         ─────
          00110
        − 0000
         ─────
           1101
         − 1011
          ─────
           00101
         − 0000
          ─────
            01011
          − 1011
           ─────
                0
```

1.3.3.2 二进制数的逻辑运算

二进制数的逻辑运算包括"与"运算、"或"运算、"非"运算和"异或"运算。这些运算在计算机科学中可广泛应用于处理二进制数据,实现逻辑判断、位操作等基础功能。

1. 二进制数的"与"运算

"与"运算(AND)通常用"∧"表示,用于比较两个二进制数的相应位。当两个相应的位同时为 1 时,其结果位为 1;否则,其结果位为 0。在计算机中,"与"运算被广泛应用于位掩码操作,用于设置、清除或检查特定位。具体运算规则如下。

$$\begin{array}{cccc} 0 & 0 & 1 & 1 \\ \wedge\ 0 & \wedge\ 1 & \wedge\ 0 & \wedge\ 1 \\ \hline 0 & 0 & 0 & 1 \end{array}$$

例如 10110101∧10001001 按位相与,结果为 10000001。

$$\begin{array}{r} 10110101 \\ \wedge\ 10001001 \\ \hline 10000001 \end{array}$$

2. 二进制数的"或"运算

"或"运算(OR)通常用"∨"表示,用于比较两个二进制数的相应位。当两个相应的位中至少有一个为 1 时,其结果位为 1;否则,其结果位为 0。在计算机中,"或"运算常被用来组合多个逻辑表达式,实现更为复杂的逻辑运算和功能。具体运算规则如下。

$$\begin{array}{cccc} 0 & 0 & 1 & 1 \\ \vee\ 0 & \vee\ 1 & \vee\ 0 & \vee\ 1 \\ \hline 0 & 1 & 1 & 1 \end{array}$$

例如 11110011∨10011111 按位相或,结果为 11111111。

$$\begin{array}{r} 11110011 \\ \vee\ 10011111 \\ \hline 11111111 \end{array}$$

3. 二进制数的"非"运算

"非"运算(NOT)通常用"—"表示,用于反转二进制数的每一位。在二进制数中,"非"运算的结果是原数的位取反。在计算机中,"非"运算被用于实现逻辑非操作,用于反转信号或翻转一个条件。具体运算规则如下。

$$\overline{0}=1 \quad \overline{1}=0$$

例如11110110按位取反,结果是00001001。

4. 二进制数的"异或"运算

"异或"运算(XOR)通常用"⊕"表示,用于比较两个二进制数的相应位。当两个相应的位不同时,其结果位为1;当两个相应的位相同时,其结果位为0。"异或"运算在计算机中被广泛应用于实现位的反转、交换和翻转等操作,同时也在加密算法和错误检测中有所应用。具体运算规则如下。

$$\begin{array}{cccc} 0 & 0 & 1 & 1 \\ \oplus\,0 & \oplus\,1 & \oplus\,0 & \oplus\,1 \\ \hline 0 & 1 & 1 & 0 \end{array}$$

例如00100101⊕11001100按位异或,结果为11101001。

$$\begin{array}{r} 00100101 \\ \oplus\,11001100 \\ \hline 11101001 \end{array}$$

【例1-9】二进制无符号数的加法运算练习。

(1)00011101+00000101=　　　　(2)10010110+01101111=
(3)00111110+11100011=　　　　(4)10101010+11001101=
(5)00010010+10110101=　　　　(6)10010101+01001001=

在二进制中,每一位代表一个二进制的权值。最右侧的位(最低位)代表1,然后向右依次翻倍。因此,从低位到高位,每一位的权值分别为1、2、4、8、16、32、64…在无符号二进制数的加法中,每一位相加的结果都需要小于或等于该位的权值,否则会产生进位,答案如下。

(1)00011101+00000101=00100010　　(2)10010110+01101111=100000101
(3)00111110+11100011=100100001　　(4)10101010+11001101=101110111
(5)00010010+10110101=11000111　　(6)10010101+01001001=11011110

【例1-10】二进制数的逻辑"与""或"运算练习。

(1)10110011∧11100001=　　　　(2)11101011∧01100001=
(3)10101010∨00110011=　　　　(4)00101010∨01010011=

回顾二进制数的逻辑运算规则,与(∧)运算只有当两个二进制位都为1时,结果位才为1。或(∨)运算只要两个二进制位中至少有一个为1,结果位就为1。答案如下。

(1)10110011∧11100001=10100001　　(2)11101011∧01100001=01100001
(3)10101010∨00110011=10111011　　(4)00101010∨01010011=01111011

【例1-11】二进制数的逻辑"异或"运算练习。

(1)01110001⊕01111110=　　　　(2)11010001⊕01110110=

异或(⊕)运算:当两个相应的位不同时,结果位为1;当两个相应的位相同时,结果位为0。答案如下。

(1)01110001⊕01111110=00001111　　(2)11010001⊕01110110=10100111

1.3.4 有符号二进制数的表示和运算

不带符号的二进制数,可以直接按位权展开成十进制数,有符号二进制数的表示和运算略复杂一些。计算机内部只能识别二进制数字,无法直接识别正、负符号,因此通常用符号位来代替正、负符号。

有符号二进制数的最高位是符号位,如果符号位为0,则该数为正数;如果符号位为1,表示该数为负数。例如用8位二进制数表示有符号数时,最高位为符号位,剩下的7位表示数值的大小,因此数值范围是$-128 \sim +127$。

有符号二进制正数可以直接按位权展开成十进制数,有符号二进制负数用补码来表示的,需要先进行取反加1的操作,然后再按位权展开并添加上负号。具体为:假设有一个二进制负数需要转换为十进制,需要先将符号位之外的各位取反(即1变0,0变1),然后整体再加1,这样就可以得到该负数的补码表示;接下来,再将补码按位权展开成十进制数,并添上负号。

【例1-12】有符号二进制数010110,转换成十进制结果是_____。
A. 20　　　　B. 22　　　　C. -10　　　　D. 18

因为010110的最高位是0,所以这是一个有符号二进制正数,可以直接按位权展开成十进制数,得到22,所以选项B是正确答案。

【例1-13】假设一个有符号二进制数为10101101,按照补码表示法,该数的十进制表示是_____。
A. -83　　　　B. -84　　　　C. -75　　　　D. -68

因为10101101的最高位是1,该二进制数是一个负数。根据补码表示法,需要先将除了符号位之外的各位取反然后加1,即将10101101取反得01010010,然后加1得到01010011,展开成十进制数得到83,最后由于原始二进制数是负数,所以结果应该是-83。正确答案是A。

思政导入　　自然语言模型发展简史

自然语言处理(Natural Language Processing,简称NLP)是人工智能领域的一个重要分支,旨在使计算机能够理解、处理和生成人类语言。

NLP技术的发展经历了多个阶段。早期的NLP技术主要基于规则和规则库,通过人工编写规则来处理文本。然而,这种方法需要大量的人力和时间,并且无法处理复杂的语言现象。随着机器学习和深度学习的兴起,各种基于神经网络的模型不断涌现,如递归神经网络、长短时记忆网络等。这些模型在各种NLP任务上取得了前所未有的成绩,推动了NLP技术的快速发展。

语言模型(Language Model,简称LM)是NLP领域的一个重要概念,用于对语言的概率分布进行建模。它可以用来评估一个句子或文本序列的合理性,并为其他NLP任务提供基础(王乃钰等,2021)。具体来说,LM的作用是为一个长度为m的词序列确定一个概率分布P,表示这段词序列存在的可能性,也就是判断一句话是否合理的概率。早期的LM主要基于统计方法,如n元(n-gram)模型。n-gram模型假设当前词的出现只与前面$n-1$个词相关,通过统计训练数据中的词频和词序列概率来建立语言模型。

以搜索引擎为例,当在搜索框中键入"今天"二字时,就通过二元语言模型预测下一个单词并完成可能性排序(图1-5),"是什么日子""是第几周"的概率会大于"天气""星期几"。

图 1-5　二元语言模型在搜索引擎中的应用

然而，n-gram 模型无法捕捉到长距离的依赖关系，且对数据稀疏性敏感，当 n 较大时，会出现数据稀疏问题，导致估算结果不准确。

为了缓解 n 元模型估算概率时遇到的数据稀疏问题，且随着深度学习的兴起，神经网络 LM 逐渐成为主流，其中循环神经网络（Recurrent Neural Network，简称 RNN）是较为常见的模型结构。神经网络语言模型使用神经网络来构建语言模型的参数，能够捕捉到更复杂的语言结构和依赖关系，可以用于处理较长的自然语言序列。

RNN 之所以被称为循环神经网络，是因为一个序列当前的输出与前面的输出有关。具体的表现形式为：网络会对前面的信息进行记忆并应用于当前输出的计算中，即隐藏层之间的节点不再无连接而是有连接的，也就是说隐藏层的输入不仅包括输入层的输出还包括上一时刻隐藏层的输出。这样布置的好处是：在理论上，RNN 对词组的预测会考虑所有状态的影响，所以能够对任何长度的序列数据进行处理。但是在实践中，为了降低复杂性往往假设当前的状态只与前面的几个状态相关，图 1-6 便是一个典型的 RNN 结构展开图。

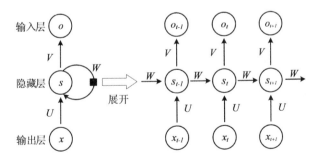

图 1-6　RNN 结构展开图

RNN 的主要缺点为：在训练过程中，可能会发生梯度消失或者梯度爆炸，导致训练速度变慢或参数值无穷大，无法解决长期依赖（Long-term Dependencies）问题。例如在一个很长的句子的末尾，需要考虑使用 was 还是 were，显然应该根据句首处的主语来判断，但对于 RNN 来说，当时序过于长时，RNN 很容易忘记前面比较久远的时间段的信息，而越近的时间点，对于此刻输出的影响越大，即经过许多阶段传播后的梯度倾向于消失或爆炸。

Sundermeyer 等人于 2012 年将长短时记忆网络(Long Short Term Memory,简称 LSTM)引入到了 LM 中,提出了 LSTM - RNNLM。LSTM 区别于 RNN 的地方,主要就在于它在算法中加入了一个判断信息重要性并给出权重的"处理器",每个状态通过权重值决定对此刻输出的影响,避免时间间隔对状态造成太大的影响,将短期记忆与长期记忆结合起来,一定程度上解决了梯度消失的问题(Jozefowicz et al. ,2015)。

虽然 LSTM 能够解决序列的长时依赖问题,但是对于很长的序列,效果也不甚理想。为了更好地捕捉长距离信息,研究者们想要寻找到一种更强的 LM 方法,并由此提出了以 Transformer 结构为基础的预训练语言模型。

在此之前,NLP 系统通常使用离散符号表示法,而预训练语言模型目前最常用的词表示方法是"独热编码(One - hot Representation)",是一种将离散特征转换为向量的方法(Xiong et al. ,2020),如图 1 - 7 所示。例如原本用 dj975 表示"man",用"zy996"表示"woman",即使这两个词都有"人类、四肢、直立行走"的共同特征,但从符号表示中看不出这种联系;使用 One - hot Representation 就可以将"man"表示为[1,0],将"woman"表示为[0,1],这样就可以用一个二维向量来表示这些特征。

One - hot Representation 的优势有很多,比如:相对于离散符号表示降低了维度;将每个词汇都表示成一个仅包含 1 和 0 的向量,可以利用矩阵计算损失函数,加速训练并减少内存使用;对于新出现的词汇不需要预先定义,只需要在向量中添加一个新维度即可;最重要的还是可以表示词之间的联系,机器学习算法通常不能直接处理离散

图 1 - 7　One - hot Representation 将离散特征转换为向量

特征,One - hot Representation 可以将离散特征表示为等价的数值特征,便于算法处理。

LM 本质上是根据上下文去预测下一个词是什么,不需要人工参与标注,这种无监督训练属性使其非常容易获取海量训练样本,并且训练好的 LM 会包含丰富的语义知识,对于下游任务的效果会有非常明显的提升。One - hot Representation 也有一些缺点,如处理相似的词汇困难等。现在常用的词向量模型,如 word2vec、GloVe,已经可以将词表示为低维稠密向量,从而克服了 One - hot Representation 的一些限制。

Attention is All You Need 是由 Google Brain 团队在 2017 年发布的一篇论文(Vaswani et al. ,2017),介绍了一种名为"Transformer"的新型神经网络架构。在机器翻译任务上的实验结果表明,Transformer 模型与传统方法相比具有更好的性能,同时训练速度更快、需要的参数更少。出色的性能加上高效的训练方式使 Transformer 一跃成为了自然语言处理领域中应用最为广泛的模型之一。

2018 年,谷歌提出了 3 亿参数基于变换器的双向编码器表示模型(Bidirectional Encoder Representation from Transformers,简称 BERT);2019 年 2 月,OpenAI(美国开放人工智能研究中心)推出了 15 亿参数的 GPT - 2(Generative Pre - trained Transformer 2);2020 年 6 月,OpenAI 继续推出了 1750 亿参数的 GPT - 3,直接将参数规模提高到千亿级别;2021 年 10 月,微软和英伟达联手发布了 5300 亿参数的 Megatron - Turing 自然语言生成模型(Megatron - Turing Natural Language Generative,简称 MT - NLG);2022 年 11 月底,OpenAI 发布了我们熟知的 AI 对话模型——ChatGPT(卢经纬等,2023)。

我国国内公司的预处理语言模型领域研发虽然比国外公司晚,但是发展却异常迅速。2021年4月,华为云联合循环智能发布了盘古超大规模预训练语言模型,参数规模达1000亿;2021年6月,北京智源人工智能研究院发布了超大规模智能模型"悟道2.0",参数规模达1.75万亿;2021年12月,百度推出ERNIE 3.0 Titan模型,参数规模达2600亿;2021年11月,阿里巴巴达摩院的M6模型参数达到10万亿,将大模型参数直接提升了一个量级(张乾君,2023)。

1.4 整数的二进制表示方法

整数的二进制表示方法是通过带符号数将机器数分为符号和数值部分,以二进制代码表示出来。这种表示方法将最高位作为符号位,其余位表示数值。符号位采用二进制代码表示,而数值部分则采用二进制代码表示其绝对值,因此能够同时处理正数和负数,并且在运算时可以保持符号的完整性。

在计算机中表示有符号数时,采用最高位来表示符号,称为符号位。正数用0表示,负数用1表示,其余的位则用来表示数值的大小。这种表示方式的数被称为机器数,其对应的真实数值被称为机器数的真值。机器数的表示形式如图1-8所示。

图1-8 机器数的表示形式

在计算机的发展过程中,为了更有效地表示和计算机器数,人们先后提出了原码、反码和补码3种关于机器数的表示法。

1.4.1 原码与反码

原码和反码是两种用于表示有符号整数的二进制表示形式,它们对数字的符号位进行了不同的处理。

1. 原码

在原码表示法中,最高位被用作符号位。正数用0表示,负数用1表示,其余的位则用于表示数的绝对值。这种表示方法简单直观,但在实际应用中存在一些问题:一是引起机器中零的表示不唯一,0有二义性,给机器判零带来麻烦,必须在设计时先约定好机器采用正零或负零;二是不便于进行加减运算。用原码进行四则运算时,符号位须单独处理,而且原码加减运算规则复杂,其表示形式如图1-9所示。

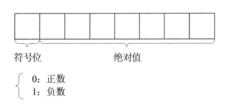

图1-9 原码的表示形式

对于一个n位的二进制数,其原码表示的范围是$-(2^{n-1}-1) \sim +(2^{n-1}-1)$。例如当使用8位的二进制数来表示时,数的范围是$-127 \sim +127$;16位二进制原码表示数的范围是$-32767 \sim +32767$。值得注意的是,在原码表示法中,$-0$和$+0$的编码是不同的,有两种方法表示0的原码,即$+0$和$-0$,设字长为8位,即:$[+0]_原=00000000B$,$[-0]_原=10000000B$。

2. 反码

在反码表示法中,最高位被用作符号位,其表示方法是将符号位和数值部分分开表示,符号位采用二进制代码表示,数值部分采用二进制代码表示其绝对值。因此,正数的反码与原码相同,而负数的反码是在原码的基础之上,除符号位保持为"1"外,其余位取反得到,其表示形式如图 1-10 所示。

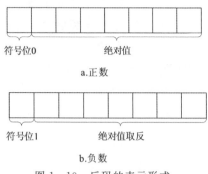

图 1-10 反码的表示形式

这种表示方法能够更加方便地进行加减运算,因为在加减运算中只需要将反码转换为补码进行运算即可。

对于一个 n 位的二进制数,其反码表示的范围是 $-(2^{n-1}-1) \sim +(2^{n-1}-1)$。例如当使用 8 位的二进制数来表示时,数的范围是 $-127 \sim +127$;16 位二进制反码表示数的范围是 $-32767 \sim +32767$。在反码表示法中,-0 和 $+0$ 的编码也是不同的,有两种表示方法表示 0 的反码,即 $+0$ 和 -0,设字长为 8 位,即:$[+0]_{反} = 00000000B$,$[-0]_{反} = 11111111B$。

1.4.2 补码及其运算

在计算机中,带符号数通常采用补码形式进行表示。补码表示法不仅适用于正数,还包括负数。在算术运算过程中,无论是正数还是负数,它们的符号位都会参与运算,这被称为补码运算,运算结果仍然以补码形式呈现。

采用补码表示法的好处在于它简化了加减运算的规则。在补码运算中,正数和负数的加法运算可以统一处理,减法运算也可以转换为加法运算。此外,补码表示法还使得数值的表示范围更大,并且可以利用溢出来进行数值范围的扩展。

在实际应用中,计算机内部通常会先将带符号数转换为补码形式,然后进行运算。这样不仅简化了运算过程,还提高了计算机的运算效率。目前,补码表示法成为了计算机中表示带符号数的标准方法。

1.4.2.1 补码定义

在补码表示法中,正数的补码与其原码相同,即最高位为符号位,其余位为数值位;负数的补码则等于其反码加 1。具体来说,负数的补码是在其反码的基础上,最低位加 1 得到的。这一规则使得负数的表示更加统一,降低了加减运算的复杂性。通过补码表示法,可以将正数和负数统一处理,使得计算机中的算术运算更加高效,其表示形式如图 1-11 所示。

图 1-11 补码的表示形式

对于一个 n 位的二进制数,其补码表示的范围是 $-2^{n-1} \sim +(2^{n-1}-1)$。例如当使用 8 位的二进制数来表示时,数的范围是 $-128 \sim +127$;16 位二进制反码表示数的范围是 $-32768 \sim +32767$。在反码表示法中,-0 和 $+0$ 的编码是相同的,仅有一种表示方法来表示 0 的补码,即 $[+0]_{补} = [-0]_{补}$。8 位二进制数的原码、反码和补码如表 1-4 所示。

表1-4　8位二进制数的原码、反码和补码

二进制数	无符号数	带符号数		
		原码	反码	补码
00000000	0	+0	+0	+0
00000001	1	+1	+1	+1
00000010	2	+2	+2	+2
...	...	...	...	...
01111110	126	+126	+126	+126
01111111	127	+127	+127	+127
10000000	128	-0	-127	-128
10000001	129	-1	-126	-127
...	...	...	...	...
11111101	253	-125	-2	-3
11111110	254	-126	-1	-2
11111111	255	-127	-0	-1

【例1-14】 已知$[X]_补=00101110$，求X的真值解。

正数的补码就是其本身。在二进制中，正整数的补码与其原码相同，真值则是补码对应的无符号整数。

给定的补码是$[X]_补=00101110$，根据补码的定义，可以按照以下步骤求解真值：①检查符号位，如果符号位为0，则这是一个正数；②取出数值部分，即$[X]_补$的二进制表示去掉最高位（符号位）；③将数值部分转换为十进制数，得到X的真值。

计算结果为：X的真值是+46，即X=+0101110=+46。

1.4.2.2 补码计算

1. 补码加法

补码加法是补码运算的一种基本形式，其规则相对简单明了，即和的补码等于补码之和。换言之，如果两个数的补码相加，其结果还是以补码形式表示。这里有一个关键点需要注意：如果两个加数的符号不同，其结果的符号将由正数的符号决定。其运算规则为：设X+Y=Z，则$[X]_补+[Y]_补=[X+Y]_补=[Z]_补$，其中X、Y为正数、负数均可。

通过一些具体的例子来进一步理解补码加法。例如给定4个补码$[+51]_补$、$[+66]_补$、$[-51]_补$和$[-66]_补$，需要计算以下3个补码加法$[+66]_补+[+51]_补$、$[+66]_补+[-51]_补$和$[-66]_补+[-51]_补$。

（1）计算$[+66]_补+[+51]_补$。

```
       二进制(补码)加法              十进制加法
       0100 0010   [+66]补            +66
   +)  0011 0011   [+51]补        +)  +51
       ─────────────────             ──────
       0111 0101   [+117]补           +117
```

由于[+66]$_补$+[+51]$_补$=[(+66)+(+51)]$_补$=01110101B,结果的符号位为0,所以结果是正数。这意味[(+66)+(+51)]$_原$=[(+66)+(+51)]$_补$=01110101B,其真实值是+117,计算结果是正确的。

(2)计算[+66]$_补$+[-51]$_补$。

```
          二进制(补码)加法              十进制加法
          0100 0010   [+66]补              +66
       +) 1100 1101   [-51]补           -) +51
自动丢失← 1 0000 1111   [+15]补              +15
```

由于[+66]$_补$+[-51]$_补$=[(+66)+(-51)]$_补$=00001111B,结果的符号位为0,所以结果是正数。这意味[(+66)+(-51)]$_原$=[(+66)+(-51)]$_补$=00001111B,其真实值是+15。计算结果也是正确的。

(3)计算[-66]$_补$+[-51]$_补$。

```
          二进制(补码)加法              十进制加法
          1011 1110   [-66]补              -66
       +) 1100 1101   [-51]补           +) -51
自动丢失← 1 1000 1011   [-117]补             -117
```

由于[-66]$_补$+[-51]$_补$=10001011B=[(-66)+(-51)]$_补$,结果为负数。这意味着[(-66)+(-51)]$_原$=[(-66)+(-51)]$_补$=11110101B,其真实值是-117,计算结果同样正确。

被加数和加数无论是正数还是负数,只要直接用它们的补码进行加法运算,并且在运算结果不超出补码表示范围的情况下,都能得到正确的补码表示形式的运算结果。然而,当运算结果超出补码表示范围时,就会发生溢出,此时结果就不再是正确的补码表示形式了。

2. 补码减法

补码减法的规则主要基于补码加法。具体来说,差的补码等于第一个数的补码与第二个数符号变性的补码相加。符号变性的方法是:对于正数,将其视为负数并求其补码;对于负数,将其视为正数并求其补码。这样正数变为负数,负数变为正数。

设 X-Y=Z,同样可以表示为 X+(-Y)=Z,则[X]$_补$-[Y]$_补$=[X-Y]$_补$=[X]$_补$+[-Y]$_补$=[Z]$_补$,其中 X、Y 为正、负数均可。按照这个规则,就可以求得 X-Y 的补码。当 Y 为非负数时,将其视为负数并求其补码;当 Y 为负数时,将其视为正数并求其补码。然后,将得到的补码与 X 的补码相加,结果即为 Z 的补码。

通过具体的例子可以进一步理解这一规则。例如[+66]$_补$-[+51]$_补$可以转化为[+66]$_补$+[-51]$_补$。首先,找到[-51]$_补$即-51 的补码 11001101B;然后,与[+66]$_补$相加;最后,得到的结果即为[+66]$_补$-[+51]$_补$。

同样地,[-66]$_补$-[-51]$_补$可以转化为[-66]$_补$+[+51]$_补$。首先找到[+51]$_补$即+51 的补码 00110011B,然后与[-66]$_补$相加,得到的结果即为[-66]$_补$-[-51]$_补$。这样可以将减法运算转化为加法运算,即可以使用同一个运算器实现加法和减法运算,简化了硬件电路设计,而且无符号数和有符号数的加法运算可以使用同一个加法器完成,确保了结果的正确性。

以一个具体的例子来说明,无符号数 225 和 13 的加法以及 $[-31]_{补}$ 与 $[+13]_{补}$ 的加法运算。对于无符号数 225 和 13 的加法,直接使用加法器计算即可得到结果 238。对于 $[-31]_{补}$ 与 $[+13]_{补}$ 的加法运算,首先找到各自的补码,$[-31]_{补}$ 为 11100001B,$[+13]_{补}$ 为 00001101B,然后进行加法运算得到结果 11101110B。这个结果既是无符号数 238 的二进制表示,也是 $[-31]_{补}$ 与 $[+13]_{补}$ 的和,即 -31 与 13 和的补码表示。

	无符号数	有符号数
1110 0001	225	$[-31]_{补}$
+) 0000 1101	+) 13	+) $[+13]_{补}$
1110 1110	238	$[-18]_{补}$

因此,不论被减数、减数是正数还是负数,使用上述的补码减法规则都能得到正确的结果。这一特性使得计算机在进行数值运算时更为高效和准确。

1.4.3 溢出及其判断方法

1. 溢出

对于 8 位的原码、反码和补码,当带符号数运算结果超出下述范围时,就会发生溢出。

(1) 原码:-127~+127,对应的十六进制表示为 FFH~7FH。
(2) 反码:-127~+127,对应的十六进制表示为 80H~7FH。
(3) 补码:-128~+127,对应的十六进制表示为 80H~7FH。

对于 16 位的带符号数,其原码、反码和补码的范围如下。

(1) 原码:-32767~+32767,对应的十六进制表示为 FFFFH~7FFFH。
(2) 反码:-32767~+32767,对应的十六进制表示为 8000H~7FFFH。
(3) 补码:-32768~+32767,对应的十六进制表示为 8000H~7FFFH。

在微型计算机中,带符号数都是使用补码来表示的。我们说的"溢出"是指带符号数的补码加减运算结果超出了补码表示的范围。以字长为 n 位的带符号数为例,其中最高位用于表示符号,而其余的 $n-1$ 位则用于表示数值。这种表示方法下,补码运算的范围是 $-2^{n-1} \sim +(2^{n-1}-1)$。如果运算结果超出了这个范围,我们称之为"补码溢出",简称"溢出"。一旦发生溢出,带符号数的运算结果肯定是错误的。当字长为 8 位时,二进制数使用补码表示的范围是 $-2^{8-1} \sim +(2^{8-1}-1)$,也就是 -128~+127,如果运算结果超出这个范围,就会产生溢出。

例如已知 X=01000000,Y=01000001,进行补码的加法运算。

$[X]_{补}$=01000000B=+64D,$[Y]_{补}$=01000001B=+65D,$[Z]_{补}$=$[X]_{补}$+$[Y]_{补}$=10000001,Z=-127D

两个正数相加,其结果应为正数,应为 +129,但运算结果为负数 -127D,这显然是错误的。原因是和数 +129>+127,超出了 8 位补码所能表示的最大值,使数值部分占据了符号位的位置,产生了溢出错误。

2. 溢出的判断方法

溢出并不是在所有运算情况下都会发生,它主要发生在两个同符号数相加或两个异符号数相减的情况下。要判断有符号数的运算是否溢出,有多种方法可供选择。其中一种常见的方法是根据参与运算的两个数的符号以及运算结果的符号来判断。还有一种是利用双进位方法,这是一种比较直观和常用的方法。当两个同符号数相加或异符号数相减时其可能发生溢出的情况为:①如果次高位向最高位有进位(或借位),而最高位向前无进位(或借位),则结果发生溢出;②如果次高位向最高位无进位(或借位),而最高位向前有进位(或借位),则结果也发生溢出。简单来说,如果最高位与次高位不同时进位,则表明发生了溢出。为了减少溢出错误的发生,在计算机中通常使用多字节来表示更大的数,这样可以更精确地处理大范围的数值,从而避免溢出问题的出现。

1.5　学赛共轭:"云说新科技"科普新星秀

为了深入落实习近平总书记关于"科技创新、科学普及是实现创新发展的两翼,要把科学普及放在与科技创新同等重要的位置"(简称"两翼理论")的重要思想,响应国务院《关于新时代进一步加强科学技术普及工作的意见》等文件的号召,中国机械工程学会在各地科普工作相关单位的协助下,举办了"云说新科技"科普新星秀活动。

科技自立自强是国家强盛之基、安全之要。党的十八大以来,以习近平同志为核心的党中央高度重视科技创新工作,坚持把创新作为引领发展的第一动力,把科技创新摆在国家发展全局的核心位置,对我国科技事业进行了战略性、全局性谋划。"奋斗者号"完成国际首次环大洋洲载人深潜科考任务,大飞机 C919(中国商飞 C919)完成首次商业载客飞行,全球首台 16MW 海上风电机组并网发电,自主三代核电技术"华龙一号"全球首堆示范工程通过竣工验收,全球首颗忆阻器存算一体芯片诞生,一系列重大创新成果标志着我国科技事业取得历史性成就、发生历史性变革,标志着我国进入创新型国家行列。

"云说新科技"科普新星秀活动旨在通过重大创新成果的科普化原创要求,提高先进科技成果的科普转化能力和科普传播能力,以赛事搭建科学普及交流平台,传播科学文化知识,提升全民科普能力。活动于 2020 年启动,至 2023 年已经连续举办了 4 届。

活动面向的参赛选手以在校本科生、硕博研究生、专科生、高职院校学生和青年科研人员、科普工作者为主,广大科技工作者也可积极参与,共同谱写新时代科普华章。活动包括区域选拔赛和全国挑战赛两个阶段,通过各个省级赛区选拔出优胜作品,然后晋级全国赛。

"云说新科技"科普新星秀的参赛作品以科普短视频为主要表达形式。从院士科普"刷屏"到科普微电影"出圈",近年来人们对视频类尤其是短视频类科普作品的关注度迅速增长。视频作为一种视听媒体,能够通过图像、声音和动画等多种元素生动地展现科学原理、实验过程和解释现象,让观众更直观地理解科学知识。短视频作品要求在较短的时间内,将复杂的科学概念以直观的方式呈现给观众,通常采用简洁明了的语言和图像,使得受众更容易理解和接受。同时视频类科普作品可以有效利用互联网平台传播的优势,不仅传播速度快、范围广,受众还可以通过各种社交媒体平台分享、转发,使视频类科普作品获得更广泛的受众群体,提高科普知识的传播效率。

1.5.1　宣扬科技成就

从近代到当代,先进的科技水平一直是衡量一个国家综合实力的重要标志。国家在科技领域的投入和创新能力直接决定其在全球竞争中的地位与影响力,强大的科技实力能够带来经济增长、国防安全、人才吸引力等多方面的优势,拥有自主创新能力的国家能够掌握关键核心技术,减少外部依赖、提高自主发展的能力,进而推动国家的整体发展。

随着人类文明科学技术的持续发展,科技力量辐射的领域越发广阔,科技对人类社会产生的影响越发深刻,国家科技实力与人民文化自信之间的紧密关联也大大提高。宣扬科技成就,通过向公众普及科技知识、展示科技创新成果,可以让更多人了解祖国各个领域科学技术水平的发展状况,增强民族文化自信。

2023年"云说新科技"科普新星秀活动中的作品《万物皆可打印的国之重器——中国3D激光打印技术》,介绍了"我国科研团队不畏艰难、后来居上,成为全球唯一掌握高性能大型关键金属构件激光增材制造技术并实现应用的国家,为快速制备高性能大型复杂构件提供了新路径"的故事(汤海波等,2019)。

3D打印是一种增材制造技术,相对于传统的等材制造(注塑等)和减材制造(车、铣、磨等)技术,3D打印技术可以制造复杂的几何结构,包括内部结构、中空结构等,将材料精确地添加到所需的位置,对于制造轻量化零部件、仿生学器件等具有重要意义。

3D激光打印是利用激光光束熔化金属粉末作为打印材料,传统的3D激光打印技术主要运用的是金属激光熔覆盖成型技术,先将三维实体模型"切成"若干个"切片",每个薄层都有轮廓线,其数值存储在计算机中,用计算机去准确控制需要增加薄层材料的地方。薄层材料为粉末状,用激光把薄层粉末"烧结"在底层上。添加粉末的厚度、激光烧结程度、薄层烧结质量都需要相应的检测控制软件,才能保证自动化进程。

航空、航天、船舶、电力、石化、海洋工程等领域的高端装备在向大型化、高可靠性和长服役寿命方向发展的过程中,用于装备制造的关键金属构件也日益大型化、复杂化,其制造难度亦随之不断升高。这些大型金属构件需要打印的尺寸巨大,传统的铸造与锻造等制备技术需要大量的能源与庞大的设备,且制造周期长。高性能大型关键金属构件激光增材制造技术与传统的3D激光打印技术的区别在于:打印头挤出细丝或含有细金属颗粒的液滴,边挤出细丝边用激光烧结,在构件平台上堆积成型。这一技术在国家大型运输机、舰载机、大型运载火箭等重大装备研制生产中的工程应用,在解决装备研制生产制造瓶颈难题、提升装备结构设计制造水平、促进装备快速研制等方面发挥了重要作用,同时使我国在此领域处于国际领先地位。

中国商飞C919是中国拥有完全知识产权的国产大飞机,在这一令人骄傲的成果背后是100多项关键技术攻关,其中就包括3D激光打印技术。中国商飞C919中首次成功应用了3D打印钛合金零件,有效降低了飞机的结构质量。2023年5月28日,中国商用飞机有限责任公司交付的全球首架C919大型客机,由中国东方航空执行MU9191航班,完成了C919机型的全球首次商业载客飞行。

1.5.2 弘扬科学家精神

2019年6月,中共中央办公厅、国务院办公厅印发《关于进一步弘扬科学家精神加强作风和学风建设的意见》,对科学家精神做出全面概括:科学家精神是胸怀祖国、服务人民的爱国精神,勇攀高峰、敢为人先的创新精神,追求真理、严谨治学的求实精神,淡泊名利、潜心研究的奉献精神,集智攻关、团结协作的协同精神,甘为人梯、奖掖后学的育人精神。2021年9月,科学家精神被纳入为第一批中国共产党人精神谱系的伟大精神。

2022年"云说新科技"科普新星秀活动作品《萤英腾茂——共和国之辉》介绍了中国"氢弹

之父"于敏、"航天大总师"孙家栋、"核潜艇之父"黄旭华等老一辈科学家的生平和科研成就,弘扬了内涵丰富的科学家精神。

1952年11月1日,世界上第一颗氢弹成功爆炸,这枚氢弹的威力相当于广岛原子弹的500倍。当时正值朝鲜战争期间,中国人民所面临的核威胁又多了一重,毛主席下达了紧急指示:"原子弹要有,氢弹也要快!"1961年,中国科学院原子能研究所所长钱三强找到已在原子核理论研究领域钻研多年的于敏谈话,安排他参与氢弹理论探索的任务。从那时起,于敏便开始了长达28年隐姓埋名的氢弹研究工作。当时科研条件极其艰苦,全国仅有一台电子计算机用于科研,于敏带领团队凭借深厚的理论功底,凭借纸笔、算盘和计算尺完成了氢弹爆炸关键过程的计算。在攻克氢弹原理之后,于敏又着手研究氢弹构型,他创造性地提出了于敏构型,这一构型与当时主流的T-U构型完全不同。

1964年10月16日,原子弹的蘑菇云在戈壁滩上腾空而起,3年后的1967年6月17日,氢弹的炙热火焰也骤然绽放。从第一颗原子弹爆炸到第一颗氢弹爆炸,美国科学家用了7年,而于敏这位没有喝过一滴洋墨水的"国产专家",只用了两年八个月的时间就取得了重大突破。原子弹和氢弹的成功研制,为我国国家安全奠定了基石,为和平发展提供了坚强的后盾,是中国现代史上具有划时代意义的重要事件。在这一过程中积累的经验、培养的人才以及形成的科研体系,为中国在航天、能源、材料等多个领域的科技进步提供了有力的支撑,推动了国家整体科技实力的提升。

孙家栋19岁时考入哈尔滨工业大学汽车系,1950年和另外29名同学被派往苏联茹科夫斯基空军工程学院进行为期7年的学习,1958年学成回国后被安排进行导弹研究。1967年,钱学森亲自点将,38岁的孙家栋"转向"成为中国第一颗人造地球卫星"东方红一号"的总体设计负责人,在那个物资匮乏的年代,没有资料、经验,造卫星的困难可想而知,但孙家栋在极端条件下创造了奇迹。经过实事求是的科学论证,孙家栋带领研制团队确定了第一颗人造卫星的技术目标,即"上得去、抓得住、听得清、看得见"。他简化方案,提出"两步走"的研制计划,即先用最短的时间实现卫星上天,在解决了有无问题的基础上,再研制带有探测功能的应用卫星。1970年4月24日,"东方红一号"卫星发射,《东方红》乐曲从太空传来,响彻全球,向世界宣告中国航天时代的到来。

60年的航天生涯中,由孙家栋负责主体设计的卫星多达45颗,从"东方红一号"到"嫦娥一号",从"风云气象卫星"到"北斗导航卫星"。翻开他的人生履历,就如同阅读一部新中国航天事业的发展史,人们称他为中国"航天大总师"。75岁那年,孙家栋再次披挂上阵,在大多数人在这样的高龄都功成身退时,他却出任探月工程总设计师。对于别人的不理解,孙家栋只有一句话:"国家需要,我就去做。"2007年,"嫦娥一号"成功发射,顺利绕月飞行,这位耄耋老人在欢呼声中擦去了眼角的热泪。古稀出征,他是要圆一个民族千年的夙愿。从青年到暮年,这不是一句豪言壮语,是孙家栋用尽一生去践行的诗篇。

1970年12月26日,中国第一艘核潜艇"长征一号"下水,没有用国外一颗螺丝钉的骄傲背后,是以黄旭华为首的科研人员长年的隐姓埋名和无私奉献。1958年的夏天,黄旭华作为我国核潜艇技术领域带头人,率领团队开始了核潜艇研制。在无任何技术帮助的艰难局面下,毛泽东主席发出了掷地有声的誓言:"核潜艇,一万年也要搞出来!"在国外技术封锁、国内一穷二白的重重困难下,黄旭华带领团队在海量的国外杂志里,如大海捞针般寻找核潜艇资料，但当时满怀热忱的科研人员们连核潜艇长什么样子都不知道。幸运的是，在极其偶然的机会下，黄旭华得到了一个从美国买来的核潜艇玩具模型。打开外壳后，潜艇内部的导弹、指挥舱，甚至核反应堆等都一目了然，一个售价3美元的玩具成为中国科研人员破译核潜艇密码的一枚钥匙。

1988年初，时年64岁的黄旭华和官兵一起踏上了最终交付前进行极限深潜测试的核潜艇甲板，这是有风险的——20多年前，美国一艘核潜艇在进行极限深潜试验时因事故沉没，艇上100余人无一生还。紧张的气氛在参试人员之间蔓延，有人甚至开始写近似"遗嘱"的家书。"带着沉重的思想包袱去执行深潜试验，那是非常危险的。"黄旭华在得知这一情况后，耐心安抚参试人员，给他们鼓劲。最终潜艇顺利通过极限深潜测试，黄旭华也成为世界上第一位参与深潜试验的核潜艇总设计师，见证了自己亲手设计的黑色巨鲲在海浪交融中前行，在静谧的深海下保卫着伟大祖国的广袤国土、无垠海疆。

1.5.3　揭示科技原理

纵观人类科技发展和文明演化的历史，随着科学发现和技术突破在全社会的普及应用，科学技术逐步成为人类社会生产函数中最为重要的变量，在人类历史进程和文明演进中扮演了越来越重要的角色。科学普及是揭示科技原理、推动科技创新的重要桥梁，在历次科技革命中都发挥了极为重要的作用，为人类改造自然和文明进步提供了强大动力。优秀的科普作品既具备科学性和创新性，又能够通俗易懂地传达科学知识，并保持与时代的紧密联系。

科普作品的科学性具有两层含义。其一，科普的首要任务是普及正确的知识，精确性、科学性是对科普作品的首要要求。作品中的科学内容一定要真实、准确、严谨，知识点、概念、引用数据、观点等正确，表述严谨无误。其二，科普作品要能够深刻地诠释科学文化的内涵，对科学技术进行全面的透视，以公众能够理解的方式，诠释科学方法、科学思想和科学精神、科学与社会的关系，引导公众理解科学，提升公众的科学素养。

优秀的科普作品要以新颖的表达方式深入反映科学的属性。作品题材、内容、表现形式、创作手法、科普理念等方面要具有一定创新性，构思新颖、内容有新意、表达方式有创意有特色、生动有趣、有吸引力，可看性强，完播率好，深富启发性，能引发广泛的兴趣，促进传播科学知识、科学方法、科学思想、科学精神，揭示科学与社会的关系。

科普作品的通俗性，就是以通俗、简洁的方式阐明复杂、深奥的科学原理，讲清陌生、抽象的事物，从而理解作品讲述的科学技术知识，掌握作品传授的科学方法，领会作品提倡的科学思想，领悟科学文化，明晰科学与社会的关系。讲解要深入浅出，通俗易懂，化抽象为具象，表述要清楚明白，易于理解，与专业学术报告和科技宣传片有所区分。

2022年"云说新科技"科普新星秀活动中的作品《解读前沿科技——软体机械手》围绕软体机械手展开，用通俗易懂的语言揭示了复杂精密机械后的科学原理、软体机械手相较于传统的机械手的优势、在生活中它将给我们带来的帮助、软体机械手的驱动方式和原理、科学家们对软体机械手的设计灵感源。

《中国制造2025》《新一代人工智能发展规划》等国家重大计划的颁布与实施，加速了我国机器人技术的蓬勃发展。近年来，通信技术和控制技术的高速发展使机器人在诸如地图探勘、安全巡逻、生命搜索、特种救援、工业运输等领域发挥了巨大作用。末端执行器作为机器人中实现接触、抓取、夹持等接触式作业的关键构件，也在逐步向高精度、自适应、多自由度柔顺等方向发展。

传统仿人手的末端执行器如刚性机械夹爪、刚性操作手等已经被广泛应用于人类的社会生活和生产中,为解放人的繁重劳动、实现工业生产的机械化和自动化发挥了重要作用。柔性执行器与刚性执行器的最大区别就是本体材料是柔性的,柔性材料比刚性材料具有更加复杂丰富的响应特性,在执行器的结构设计与控制方法上提供了更多可能(Walker et al., 2020)。而且柔性执行器可以更好地适应复杂形状的物体表面,在从物体接触面上获取触觉信息方面具有独特优势,操控细小或易碎物体的能力更强。例如农业采摘机器人、医疗手术机器人、家具服务机器人,在操作中都需要末端执行机构具有良好的柔顺性、安全性、人机交互性等。

驱动软体机械手主要是利用内部或外部的智能材料,如介电弹性体、离子聚合物金属复合材料、形状记忆合金、形状记忆聚合物等(李雪等,2019),当这些智能材料受到刺激时,会使软体机械手发生形变,从而驱动机械手的运动。这些智能材料能够响应各种物理量的变化,如压力、磁场、化学反应等,通过控制这些物理量的变化可以精确地控制软体机械手的运动轨迹和方式。

软体机械手的设计灵感往往来自自然界的生物,如蚯蚓、海星和章鱼等。软体机械手运用橡胶、形状记忆合金(Shape Memory Alloys,简称 SMA)和智能材料等柔性材料的天然柔顺性,降低控制的复杂程度,从而实现其良好的灵活性以及与人、环境的安全交互性,有着十分广阔的研究和应用前景。

2 微处理器及其体系结构

2.1 微处理器概述

以 CPU 为核心，配上存储器、I/O 接口和相应外设，并通过系统板上的总线连接构成的微型化的计算机装置即为微型计算机。微型计算机的性能是一个综合的指标，它与微型计算机的系统结构、各部件的硬件性能以及系统的软件配置有关，主要评估指标有以下 4 个。

1. 处理器的字长

计算机一次能并行处理的二进制的位数称为字长。微处理器的字长一般由算术逻辑单元，即 ALU 的位数和数据总线宽度来决定，字长越长，数据的精度越高，传送处理数据的速率越快。有些处理器的 ALU 位数和数据总线宽度并不相同，如 Intel 8088 的 ALU 位数是 16 位，但为了和 8 位的 I/O 设备兼容，其数据总线只有 8 位，因此称其为准 16 位处理器。MCS-51 系列单片机的 ALU 位数是 8 位。

2. 内部存储器容量和访问时间

存储器容量和存储器访问时间是反映微型计算机内部存储器(简称内存)性能的两个主要指标。内存的最大容量与处理器的地址线宽度有关，存储器访问时间体现了内存的速度，直接影响处理器的性能。存储器速度的提升远远赶不上微处理器速度的提升，如何弥补它们之间的速度差距一直是微型计算机技术中的难题。

3. 系统总线数据传输速率

总线宽度是指总线中数据线的位数，总线每秒钟能够传送的最大字节数称为总线的数据传输速率，总线数据传输速率与总线宽度及总线周期时间有关。总线周期时间是指进行一次总线访问花费的时间。

4. 运算速度

在计算机领域，通常用"每秒百万条指令"(Million Instructions Per Second，简称 MIPs)来衡量计算机或处理器的性能。同一台计算机执行不同的运算所需的时间可能不同，因而对运算速度的描述常采用不同的方法，常用的有 CPU 时钟频率(主频)、每秒平均执行指令数 MIPs 等。

2.1.1 微处理器的发展

自 1971 年第一代微型计算机问世以来，微处理器发展迅猛，从发展最初至今有半个多世纪的历史。这期间，按照其处理信息的字长，微处理器位宽逐步由 4 位发展到 8 位、16 位、32 位以及目前的 64 位；按照迭代时间，微处理器也可分为五代微处理器。随着微处理器的迭代，其通用寄存器的宽度逐步扩大，微处理器能够处理更长的指令，且运算速度更快，性能也更好。

1. 第一代微处理器

第一代微处理器的位宽为4位或8位,数据总线分别为4位或8位,典型产品如1971年发布的Intel 4004和1972年发布的Intel 8008等。

Intel 4004是一款4位微处理器,可进行4位二进制的并行运算。Intel 4004有45条指令,运算速度可以达到0.05MIPs。芯片采用P沟道增强型场效应晶体管(Positive Channel Metal Oxide Semiconductor,简称PMOS)工艺,每片集成了2300个晶体管,时钟频率约为0.74MHz,平均指令执行时间为10~15μs,采用机器语言编程。

Intel 8008是世界上第一款8位的微处理器,也采用了PMOS工艺,拥有16KB的内存容量。Intel 8008有74条指令,运算速度可以达到0.3MIPs。每片芯片集成了3500个晶体管,时钟频率小于0.5MHz,平均指令执行时间为20~30μs,采用机器语言编程。

第一代微处理器的功能有限,在当时主要用于计算器、电动打字机、照相机、台秤和电视机等家用电器中,也可用于现金计数器、交通灯等控制设备中,使这些电器设备智能化,从而提高它们的性能。

2. 第二代微处理器

第二代微处理器的位宽为8位,数据总线也为8位,典型产品如1974年发布的Intel 8080、1974年发布的Motorola MC6800、1975年发布的Zilog Z80和1976年发布的Intel 8085等。在第一代微处理器的基础上,第二代微处理器的集成度为第一代的2~5倍,指令系统相对完善,运算能力也大大提高,已经具备典型的计算机体系结构及中断、直接存储器存取等功能。

Intel 8080是一款8位处理器,采用了N型金属氧化物半导体工艺(Negative Channel Metal Oxide Semiconductor,简称NMOS)工艺,其每片集成了4500个晶体管,时钟频率为2MHz,平均指令执行时间为1~2μs,能寻址64KB内存空间。

Intel 8080每秒可以运算29万次,拥有16位地址总线和8位数据总线以及7个8位寄存器,支持16位寻址。Intel 8080在结构还具有直接存储器访问(Direct Memory Access,简称DMA)等功能,指令系统较为完善。软件方面配备了汇编语言、BASIC和FORTRAN语言,使用单用户操作系统。

Intel 8085的软件、外设和开发工具可以向前兼容Intel 8080,但在硬件上的支援需求较低,所需电源不到Intel 8080的一半,具有更高的性能。"8085"中的"5"是指单个+5V,通过尽可能多地使用耗尽型晶体管,而不需要Intel 8080所需的+5V、-5V和+12V电源。Intel 8085采用40引脚双列直插式封装(Dual In-line Package,简称DIP)技术。为了充分利用引脚,Intel 8085使用多路复用地址/数据(AD0-AD7)总线。

Intel 8080和Intel 8085后来都被桌面计算机领域的Zilog Z80取代。Zilog Z80在20世纪80年代初至中期占领了大部分微电脑控制程序(Control Program for Microcomputers,简称CP/M)计算机市场和蓬勃发展的家用计算机市场。

Zilog Z80是1975年推出的一款由Intel 8080衍生的微处理器。Zilog Z80采用了与Intel 8080相似的NMOS工艺,在指令集和编程模型上也与Intel 8080基本兼容。这意味着Intel 8080的软件可以直接在Zilog Z80上运行,兼容性更高、迁移更加容易。

Zilog Z80的时钟频率达到2.5MHz,16位地址总线,支持64KB的内存寻址空间。Zilog

Z80 拥有 8 个 8 位寄存器,具有体积小、外设搭配灵活和运行可靠等特点,因此 Zilog Z80 在推出后的十几年时间里被广泛应用于 PC 机接口及扩展和各种工业、控制领域。

3. 第三代微处理器

第三代微处理器的位宽为 16 位,数据总线也为 16 位,典型产品如 1978 年发布的 Intel 8086、1979 年发布的 Zilog Z8000、1979 年发布的 Motorola 68000 和 Intel 8088,1982 年发布的 Intel 80286 和 Motorola 68010 等。

Intel 8086 每片上集成了约 2.8 万个晶体管,时钟频率有 4.77MHz、8MHz 和 10MHz 三个版本,平均指令执行时间为 $0.5\mu s$,运算速度达到 0.8MIPs。它具有丰富的指令系统,采用多级中断、多重寻址方式和多段寄存器结构,配有磁盘操作系统和数据库管理系统,使用多种高级语言。Intel 8086 在内部以 16 位运行,采用 16 位数据传输,但支持 8 位数据总线,可以采用现有的 8 位设备控制芯片,内存寻址空间为 1MB。

x86 架构(The x86 architecture)是微处理器执行的计算机语言指令集,指一个 Intel 通用计算机系列的标准编号缩写,也标识一套通用的计算机指令集合。IBM 公司(International Business Machines)1981 年生产的第一台电脑使用的就是 Intel 8086,这也标志着 x86 架构和 IBM PC 兼容电脑的产生(Colwell,2021)。

Intel 80286 微处理器的最大主频为 20MHz,内、外部数据传输均为 16 位,使用 24 位内存储器寻址,内存寻址空间为 16MB。Intel 80286 可工作于两种模式,一种模式为实模式,另一种为保护模式。在实模式下,Intel 80286 微处理器可以访问的内存总量限制在 1MB;而在保护模式下,Intel 80286 可直接访问 16MB 的内存。此外,Intel 80286 工作在保护模式下可以保护操作系统,使之不像实模式或 Intel 8086 等不受保护的微处理器那样,在遇到异常应用时会使系统停机。Intel 80286 特殊的工作模式使其能够支持更大内存、模拟内存空间、同时运行多个任务,提高了数据处理速度,使微处理器的性能得到极大地提高。

4. 第四代微处理器

第四代微处理器的位宽为 32 位,地址总线为 32 位,数据总线也为 32 位,典型产品如 1983 年发布的 Zilog Z80000、1984 年发布的 Motorola 68020、1985 年发布的 Intel 80386DX,以及 1989 年发布的 Intel 80386SX、Intel 80486 和 Motorola 68040 等。

Intel 80386 是英特尔公司发布的跨时代微处理器,该系列中最经典的产品为 Intel 80386DX,其时钟频率为 33MHz,采用 132 条引脚的针筒阵列封装,每片上集成了 27.5 万个晶体管,指令执行速度达到 10MIPs。Intel 80386 工作方式除 Intel 80286 的实模式和保护模式外,还增加了虚拟 Intel 8086 模式。在实模式下,Intel 80386DX 能运行 Intel 8086 指令,而运行速度却是 Intel 80286 的 4 倍。Intel 80386DX 时钟频率为 12.5MHz,后逐步提高到 20MHz、25MHz 和 33MHz,之后还有少量产品的时钟频率能够达到 40MHz。Intel 80386DX 的内部和外部数据总线是 32 位,地址总线也是 32 位,可以寻址 4GB 内存,且可以管理 64TB 的虚拟存储空间。相比于 Intel 80286,Intel 80386DX 拥有更多的指令和更快速的执行速度,时钟频率为 12.5MHz 的 Intel 80386DX 每秒可执行 600 万条指令,比时钟频率 16MHz 的 Intel 80286 执行速度快得多。

准 32 位微处理器芯片 Intel 80386SX 是英特尔公司为了扩大市场份额而推出的一种较便宜的普及型微处理器,它的内部数据总线为 32 位,外部数据总线为 16 位,可以接受为 Intel

80286 开发的 16 位输入/输出接口芯片，降低了整机成本。Intel 80386SX 的性能大大优于 Intel 80286，而价格只是 Intel 80386 的 1/3。

Intel 80486 每片集成 100 万个晶体管。与 Intel 80386 不同的是，Intel 80486 将不同功能的芯片电路集成到了一个芯片上，即除 Intel 80386 微处理器外，还集成了 80387 浮点运算器（Floating Point Unit，简称 FPU）、82385 高速暂存控制器和 8KB 高速缓冲存储器（Cache），使得 Intel 80486 在 Intel 80386 的基础上更加高速化。

5. 第五代微处理器

Pentium（奔腾，也称 Intel 80586）是英特尔公司于 1993 年推出的第五代微处理器，它的面市在个人计算机发展史上具有里程碑意义。在此基础上，英特尔公司陆续发布了一系列典型产品，如 1995 年的 Pentium Pro、1996 年的 Pentium MMX、1997 年的 Pentium Ⅱ、1999 年的 Pentium Ⅲ 及 2000 年的 Pentium 4 等。

Pentium 不仅对前代产品 Intel 80486 进行了改进，还在设计思想上把提高微处理器内部指令的并行性和高效率作为指导，采用了新的结构。它把芯片上的 Cache 加倍为 16KB，并分为两个：一个 8KB 作为指令缓冲存储器，另一个 8KB 作为数据缓冲存储器。此外，Pentium 采用双整数处理器技术（又称为超标量技术），允许每个时钟周期同时执行两条指令。

Pentium Pro 每片上集成了 550 万个晶体管，时钟频率为 150MHz，运行速度达到 400MIPs，是一种比 Pentium（Intel 80586）更快的第二代奔腾产品，具有优化程度更高的内部体系结构。整数处理器增加到 3 个，浮点运算速度也更快，内部可以同时执行 3 条指令。片内除原有的第一级 16KB 高速缓冲存储器外，还增加了一个 256KB 的第二级高速缓冲存储器；采用双重独立总线和动态执行技术，地址总线又增加了 4 条（共 36 条），能寻址 64GB 的存储空间。

1996 年，英特尔公司将多媒体扩展（Muliti Media Extension，简称 MMX）技术应用到 Pentium 芯片上，推出 Pentium MMX 处理器，其外部引脚与 Pentium（Intel 80586）兼容，但在指令系统中增加了 57 条多媒体指令，用于音频、视频、图形图像数据处理，使多媒体通信处理能力得到了很大的提高。

Pentium Ⅱ 的时钟频率分为 233MHz、266MHz、300MHz、333MHz、350MHz、400MHz、450MHz，每片上集成了 750 万个晶体管。它的主要特性是：双重独立总线结构（二级高速缓存总线及处理器到主内存的系统总线分别独立）；内置 MMX 技术；片内高速缓存从 16KB 增加到 32KB，外部高速缓存的容量为 512KB，并以微处理器主频速度的 1/2 运行；动态执行使它在给定时间内能处理更多的数据，提高了微处理器的工作效率。

Pentium Ⅲ 采用 $0.25\mu m$ 工艺制造，每片上集成了 950 万个晶体管。它的主要特性是：主频为 450MHz，系统总线频率为 100MHz，有双重独立总线；一级缓存为 32KB（16KB 指令缓存和 16KB 数据缓存），二级缓存为 512KB，以微处理器核心速度的 1/2 运行；采用 SECC2 封装形式，使能够增强音频、视频和 3D 图形效果的数据流单数据多扩展（Streaming SIMD Extensions，简称 SSE）指令集增加了 70 条新指令；能同时处理 4 个单精度浮点变量，提供全新的"处理器分离模式"。

Pentium 4 主频为 1.5～3.6GHz，有 144 条 SSE2 新指令集，虽然 SSE2 被 SSE 指令集解码之后将会被这部分 8 个通道的缓存寄存起来，这部分缓存同时也负责预测处理通道中的数据，其目的是减少长数据通道带来的坏处。Pentium 4 具有独特的二级缓存，微处理器与二级缓存之间有 256bit 的内部传输通道。同时,每个时钟周期均能实现从二级缓存中交换数据,即该数据带宽的峰值是现有微处理器和二级缓存之间数据带宽中最高的。

以 Intel 微处理器为代表,不同的微处理器型号性能不同,其性能演进过程见表 2-1。

表 2-1　Intel 微处理器性能演进过程表

芯片	地址总线	数据总线	一级缓存	二级缓存	工作频率/MHz	集成度/个
Inter 8080	16	8	—	—	2	4500
Inter 8086	20	8	—	—	5	28 000
Inter 8088	20	16	—	—	5、8、10	29 000
Inter 80286	24	16	—	—	12、20、25	13.4 万
Inter 80386SX	24	16	—	—	16、25、33	27.5 万
Inter 80386DX	32	32	—	—	16、33、40	27.5 万
Inter 80486DX	36	64	8KB	—	25~100	120 万
Pentium	32	64	16KB	—	66~200	310 万
Pentium MMX	32(36)	64	16KB	—	200~300	450 万
Pentium Pro	36	64	16KB	256KB	150~200	550 万
Pentium Ⅱ	36	64	32KB	512KB	233~450	750 万
Pentium Ⅱ Xeon	36	64	32KB	512KB	350~450	750 万
Pentium Ⅲ	36	64	32KB	512KB	450~1400	950 万
Pentium 4	36	64	32KB	1MB	1300~2800	4200 万

从表中可以看出,像 Pentium(Intel 80486)一样,Pentium 处理器使用 32 位的内部总线。然而,它的外部数据总线是 64 位宽,使单个总线周期内可传送的数据量翻了一番。64 位的数据总线允许 Pentium 处理器以高达 528MB/s 的速率分别将数据写入或读出内存,为 50MHz 的 Pentium(Intel 80486)峰值传输速率(200MB/s)的 3 倍以上。

总的来说,随着第一代至第五代微处理器的不断迭代发展,微处理器的汇编语言发展为"复杂指令集"与"精简指令集"两大系统,指令系统趋于完善;集成度增加使微处理器的能耗降低,制程更短使生产出来的微处理器更为先进;内存储器的可寻址空间增加和寻址方式的种类增加使微处理器的数据处理能力增强,性能得到提升。

近年来,芯片制造工艺的进步、多核处理器的普及、异构计算以及新型存储技术都对微处理器性能和功耗方面产生了重要影响。这些技术的不断演进将进一步推动微处理器在各个领域的应用和发展。

思政导入　　　　　　　　崛起的国产微控制器

如果从 1971 年 11 月 4 位微处理器 Intel 4004 的诞生算起,微控制器至今已有半个多世纪的历史。目前,市面上热门的单片机系列有意法半导体(STMicroelectronics,简称 ST)的

STM32 系列、Microship 的 PIC 系列、Atmel(2016 年被 Microship 收购)的 AVR 系列、恩智浦(NXP Semiconductors,简称 NXP)的 LPC 系列、德州仪器(Texas Instruments,简称 TI)的 MSP430 系列等(丁颖和季鹏飞,2023)。

根据 IC Insights(半导体市场研究公司)的报告,2020 年全球 MCU 市场规模 149 亿美元,出货量达 235 亿颗,而国产 MCU 不足 10%。近些年来,随着市场需求的不断发展,中国 MCU 市场越来越大,涌现出了很多的 MCU 公司。在 MCU 发展的浪潮中,国产微控制器产品也开始崭露头角,如兆易创新的 GD32 系列、纳思达旗下极海半导体的 APM32 系列等。在汽车和工业控制等中高端市场,国产微控制器产品已慢慢开始打破国际大厂垄断(雷江峰,2021),如 2018 年底杰发科技量产了国内首颗 32 位车规级微控制器芯片 AC781x,2023 年 2 月极海半导体推出了 APM32A 全系列车规级微控制器。在新兴物联网应用领域,国产微控制器厂商与国际大厂几乎站在同一起跑线上。同时,国内还出现了一批自研内核的微控制器产品,如芯旺微电子的 KungFu8/KungFu32 内核、峰岹科技的 ME 内核等。

2.1.2 单片机的发展

微控制器是微处理器应智能化控制需求演化出来的一个分支,是将 CPU、存储器和各种 I/O 接口集成在单块芯片上的微型计算机,突出了它的控制功能,称为微控制器(Micro Controller Unit,简称 MCU),因它具有单芯片形态,又称为单片微型计算机(Single Chip Microcomputer),简称单片机。

最早的单片机探索应该是 1974 年仙童半导体公司的 F8 系列。F8 并非单片形态,它由 8 位 CPU 与 3851 芯片构成,确立了 MCU 数据存储器与程序存储器分开的哈佛结构。由于此时的仙童公司处于低谷时期,F8 系列未得到进一步完善。

1976 年,Intel 推出了 MCS-48 系列单片机,并迅速完善到 MCS-51,增加了存储器容量,扩大了寻址范围,使结构体系愈加成熟。此后,Intel 公司继续推出了 16 位微控制器 MCS-96。1984 年,Intel 公司将 MCS-51 核心技术以专利形式出售给了 Atmel、Philips 等多个公司,推动了众多半导体公司参与到 MCS-51 体系结构的深度开发中,至今 MCS-51 仍是公认的单片机的经典体系结构。这一体系的单片机有多种型号,如 8051、8751、8052、8752、80C51、87C51、80C52、87C52 等,其中 8051 是最早最典型的产品,该系列其他单片机均是在 8051 的基础上进行功能的增、减、改变而来的。该系列单片机的生产工艺有两种:一是早期的高性能金属氧化物半导体(High Performance Metal - Oxide - Semiconductor,简称 HMOS)工艺,二是现在的互补高性能金属氧化物半导体(Complementary High Metal Oxide Semiconductor,简称 CHMOS)工艺。CHMOS 工艺制造的芯片速度高,密度大,功耗低。例如采用 HMOS 工艺的 8051 的功耗为 630mW,而采用 CHMOS 工艺的 80C51 的功耗仅有 120mW,功耗降低对使用电池供电的便携式、手持式电子产品是十分重要的。

MCS-51 系列单片机共有 10 多种芯片,可分为两大系列,即 MCS-51 子系列和 MCS-52 子系列单片机。其中 MCS-51 子系列单片机是基本型单片机,而 MCS-52 子系列单片机属于增强型单片机。MCS-51 系列单片机具有高性能、低功耗、灵活性高、存储器多、中断能力强和低成本等特点。

(1)高性能:MCS-51系列单片机具有高速运算和存取速度快的特点。它内置的处理器是高效的8位处理器架构,具有较高的时钟频率和较快的指令执行速度。高性能处理器能够在短时间内完成复杂的计算和控制任务,为应用系统提供强大的处理能力。MCS-51系列单片机还采用了精简指令集架构,即RISC架构。这种架构设计精简而高效,指令集包含的指令数量相对较少,每条指令的执行时间也较短,因此单片机能够以更快的速度执行指令,从而提高了运算速度和控制能力。

(2)低功耗:一方面,MCS-51系列单片机采用了CMOS技术,这种技术使用的是静态逻辑电路,只有在输入信号发生变化时才会消耗功率,在静止状态下几乎不消耗能量。与传统的晶体管-晶体管逻辑(Transistor Transistor Logic,简称TTL)技术相比,CMOS技术在工作时消耗的功率更低,这使得单片机适用于需要长时间运行或依赖电池供电的应用。低功耗特性还有助于降低热量产生和电源需求,从而提高系统的可靠性和节能效果。另一方面,MCS-51系列单片机可以在3~5V的电源电压下运行,较低的工作电压有助于降低整体功耗。此外,MCS-51系列单片机还提供了多种省电模式,如睡眠模式和停机模式,在这些模式下可以进一步降低功耗。

(3)灵活性高:MCS-51系列单片机具有高度的灵活性,可以通过编程实现各种功能。它支持多种编程语言和开发环境,如C语言、汇编语言和基于集成开发环境(Integrated Development Environment,简称IDE)的开发工具。这使得开发人员能根据具体需求定制单片机的功能,并轻松实现各种控制、计算和通信任务。

(4)存储器多:MCS-51系列单片机内置了多种存储器,包括随机存取存储器(Random Access Memory,简称RAM)、只读存储器(Read Only Memory,简称ROM)、可擦除可编程只读存储器(Erasable Programmable Read-Only Memory,简称EPROM)等。ROM用于存储程序代码,RAM用于存储变量和临时数据,EPROM则可用于存储非易失性数据。这些存储器的组合使得单片机能够存储大量的程序、数据和配置信息。

(5)中断处理能力强:MCS-51系列单片机内置了多种中断源,并支持多级中断处理。中断是一种处理器响应外部事件的机制,它可以在程序执行期间立即打断正常流程,执行预定义的中断服务程序。这种中断处理能力使单片机能够有效地响应实时事件、外部输入和优先级任务,提高系统的响应性和可靠性。

(6)低成本:MCS-51系列单片机由于采用了成熟的制造工艺和经过充分优化的设计,因此具有较低的生产成本。与其他复杂的微处理器相比,MCS-51系列单片机更为经济实惠,适用于大规模生产和广泛应用的场景。低成本特性为开发人员在各种项目中使用单片机提供了经济选择,推动了嵌入式系统的普及和发展。

常用8位MCS-51系列单片机型号以及技术性能指标如表2-2所示。

从表2-2中可以看出,子系列内各类芯片的主要区别在于片内有无ROM或EPROM。与MCS-51子系列单片机相比,MCS-52子系列单片机具体功能变化如下:片内RAM从128B增加到256B;片内ROM从4KB增加到8KB;定时器/计数器从2个增加到3个;中断源从5个增加到6~7个。可见,不同型号的MCS-51系列单片机在程序存储器、I/O接口、中断源、定时/计数器、看门狗、引脚与封装、工作频率等方面存在不同,具有各自的特点。

表 2-2　常用 8 位 MCS-51 系列单片机型号及技术性能指标表

型号	片内存储器 ROM、EPROM、FLASH	RAM/B	I/O 口线	串行口	中断源	定时器	看门狗	工作频率	引脚与封装
80C31	—	128	32	UART	5	2	N	24	40
80C51	4KB ROM	128	32	UART	5	2	N	24	40
87C51	4KB EPROM	128	32	UART	5	2	N	24	40
80C32	—	256	32	UART	6	3	Y	24	40
80C52	8KB ROM	256	32	UART	6	3	Y	24	40
87C52	8KB EPROM	256	32	UART	6	3	Y	24	40
AT89C51	4KB FLASH	128	32	UART	5	2	N	24	40
AT89C52	8KB FLASH	256	32	UART	6	3	N	24	40
AT89C1051	1KB FLASH	64	15	—	2	1	N	24	20
AT89C2051	2KB FLASH	128	15	UART	5	2	N	24	20
AT89C4051	4KB FLASH	128	15	UART	5	2	N	26	20
AT89S51	4KB FLASH	128	32	UART	5	2	Y	33	40
AT89S52	8KB FLASH	256	32	UART	6	3	Y	33	40
AT89S53	12KB FLASH	256	32	UART	6	3	Y	24	40
AT89LV51	4KB FLASH	128	32	UART	6	2	N	16	40
AT89LV52	8KB FLASH	256	32	UART	8	3	N	16	40
P87LPC762	2KB EPROM	128	18	I^2C,UART	12	2	Y	20	20
P87LPC764	4KB EPROM	128	18	I^2C,UART	12	2	Y	20	20
P87LPC768	4KB EPROM	128	18	I^2C,UART	12	2	Y	20	20
P8XC591	16KB ROM/EPROM	512	32	I^2C,UART	15	3	Y	12	44
P89C51RX2	16~64KB FLASH	1K	32	I^2C,UART	7	4	Y	33	44
P89C66X	16~64KB FLASH	2K	32	I^2C,UART	8	4	Y	33	44
P8XC554	16KB ROM/EPROM	512	48	I^2C,UART	15	3	Y	16	64

现今许多 MCU 均采用了系统级芯片(System on Chip,简称 SoC)设计,在单个芯片上集成了多种功能模块和接口,具有体积小、性价比高、应用灵活性强、嵌入容易、用途广泛等特点。在国民经济建设、军事及家用电器等领域,尤其是在手机、汽车自动导航设备、智能玩具、智能家电、医疗设备等行业中,单片机技术均得到了广泛应用。

以单片机为核心的嵌入式控制系统在下述各个领域已得到了广泛应用。

(1)工业检测与控制:在工业领域,单片机的主要应用有工业过程控制、智能控制、设备控制、数据采样、传输、测试、测量、监控等。在工业自动化领域,机电一体化技术发挥着越来越重要的作用,在这种集机械、微电子和计算机技术为一体的综合技术(如机器人技术)中,单片机发挥着非常重要的作用。

(2)仪器仪表:目前对仪器仪表的自动化和智能化要求越来越高,单片机的使用有助于提高仪器仪表的精度和准确度,简化结构,减小体积且易于携带和使用,加速仪器仪表向数字化、智能化、多功能化的方向发展。

(3)消费类电子产品:单片机在家用电器中的应用已经非常普及,目前家电产品的一个重要发展趋势是其智能化程度不断提高。例如洗衣机、电冰箱、空调、电风扇、电视机、微波炉、加湿器、消毒柜等,这些设备嵌入单片机后功能和性能大大提高,并实现了智能化、最优化控制。

(4)通信:在调制解调器、手机、传真机、程控电话交换机、信息网络等通信设备中,单片机均得到了广泛应用。

(5)武器装备:在现代化的武器装备,如飞机、军舰、坦克、导弹、鱼雷制导、智能武器装备和航天飞机导航系统中,均有单片机的嵌入。

(6)各种终端及计算机外围设备:计算机网络终端(如银行终端)和计算机外围设备(如打印机、硬盘驱动器、绘图机、传真机、复印机等)中均使用了单片机作为控制器。

(7)汽车电子设备:单片机已广泛应用于各种汽车电子设备,如汽车安全系统、汽车信息系统、智能自动驾驶系统、卫星汽车导航系统、汽车紧急请求服务系统、汽车防撞监控系统、汽车自动诊断系统及汽车黑匣子等。

思政导入　　中国超级计算机——"神威·太湖之光"

"神威·太湖之光"是由中国国家并行计算机工程技术研究中心研制的超级计算机,是世界首台运行速度超十亿亿次的超级计算机(高剑刚等,2021),其峰值性能达每秒12.5亿亿次,持续性能为每秒9.3亿亿次,均居世界第一。值得一提的是,"神威·太湖之光"超级计算机系统实现了包括处理器在内的所有核心部件全部国产化,$25cm^2$的"中国芯"扬威世界(图2-1)。

德国法兰克福国际超级计算大会(International Supercomputing Conference,简称ISC)每年发布两次世界计算机500强榜单。2016年6月20日,在ISC公布的榜单中,"神威·太湖之光"以第二名近4倍的运算速度夺得第一。2017年6月,"神威·太湖之光"4次蝉联ISC世界计算机排行榜榜首,3次获得高性能计算应用最高奖"戈登·贝尔奖",刷新了世界对"中国速度"的想象(苏诺雅,2021)。

在2023年11月的ISC榜单中,"神威·太湖之光"和天河二号分别排名第十一位、第十四位。不过,"神威·太湖之光"和天河2号的继任者——"神威·海洋之光"和天河3号在Linpack基准测试中均实现了每秒一百亿亿次浮点运算,这一数据在当期榜单中位列第三位。

"神威·太湖之光"超级计算机由40个运算机柜和8个网络机柜组成。运算机柜比普通家用的双门冰箱略大,打开柜门,4块由32块运算插件组成的超节点分布其中。每个插件由4个运算节点板组成,一个运算节点板又含2块"申威26010"高性能处理器。一台机柜就有1024块处理器,整台"神威·太湖之光"共有40 960块处理器。每个单个处理器有260个核心,主板为双节点设计,每个微处理器固化的板载内存为32GBDDR3-2133。

图 2-1 "神威·太湖之光"

"神威·太湖之光"系统自投入使用以来,已为上百家用户、数百项大型复杂应用课题的计算提供了服务,包括气候、航空航天、海洋环境、生物医药、船舶工程等多个领域(栗学磊等,2020)。例如国家计算流体力学实验室曾经利用该系统对"天宫一号"返回路径的数值进行模拟,为"天宫一号"顺利回家提供精确预测;中国科学院上海药物所在开展药物筛选和疾病机理研究中利用该系统在短时间内就完成常规需要 10 个月的计算,大大加快了治疗白血病、癌症、禽流感等疾病的药物研发设计速度。

习近平总书记在两院院士大会上指出:"实践反复告诉我们,关键核心技术是要不来、买不来、讨不来的。只有把关键核心技术掌握在自己手中,才能从根本上保障国家经济安全、国防安全和其他安全"。建设世界一流的超算中心,创造一流的技术成果,需要一流的科研人才队伍。习近平总书记强调,谁拥有了一流创新人才,谁就能在科技创新中占据优势。新时代中国超算事业的发展,需要一大批有思想、有情怀、有责任、有担当的社会主义建设者和接班人以不懈的努力、全身心的投入,为中国早日建成世界科技强国贡献力量。

2.2 MCS-51 系列单片机的基本结构

单片机虽然只是一块小小的芯片,但是"麻雀虽小,五脏俱全"。它把微型计算机的各种基本功能部件都集成在一个尺寸有限的集成电路芯片上,并把这些功能部件用总线连接起来。

MCS-51 系列单片机虽然型号众多,但各型号的单片机在核心架构、指令集、内存组织和外设模块等方面都具有很高的一致性和兼容性。MCS-51 系列单片机片内结构如图 2-2

所示,均由微处理器、存储器、定时/计数器、可编程的并行 I/O 接口、全双工串行接口、中断系统及相应的硬件电路、内外部总线组成。

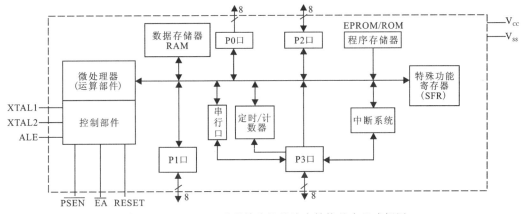

图 2-2　MCS-51 系列单片机的片内结构基本组成框图

以 80C51 单片机为例,其片内结构包括了一个 8 位 CPU、4KB 的 ROM 程序存储器、128B 的 RAM 数据存储器、32 条可编程的 I/O 线(4 个 8 位并行 I/O 接口)、一个可编程的全双工串行接口、2 个 16 位的定时/计数器、5 个中断源和 2 个优先级嵌套中断结构、1 个片内振荡器及时钟电路、可寻址 64KB 外部数据存储器和 64KB 外部程序存储器的控制电路。

CPU 执行指令并控制系统操作,存储器用于程序和数据存储,并行口用于并行数据通信,串行口用于串行数据通信,定时/计数器生成延迟和计时功能,中断系统处理紧急事件,时钟电路提供时间基准,内部总线及外部总线连接各组件和外部设备实现数据传输与控制。

2.2.1　CPU

MCS-51 系列单片机的 CPU 是基于哈佛结构设计的 8 位微处理器,是整个单片机的核心部件,由算术逻辑运算单元 ALU、定时控制部件、程序计数器(Program Counter,简称 PC)、特殊功能寄存器组(Special Function Register,简称 SFR)等组成。

2.2.1.1　算术逻辑运算单元

MCS-51 系列单片机的 ALU 由累加器(Accumulator,简称 ACC)、两个 8 位暂存器(TEMP1 和 TEMP2)、一个布尔处理器组成。除了可以完成 8 位二进制数据加、减、乘、除等基本的算术运算,ALU 还可以完成 8 位二进制数据与、或、异或、求补、清零和循环移位等逻辑运算。此外,ALU 还具有数据传输和程序转换等功能。

2.2.1.2　定时控制部件

MCS-51 系列单片机的定时控制部件包括定时与控制逻辑、振荡器、指令寄存器(Instruction Register,简称 IR)和指令译码器(Instruction Decoder,简称 ID),各部分通过共同协作来管理指令的执行时序和时钟信号的产生。

1. 定时与控制逻辑

定时与控制逻辑是微处理器的核心控制部件,负责控制整个计算机,通过定时与控制逻辑,MCS-51 系列单片机可以实现定时中断、脉冲宽度调制(Pulse Width Modulation,简称

PWM)输出等功能。

时序电路用于产生指令执行时所需的一系列节拍脉冲和电位信号,以便控制微操作执行的先后次序和确定指令中各种微操作的执行时间。一般时钟脉冲就是最基本的时序信号,是整个机器的时间基准,称为机器的主频。

控制逻辑依据指令译码器和时序电路的输出信号,产生执行指令所需的全部微操作控制信号,控制计算机的各部件执行该指令所规定的操作,包括从存储器中取指令、分析指令(即指令译码)、确定指令操作和操作数地址、取操作数、执行指令规定的操作和将运算结果输送到存储器或 I/O 端口等。由于每条指令所执行的具体操作不同,因此每条指令都有一组不同的控制信号组合,称为操作码,用以确定相应的微操作系列。它还向微机的其他各部件发出相应的控制信号,使 CPU 内、外各部件协调工作。

2. 振荡器

振荡器是用于产生 CPU 时钟信号的元件,它为整个系统提供基本的时钟脉冲。MCS-51 单片机通常采用晶体振荡器或者陶瓷谐振器作为时钟源,提供稳定的时钟信号以驱动 CPU 和其他部件的工作。

3. 指令寄存器

指令寄存器用于暂时存储从内存中读取的指令。在 MCS-51 系列单片机中,指令寄存器存储当前正在执行的指令,然后将其传递给指令译码器进行解码和执行控制。

4. 指令译码器

指令包含操作码和地址码两部分,为了能执行任何给定的指令,必须对指令的操作码进行分析,以便识别所完成的操作。指令译码器负责对指令进行解码,确定指令的类型和操作数,并生成对应的控制信号。它根据指令的操作码来判断指令的类型,然后产生相应的控制信号来控制 CPU 的各项操作。

2.2.1.3 程序计数器

程序计数器是控制器中最基本的 16 位寄存器,用于存储当前指令的地址,MCS-51 系列单片机通过程序计数器控制从程序存储器取指令。当 CPU 需要取指令时,地址总线上就会出现程序计数器的内容,每从程序存储器中取一条指令,PC 指针都能够在程序指针寄存器增量器的作用下根据取出的字节数进行自加,使得程序计数器能够自动指向下一条指令。当单片机复位时,程序计数器中的内容为 0000H,即 CPU 从程序计数器 0000H 单元取指令,并开始执行程序,如图 2-3 所示。

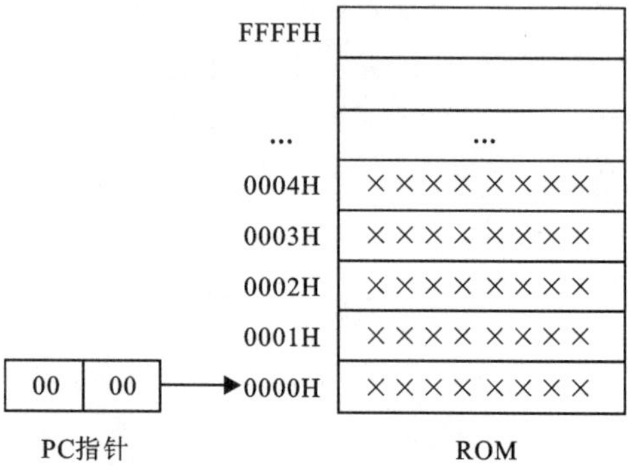

需要注意的是:①PC 不属于特殊功能寄存器;②PC 中的计数值可以被编程指令修改。

图 2-3 CPU 从程序存储器中取指令

2.2.1.4 特殊功能寄存器组

CPU 中有一组具有特定功能的寄存器,主要用来指示当前要执行指令的内存地址、存放操作数和指示指令执行后的状态等,称为特殊功能寄存器,共有 21 个,且不连续地分布在 128

个字节(Byte)的 SFR 存储器空间中,地址空间为 80H~FFH。这些特殊功能寄存器只能在特定的位置专用,不能移作他用,因此也被称为专用寄存器。

21 个特殊功能寄存器中有一部分是专用于并行 I/O 接口、串行口、定时/计数器或中断系统,将在对应的部分进行详细的介绍,其余寄存器介绍如下。

1. 电源控制及波特率选择寄存器(Power Control Register,简称 PCON)

PCON 主要是为 CHMOS 型单片机的电源控制而设置的专用寄存器。在 MCS-51 系列单片机中,PCON 寄存器属于特殊功能寄存器组,用于管理单片机的电源模式、低功耗模式和其他相关功能。PCON 寄存器中不同标志位定义见表 2-3。

表 2-3　PCON 标志位的定义

D7	D6	D5	D4	D3	D2	D1	D0
SMOD	SMOD0	LVDF	POF	GF1	GF0	PD	IDL

SMOD(Serial Mode):串行模式位,用于串行通信中波特率倍增或加倍操作。

SMOD0(Serial Mode 0):串行模式 0 位,用于串行通信中波特率倍增或加倍操作的辅助位。

LVDF(Low Voltage Detection Flag):低电压检测标志位,用于指示是否检测到低电压条件。

POF(Power Off Flag):关机标志位,用于指示是否发生了关机操作。

GF1(General Purpose Flag 1):通用标志位 1,由用户自定义并使用。

GF0(General Purpose Flag 0):通用标志位 0,由用户自定义并使用。

PD(Power Down Mode):省电模式位,用于控制单片机进入省电模式。

IDL(Idle Mode):空闲模式位,用于控制单片机进入空闲模式。

2. 累加器 ACC

ACC 作为一个 8 位的寄存器,是 CPU 中使用最频繁的寄存器,用来储存计算产生的中间结果。累加器作为算术逻辑运算单元的输入数据源之一,同时也是算术逻辑运算单元运算结果的存放单元,许多指令的操作数都取自累加器,运算的结果通常也送回到累加器。算术逻辑运算单元进行运算时,其中的数据大部分时候都取自累加器,运算后的结果通常也送回至累加器,因此累加器相当于数据的中转站。在 MCS-51 单片机的指令系统中,绝大多数指令都要求累加器参与处理。

3. 程序状态字(Program Status Word,简称 PSW)

PSW 是一个 8 位二进制寄存器,用来存放指令执行后相关 CPU 的状态,以供程序查询和判别。PSW 标志位的定义如表 2-4 所示。

表 2-4　PSW 标志位的定义

PSW.7	PSW.6	PSW.5	PSW.4	PSW.3	PSW.2	PSW.1	PSW.0
C	AC	F0	RS1	RS0	OV	—	P

C(PSW.7):进位或借位标志位,用于记录运算中最高位向前面的进位或借位。进行 8 位加法运算时,若运算结果的最高位产生进位,此时 C 置 1,否则 C 清 0;进行 8 位减法运算时,

若被减数比减数小,需要借位,此时C置1,否则C清0。

【例2-1】8位二进制数的加法运算。

$$
\begin{array}{r}
10010011B \\
+\ 11110000B \\
\hline
110000011B
\end{array}
$$

该例中,最高位是进位标志位C,其值为1,说明该加法运算中,最高位存在进位。

AC(PSW.6):辅助进位或借位标志位,它用来记录进行加法和减法运算的过程中,低4位向高4位是否存在进位或借位。若存在进位或者借位,则AC置1,否则AC清0。

F0(PSW.5):用户标志位,它是系统预留给用户自定义的标志位,用户可以根据程序执行的需要自行设定标志位,使用软件使它置1或清0。在进行程序编写时,用户也可以通过软件测试F0来决定程序的流向。

RS1、RS0(PSW.4、PSW.3):寄存器组选择位,用来选择片内RAM区中的4组工作寄存器中的某一组作为当前工作寄存区,用软件置1或清0。选择情况如表2-5所示。

OV(PSW.2):溢出标志位,用来表示算术运算的结果是否超出8位二进制数的范围(有符号数-128~+127),若结果产生溢出,则

表2-5 RS1和RS0对工作寄存器组的选择情况表

RS1	RS0	工作寄存器组
0	0	0组(00H~07H)
0	1	1组(08H~0FH)
1	0	2组(10H~17H)
1	1	3组(18H~1FH)

OV置1,否则OV清0。OV标志位通常用于判断运算的结果是否正确。

这里介绍一种判断运算结果是否正确的简便方法:即判断OV的值是否等于"$C_{7Y} \oplus C_{6Y}$"输出的结果值。

【例2-2】8位二进制数的加法运算。

$$
\begin{array}{r}
01010101B\ (+85) \\
+\ 01101001B\ (+105) \\
\hline
010111101B\ (-67)
\end{array}
$$

该例中,$OV = C_{7Y} \oplus C_{6Y} = 1 \oplus 0 = 1 \rightarrow$ 运算出错。

【例2-3】8位二进制数的加法运算

$$
\begin{array}{r}
11111011B\ (-5) \\
+\ 11110000B\ (-16) \\
\hline
111101011B\ (-21)
\end{array}
$$

该例中,$OV = C_{7Y} \oplus C_{6Y} = 1 \oplus 1 = 0 \rightarrow$ 运算正确。

PSW.1:未定义位,系统没有使用该标志位,用户可根据需求使用。

P(PSW.0):奇偶校验标志位。用于记录指令执行后累加器中1的个数的奇偶性。若累加器中1的个数为奇数,则P置1;若累加器中1的个数为偶数,则P清0。奇偶校验标志位通常可以用于串行通信中的数据校验,判断是否存在错误传输。

【例2-4】判断奇偶校验标志位的值。

(A) =05H
(A) =85H

该例中,当累加器中的值为05H时,8位二进制数为00000101B,此时1的个数为2,2为

偶数,因此 P 清 0;当累加器中的值为 85H 时,8 位二进制数为 10000101B,此时 1 的个数为 3,3 为奇数,因此 P 置 1。

【例 2-5】 试分析下面指令执行后,累加器 ACC 以及标志位 C、AC、OV、P 的值。

```
MOV A,#66H
ADD A,#57H
```

分析:第一条指令"MOV A,♯66H"执行时把立即数 66H 送入 ACC,第二条指令"ADD A,♯57H"执行时把 ACC 中的立即数 66H 与立即数 57H 相加,结果送回到 ACC 中。加法运算结果过程如下:

66H=01100110B　　57H=01010111B

$$
\begin{array}{r}
01100110B \\
+\ 01010111B \\
\hline
10111101B
\end{array}
$$

执行后,ACC 中的值为 0BDH,由相加过程得 C=0,AC=0,OV=1,P=0。

4. 堆栈指针(Stack Pointer,简称 SP)

堆栈是一种数据结构,MCS-51 系列单片机中,堆栈是片内数据存储器的一段区域,在具体使用时应避开工作寄存器、位寻址区,MCS-51 系列单片机的堆栈通常设置在内部 RAM 的 30H~7FH 之间,如工作寄存器和位寻址区未用,也可开辟为堆栈。为实现堆栈的先入后出、后入先出的数据处理,专门设置了一个堆栈指针 SP,MCS-51 系列单片机的堆栈是向上生长型的,存入数据是从地址低端向高端延伸,取出数据是从地址高端向低端延伸。入栈和出栈数据以字节为单位。

SP 是一个 8 位寄存器,表示栈顶在内部 RAM 中的位置。子程序调用或中断调用时通过堆栈来保存断点地址。无论单片机是执行转入子程序还是中断服务程序,执行完后仍要返回到主程序。在转入子程序和中断服务程序前,必须先将现场的数据保存起来,否则返回主程序时 CPU 不清楚原来的程序执行到了哪一步,即 CPU 不知道应该从何处开始执行程序。

MCS-51 系列单片机的堆栈要占据一定的 RAM 存储单元,同时单片机的堆栈可以由用户设置。堆栈指针的初始值不同,堆栈的位置也不同。

堆栈的操作有自动和手动两种方式。在响应中断服务程序或调用子程序前,返回地址自动入栈。当需要返回执行程序时,返回的地址自动传给程序计数器 PC。由于这种操作方式不需要编程人员进行干预,因此被称为自动方式;手动方式需要使用专门的堆栈操作指令进行进栈和出栈操作。进栈使用 PUSH 指令,用于在中断服务程序或子程序调用时保护现场;出栈使用 POP 指令,用于子程序完成时为主程序恢复现场。

5. 数据指针寄存器(Data Point Register,简称 DPTR)

数据指针 DPTR 为 16 位寄存器,可以用于访问外部数据存储器中的任一单元,也可以作为通用寄存器来使用,由用户决定如何使用。数据指针分成 DPL(低 8 位)和 DPH(高 8 位)两个寄存器。DPTR 用于存放 16 位地址值,以便用间接寻址(MOVX @DPTR,A 或 MOVX A,@DPTR 指令)或变址寻址(MOVC A,@A+DPTR 指令)的方式对片外数据 RAM 或程序存储器作 64KB 范围内的数据操作。如图 2-4 所示,DPTR 指针可分为高 8 位(DPH)和低 8 位(DPL),而且 DPH 和 DPL 可以单独作一般寄存器使用,但单独使用时不能用于访问片外数据存储器。

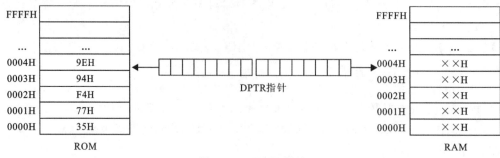

图 2-4 DPTR 指针

【例 2-6】 分别用 C 语言和汇编语言编程指令将地址 2000H 放入数据指针寄存器中。

C 语言编程：
```
DPH=0X20;DPL=0X00;
```

汇编语言编程：
```
MOV DPTR,#2000H
```

6. 通用寄存器 B

通用寄存器 B 是 8 位宽度的寄存器，也称辅助寄存器，它是为乘法和除法指令而设置的。在乘法运算时，累加器 ACC、通用寄存器 B 在乘法运算前存放乘数和被乘数；运算结束后，通过寄存器 B 和累加器 ACC 存放运算结果。除法运算前，累加器 ACC、通用寄存器 B 存入被除数和除数，运算结束用于存放商和余数。

2.2.2 存储器

单片机存储器结构有两种类型，一种是程序存储器和数据存储器统一编址的冯·诺依曼结构，另一种是程序存储器和数据存储器分开编址的哈佛结构。MCS-51 系列单片机采用的是哈佛结构。MCS-51 系列单片机存储器的特点是将程序存储器和数据存储器分开，并各有自己的寻址系统、控制信号和功能，具体分类见图 2-5。

图 2-5 MCS-51 系列单片机的存储器分类

2.2.3 I/O 端口结构

MCS-51 系列单片机有 4 个（P0~P3）8 位的并行 I/O 接口和一个全双工异步串行通信接口。

2.2.3.1 并行 I/O 接口

4 个并行 I/O 接口都是 8 位准双向口，共占 32 个引脚，如图 2-6 所示。每个口都包括一个端口锁存器（即专用寄存器 P0~P3）、一个输出驱动器和输入缓冲器。其中，P0 口为双向的三态数据线口，P1 口、P2 口、P3 口为准双向口。各端口除可进行字节的输入/输出外，每个端口还可单独用作输入/输出，因此使用起来非常方便。

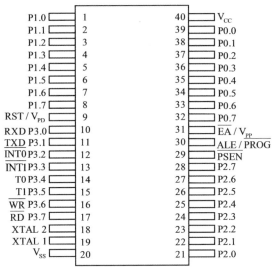

图 2-6 MCS-C51 系列单片机引脚图

1. P0 口的结构和功能

P0 口是一个三态双向 I/O 接口,它有两种不同的功能,用于不同的工作环境。不需要进行外部 ROM、RAM 等扩展时,作为通用的 I/O 接口使用;需要进行外部 ROM、RAM 等扩展时,采用分时复用的方式,通过地址锁存器后作为地址总线的低 8 位和数据总线。P0 在用作通用输出口时必须外接上拉电阻,否则不能正常地输出高电平。P0 的输出级具有驱动 8 个低功耗肖特基(Low - power Schottky,简称 LS)TTL 负载的能力。

P0 口有 8 条端口线,命名为 P0.7~P0.0,其中 P0.0 为低位,P0.7 为高位。它由一个输出锁存器、多路开关、两个三态缓冲器、与门和非门、输出驱动电路和输出控制电路等组成。

2. P1 口的结构和功能

P1 口是一个准双向口,因为它在输出时没有高阻状态,用于输入时,口线被拉成高电平,故称为准双向口。P1 口作通用 I/O 接口使用时,其功能与 P0 口作为通用 I/O 接口时的功能相同。作为输出口使用时,由于其内部有上拉电阻,所以不需外接上拉电阻;作为输入口使用时,必须先向锁存器写入 1 使场效应管截止,然后才能读取数据。P1 口能带 3~4 个 TTL 负载。P1 口有 8 条端口线,命名为 P1.7~P1.0,由一个输出锁存器、两个三态缓冲器和输出驱动电路等组成,输出驱动电路设有上拉电阻。

3. P2 口的结构和功能

P2 口也是一个准双向口,它有两种使用功能,一种是在不需要进行外部 ROM、RAM 等扩展时,作为通用的 I/O 接口使用,其功能和原理与 P0 口第一功能相同,只是作为输出口时不需外接上拉电阻;另一种是当系统进行外部 ROM、RAM 等扩展时,P2 口作为系统扩展的地址总线口使用,输出高 8 位的地址 A15~A8,与 P0 口第二功能输出的低 8 位地址相配合,共同访问外部程序或数据存储器,但它只确定地址,并不能像 P0 口那样还可以传送存储器的读写数据。P2 口能带 3~4 个 TTL 负载。

P2 口有 8 条端口线,命名为 P2.7~P2.0,由一个输出锁存器、多路开关、两个三态缓冲器、一个非门、输出驱动电路和输出控制电路等组成,输出驱动电路设有上拉电阻。

4. P3 口的结构和功能

P3 口是一个多功能的准双向口,由一个输出锁存器、两个三态缓冲器、一个与非门和输出驱动电路等组成,输出驱动电路设有上拉电阻。如不设定 P3 口的第二功能,则自动处于第一功能状态。第一功能是作为通用的 I/O 接口使用,其功能和原理与 P1 口相同,带 3~4 个 TTL 负载。第二功能是作为控制和特殊功能口使用,这时 8 条端口线所定义的功能各不相同。当 P3 口处于第二功能时,单片机内部硬件自动将端口锁存器的 Q 端置 1,这时 P3 口各引脚的定义如下。

P3.0:RXD 串行口输入。

P3.1:TXD 串行口输出。

P3.2:INT0 外部中断 0 输入。

P3.3:INT1 外部中断 1 输入。

P3.4:定时/计数器 T0 的外部输入。

P3.5:定时/计数器 T1 的外部输入。

P3.6:片外数据存储器"写选通控制"WR 输出。

P3.7:RD 片外数据存储器"读选通控制"RD 输出。

P3 口相应的端口线处于第二功能时,应满足的条件为:① 串行 I/O 接口处于运行状态(RXD、TXD);② 外部中断已经打开(INT0、INT1);③ 定时/计数器处于外部计数状态(T0、T1);④ 执行读/写外部 RAM 的指令(RD、WR)。

2.2.3.2 全双工串行口

MCS-51 系列单片机内部有一个可编程的全双工串行接口,可以同时接收和发送数据。通过软件编程即可作为通用异步收发器(Universal Asynchronous Receiver/Transmitter,简称 UART),也可以作为同步移位寄存器使用。其数据帧的格式可以是 8 位、10 位及 11 位,其波特率可以通过软件设置,使用方便灵活。

图 2-7 是 MCS-51 系列单片机串行口结构框图。MCS-51 的串行口主要由串行口控制寄存器(Serial Control,简称 SCON)、串行口锁存器(Serial Buffer,简称 SBUF)、发送控制器、接收控制器和输入移位寄存器组成。

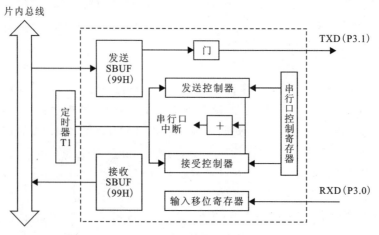

图 2-7 MCS-51 系列单片机串行口结构框图

串行口控制寄存器的功能是对串行口的工作进行控制。接收缓冲器和发送缓冲器共用同一个地址99H,即串行口锁存器(SBUF)。SBUF通常用来暂时存储串行数据,可以是接收到的数据,也可以是需要发送的数据。在接收数据时,数据会被存储在SBUF中,供处理器后续读取;在发送数据时,处理器将要发送的数据写入SBUF,然后由串行口将数据发送出去。

串行口发送数据时,CPU将数据写入发送缓冲器SBUF,只要执行一条以发送缓冲器为目标的数据传送。待发送的数据在发送控制器的控制下,经过控制门电路,在输出引脚TXD上输出。数据发送完成后,自动置位发送中断标志TI,并向CPU申请中断。

串行口接收数据时,外界数据通过引脚RXD进入输入移位寄存器,输入移位寄存器是串行输入、并行输出的。当收满一帧数据时,就把该数据送入接收缓冲器,同时置位接收缓冲器RI,并向CPU申请中断。此时,只要执行一条读输入缓冲器的命令。

在异步通信中,发送和接收都是在发送时钟和接收时钟的统一协调下进行的。MCS-51系列单片机串行口的发送时钟和接收时钟既可以由单片机主频经分频后提供,也可以由内部定时器TI的溢出率经过分频(或不分频,由软件控制)后,作为串行发送或接收的移位脉冲。移位脉冲的频率即为波特率。

2.2.4 定时/计数器

单片机应用于检测控制及智能仪器等领域时常需要实现精确定时或延时控制,也常需要计时器对外接事件进行计数。MCS-51系列单片机内部集成有2个可编程的16位定时/计数器T0和T1,每个定时/计数器都有一个低8位寄存器(TL0、TL1)和一个高8位寄存器(TH0、TH1)。在MCS-51系列单片机中,定时/计数器的定时功能和计数功能是由同一种硬件完成的,有定时器和计数器两种工作模式。两者区别在于计数器的计数脉冲来源于单片机的外部脉冲,而定时器的脉冲来源于单片机的内部脉冲,脉冲频率则取决于单片机的晶振频率。

定时/计数器一般由计数时钟源控制电路、一个N位加1计数器、定时/计数器工作方式寄存器(Timer Mode Control Register,简称TMOD)以及定时/计数器控制(Timer Control,简称TCON)寄存器等组成。

2.2.5 中断系统

单片机中断系统的存在使单片机能够更加智能地响应外部事件,提高系统的效率、灵活性和稳定性,适用于各种需要实时响应和多任务处理的应用场景。

当单片机执行某个任务时,如果发生了某种事件需要立即处理(如外部设备的信号输入),通过中断系统可以立即打断当前任务,转而处理这个事件,从而提高系统的响应速度。单片机可以通过中断系统支持多任务处理,即在处理某个任务的同时,能够及时响应其他重要事件的发生并进行处理,实现任务间的切换和调度。

MCS-51系列单片机有5个中断源、4个中断源寄存器,以及内部配套的硬件查询电路。其中,4个中断源寄存器包括定时/计数器控制寄存器TCON(与定时/计数器共用)、串行口控制寄存器SCON、中断允许(Interrupt Enable,简称IE)寄存器、中断优先级控制(Interrupt Priority,简称IP)寄存器。

2.2.6 总线

总线实际上是一组导线,是各种公共信号线的集合,是微型计算机中信息传送的通道。在微机系统中,有各式各样的总线,这些总线可以从不同的层次和角度进行分类。

按功能来划分,可将总线分为地址总线 AB、数据总线 DB 和控制总线 CB,通常所说的总线都包括这 3 个组成部分。

(1)地址总线 AB:地址总线是单向的,输出将要访问的内存单元或 I/O 端口的地址,地址总线的多少决定了系统直接寻址存储器的范围。例如 80C51 的片外地址总线有 16 条(A15~A0),它可以寻找 00000H~FFFFH 共 64KB 存储单元。由 P0 口和 P2 口组成 16 位地址总线,P0 口提供的低 8 位地址通过数据总线进行传输,而 P2 口则提供高 8 位地址线。这种分时复用的方式可以节省硬件资源,并且可以通过输出锁存功能保留 P0 口提供的低 8 位地址线的地址信息,确保在需要时能够正确传递给内存或外设。

(2)数据总线 DB:数据总线是双向的,用于在 CPU 与存储器和 I/O 端口之间进行数据传输,数据总线的多少决定了一次能够传送数据的位数。16 位机的数据总线是 16 条,32 位机的数据总线是 32 条,MCS-51 单片机的数据总线是 8 条。

(3)控制总线 CB:控制总线决定了系统总线的特点,如功能、适应性等,是用于传送各种状态控制信号,协调系统中各部件的操作,有 CPU 发出的控制信号,也有向 CPU 输入的状态信号。有的信号线为输出有效,有的为输入有效;有的信号线为单向,有的为双向;有的信号线为高电平有效,有的低电平有效;有的信号线为上升沿有效,有的为下降沿有效。

按总线在微机结构中所处的位置不同,又可把总线分为以下 4 类。

片内总线:CPU 芯片内部的寄存器、ALU 与控制部件等功能单元之间传输数据所用的总线。

片级总线:也称芯片总线、内部总线,是微机内部 CPU 与各外围芯片之间的总线,用于芯片一级的互连,例如串行外设接口(Serial Peripheral Interface,简称 SPI)总线、串行通信接口(Serial Communication Interface,简称 SCI)总线等。

系统总线:也称板级总线,是微机中各插件板与系统板之间进行连接和传输信息的一组信号线,用于插件板一级的互连。例如工业标准结构(Industrial Standard Architecture,简称 ISA)总线、外设部件互连标准(Peripheral Component Interconnect,简称 PCI)总线等。

外部总线:也称通信总线,是系统之间或微机系统与其他设备之间进行通信的一组信号线,用于设备一级的互连,如 RS-232C 总线、RS-485 总线、IEEE-488 总线、通用串行总线(Universal Serial Bus,简称 USB)等。

2.3 MCS-51 系列单片机的工作方式

2.3.1 时钟与时序

要想使单片机各功能部件有条不紊的工作,必须有一个统一的口令时钟,CPU 总是按照一定的时钟节拍与时序工作。CPU 能够顺序地读取、分析和执行指令,这些过程都与时序息息相关。

2.3.1.1 时钟产生方式

时钟用来为单片机芯片内部各种微操作提供时间基准。MCS-51系列单片机的时钟信号通常由两种方式产生,即内部时钟方式和外部时钟方式。MCS-51系列单片机时钟电路如图2-8所示。

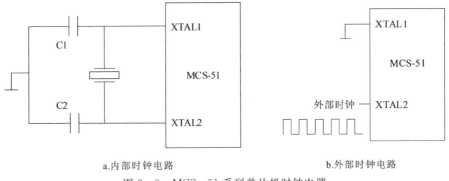

a.内部时钟电路　　　　　　　　b.外部时钟电路

图2-8　MCS-51系列单片机时钟电路

内部时钟方式:MCS-51系列单片机内有一个高增益反向放大器,其输入端为XTAL1,输出端为XTAL2,这两个引脚外部跨接石英晶体振荡器和微调电容,构成一个稳定的自激振荡器,如图2-8a所示。电路中电容C_1和C_2的典型值通常选择为30pF,其作用是稳定频率和快速起震,晶体通常选择振荡频率6MHz、12MHz或11.0592MHz的石英晶体。晶体振荡频率越高,系统的时钟频率越高,单片机运行速度越快。

外部时钟方式:外部时钟方式是把外部已有的时钟信号引入到单片机内,外部时钟由XTAL1输入,XTAL2悬空,如图2-8b所示。外部时钟方式常应用于多片MCS-51单片机同时工作且要求单片机同步运行的场合。

在单片机的实际应用中,通常采用外接石英晶体的内部时钟方式。

2.3.1.2 时钟周期、状态周期、机器周期和指令周期

单片机的时序定时单位从小到大依次为时钟周期、状态周期、机器周期和指令周期。

时钟周期:时钟周期是指为单片机提供定时信号的振荡源的周期或外部输入时钟信号的周期,也称为振荡周期。时钟周期是单片机时钟控制信号的基本时间单位,单片机的时序信号是以时钟周期信号为基础形成的,在时钟周期的基础上形成了机器周期、指令周期和各种时序信号。

状态周期:1个状态周期等于2个时钟周期。

机器周期:一个机器周期由S1、S2、S3、S4、S5、S6六个状态组成,每个状态包含P1和P2两拍,每一拍为一个时钟周期,即一个机器周期包含了12个时钟周期,如图2-9所示。如果把一条指令的执行过程分为几个基本操作,则将完成一个基本操作所需要的时间称为机器周期。对于标准的MCS-51系列单片机来说,单片机的单周期指令执行时间为一个机器周期。

指令周期:指令周期即执行一条指令所占用的全部时间,通常为1~4个机器周期。指令周期是MCS-51系列单片机中最大的时序单位。不同指令的长度不同,指令周期也不一样。MCS-51系列单片机中指令如果按照字节来分的话,可以分为单字节、双字节与三字节指

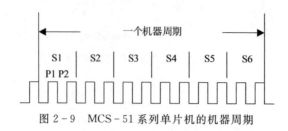

图 2-9 MCS-51 系列单片机的机器周期

令。从指令的执行时间来看,单字节和双字节指令一般为单机器周期和双机器周期,三字节指令通常是双机器周期,如乘、除指令占用 4 个机器周期。

2.3.1.3 MCS-51 系列单片机指令的时序

1. 时序的概念

时序是按照时间顺序显示的对象(或引脚、事件、信息)的序列关系,时序可以用时序图、状态方程、状态表和状态图 4 种方法表示,其中时序图最为常用。时序图亦称为波形图或序列图,纵坐标表示不同对象的电平,横坐标表示时间(从左往右为时间正向轴,即时间在增长),通常坐标轴可省略。

单片机时序就是在执行指令过程中,CPU 产生的各种控制信号在时间上的相互作用关系。单片机执行指令的过程分为取指令和执行指令两个阶段。在取指令阶段,CPU 把程序计数器中的地址送到程序存储器,并取出需要执行指令的操作码和操作数;在执行指令阶段,先对指令的操作码进行译码,然后取出操作数并执行指令。MCS-51 系列单片机的指令周期如图 2-10 所示。

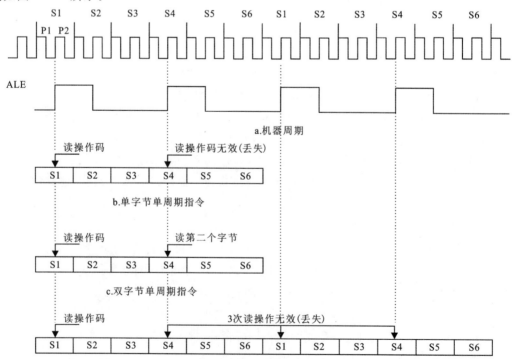

图 2-10 MCS-51 系列单片机的指令周期

2. 指令的执行时序

(1) 单字节单周期指令:这类指令只占用一个字节,CPU 从取出指令到完成指令的执行仅需一个机器周期。在 ALE 信号第一次有效(上升沿)时从 ROM 中读出指令码,送到指令寄存器 IR 中开始执行。在执行期间,CPU 一方面在 ALE 第二次有效时封锁程序计数器的加 1 操作,使第二次读操作无效;另一方面在 S6 期间完成指令的执行。

(2) 双字节单周期指令:CPU 在执行这类指令时需要分两次从 ROM 中读取指令码。ALE 信号第一次有效时读出指令的操作码,CPU 在译码后得知其为双字节指令;然后使程序计数器加 1,并在 ALE 信号第二次有效时读出指令的第二字节;最后,在 S6 期间完成指令的执行。

(3) 单字节双周期指令:CPU 在第一个周期的 S1 期间读取指令的操作码,译码后得知该指令为单字节双周期指令。所以,控制器自动封锁后面的连续 3 次读操作,并在第二个周期的 S6 期间完成指令的执行。

2.3.2 复位

复位是单片机的初始化操作,可以使单片机中各部件处于确定的初始状态。单片机工作时,上电需要进行复位,当程序运行出错(如程序跑飞)或操作错误使系统处于死锁状态时,也需要按复位键重新启动来摆脱困境。

1. 复位条件

RST 引脚是复位信号输入端,RST 引脚必须保持两个机器周期(即 24 个振荡周期)以上的高电平才能实现复位操作。若使用 12MHz 晶振,每个机器周期为 $1\mu s$,则需持续 $2\mu s$ 以上时间的高电平;若使用 6MHz 晶振,每个机器周期为 $2\mu s$,则需要持续 $4\mu s$ 以上时间的高电平。

2. 复位电路

在 MCS-51 系列单片机的实际应用中,复位操作有两种基本形式,一种是上电复位,另一种是手动复位,两种形式均能有效实现复位,如图 2-11 所示。

上电复位要求接通电源后,单片机自动实现复位操作,常用的上电复位电路如图 2-11a 所示。Vcc 电源给电容充电,上电瞬间 RST 引脚获得高电平,随着 Vcc 对电容的充电,RST

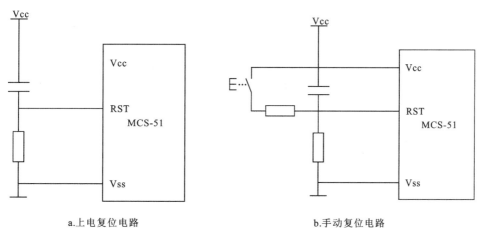

a. 上电复位电路   b. 手动复位电路

图 2-11 MCS-51 系列单片机的复位电路

引脚的高电平将逐渐回落,也就是说 RST 引脚的高电平持续时间取决于电容的充电时间。RST 引脚的高电平只要保持足够的时间(2 个机器周期),单片机即可进行复位操作。该电路典型电容和电阻的参数为:晶振为 12MHz 时,取 10μF 电容、8.2kΩ(或 10kΩ)电阻;晶振为 6MHz 时,取 22μF 电容、1kΩ 电阻。

除了上电复位外,有时还需要人工按键复位,也称手动复位。手动复位通过 RST 端经两个电阻对电源 Vcc 接通分压产生的高电平来实现,如图 2-11b 所示。

一般来说,单片机的复位速度比外围 I/O 接口电路更快。因此,在实际应用设计中,为保证系统可靠复位,在单片机的初始化程序段应安排一定的复位延迟时间,以保证单片机与外围 I/O 接口电路均能可靠地复位。

3. 复位后的状态

进行复位时,程序计数器初始化为 0000H,使单片机从程序存储器的 0000H 单元开始执行程序。除此之外,复位操作对其他的一些寄存器也会产生影响,MCS-51 系列单片机复位后片内各寄存器状态如表 2-6 所示。复位时,SP 为 07H,而 4 个 I/O 端口 P0~P3 的引脚均为高电平。

表 2-6 复位后内部寄存器的初始内容

寄存器	复位状态	寄存器	复位状态
A	00H	SBUF	不定
B	00H	SCON	00H
DPTR	0000H	SP	07H
IE	0××00000B	TCON	00H
IP	×××00000B	TH0	00H
P0~P3	FFH	TH1	00H
PC	0000H	TL0	00H
PCON	0×××0000B	TL1	00H
PSW	00H	TMOD	00H

下面对复位后片内部分寄存器的状态进行简要分析。

单片机复位后,PC 值初始化为 0000H,表明复位后 CPU 从 0000H 地址单元开始执行程序。

SP 值为 07H,表明堆栈顶部地址为 07H,堆栈指针指向片内 RAM 的 07H 单元。对于汇编程序,要考虑到工作寄存器区(00H~FH)和位寻址区(20H~2FH)的空间位置,需对堆栈区重新设置。在汇编程序初始化中,通常可置 SP 值为 50H 或 60H 来改变 SP 值,堆栈深度相应为 48 个字节和 32 个字节。C51 程序在编译时,编译器会自动安排堆栈,用户不需要考虑堆栈如何设置。

P0~P3 口值为 FFH。P0~P3 口用作输入口时,必须先写入 1。

PSW 值为 00H,表明当前工作寄存器为 0 区。

IP、IE 和 PCON 的有效位为 0,各中断源处于低优先级且均被关断,串行通信的波特率不加倍。

单片机启动后,片内 RAM 为随机值,运行中的复位操作不改变片内 RAM 的内容。

2.4 MCS-51 系列单片机的存储器组织

MCS-51 系列单片机存储器在物理上可以划分为 4 个空间,分别是片内 ROM、片外 ROM、片内 RAM 和片外 RAM,存储空间配置如图 2-12 所示。对于不同的存储空间,需要使用不同的指令和控制信号实现读、写操作。其中,ROM 存储器的地址范围为 0000H~FFFFH,ROM 空间用 MOVC 指令实现只读功能操作;片内 RAM 的地址范围为 00H~FFH,片内 RAM 空间用 MOV 指令实现读写功能操作;片外 RAM 地址范围为 0000H~FFFFH,片外 RAM 空间用 MOVX 指令实现读写功能操作。

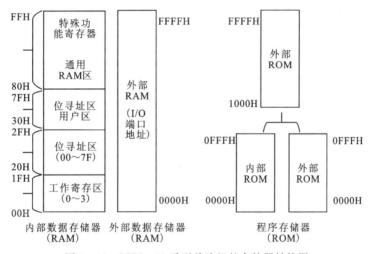

图 2-12 MCS-51 系列单片机的存储器结构图

2.4.1 程序存储器配置

1. 程序存储器的编址与访问

MCS-51 系列单片机的程序存储器地址范围为 0000H~FFFFH,共 64KB。其中,片内为 4KB,地址范围为 0000H~0FFFH;片外为 64KB,地址范围为 0000H~FFFFH。

单片机工作时首先由用户编制好程序存放到程序存储器中,然后在控制器的控制下,依次从程序存储器中取出指令送到 CPU 中执行,以实现相应的功能。程序存储器中程序的读取是通过程序计数器 PC 实现的,程序计数器中存放指令的地址,CPU 执行指令时,首先通过 PC 取出当前存放在程序存储器中的指令,取出指令后,程序计数器会根据取出的字节数自动加 n,指向下一条要执行的指令,当前指令执行完毕后,CPU 就能根据程序计数器从 ROM 中自动取出下一条指令执行,这种周而复始的重复处理,可实现程序的自动运行。

现以常见的 80C51 单片机为例具体介绍程序存储器。MCS-51 系列单片机中 80C51 单片机的程序存储器 ROM,在物理结构上有片内和片外之分,片内集成 4KB,地址范围为

0000H~0FFFH;片外通过只读存储器芯片扩展得到,最多可扩展64KB,地址范围为0000H~0FFFH。

可以发现,片内程序存储器和片外扩展的程序存储器低端部分地址空间是重叠的。读取指令时,对于低端地址0000H~0FFFH,CPU究竟是访问片内还是片外的程序存储区,80C51单片机是通过芯片上的引脚$\overline{EA}$连接的高低电平来区分的。$\overline{EA}$接低电平,则从片外程序存储器读取指令;$\overline{EA}$接高电平,则从片内程序存储器读取指令。当地址大于4KB时,均是从片外程序存储器读取指令,如图2-13a所示。8751单片机情况与80C51单片机相同。

在MCS-51系列单片机的其他芯片中,8031和8032单片机片内没有集成程序存储器,工作时只能使用片外程序存储器,$\overline{EA}$必须接低电平,如图2-13b所示。8052单片机和8752单片机内部集成了8KB的程序存储器,使用情况与80C51单片机类似,只是片内和片外共用低端8KB地址空间,地址范围为0000H~1FFFH,如图2-13c所示。

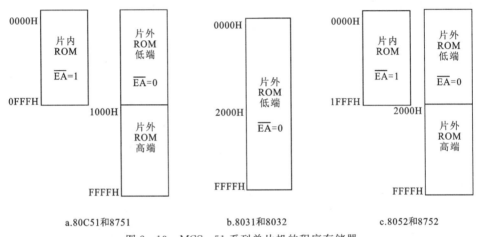

图2-13 MCS-51系列单片机的程序存储器

2.程序存储器的特殊地址

单片机重新启动后,程序计数器PC的内容为0000H,所以系统将从程序存储器地址为0000H的单元开始执行程序。但用户程序通常不是从0000H开始连续存放,因为用户不能占用用来存放中断向量表的程序区。例如64KB程序存储器空间有5个特殊单元分别对应5个中断源的中断服务子程序的中断入口,如表2-7所示。

表2-7 程序存储器的特殊地址

地址	特点
0003H	外部中断0中断入口地址
000BH	定时器/计数器0中断入口地址
0013H	外部中断1中断入口地址
001BH	定时器/计数器1中断入口地址
0023H	串行口中断入口地址

MCS-51系列单片机中断响应后,系统会自动转移到相应中断源的入口地址去执行程序。在表2-7中,两个中断的入口地址之间仅隔8个单元,用于存放中断服务程序往往不够,因此使用汇编语言编程时,通常在这5个中断入口地址处都放一条绝对转移指令,转移到真正的中断服务程序,而真正的中断服务程序放到后面。如果使用C语言编程,该问题完全由C51编译时自动处理,无需过多考虑。

中断入口地址之后是用户程序区，用户可以把用户程序放在用户程序区的任意位置，一般把用户程序放在从 0100H 开始的区域。

2.4.2 数据存储器配置

数据存储器在 MCS-51 系列单片机中用于存放程序执行时所需的数据，它从物理结构上分为片内数据存储器和片外数据存储器两个部分。这两个部分在编址和访问方式上各不相同，其中片内数据存储器又可分成多个部分，采用多种方式访问。

1. 片内数据存储器

MCS-51 系列单片机的片内数据存储器可分为片内随机存储块和特殊功能寄存器区，两者读写均使用 MOV 指令。前者有 128 个字节，地址范围为 00H～7FH；后者也占 128 个字节，地址范围为 80H～FFH。片内随机存储块按功能又可以分成以下几个物理空间：工作寄存器组区、位寻址区、一般 RAM 区，堆栈区通常设置在 30H～70FH 之间，如果工作寄存器组区和位寻址区未使用，也可开辟为堆栈区。片内数据存储器分配情况如图 2-14 所示。

图 2-14 片内数据存储器分配情况

(1) 工作寄存器组区：从 00H～1FH 单元共 32 个字节为工作寄存器组区。工作寄存器是 MCS-51 系列单片机的重要寄存器，用于临时寄存 8 位信息。由于不对工作寄存器的功能及使用做预先的规定，因此称为通用寄存器。通常情况下，工作寄存器一共分为 4 组，分别称为 0 组、1 组、2 组和 3 组，每组 8 个寄存器，依次用 R0～R7 来表示和使用，即 R0 可能表示 0 组的第一个寄存器（地址为 00H），也可能表示 1 组的第一个寄存器（地址为 08H），还可能表示 2 组、3 组的第一个寄存器（地址分别为 10H 和 18H）。在通常情况下，CPU 只能使用其中的一组工作寄存器，这一组寄存器称为当前寄存器组，具体使用哪组当中的寄存器由程序状态寄存器 PSW 中的 RS0 和 RS1 两位来选择，用户可以对这两位进行编程，选择不同的工作寄存器。

(2) 位寻址区：从 20H～2FH 为位寻址区，一共 16 个字节，128 位。16 个字节中每一个字节都有字节地址，字节中每一位均有位地址，位地址范围为 00H～7FH。MCS-51 系列单片机位地址与字节地址的关系如表 2-8 所示。

位寻址区的每一位都有位地址，可进行位寻址、位操作，即按位地址对该位置进行置 1、清 0、求反等。位寻址区的主要用途是存放各种标志位信息和位数据。

(3) 一般 RAM 区：片内数据存储器的 30H～7FH 单元，也称为用户 RAM 区，共 80 个字节，每个字节都有一个字节地址，但没有位地址，也没有寄存器名，用来存储用户数据和各种中间结果，起到数据缓冲的作用，操作指令丰富，数据处理方便灵活。

表 2-8 MCS-51 系列单片机位寻址区地址与字节地址的关系表

单元字节地址	最高位	位地址						最低位
2FH	7FH	7EH	7DH	7CH	7BH	7AH	79H	78H
2EH	77H	76H	75H	74H	73H	72H	71H	70H
2DH	6FH	6EH	6DH	6CH	6BH	6AH	69H	68H
2CH	67H	66H	65H	64H	63H	62H	61H	60H
2BH	5FH	5EH	5DH	5CH	5BH	5AH	59H	58H
2AH	57H	56H	55H	54H	53H	52H	51H	50H
29H	4FH	4EH	4DH	4CH	4BH	4AH	49H	48H
28H	47H	46H	45H	44H	43H	42H	41H	40H
27H	3FH	3EH	3DH	3CH	3BH	3AH	39H	38H
26H	37H	36H	35H	34H	33H	32H	31H	30H
25H	2FH	2EH	2DH	2CH	2BH	2AH	29H	28H
24H	27H	26H	25H	24H	23H	22H	21H	20H
23H	1FH	1EH	1DH	1CH	1BH	1AH	19H	18H
22H	17H	16H	15H	14H	13H	12H	11H	10H
21H	0FH	0EH	0DH	0CH	0BH	0AH	09H	08H
20H	07H	06H	05H	04H	03H	02H	01H	00H

(4)堆栈区：堆栈是在 RAM 区开辟的一个特殊区域。堆栈操作遵循"先进后出,后进先出"的原则,通过堆栈指针 SP 管理。堆栈主要是为子程序调用和中断调用而设立的,用于保护断点地址和现场状态。无论是子程序调用还是中断调用,调用后都要返回调用位置,因此调用时应先把当前的断点地址送入堆栈保存,以便以后返回时使用。对于嵌套调用,先调用的后返回,后调用的先返回,刚好用堆栈即可实现。

堆栈有入栈和出栈两种操作。入栈时先改变堆栈指针,再送入数据；出栈时先送出数据,再改变堆栈指针。根据入栈方向堆栈一般分为两种:向上生长型和向下生长型。

向上生长型堆栈入栈时堆栈指针先加 1,指向下一个高地址单元,再把数据送入当前堆栈指针指向单元；出栈时先把堆栈指针指向单元的数据送出,再将堆栈指针减 1,数据是向高地址单元存储的。具体过程如图 2-15 所示。

向下生长型堆栈入栈时堆栈指针先减 1,指向下一个低地址单元,再把数据送入当前堆栈指针指向的单元；出栈时先把堆栈指针指向单元的数据送出,再将堆栈指针加 1,数据是向低地址单元存储的。具体过程如图 2-16 所示。

片内随机存储块的各个部分是统一编址的,因此在访问时可按其各自特有的方法访问,也可按统一的方法访问。

2.片外数据存储器

片内数据存储器不够用时,可扩展外部数据存储器,扩展的外部数据存储器最多为

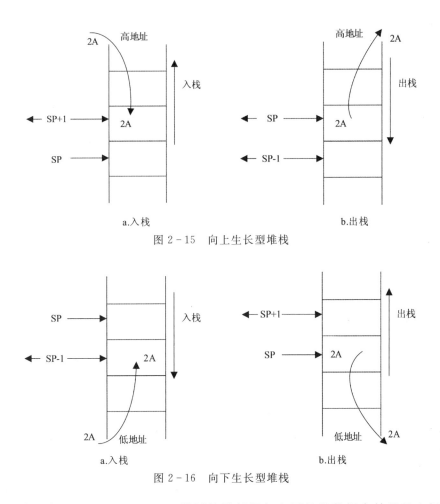

图 2-15 向上生长型堆栈

图 2-16 向下生长型堆栈

64KB,地址范围为 0000H～0FFFFH。扩展的外部设备占用片外数据存储器的空间,通过访问片外数据存储器的方法访问。

2.4.3 特殊功能寄存器

对于 MCS-51 系列单片机,SFR 地址空间有效的位地址共有 83 个,可对 11 个特殊功能寄存器的某些位进行按位寻址操作(字节地址能被 8 整除的单元即为具有位地址的寄存器),其余的只能按字节访问。MCS-51 系列单片机特殊功能寄存器特征如表 2-9 所示。

SFR 每一位的定义和作用与单片机各部件直接相关,只允许使用直接寻址方式访问。

与运算器相关的寄存器(3 个)有累加器 ACC、寄存器 B、程序状态字 PSW。指针类寄存器(3 个)有堆栈指针 SP、数据地址指针 DPH 和 DPL。与端口相关的寄存器(7 个)有 P0、P1、P2、P3 口锁存器,串行口锁存器 SBUF,串行口控制寄存器 SCON,电源控制及波特率选择寄存器 PCON。与中断相关的寄存器(2 个)有中断允许控制寄存器 IE、中断优先级控制寄存器 IP。与定时/计数器相关的寄存器(6 个)有定时/计数器 T0 的两个 8 位计数初值寄存器 TH0、TL0,定时/计数器 T1 的两个 8 位计数初值寄存器 TH1、TH1,定时/计数器工作方式寄存器 TMOD,定时/计数器控制寄存器 TCON。

表 2-9　MCS-51 系列单片机特殊功能寄存器特征

标识符号	地址	功能介绍
B	F0H	B 寄存器
ACC	E0H	累加器
PSW	D0H	程序状态字
IP	B8H	中断优先级控制寄存器
P3	B0H	P3 口锁存器
IE	A8H	中断允许控制寄存器
P2	A0H	P2 口锁存器
SBUF	99H	串行口锁存器
SCON	98H	串行口控制寄存器
P1	90H	P1 口锁存器
TH1	8DH	定时器/计数器 1(高 8 位)
TH0	8CH	定时器/计数器 0(低 8 位)
TL1	8BH	定时器/计数器 1(高 8 位)
TL0	8AH	定时器/计数器 0(低 8 位)
TMOD	89H	T0、T1 定时器/计数器工作方式寄存器
TCON	88H	T0、T1 定时器/计数器控制寄存器
DPH	83H	数据地址指针(高 8 位)
DPL	82H	数据地址指针(低 8 位)
SP	81H	堆栈指针
P0	80H	P0 口锁存器
PCON	87H	电源控制及波特率选择寄存器

2.5　学赛共轭:全国大学生嵌入式芯片与系统设计竞赛

全国大学生嵌入式芯片与系统设计竞赛是国家级 A 类赛事,大赛以"创意发挥、规范设计、突破自我、快乐大赛"为原则,旨在提高全国高校学生在嵌入式芯片与系统设计领域、可编程逻辑器件应用领域的自主创新设计与工程实践能力,使学生能够全面掌握芯片科技、系统软硬件协同优化、应用方案设计等知识和技能。大赛能够极大地锻炼学生的算法能力,同时能够锻炼学生嵌入式系统软硬件开发能力,如树莓派和点云等系统实现能力;此外,学生的超大规模集成电路(Very Large Scale Integration Circuit,简称 VLSI)设计与验证能力可以获得提升,如 VerilogHDL/HLS Coding/Chisel/SpinalHDL 逻辑综合、物理实现等能力;大赛还能够培养学生基本的文献查找和分析能力,培养具有创新思维、具备解决复杂工程问题能力且拥有团队合作精神的优秀人才,在活跃校园创新创业学术氛围的同时,推进高校与企业人才培养合作共建。

大赛由中国电子学会主办,由东南大学、南京市江北新区管理委员会联合承办。目前,该赛事已经有470多所高校参加,参赛队伍达6300余支,参赛人数18 000余人,共分为东、南、西、北、中、海外六大赛区,规模宏大。大赛设芯片应用赛道、芯片设计专项赛和FPGA(Field - programmable Gate Array)专项赛共3个参赛赛道。在全国总决赛中,将最终评出不超过全国总决赛参赛队伍数量15%的一等奖,不超过30%的二等奖和最佳创意奖、最佳工程奖等独立奖项,奖项含金量高。

2.5.1 芯片应用赛道

按照大赛通知指定的方向,芯片应用赛道采用大赛组委会提供或指定的嵌入式集成芯片或开发平台,由参赛队自主选择项目、设计参赛内容、搭建应用系统,最终完成参赛作品。参赛队应选择有特色、有创意、有工程背景或应用价值的项目参赛。设计方案应适宜嵌入式芯片与系统技术特点,最大限度地发挥嵌入式芯片或开发平台的效能。

2023年全国大学生嵌入式芯片与系统设计竞赛的芯片应用赛道以组委会指定的嵌入式开发平台为设计核心,每个选题方向对应明确的设计平台,作品可扩展其他自行设计的电路并搭建完成应用系统。设计平台包括龙芯、海思、STM32、灵动、博流智能、RTT等。要求参赛队面向低功耗智能识别应用(包括但不限于图像识别、视频识别、语音识别、图形识别、动作识别等),进行核心网际互连协议(Internet Protocol,简称IP)模块的硬件设计,并基于组委会指定的芯片硬件框架,完成集成该IP的系统搭建与功能验证、基于指定工艺库的综合与评估。

龙芯系列嵌入式开发板为本赛道主流开发板之一,为龙芯中科技术股份有限公司(简称龙芯中科)研制。龙芯中科主营业务为处理器及配套芯片的研制、销售及服务,主要产品和服务包括处理器及配套芯片产品与基础软硬件解决方案业务(以下简称"龙芯")。目前,龙芯中科的系列产品在电子政务、能源、交通、金融、电信、教育等行业领域已获得广泛应用。其中,龙芯2K1000LA提供了包括USB、GMAC、SATA、PCIE在内的主流接口,可以满足多场景的产品化应用,也是进行国产化开发的入门级硬件的首选。下面就2023年全国大学生嵌入式芯片与系统设计竞赛芯片应用赛道中龙芯中科的命题进行赛题解读。

1. 赛题介绍

本赛题要求参赛队基于龙芯2K1000LA芯片平台,设计并实现一个有创意的嵌入式系统作品,要求参赛者学习嵌入式编程、数据采集与处理、网络通信、现场总线、数字电路、模拟电路等相关技术。

2. 龙芯2K1000LA平台介绍

龙芯2K1000LA在实现与原有版本2K1000引脚和接口兼容的基础上,处理器更新为基于LoongArch(简称龙架构)的LA264处理器核(何宾,2022)。龙芯2K1000LA的硬件接口完全兼容2K1000,并且通过调整设计进行了性能和功耗优化。龙芯2K1000LA嵌入式开发板的侧面接口包括2个USB 2.0接口、1个OTG接口、1个标准HDMI接口、2个千兆网口、一个3.5mm高频接口及1个RS-232C接口。PCI-E扩展接口可以搭配网卡、加密卡、声卡、USB3.0扩展卡等,如图2-17所示。

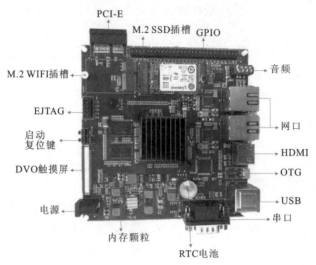

图 2-17 龙芯 2K1000LA 实物图

龙芯 ZK1000LA 结构图如图 2-18 所示,其一级交叉开关连接两个处理器核、两个二级 Cache 以及 IO 子网络(Cache 访问路径)。二级交叉开关连接两个二级 Cache、内存控制器、启动模块(SPI 或者 LIO)以及 IO 子网络(Uncache 访问路径)。IO 子网络连接一级交叉开关,以减少处理器访问延迟。IO 子网络中包括需要 DMA 的模块(PCIE、GMAC、SATA、USB、HDA/I2S、NAND、SDIO、DC、GPU、VPU、CAMERA、加解密模块)和不需要 DMA 的模块,需要 DMA 的模块可以通过 Cache 或者 Uncache 方式访问内存。

3. 选题方向与分析

2023 年龙芯中科共出了 5 个选题方向,下面就选题方向"基于龙芯的可信嵌入式平台"进行思路分析。

选题方向一:基于龙芯 2K1000LA 处理器,设计并制作一个基于可信密码模块的可信安全系统,要求基于龙芯开发板的 SPI 集成可信密码模块,基于该可信芯片实现应用程序可信度量验证等功能。要求不能直接使用开源或商业产品或软件,核心功能应独立完成。

设计过程从整体上可以分为 5 个技术部分,分别为硬件集成、可信密码模块驱动、关键数据度量、应用程序可信度量验证和应用程序白名单。下面从这 5 个部分进行技术分析。

(1)将可信密码模块连接到开发板的 SPI 接口上,根据龙芯 2K1000LA 处理器和可信密码模块的规格书进行硬件电路设计,包括连接方式、引脚定义、电路布线等。

(2)在 Linux 操作系统中适配可信密码模块驱动,使得系统能够正常对可信密码模块进行操作。可以通过 SPI 总线驱动来实现与可信密码模块的通信,需要编写相应的设备驱动程序,包括初始化、读写数据等功能。

(3)对操作系统内核中的关键数据进行度量,自行设计度量对象,如系统调用表、中断向量表等关键数据结构。在启动过程或运行时,对这些关键数据进行度量,并判断其可信性。如果某个度量对象不可信,可以通过警告消息或其他提示手段进行提示。

(4)基于可信密码模块实现应用程序可信度量验证。对指定的应用程序进行度量验证,确保其完整性和可信性。可以通过计算应用程序的哈希值,并与预先定义的哈希值进行对比

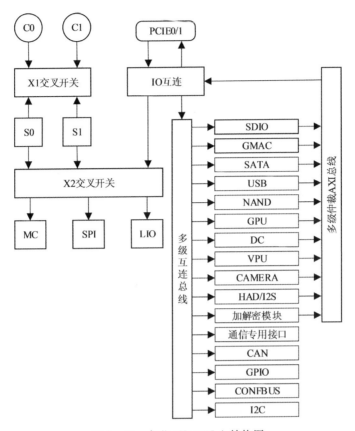

图 2-18 龙芯 2K1000LA 结构图

来实现度量验证。如果文件不可信,则阻止对该应用程序的访问和执行。

(5)操作系统层基于可信密码模块实现应用程序白名单功能。需在系统中维护一个白名单,记录允许执行的应用程序。在应用程序执行前,首先验证其是否在白名单中,仅在白名单中的应用程序才可执行,不在则禁止执行。

思政导入　　　　　　　　光刻机究竟难在哪里

集成电路是将大量的电子元件(如晶体管、电阻器、电容器等)集成在一小块或几小块半导体晶片或介质基片上的微小电路,目前半导体工业大多数应用的是基于硅的集成电路。

随着科技的发展和应用需求的增加,人们对集成电路的性能要求越来越高,希望通过更好的工艺实现更高的电路速度、更低的功耗、更大的存储容量和更高的集成度,希望在一个芯片上集成更多的电子元件,使得电路更小、更轻、功耗更低,从而满足日益复杂和多样化的电子设备需求,同时提升生产效率并降低成本。

光刻机(Lithography Machine)是一种用于制造集成电路(Integrated Circuit,简称 IC)和其他微纳米尺度器件的关键设备(邱俊等,2023)。光刻机的工作原理是利用紫外光或可见光照射在光刻胶上,通过模式掩膜的光学透射或反射将图案转移到硅片上。光刻胶在曝光后会发生化学反应,形成可溶性的图案,然后通过显影和蚀刻等步骤将图案转移到硅片上。

光刻机可以实现复杂电路的制造,在半导体元件制造过程中扮演着重要的角色,是一种非常复杂和高技术含量的设备。制造高分辨率的光刻机需要精密的光学系统,通过高质量的透镜、反射镜和光阑等光学元件,使光线能够准确地聚焦在光刻胶上;还需要精确的运动控制,对光刻机的对准精度要求非常高,通常要在纳米尺度进行准确定位,将图案准确地对准到硅片上,并实现所需的分辨率和对准精度,微小的偏差也会导致器件制造失败(谭久彬,2023)。

而我们经常会说的芯片制程的"7nm"并不是指芯片的实际尺寸,而是指芯片中晶体管的尺寸。"nm"单位代表了芯片中晶体管的最小特征尺寸,通常也叫晶体管的门极长度(Gate Length)(Ranjan et al.,2017)。芯片制程是指生产一块芯片所需要的工艺流程和相关技术,它决定了芯片中各个器件的尺寸、间距、材料等。随着科技的发展,芯片制程的尺寸逐渐缩小,可以在同一面积内集成更多的晶体管,从而提高芯片的性能和集成度。当然除了晶体管的尺寸外,芯片制程还包括许多其他工艺参数,如金属线宽度、介质层厚度、电容器面积等。这些工艺参数的优化和控制也对芯片性能和成本具有重要影响。

目前最先进的光刻机技术使用的是极紫外光刻(Extreme Ultraviolet Lithography,简称EUV)技术,使用的是极紫外线辐射源,波长短至13.5nm,理论上的最小工艺极限可以达到3nm。

2.5.2 芯片设计专项赛

按照芯片设计专项赛通知指定的方向,芯片设计赛道基于大赛组委会指定的芯片硬件框架,以特定应用场景,由参赛队以自主选题的模式,完成参赛作品。参赛队应选择有特色、有创意、有价值的项目参赛,设计方案应满足设计要求。

1. 赛题介绍

例如2022年芯片设计专项赛要求参赛队面向低功耗智能识别应用,进行核心功能AI-IP(IP Module for AI-based Recognition Application)模块的硬件设计与实现,并基于组委会指定的芯片硬件框架,完成集成该AI-IP的系统搭建与功能验证,完成基于指定工艺库的综合评估,完成AI-IP模块的物理设计。

2. 芯片硬件介绍

大赛指定芯片硬件,其框架图如图2-19所示,包括RISC-V MCU及相关的软件开发套件(采用芯来科技E203开源处理器),相关MCU、SoC框架、总线互联协议、I/O端口类型等。参赛队所设计的AI-IP模块应既可以通过系统总线连接到SoC中,也可以通过NICE Interface直接与MCU连接。系统中包括一个共享的静态随机存取存储器(Static Random Access Memory,简称SRAM),容量为512KB。组委会基于Memory Compiler定制了多款SRAM存储模块,包括16bit×128、16bit×1024、16bit×4096,均分别提供单端口和双端口两种规格。参赛队基于这些SRAM单元,自行组合实现AI-IP模块中所需的存储单元。SoC中提供PLL(锁相环)模块,系统时钟频率固定为150MHz。外设总线的常开模块(Always-on Domain)包括RTC、WatchDog、PMU、LCLKGEN(为常开模块提供时钟,频率为32.768kHz)。

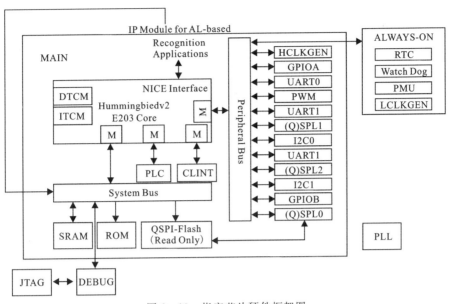

图 2-19 指定芯片硬件框架图

3. 选题方向与思路分析

2022年芯片设计专项赛的赛题方向为智能识别芯片设计(简称嵌入式系统芯片设计)。

面向低功耗智能识别的 IP 设计与应用系统开发中,低功耗智能识别系统是一种常见的人机交互接口,广泛应用于可穿戴设备、物联网器件及其他基于电池供电的智能终端(何立民,2019)。由于面向图形图像、视频语音、动作姿态等智能识别的神经网络算法模型复杂多变,传统的计算架构和电路已无法满足面向低功耗高能效智能识别神经网络计算日益增长的硬件能效需求。随着智能终端市场规模进一步发展,专门用于低功耗智能识别处理的硬件模块和设备开始陆续亮相。智能识别交互生态的成熟将会带动越来越多的设备智能化。汽车、电视、智能音箱(家庭机器人的雏形)、服务机器人等产品潜在用户数巨大,交互内容相对开放,交互过程中会产生大量高价值的用户数据,是国家和高科技企业未来争夺的重要阵地。赛题旨在通过面向新一代智能识别的低功耗 IP 硬件设计和系统开发研究,进一步提高我国大学生在智能芯片领域的设计能力、技术储备能力。

根据赛题要求,需应用指定的芯片硬件完成面向目标应用的芯片系统设计与实现,具体为:首先,完成面向目标应用的核心功能 AI-IP 模块设计与实现;其次,使用指定硬件框架以及所设计的核心功能 AI-IP 模块,完成芯片系统搭建;最后,基于所实现的芯片系统,完成功能仿真、电路综合和物理设计与实现。

相比于2021年赛题要求,2022年需要将2021年完成智能识别芯片的前端设计任务延伸到后端设计的芯片全流程设计任务中。针对赛题,设计任务可以从设计 AI-IP 模块、实现硬件框架、电路综合仿真、物理设计与实现4个部分进行。

(1)首先确定目标应用,需要确定智能识别芯片的具体应用场景,如图像识别、视频识别、语音识别、图形识别、动作识别、人脸识别、文本识别、手写体识别、情感识别、声纹识别等应用场景。

(2)根据目标应用场景和所需的 AI 功能与算法,设计 AI-IP 模块。该模块需要包含数据输入、预处理、特征提取、分类等功能。下面从语音识别进行 AI 功能和算法分析。对语音识别进行 AI 功能和算法分析，需从数据输入、预处理、特征提取和分类 4 步进行。

第一步，语音信号作为输入数据，可以通过麦克风或其他音频设备获取。

第二步，预处理步骤包括去噪、语音增强、降噪，以优化输入数据的质量。可以使用低通滤波器或带通滤波器去除高频噪声，也可以对语音信号进行快速傅里叶变换（Fast Fourier Transform，简称 FFT），将频谱图上的噪声频率进行衰减，或者使用子空间方法，通过对语音信号进行降维处理来抑制噪声成分，从而达到去噪的目的。在语音增强上，可以使用滤波器来平滑语音信号增强相关信息，或者检测输入语音信号的能量或短时平均幅度来确定语音段的位置，通过排除噪声段等方法进行语音增强。然后，使用降噪算法（如 MMSE 降噪算法）对频谱图进行处理，抑制噪声成分，或使用子空间方法，将语音信号和噪声信号进行分离，抑制噪声成分，达到降噪目的。在实际预处理过程中，需要根据具体需求选择适合的预处理算法，并对其进行优化和调整，以获得最佳的语音信号质量。

第三步，语音特征提取方法包括 MFCC（Mel 频率倒谱系数）、PLP（感知线性预测系数）等，这些特征提取方法将复杂的语音信号转换成了具有较低维度的特征向量，方便了后续的语音处理和识别任务。

第四步，语音识别的分类算法通常采用隐马尔科夫模型（Hidden Markov Model，简称 HMM）和深度学习模型（如循环神经网络和卷积神经网络）。其中，HMM 是一种基于统计建模的序列识别方法，它假设每个观察序列都由一个隐藏序列和一个观测序列组成。在语音识别中，隐藏序列表示输入语音的语音单元序列（如音素、子词或词），观测序列表示输入语音的 MFCC 系数等特征向量序列。通过训练 HMM，可以得到每个语音单元对应的 HMM，然后使用 Viterbi 算法将输入语音序列与所有可能的语音单元序列进行比较，从而确定输入语音的类别。循环神经网络是一种基于反向传播算法的神经网络模型，可以将 MFCC 系数等特征向量序列映射到对应的语音单元序列，从而实现语音识别。卷积神经网络则是一种适用于图像和其他高维数据的神经网络模型，可以将 MFCC 系数等特征向量序列转换为相应的浅层特征表示，然后使用全连接层将其映射到对应的语音类别上从而实现语音识别。

（3）使用芯来科技 E203 开源处理器作为指定硬件框架，搭建芯片系统。需要编写相关的代码实现硬件框架，包括 MCU、SoC 框架、总线互联协议、I/O 端口类型等。需熟悉处理器的架构和规格，了解其硬件接口和功能特性。

（4）将设计好的 AI-IP 模块与硬件框架进行组合，添加必要的外设和接口，完成整个芯片系统的硬件布局和布线。

（5）基于所设计的芯片系统，进行仿真、电路综合和物理设计与实现，确保芯片系统的正确性和稳定性。

下面是语音识别 AI-IP 模块的基本程序框架。

```
#include <stdio.h>
#include <stdlib.h>
#define SAMPLE_RATE 16000        // 假设麦克风采样率为 16kHz
#define SAMPLE_SIZE 16           // 采样位数为 16bit,单声道,初始化麦克风接口
void initMicrophone(){           // 麦克风初始化代码
}        // 读取麦克风数据
```

```c
void readMicrophoneData(short*buffer, int bufferSize){      // 读取麦克风数据到buffer
}    // 特征提取函数(以 MFCC 为例)
void extractFeatures(short*audioData, int audioSize, float*features, int featureSize){
}    // 实现 MFCC 特征提取算法,将 audioData 转换为 features
void loadAndInferModel(float*features, int featureSize){
}    // 模型加载和推理代码
int main(){
  int bufferSize=SAMPLE_RATE;          // 麦克风数据缓冲区大小,一秒钟的数据量
  int audioSize=bufferSize / 2;
  // 音频数据大小,单位是 short(16bit) int featureSize=13;
  // MFCC 特征向量大小
  short* audioBuffer= (short*)malloc(bufferSize*sizeof(short));
  float* features= (float*)malloc(featureSize*sizeof(float));
  initMicrophone();
  while (1){
      readMicrophoneData(audioBuffer, bufferSize);
      loadAndInferModel(features, featureSize);}     // 处理识别结果并输出
  free(audioBuffer);
  free(features);
  return 0;
}
```

思政导入　　《芯人物》——中国强芯路上的奋斗者

芯片被喻为国家的"工业粮食",芯片产业的不断创新推动着生产效率的提升和国民经济的增长,同时还支持着通信和互联网等领域的发展,极大地丰富了人们的生活。作为国之重器的"中国芯",不仅关乎着国家的信息安全和经济建设,也担负着中华民族伟大复兴的历史使命。与此同时,芯片技术是科技中的科技,由于其技术门槛高、研发周期长、投资风险大,使得芯片产业一直是非常"寂寞"的产业。一颗芯片产品需要数年的研发打磨,一位"芯人物"的学习和成长需要数十年甚至几十年的积累。因此,"芯人物"投入芯片领域不仅需要过硬的技术,还需要强大的内心、坚定的意志以及对"中国芯"的热爱。

朱贻玮是中国芯片产业的先行者,亲历了中华人民共和国诞生和逐渐强大的过程(图 2-20),也见证了"中国芯"从无到有、从小到大的发展历程。他学习

图 2-20　朱贻玮先生

半导体专业时,中国的第一块集成电路还没有研制出来。朱贻玮是清华大学培养的第三批半导体专业的大学生,由此参与到中国集成电路产业从零起步的艰辛历程(朱贻玮,2016)。

由于中国早期半导体行业重视程度不够、资金不足、人才匮乏及技术落后等原因,发展过程可谓道路崎岖、步履维艰。处在那个阶段的朱贻玮从未动摇和放弃过,他攻坚克难,先后在774厂参与了中国第一台第三代电子计算机所用集成电路的研制工作,参与了中国第一家半导体集成电路专业化工厂(878厂)的建厂和技术管理工作,组织北燕东微电子股份有限公司4英寸芯片生产线的引进工作……正是朱贻玮和同路人几十年如一日的坚守,让中国集成电路产业度过了一穷二白的艰难发展时期,迎来了希望的曙光。

朱贻玮尽心尽力地推动产业发展和合作。在世界半导体发展历程中,中国台湾积体电路制造股份有限公司(简称台积电)于1987年开始创办代工模式,由此集成电路产业分为设计业、芯片制造业和封装测试业。而中国大陆作为纯粹代工则是从1998年中国华晶电子集团公司MOS部门由香港上华半导体公司管理后开始的,可谓开先河之举。

后来,华晶与上华双方从软合资进展到硬合资,成立了无锡华晶上华半导体有限公司(简称华晶上华公司)。其间,朱贻玮被聘为中国台湾方面的顾问和华晶上华公司的市场顾问。

2000年,中国发布相关政策鼓励发展软件和集成电路产业。在政策的推动下,北京和上海两地积极响应,各自制定了发展集成电路的地方性优惠政策和发展规划。朱贻玮帮助北京市经济委员会制定了北京发展规划,并协助筹备召开了北京第一次国际集成电路论坛。后来,朱贻玮协助台湾在宁波建立6英寸芯片厂(宁波中纬积体电路公司),参与编写项目建议书和可行性研究报告。

除推动产业发展和合作之外,朱贻玮还笔耕不辍。自1989年开始,他根据中国集成电路产业发展状况,不断撰写并发表文章。2006年,朱贻玮出版了《中国集成电路产业发展论述文集》一书,用40篇文章记录了中国集成电路产业发展40年和建40条芯片制造线的历史。2016年,在原来书籍的基础上,朱贻玮增补了20篇文章,推出了《集成电路产业50年回眸》一书,使全中国上下开始关心起芯片。朱贻玮的《集成电路产业50年回眸》作为行业内少有的关于中国集成电路产业发展历程的书籍,一再脱销,累计印刷6次,为青少年学习集成电路和芯片的相关知识提供了系统性知识、实践案例及设计指导。

耄耋之年不服老,虽身有疾患,朱贻玮也未曾停歇。现已87岁高龄的朱贻玮前辈依然奔波在各高校和企业,为师生、技术人员讲述中国集成电路产业发展的历程、现状与展望,为中国芯片技术人才的培养贡献自己的力量。

朱贻玮的清华同学张国钟为他作了一首藏头诗:"朱子胜百家,贻孙品更佳,玮玉可传世,行善惠天下"。除了朱老先生,《芯人物》还讲述了48位"芯人物"的奋斗故事,他们有的70岁了还在开启人生第三次创业,且每次创业都在填补中国产业空白;有的放弃美国大学终身教授的身份,毅然回国创业;有些"板凳能坐十年冷",在身边人投身于金融或互联网等高收入领域时,他们依然坚守在芯片领域……

"芯人物"在芯片领域勇于探索,努力拼搏,并取得了科技创新,是中国自主创新的典范。他们迎难而上、不屈不挠的创业历程,不仅折射出芯片领域创业的不易,也折射出中国芯片产业发展历程的艰难。他们既脚踏实地又仰望星空的奋斗故事,充满了正能量,值得更多人学习。中国要想实现集成电路跨越式发展,需要的正是这样一大批"芯人物"。

书中言"走进芯人物,讲述奋斗史,感知正能量;共做追梦人,做强中国芯,实现强国梦"。当前,中国集成电路产业的短板主要在半导体装备、材料、工艺、EDA(电子设计自动化)工具和 IP 核(知识产权)等环节。随着集成电路产业的战略重要性被政府和民间普遍认同,产业发展拥有难得的机遇,获得了巨大的推动力量;科创板的推出及大基金二期将为产业资本注入强大的动能;5G+AIoT(人工智能物联网)应用市场空间广阔,量子计算、脑机接口、第三代半导体材料已经来临,为产业创新提供了丰沛的沃土。在百年未有之大变局面前,"芯人物"将肩负重任,唯有迎难而上,无畏前行。

2.5.3 FPGA 专项赛

全国大学生嵌入式芯片与系统设计竞赛 FPGA 专项赛是中国的一项重要赛事,旨在提高大学生在嵌入式芯片与系统设计领域尤其是可编程逻辑器件应用领域的创新实践能力。

FPGA 是一种可编程逻辑器件,被广泛应用于数字电路设计、嵌入式系统开发等领域,具备可编程、灵活性高、可重构性强、开发周期短及并行计算效率高等特点,其最大特点是芯片具体功能在制造完成后由用户配置决定的。FPGA 专项赛是在全国大学生嵌入式芯片与系统设计竞赛中特别针对 FPGA 技术进行的竞赛项目,可以为学生提供锻炼设计能力和解决问题能力以及培养团队合作精神的机会。通过设计并实现 FPGA 电路相关的项目,参赛选手可以深入了解 FPGA 电路的原理和应用,提升在数字电路设计、硬件描述语言和嵌入式系统方面的知识与技能。

在比赛中,参赛者需要根据题目要求,设计并实现相应的 FPGA 电路,然后进行功能验证和性能测试。评委会将根据设计的创新性、实用性、功能完备性以及性能表现等因素对作品进行评估,并对表现出色的作品进行奖励。此类比赛不仅可以激发学生对嵌入式芯片与系统设计的兴趣,还可以为他们今后的学习和职业发展打下坚实的基础。同时,它也为学校和企业提供了一个展示与交流的平台,促进了学术界和产业界的合作与创新。

3 存储器

3.1 存储器概述

存储器是微机系统中必不可少的组成部分之一,是微机系统中的记忆部件,可与CPU、输入和输出设备交换信息,起存储、缓冲、传递信息的作用。存储器是由许多存储单元按顺序排列而成的集合,每个单元都由若干二进制位构成,用来表示存放的数值。存储器分为主存储器(称主存或内存)和辅助存储器(称辅存或外存)两大类,主存与CPU直接交换信息。因为有了存储器,微机才能实现程序和数据信息的存储,高速地进行各种运算。

3.1.1 存储器的分类

计算机的内存是指CPU可以通过指令中的地址码直接访问的存储器,也叫主存储器,是计算机系统必不可少的部件。其一般直接与计算机的三大总线(即数据总线、地址总线和控制总线)相连,常用来存放处于活动状态的程序和数据,如操作系统的常驻部分、正在运行的用户程序等。这要求各存储单元的内容都可以被CPU随机访问,目前一般采用半导体存储器实现。

外存一般不能被CPU直接访问,通常用来存放当前不活跃的程序和数据。外存是内存储器的补充,所以又叫辅助存储器,目前一般用磁盘、磁带等磁介质、光盘、半导体存储器(如U盘)等实现。

由于CPU的寄存器和算术逻辑单元都由高速器件组成,因此指令执行速度在很大程度上取决于数据存入和读出主存储器的速度。现如今随着计算机解题能力的提高、服务范围的扩大、系统软件的日益丰富,对主存储器技术也提出了更高的要求,当新的计算机系统问世时,都伴随着主存储器工艺的更新和改进。正因为这样,存储器的种类日益繁多,分类的方法也有很多种。下面分别从存储器的用途、存取方式等角度对存储器进行分类。

3.1.1.1 按用途分类

按用途进行分类,存储器可以分为内部存储器和外部存储器。

1. 内部存储器

内部存储器通常被简称为内存,是主机的一个组成部分,用来存放当前正在使用或经常使用的程序和数据,CPU可以直接对它进行访问。内存的存取速度快,通常由MOS(Metal Oxide Semiconductor)型半导体存储器组成。它包括RAM和ROM两种类型。RAM用来存放暂时性数据和应用程序,当电源关闭,存放在RAM中的信息也将全部消失。ROM断电后不会丢失所存储的内容,常用于存放系统软件、系统参数或永久性数据。

2. 外部存储器

外部存储器简称外存或辅助存储器,用来存放当前暂时不参与运算的程序和数据。外存的特点是容量大、存取速度较慢、CPU不能直接访问。但是,储存的数据可长期保存,这些是内存所不具备的。因此,外存在计算机系统中也是不可缺少的存储设备。

目前,微机系统中使用的外存有软盘、硬盘、光盘、盒式磁带和微缩胶片等。但是,外存都需要配置专用的驱动电路才能完成对它们的访问,如软盘要配软盘驱动器、硬盘要配硬盘驱动器等。

3.1.1.2 按信息存取方式分类

从第三代计算机开始,内部存储器就采用性能优良的半导体存储器。半导体存储器体积小、容量大、速度快、价格低,在计算机中得到了广泛的应用,也是目前微型计算机中最主要的存储器。半导体存储器的分类如图3-1所示。

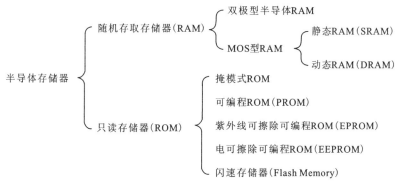

图3-1 半导体存储器的分类

半导体存储器种类繁多,按信息存取方式的不同将其划分成两大类,一是随机存取存储器(RAM),也称读写存储器;二是只读存储器(ROM)。RAM是一种易失性存储器,其特点是存储的信息既可以读出,也可以改写,但里面存储的信息断电就会消失。因此,RAM主要是用来存放一些和系统进行实时通信的输入输出数据、中间结果和外存交换的信息。ROM是一种非易失性存储器,其特点是存储的信息只能读出,不能改写,但断电后信息不消失,在计算机重新加电后,原有的内容仍可以读出来,所以ROM一般用来存放一些固定的数据和程序。

1. 随机存取存储器(RAM)

随机存取存储器简称RAM,按其制造工艺可以分为双极型半导体RAM和MOS型RAM。

(1)双极型半导体RAM:双极型半导体RAM的主要优点是存取时间短,通常为几纳秒到几十纳秒。与下面提到的MOS型RAM相比,其集成度低、功耗大,而且价格也较高。因此,双极型半导体RAM主要用于要求存取时间非常短的特殊应用场合。

(2)MOS型RAM:MOS型RAM制造工艺简单、集成度高、功耗低、价格便宜,在半导体存储器件中占有重要地位。按照芯片内部基本存储电路结构的不同,可分为静态随机存取存储器(Static RAM,SRAM)和动态随机存取存储器(Dynamic RAM,DRAM)两类。

SRAM的存储单元由双稳态触发器构成。双稳态触发器有两个稳定状态,可用来存储一位二进制信息。只要不掉电,其存储的信息可以始终稳定地存在,故称其为静态RAM。

SRAM 的主要特点是存取时间短（几十到几百纳秒），外部电路简单，便于使用。其功耗比双极型半导体 RAM 低，价格也比较便宜（蔺智挺等，2022）。

DRAM 的存储单元用电容来存储信息。由于电容总有漏电的情况存在，时间长了存放的信息就会丢失或出现错误。因此，需要对这些电容定时充电，这个过程称为"刷新"，即定时将存储单元中的内容读出再写入。由于需要刷新，所以这种 RAM 被称为动态 RAM。其最大的特点是集成度非常高，目前 DRAM 芯片的容量已达几百兆比特，此外它的功耗低，价格相对便宜。

2. 只读存储器（ROM）

只读存储器在工作时只能读出，不能写入，掉电后不会丢失所存储的内容。

(1) 掩模式 ROM：掩模式只读存储器是芯片制造厂根据只读存储器要存储的信息，在芯片的制造过程中通过掩模版写入内容，其存储的内容固化在芯片内，用户可以读出，但不能改变，故称为掩模式只读存储器。这种芯片存储的信息稳定，成本最低，适用于存放一些可批量生产的固定不变的程序或数据。

(2) 可编程 ROM（Programmable ROM，PROM）：如果用户要根据自己的需要来确定只读存储器中的存储内容，则可使用可编程只读存储器 PROM。PROM 允许用户对其进行一次编程，即写入数据或程序。一旦编程之后，信息就永久性地固定下来。用户可以读出其内容，但是再也无法改变它的内容。

(3) 可擦除可编程 ROM（Erasable Programmable Read – Only Memory，EPROM）：由于掩模式 ROM 和可编程 ROM 这两种芯片存放的信息只能读出而无法修改，给许多方面的应用带来不便，因此又出现了两类可擦除的 ROM 芯片。这类芯片允许用户通过一定的方式多次写入数据或程序，也可根据需要修改和擦除其中存储的内容，且写入的信息不会因为断电而丢失。可擦除可编程 ROM 因擦除方式的不同可分为两种：一是通过紫外线照射（时间约为 20min）来擦除，这种用紫外线擦除的 PROM 称为紫外线可擦除可编程只读存储器（Erasable Programmable，EPROM）；另外一种是通过加上一定电压的方法来擦除，这种电擦除的 PROM 称为电可擦可编程只读存储器（Electric Erasable Programmable ROM，简称 EEPROM）。芯片内容擦除后仍可以重新对它进行编程，写入新的内容，擦除和重新编程都可以多次进行。但有一点要注意，尽管 EPROM 或 EEPROM 芯片既可读出所存储的内容也可以对其编程写入和擦除，但它们与 RAM 还是有本质区别的。首先，它们不能像 RAM 芯片那样随机快速地写入和修改，它们的写入需要一定的条件；另外，RAM 中的内容在掉电之后会丢失，而 EPROM 或 EEPROM 则不会，其存储的内容一般可保留几十年。

(4) 闪速存储器：闪速存储器（Flash Memory）是新型的非易失性存储器，是在 EPROM 与 EEPROM 基础上发展起来的。它与 EPROM 一样，用单管来存储一位信息；它与 EEPROM 相同之处是用电来擦除，但是它只能擦除整个区域或整个器件。闪速存储器兼有 ROM 和 RAM 两者的性能，又有 DRAM 的高密度。目前，闪速存储器的价格已逐渐接近 DRAM，芯片容量也在不断提升，是目前具有大存储量、非易失性、低价格、可在线改写和高速读写特性的存储器（傅耀威等，2021）。闪速存储器是近年来发展最快、最有前途的存储器之一。

3. 存储器的层次化结构

存储器的层次化结构是指微机的存储系统由寄存器、高速缓存存储器 Cache、主存储器、外部存储器、后备存储器等多个层次由上至下排列组成的金字塔形特性关系。层次化结构的顶端,存储访问速度最快,单位价格最高,存储容量最小。自上而下存储速度越来越慢,容量越来越大,单位价格越来越低。存储器层次化结构如图3-2所示。

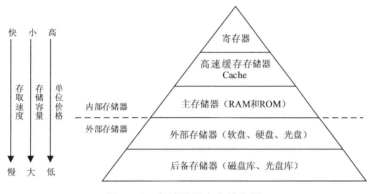

图3-2 存储器层次化结构图

在微机系统中,根据存储器作用的不同,存储器可分为外部存储器和内部存储器。外部存储器用来存放暂时不用的程序和数据,CPU不能对它进行直接访问。内部存储器是微型计算机的组成部分之一,用来存放计算机运行所需要的程序和数据,CPU可以对它进行直接访问。所以,相对于外部存储器来说,内部存储器存取速度快,但价格较高、容量较小。

根据存储介质的不同,存储器可分为半导体存储器、磁介质存储器和光存储器。外部存储器主要采用磁介质存储器和光存储器,如软盘、磁盘、光盘等。内部存储器一般都采用半导体存储器,它由半导体材料制成。这类存储器的特点是:存取速度快、体积小、存储密度高、与逻辑电路接口容易。

3.1.2 存储器的结构类型

在计算机内部,信息是通过二进制方式进行存储和处理的。根据处理过程中的作用,可以把信息分成两个部分:程序代码和数据。程序代码和数据在存储器中的存放也分成两种情况:一种是程序代码和数据存放在同一个存储器中,采用统一的编址方法,程序代码和数据占用不同的地址空间,存放程序代码的存储空间称为程序段(或代码段),存放数据的存储空间称为数据段,这种结构称为冯·诺依曼结构(普林斯顿结构);另一种是程序代码与数据分别存放在不同的存储器中,存放程序代码的存储器称为程序存储器,存放数据的存储器称为数据存储器,分别采用不同的编址方法,这种结构称为哈佛结构。

1. 冯·诺依曼结构

冯·诺依曼结构也称普林斯顿结构,它将程序代码和数据存储在统一的存储器中,程序代码的存储地址和数据的存储地址指向同一个存储器的不同物理位置。因此,程序代码和数据的宽度相同,如Intel公司的8086中央处理器的程序指令和数据都是16位宽。

1945年,冯·诺依曼首先提出了"存储程序"的概念和二进制原理。后来,人们就把利用这种概念和原理设计的电子计算机统称为冯·诺依曼结构计算机。冯·诺依曼结构计算机是将程序指令存储器和数据存储器合并在一起,使用同一个存储器,通过同一个总线传输程序代码和数据。

冯·诺依曼结构计算机具有以下特点：必须有一个存储器，用于记忆程序和数据；必须有一个控制器，对整个系统进行控制；必须有一个运算器，用于完成算术运算和逻辑运算；必须有输入和输出设备，用于进行人机通信。它的结构如图3-3所示。

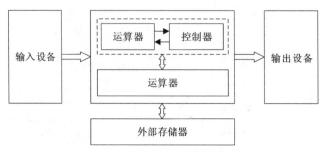

图3-3 冯·诺依曼结构图

在冯·诺依曼提出这套思想时，由于程序代码与数据都是二进制码，程序代码与数据的地址又密切相关。因此，当初选择这种结构是自然的。通用微型计算机通常采用这种结构，对于通用微型计算机，运算器和控制器集成为微处理器，微处理器和内部存储器一起构成主机，内部存储器和微处理器之间通过总线连接，内部存储器中存放的程序代码和数据轮流通过总线进行传送。在通用微型计算机系统中，应用软件的多样性使得计算机要不断地变化所执行的代码，程序代码和数据平时存放在外部存储器中，可以长期保存，当要运行某个应用软件时，该应用软件的程序代码和数据就被装载到内部存储器中，在内部存储器和微处理器之间处理，实现相应的任务。因此，通用微型计算机需要频繁地对内部存储器进行重新分配。在这种情况下，冯·诺依曼结构占有极大优势，因为统一编址可以最大限度地利用资源。

但是，这种程序代码和数据资料共享同一总线的结构，使得数据资料的传输成为限制计算机性能的瓶颈，影响了计算机处理速度的提高。特别是在需要进行大量数据资料传送的情况下，由于程序代码和数据都通过同一总线传送，微处理器将会在资料输入或输出内部存储器时闲置，这样非常不利于提高微处理器运行程序代码的速度。

2.哈佛结构

哈佛结构是一种将程序代码的存储位置和数据的存储位置分开的存储器结构。哈佛结构是一种并行体系结构，它的主要特点是将程序代码和数据存储在不同的存储空间中，程序代码存放在程序存储器中，数据存放在数据存储器中，程序存储器和数据存储器是两个独立的存储器，独立编址，独立访问。

哈佛结构的计算机由微处理器、程序存储器、数据存储器、输入设备和输出设备等组成，程序存储器和数据存储器采用不同的总线，从而提供了较大的存储器带宽，使数据的传输更加方便，提供了较高的数字信号处理性能。哈佛结构如图3-4所示。

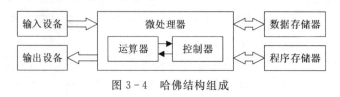

图3-4 哈佛结构组成

哈佛结构与冯·诺依曼结构相比,有两个明显的特点:第一,使用两个独立的存储器模块,分别存储程序代码和数据;第二,使用独立的两条总线,分别作为微处理器与每个存储器之间的专用通信通道,这两条总线之间毫无关联。

在哈佛结构中,微处理器可通过两条总线同时执行程序代码和传输数据,解决了冯·诺依曼结构数据资料的传输成为限制计算机性能的瓶颈问题。但是,由于程序代码和数据用不同的存储器存储,通过不同的方法访问,所以采用哈佛结构的计算机结构更为复杂;冯·诺依曼结构计算机的程序代码和数据是通过一个存储器混合存储,结构简单,成本低。另外,相比冯·诺依曼结构,哈佛结构更加适合于那些程序需要固化、任务相对简单的控制系统。

目前,使用冯·诺依曼结构和哈佛结构的微处理器都比较多。Intel 公司的通用微型计算机处理器一般都采用冯·诺依曼结构。另外,TI 公司的 MSP430 系列、Freescale 公司的 HCS08 系列、ARM 公司的 ARM7、MIPS 公司的 MIPS 处理器也采用了冯·诺依曼结构。而 Intel 公司的 MCS-51 系列单片机、Microchip 公司的 PIC 系列芯片、Motorola 公司的 MC68 系列、Zilog 公司的 Z8 系列、ATMEL 公司的 AVR 系列、ARM 公司的 ARM9/ARM10/ARM11 等都采用了哈佛结构。

思政导入　　　　　存算一体技术让 AI 更高效

存算一体(Computing in Memory)是将计算机中的运算从中央处理器转入内存中进行,直接在存储单元内部进行运算,缓解数据搬运的问题,可大幅降低数据交换时间以及计算过程中的数据存取能耗(Sebastian et al.,2020)。最早可以追溯到 20 世纪 60 年代末斯坦福研究所 Kautz 等人提出的存算一体计算机概念,但受限于当时芯片的制造技术和算力需求的匮乏,那时存算一体仅仅停留在理论研究阶段,并未得到实际应用。

随着近几年云计算和人工智能(Artificial Intelligence,简称 AI)应用的发展,面对计算中心的数据洪流,数据搬运慢、搬运能耗大等问题成为了计算的关键瓶颈(姚鹏等,2022)。过去 20 年,处理器性能以每年大约 55% 的速度提升,而内存性能的提升速度每年只有 10% 左右。长期下来,不均衡的发展速度造成当前的存储速度严重滞后于处理器的计算速度。

在传统计算机的设定里,存储模块是为计算服务的,因此在设计上会考虑存储与计算的分离和优先级。但是如今,不得不对存储和计算整体考虑,以最佳的配合方式为数据采集、传输和处理服务。这里面存储与计算的再分配过程就会面临各种问题,主要体现为存储墙、带宽墙和功耗墙问题。

存算一体不同于传统计算机的冯·诺伊曼架构,在特定领域可以提供更大算力和更高能效(邱赐云等,2018),明显超越现有专用集成电路(Application Specific Integrated Circuit,ASIC)算力芯片,其优势主要体现在以下几方面:①打破存储墙,消除不必要的数据搬移延迟和功耗;②使用存储单元参与逻辑计算,大幅提升算力。

存算一体技术被多家技术趋势研究机构确定为今后科技发展的趋势。存算一体是突破 AI 算力瓶颈和大数据的关键技术。因为利用存算一体技术,设备性能不仅能够得到提升,其成本也能够大幅降低(Montuschi et al.,2023)。

通过使用存算一体技术,可以将带 AI 计算中大量乘加计算的权重部分存储在存储单元中,在存储单元的核心电路上进行修改,从而在读取的同时进行数据输入和计算处理,在存储阵列中完成卷积运算。由于大量增加的卷积运算是深度学习算法中的核心组成部分,因此存内计算和存内逻辑非常适合人工智能的深度神经网络应用和基于 AI 的大数据技术。

3.1.3 半导体存储器的基本结构

存储一位二进制代码的基本单位电路就称为存储位或存储元,由若干个存储元组成一个存储单元,然后由许多个存储单元组成一个存储器。计算机系统中内部存储器的基本结构如图 3-5 所示。

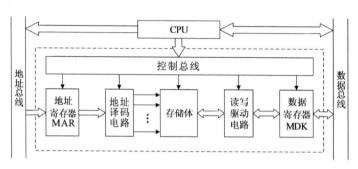

图 3-5 内部存储器的基本结构

内部存储器一般由存储体、读写驱动电路、地址译码电路和控制逻辑电路等组成。内部存储器通过数据总线、地址总线和控制总线与 CPU 交换信息。地址总线用来指出所访问的存储单元的地址,该地址通过存储器内的地址译码电路码,然后选中被访问的存储单元;控制逻辑电路用来协调和控制 CPU 与内存之间的读写操作;数据总线用来在 CPU 与内部存储器之间传送数据信息。

当 CPU 启动一次存储器读操作时,CPU 先将地址码通过地址总线送入地址寄存器 MAR,然后是控制逻辑电路中的读信号 READ 线有效,MAR 中的地址码经过地址译码器后选中该地址对应的存储单元,并通过读写驱动电路将选中单元的数据送入数据寄存器 MDR,最后经过数据总线读入 CPU。

1. 存储体

存储体是由若干存储单元组合而成的集合体,每个存储单元一般按照二维矩阵的形式排列,所以又称为存储矩阵。每一个存储单元都被赋予一个编号,称为存储单元地址。一个存储单元由一位或多位组成,每一位对应于一个基本存储元件,用于存储 1 或 0(一个二进制位)。

存储器的地址用一组二进制表示,若以 n 表示其地址线的位数,N 表示存储单元的容量,它们之间的关系为:$N=2^n$。

2. 地址寄存器和地址译码器

地址寄存器用来存放 CPU 访问存储单元的地址,经地址译码器译码后选中相应的存储单元。在微型计算机中,地址通常由地址锁存器提供。存储器地址译码的方式有两种,通常被称为单译码与双译码。

(1) 单译码:单译码的全部地址码只用一个电路译码,即译码输出的字线直接选中对应的存储单元。这种方式地址位数多时译码器输出的字线较多,如图 3-6 所示,适用于容量较小的存储器。若有 n 位地址,寻址 2^n 个存储单元需要 2^n 根译码线。

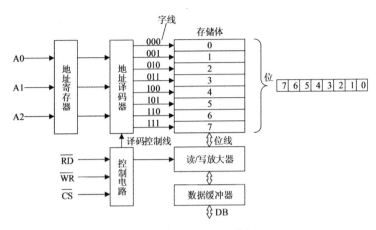

图 3-6 单译码存储器结构框图

(2) 双译码:在双译码的结构中,地址译码器分成两部分,即行译码器(又叫 X 译码器)和列译码器(又叫 Y 译码器)。X 译码器输出行地址输出线,Y 译码器输出列地址输出线。行列输出线交叉处即为所选中的存储单元,如图 3-7 所示。图中具有 1024 个基本存储单元的存储体排列成 32×32 的矩阵,它的 X 译码器和 Y 译码器各有 32 根译码输出线,共 64 根,如果采用单译码方式,则需要 1024 根译码输出线。因此,这种方式的特点是译码输出线较少,适用于大容量的存储器。若有 n 位地址,寻址 2^n 存储单元,需要 $2\times 2^{(n/2)+1}$ 根译码线。

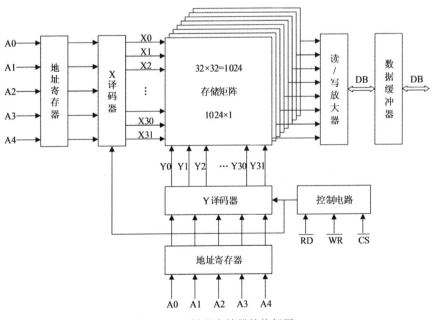

图 3-7 双译码存储器结构框图

3. 读/写放大器和数据缓冲器

读/写放大器实现对存储体中存储单元可靠的读和写。由于存储单元的电荷电压非常低,如果没有进行合适的放大处理,读取的信号会非常微弱,而且容易受到干扰,从而导致误码率增加。

数据缓冲器用于暂存从存储单元中读出的数据,或从 CPU 或 I/O 设备送来的要写入存储器中的数据。数据缓冲器可以协调 CPU 和存储器之间在速度上的差异,起到缓冲作用,从而实现数据传送的同步。

4. 控制逻辑电路

控制逻辑电路接收 CPU 送来的启动、片选、读写及清除等命令,经控制逻辑电路处理后,向存储器发出相应的时序信号来控制对存储单元的读和写。

3.1.4 半导体存储器的性能指标

衡量半导体存储器性能的主要性能指标有存储容量、存取时间、存取周期、可靠性、存储器节宽和其他指标等。

1. 存储容量

存储器的存储容量是表示存储器容量大小的重要指标,它表示的是存储器所能存储二进制数码的数量,即所含存储元的总数。通常用"存储单元个数"与"每个存储单元的位数"之积来表示。每个存储器单元可存储若干个二进制位,二进制位的长度称为存储器字长,存储器字长一般与数据线的位数相等。每个存储器单元具有唯一的地址。因此,通常存储容量越大,地址线的位数就越多。

存储容量通常以字节(Byte)表示,1Byte=8bit。由于存储器容量的数值一般都比较大,因此常以 K 表示 2^{10},M 表示 2^{20},G 表示 2^{30},T 表示 2^{40} 等。例如 256KB 等于 $256 \times 2^{10} \times 8$bit,32MB 等于 $32 \times 2^{20} \times 8$bit。例如 SRAM 芯片 6264 的容量为 8KB,即它有 8×1024 个存储单元,每个单元存储 8 位二进制数据。目前,各半导体器件生产厂家为用户提供了许多种不同容量的存储器芯片,用户在构成计算机内存系统时,可以根据需求加以选用。

随着存储器生产技术的不断发展,其存储容量不断扩大。现常用的单位有:千字节 KB(1KB=1024B)、兆字节 MB(1MB=1024KB)、千兆字节 GB(1GB=1024MB)及兆兆字节 TB(1TB=1024GB)。

2. 存取时间和存取周期

存取时间和存储周期是反映主存工作速度的重要指标。

存取时间又称存储器访问时间,即启动一次存储器操作(读或写)到完成该操作所需要的时间。具体地讲,也就是从一次读操作命令发出到该操作完成,将数据读入数据缓冲寄存器为止所经历的时间,即为存储器存取时间。CPU 在读写存储器时,其读写时间必须大于存储器芯片的存取时间,如果不能满足这一点,微型计算机则无法正常工作。

存取周期是存储器本次存取开始到下次存取开始所需的最小时间间隔。一般情况下,存储周期大于存取时间,其时间单位一般为纳秒,如图 3-8 所示。通常在芯片技术手册上给出存取时间的上限值,称为最大存取时间。

3. 可靠性

可靠性则是指存储器对电磁场的抗干扰性和对温度变化的抗干扰性。可靠性一般用平

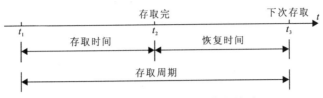

图 3-8 存取时间与存取周期的关系

均无故障时间(Mean Time Between Failures,简称 MTBF)来表示,单位一般用小时。

MTBF 越长,表示可靠性越高,目前半导体存储芯片的平均无故障时间可达数万小时。计算机要正确地运行,必然要求存储器系统具有很高的可靠性。内存储器发生的任何错误都会使计算机不能正常工作,而存储器的可靠性直接与构成它的芯片有关。

除了 MTBF,存储器的可靠性还可以通过每百万小时故障次数(Failures in Time,简称 FIT)、平均修复时间(Mean Time to Repair,简称 MTTR)等指标来判断。

存储器的失效率是指在单位时间内设备或系统发生故障的概率。它通常以每小时故障次数或每百万小时故障次数 FIT 来表示。平均修复时间是指从设备或系统故障发生到修复完成所需的平均时间,较短的 MTTR 意味着故障后能够更快地恢复正常运行。

可用性是由 MTBF 和 MTTR 的比值来计算的,通常以百分比形式表示,是指设备或系统在给定时间内处于可操作状态的概率。

4. 存储器带宽

存储器带宽是指单位时间内存储器所能存取的信息量,而存储器在单位时间内读出或写入的位数或字节数。它是体现数据传输速率的重要技术指标,单位为位/秒(bit per second,即 bls,也记作 bps)或字节/秒(Bytes/s)。

存储器的带宽决定了以存储器为中心的机器获取信息的传输速度,是改善机器瓶颈的关键因素。为了提高存储器的带宽,可以采取以下措施。

(1)存取周期:存取周期是存储器完成一次数据读写操作所需的时间,缩短存取周期可以提高存储器的带宽。

(2)增加存储字长:增加存储字长可以使每个存取周期读写更多的二进制位数,从而提高存储器的带宽。

(3)增加存储体:通过增加存储体的数量,可以同时进行更多的数据读写操作,从而提高存储器的带宽。

5. 其他指标

(1)功耗:功耗通常是指每个存储单元消耗功率的大小,单位为微瓦/位($\mu W/bit$,或 $\mu W/b$)或者毫瓦/位(mW/bit,或 mW/b)。使用功耗低的存储器芯片构成存储系统,不仅可以提高存储系统的可靠性,而且还可以减少对芯片、对电源容量的要求。

(2)集成度:集成度是指在一块存储芯片内,能集成多少个基本存储电路。每个基本存储电路可存放一位二进制信息,所以集成度常用"位/片"来表示。

(3)性能/价格比:性能/价格比(简称性价比)是衡量存储器经济性能好坏的综合指标,它关系到存储器的实用价值。其中,性能包括前述的各项指标,而价格是指存储单元本身和外围电路的总价格。

体积小、质量轻、价格低、使用灵活为微型计算机的主要特点及优点，所以除了以上指标外，存储器的体积大小、功耗、工作温度范围、成本高低等也时常成为人们关注的性能指标。

3.2 随机存取存储器

RAM 即随机存取存储器，主要用来存放当前运行程序的各种输入/输出数据、中间运算结果及堆栈等，其存储的内容既可随时读出，也可随时进行写入和修改。RAM 的缺点是数据的易失性，即一旦掉电，其所存的数据将全部丢失。典型 RAM 芯片的内部结构如图 3-9 所示。该类半导体存储器由地址译码器、存储矩阵、读写控制逻辑、三态双向缓冲器等部分组成。

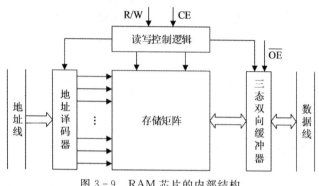

图 3-9 RAM 芯片的内部结构

地址译码器接收来自 CPU 的地址信息，译码后产生选中信号，选中某个存储单元。译码一般有线译码（单译码）、行列译码（双译码）等模式。存储器的字长指的是每一个存储单元所包含的二进制数的位数，数据缓冲器位宽应与存储器的字长相同。

每个基本存储电路可存储一位二进制数，若干个基本存储电路组成一个存储器单元。每个存储器单元具有唯一的地址。存储单元按一定的结构排列，如线列结构、行列结构等，称为存储矩阵。

读写控制逻辑接收来自 CPU 的控制信号，对地址译码器、存储矩阵、数据缓冲器等进行控制。通常控制信号有片选信号 CE、读信号 RD、写信号 WE 等。当系统由多个存储器芯片组成时，CPU 的地址信号经地址译码器译码后产生片选信号送入存储器的 CE，用来控制存储器内的译码电路。当 CE≠0 时，表示该存储器芯片未被选中，存储器内的译码电路不工作，也不选中存储矩阵中的任何单元；当 CE=0 时，则表示该存储器芯片被选中，存储器内的译码电路根据送到的地址信息选中存储矩阵中的某个单元。

RAM 存储单元按工作方式不同，可分为静态和动态两类，按所用元器件类型又可分为双极型和 MOS 型两种，因此存储单元电路形式多种多样。

3.2.1 静态随机存取存储器 SRAM

3.2.1.1 基本存储电路

静态 RAM 采用触发器线路构成一个二进制信息存储单元，一般由 6 支 NMOS 晶体管（VT1～VT6）组成，六管静态 RAM 基本存储电路如图 3-10 所示。

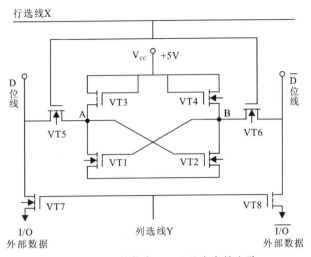

图 3-10 六管静态 RAM 基本存储电路

VT1 与 VT3 构成一个反相器,VT2 与 VT4 构成另一个反相器,两个反相器的输入与输出交叉连接,构成基本触发器作为数据存储单元。X 是行选线,Y 是列选线,D 是位线。当 VT1 导通、VT2 截止时,A 为 1 状态,B 为 0 状态;当 VT2 导通、VT1 截止时,A 为 0 状态,B 为 1 状态。所以,可用 A 点电平的高低来表示"1"和"0"两种信息。

VT5、VT6 是门控管,由 X 线控制其导通或截止,它们用来控制触发器输出端与位线之间的连接状态。VT7、VT8 也是门控管,其导通与截止受 Y 线控制,它们是用来控制位线与数据线之间连接状态的,工作情况与 VT5、VT6 类似。但并不是每个存储单元都需要两支门控管,而是一列存储单元用两支。所以,只有当存储单元所在的行、列对应的 X、Y 线均为 1 时,A、B 两点才与 D、$\overline{D}$ 分别连通,从而可以进行读写操作,这种情况称为选中状态。

以写操作为例,介绍一下基本的静态存储单元工作原理。写操作时,如果要写入 1,则在 D 线上加上高电平,在 $\overline{D}$ 线上加上低电平,行、列对应的 X、Y 线均为 1 时,通过导通的 VT5、VT6、VT7、VT8 四个晶体管,把高、低电平分别加在 A、B 点,即 A=1,B=0,VT1 导通,使 VT2 截止。当输入信号和地址选择信号(即行、列选通信号)消失以后,即行、列对应的 X、Y 线均为 0 时,VT5、VT6、VT7、VT8 全都截止,VT1 和 VT2 就保持被强迫写入的状态不变,从而将 1 写入存储电路。此时,各种干扰信号不能进入 VT1 和 VT2。所以,只要不掉电,写入的信息就不会丢失。写入 0 的操作与此类似,只是在 D 线上加上低电平,在 $\overline{D}$ 线上加上高电平即可。

3.2.1.2 典型的 SRAM 芯片

典型的 SRAM 芯片有 1K×4bit 的 2114、2K×8bit 的 6116、8K×8bit 的 6264、16K×8bit 的 62128、32K×8bit 的 62256、64K×8bit 的 62512 以及更大容量的 128K×8bit 的 HM628128 和 512K×8bit 的 HM628512 等。

1. Intel 6116

Intel 6116 为典型 SRAM 芯片,它的引脚图及内部功能如图 3-11 所示。Intel 6116 芯片的容量为 2KB,有 2048 个存储单元,需 11 根地址线,7 根用于行地址译码输入,4 根用于列地址译码输入,每条列线控制 8 位,从而形成了 128×128 个存储阵列,即存储体中有 16 384

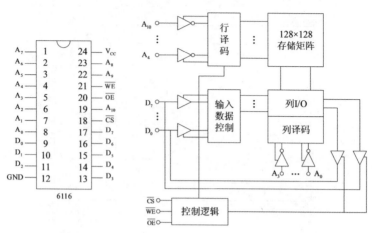

图 3-11 Intel 6116 芯片引脚图及内部功能框图

个存储单元。Intel 6116 的控制线有 3 条:片选$\overline{CS}$、输出允许$\overline{OE}$和读写控制$\overline{WE}$。

Intel 6116 存储器芯片的工作过程如下:①读出时,地址输入线 $A_{10} \sim A_0$ 送来的地址信号经译码器送到行地址译码器和列地址译码器,经译码后选中一个存储单元(其中有 8 个存储位),由$\overline{CS}$、$\overline{OE}$、$\overline{WE}$构成读出逻辑($\overline{CS}=0$,$\overline{OE}=0$,$\overline{WE}=1$)打开右面的 8 个三态门,被选中单元的 8 位数据经 I/O 电路和三态门送到 $D_7 \sim D_0$ 输出;②写入时,地址选中某一存储单元的方法和读出时相同,不过这时$\overline{CS}=0$,$\overline{OE}=1$,$\overline{WE}=0$。打开左边的三态门,从 $D_7 \sim D_0$ 端输入的数据经三态门的输入控制电路送到 I/O 电路从而写到存储单元的 8 个存储位中;③当没有读写操作时,$\overline{CS}=1$,即片选处于无效状态,输入输出三态门呈高阻状态,从而使存储器芯片与系统总线脱离。

2. HM628511HC 芯片

HM628511HC 是 512KB 的 CMOS 型 SRAM。它的主要特点有:高速,读写时间为 10ns 或 12ns;低功耗,操作功耗为 $130 \sim 140$mA,维持功耗为 5mA;使用单电源,电压为 5V。HM628511HC 为 36 脚 SOJ 封装,引脚图和内部结构图如图 3-12 所示。

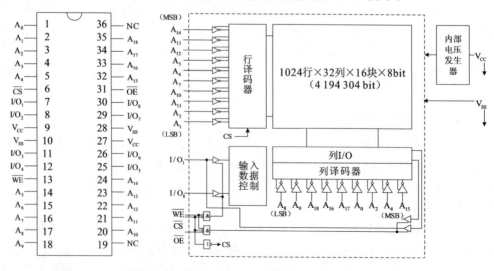

图 3-12 HM628511HC 引脚图和内部结构图

HM628511HC 有 $A_{18} \sim A_0$ 共 19 条地址线,LSB 为最低有效位,MSB 为最高有效位,数据线为 $I/O_8 \sim I/O_1$,$\overline{CS}$ 为片选,$\overline{WE}$ 为写允许,$\overline{OE}$ 为输出允许。

3.2.2 动态随机存取存储器 DRAM

3.2.2.1 单管动态随机存取存储器基本存储电路

单管动态 RAM 基本存储电路如图 3-13 所示。该存储单元只有一个门控管 T_S,信息存放在分布电容 C_S 上。当 C_S 上充有电荷时,表示其存储信息为"1";当电容上无电荷时,则表示其存储信息为"0"。

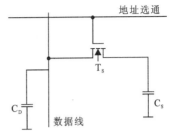

图 3-13 单管动态 RAM 基本存储电路

写入时,地址译码选通线有效,T_S 导通,数据以充电或放电的形式由数据线存入到电容 C_S 中;数据写入后,T_S 截止,使数据能以电荷的形式保存在 C_S 中。

读出时,地址译码选通线有效,T_S 导通,存储在 C_S 上的电荷通过 T_S 输出到数据线上,再通过读出放大器电路输出。由于数据线上分布电容 C_D 的存在,使读出操作变为破坏性读出,读后必须重写。

而且由于电路中不可避免地存在漏电流,使 C_S 上存储的电荷只能维持较短的时间,通常是若干毫秒,所以这种用单管动态 RAM 存储电路组成的 DRAM 芯片中都配有一个灵敏再生放大器,用来实现存储单元信息的放大和动态刷新。

3.2.2.2 DRAM 刷新

DRAM 是靠电容存储电荷来保存信息的。由于电容会泄漏放电,为保持电容中的电荷不丢失,必须对 DRAM 不断进行读出和再写入,以使放电泄漏的电荷得到补充。

温度上升时,电容的放电速度也会加快,所以两次刷新的时间间隔是随温度而变化的,一般为 1~100ms。温度为 70℃时,一般的刷新间隔为 2ms。因读写操作的随机性,不能保证内存中所有的 RAM 单元都在 2ms 中通过正常的读写操作来刷新,因此依靠专门的存储器刷新周期来系统地完成 DRAM 的刷新。

表 3-1 常见 DRAM 芯片

型号	容量/bit	结构
2164	64K	64K×1bit
21256	256K	256K×1bit
21464	256K	64K×4bit
421000	1M	1M×1bit
424256	1M	256K×4bit
44100	4M	4M×1bit
44400	4M	1M×4bit
44160	4M	256K×16bit
416800	16M	8M×2bit
416400	16M	4M×4bit
416260	16M	1M×16bit

3.2.2.3 典型的动态 RAM 芯片

DRAM 由于集成度高、功耗低、价格低而被广泛应用。DRAM 的发展速度很快,单片容量越来越大,表 3-1 列出了部分常见 DRAM 芯片的型号、容量和结构信息。

1. Intel 2164A 芯片

Intel 2164A 芯片是 64K×1bit 的 DRAM,基本存储单元采用单管存储电路,是 Intel 公司的早期产品,当时 IBM 公司的 PC 就是使用该芯片作为其内存。图 3-14、图 3-15 分别为 Intel 2164A 芯

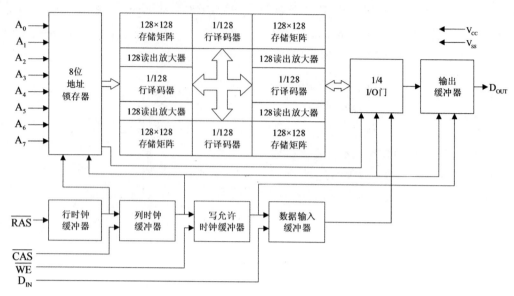

图 3-14 Intel 2164A 芯片内部结构图

片的内部结构图和芯片引脚图。

Intel 2164A 的片内有 64K(65 536)个存储单元,即有 64K 个存储地址,每个存储单元存储一位数据,片内要寻址 64K 个地址,需要 16 条地址线。为减少封装引脚,地址线分两部分——行地址和列地址,芯片的地址引脚只有 8 条。片内有地址锁存器,可利用外接多路开关,由行地址选通信号 $\overline{RAS}$ 将先送入的 8 位行地址送片内行地址锁存器,然后由列地址选通信号 $\overline{CAS}$ 将后送入的 8 位列地址送片内列地址锁存器,由 16 位地址信号选中 64K 存储单元中的一个单元。

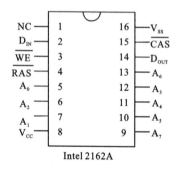

图 3-15 Intel 2164A 芯片内部引脚图

芯片中的 64K 存储体由 4 个 128×128 的存储矩阵组成,每个 128×128 的存储矩阵由 7 条行地址和 7 条列地址进行选择。7 位行地址经过译码产生 128 条选择线,分别选择 128 行中的一行;7 位列地址经过译码产生 128 条选择线,分别选择 128 列中的一列。7 位行地址 $RA_0 \sim RA_6$ 和 7 位列地址 $CA_0 \sim CA_6$ 可同时选中 4 个存储矩阵中各一个存储单元,然后再由 RA_7 与 CA_7(地址总线中的 A_7 和 A_{15})经 1/4 I/O 门电路选中一个单元进行读写。而刷新时,由送入的 7 位行地址同时选中 4 个存储矩阵的同一行,即对 $4 \times 128 = 512$ 个存储单元进行刷新。

Intel 2164A 的数据线是输入和输出分开的,由 $\overline{WE}$ 信号控制读写。当 $\overline{WE}$ 为高电平时为读出,所选中单元的内容经过输出三态缓冲器从 D_{OUT} 引脚读出;当 $\overline{WE}$ 为低电平时为写入,D_{IN} 引脚上的内容经过输入三态缓冲器对选中单元进行写入。

Intel 2164A 芯片无专门的片选信号,一般行选通信号和列选通信号就起到了片选的作用,与 Intel 2164A 有相同引脚的芯片有 MN4164 等。

2. 414256芯片

414256芯片的内部结构如图3-16所示,其基本组成是512×512×4bit的存储器阵列,还包括读出放大器与I/O门控制电路、行地址缓冲器、行地址译码器、列地址缓冲器、列地址译码器、数据输入/输出缓冲器、刷新控制/计数器及时钟发生器等。

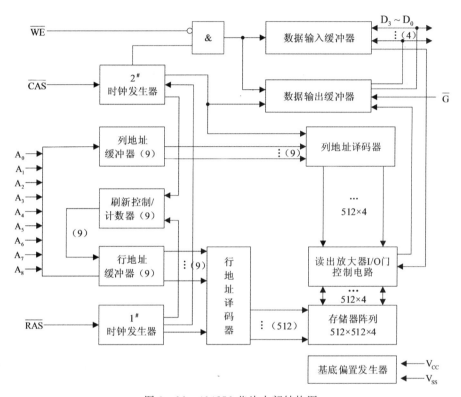

图3-16 414256芯片内部结构图

414256芯片的地址信号线同样只有一半的位数,由行地址和列地址分两次输入。存储器访问时,首先由$\overline{RAS}$信号锁存由地址线$A_0 \sim A_8$输入的9位行地址;然后再由$\overline{CAS}$信号锁存由地址线$A_0 \sim A_8$输入的9位列地址;经译码选中某一存储单元,在读/写控制信号$\overline{WE}$的控制下,可对该单元的4位数据进行读出或者写入。

由于动态存储器读出时须预充电,因此每次读/写操作均可进行一次刷新。414256芯片必须每8ms刷新一次。刷新时通过在512行地址间按顺序循环进行刷新,可以分散刷新也可以连续刷新。分散刷新是指每隔一定的时间刷新一行;连续刷新也称猝发方式刷新,该方式对512行进行连续刷新。刷新地址可以由外部输入,也可以使用内部刷新控制器产生刷新地址。

3.3 只读存储器

只读存储器ROM以非破坏性读出方式工作,只能读出而无法写入信息。信息一旦写入后就固定下来,即使切断电源,信息也不会丢失,所以又称为固定存储器。ROM所存数据通常是装入整机前写入的,整机工作过程中只能读出,不能像随机存储器那样,能快速方便地改写存储内容。ROM 所存数据稳定,断电后所存数据也不会改变,并且结构较简单,使用方便,因而常用于存储各种固定程序和数据。

除少数种类的只读存储器(如字符发生器)可通用之外,不同种类的只读存储器功能不同。为便于用户使用和大批量生产,进一步发展出可编程只读存储器(PROM)、紫外线可擦除可编程只读存储器(EPROM)和电可擦除可编程只读存储器(EEPROM)等不同的种类。ROM 应用广泛,诸如 Apple II 或 IBM PC XT/AT 等早期个人电脑的开机程序(操作系统)或是其他各种微电脑系统中的固件(写入 EPROM 或 EEPROM 中的程序),所使用的硬件都是 ROM。

只读存储器具有以下 5 个主要特点。

结构简单:一般来说,ROM 的结构相对简单,这使得它在硬件设计上较为容易实现。

非易失性:这意味着 ROM 中的数据即使在电源关闭的情况下也能保持不变,因此它的可靠性非常高。

信息不可更改:与可读/写存储器不同,ROM 只能读取数据,无法对其内容进行修改或重写。

快速存取:尽管现代技术已经提高了存储设备的性能,但 ROM 仍然以其快速的存取速度著称。

应用广泛:由于上述特性,ROM 被广泛应用于需要长期保存固定数据的场合,如计算机主板上的 BIOS、设备固件及早期的电子游戏机等。

只读存储器 ROM 包括熔丝(FUSE)存储器、反熔丝(ANTIFUSE)存储器、掩膜式只读存储器(MASK ROM)、可编程只读存储器(PROM)、紫外线可擦除可编程只读存储器(EPROM)、电可擦除可编程只读存储器(EEPROM)和闪速存储器(Memory)。其中,FUSE、ANTIFUSE、MASKROM 和 PROM 都是一次性编程存储器,存储器中的信息不能修改; EPROM、EEPROM 和 FLASH 是多次可编程存储器,存储器中的信息可以修改。EPROM 与 EEPROM、FLASH 的不同之处在于,前者擦除程序要用紫外线,后两者擦除程序用电。由于 EEPROM 和 FLASH 编程和修改的方便,应用最为广泛。

从理解半导体存储器基本原理和应用的角度出发,本节主要介绍 EPROM、EEROM 和 FLASH 存储器芯片的原理及其应用。

3.3.1 EPROM 存储器

EPROM 是一种断电后仍能保留数据的计算机储存芯片——非易失性(非挥发性)芯片。它是一组浮栅晶体管,通过一个提供比电子电路中常用电压更高的电压的设备进行编程。一旦编程完成,EPROM 只能用强紫外线照射来擦除。通过封装顶部能看见硅片的透明窗口,很容易识别 EPROM。这个窗口同时用来进行紫外线擦除,将 EPROM 的玻璃窗对准阳光直射一段时间就可以擦除。

EPROM 内资料的写入要用专用的编程器,并且往芯片中写内容时,必须要加一定的编程电压(V_{PP}=12~24V,随不同的芯片型号而定)。

V_{PP}(Voltage Peak-Peak):峰峰值电压,即正(余)弦曲线中最大值和最小值的差,也就是峰值电压最大值的 2 倍（$V_{PP}=2V_{pk}$）。

EPROM 的型号通常是以 27 开头的，如 27C020（$8\times256K$）是一片 2MBits 容量的 EPROM 芯片，其管脚功能配置如表 3-2 所示。

表 3-2 管脚功能配置表

管脚名称	功能
$A_0\sim A_{17}$	器件地址选择
$O_0\sim O_7$	输出
$\overline{CE}$	芯片使能端
$\overline{OE}$	输出使能端
$\overline{PGM}$	访问片外程序存储器的读选通信号

EPROM 芯片在写入资料后，还要用不透光的贴纸或胶布把窗口封住，以免受到周围的紫外线照射而使资料受损。EPROM 芯片在空白状态时（用紫外光线擦除后），内部的每一个存储单元的数据都为 1（高电平）。

3.3.1.1　EPROM 工作原理

1. 主要结构

EPROM 是可编程器件，主流产品采用双层栅（二层 poly）结构，主要结构如图 3-17 所示。

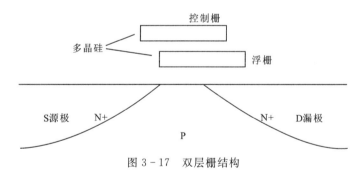

图 3-17　双层栅结构

浮栅中没有电子注入时，在控制栅加电压时，浮栅中的电子跑到上层，下层出现空穴，由于感应，便会吸引电子并开启沟道；如果浮栅中有电子注入时，即加大了管子的阈值电压，沟道处于关闭状态，这样就达成了开关功能。

2. 写入过程

图 3-18 为 EPROM 的写入过程，在漏极加高压，电子从源极流向漏极，沟道充分开启。在高压的作用下，电子的拉力加强，能量使电子的温度极度上升，变为热电子（Hot Electron）。这种电子几乎不受原子振动作用引起的散射影响，在受到控制栅施加的高压时，热电子使能跃过 SiO_2 的势垒，注入到浮栅中。

在没有别的外力的情况下，电子会保持原来的状态。在需要消去电子时，利用紫外线进行照射，给电子足够的能量逃逸出浮栅。

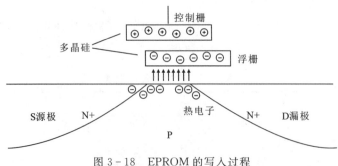

图 3-18 EPROM 的写入过程

EPROM 的写入过程利用了隧道效应,即能量小于能量势垒的电子能够穿越势垒到达另一边。量子力学认为物理尺寸与电子自由程相当时,电子将呈现波动性,这里表明物体要足够小。

就 PN 结来看,电子通过扩散运动在价带和导带之间移动,当 P 和 N 的杂质浓度达到一定水平,并且空间电荷极少时,电子可以从价带穿过禁带进入到导带,电子就会因隧道效应向导带迁移。电子的能量处于某个级别允许的范围称为"带",较低的能带称为价带,较高的能带称为导带。电子到达较高的导带时就可以在原子间自由的运动,这种运动就是电流。移动的电子与导体中其他原子和电子之间的相互作用,会导致导体发热。这就是为什么在电路中,导线会因为电流通过而发热。

EPROM 写入过程,根据隧道效应,包围浮栅的 SiO_2 必须极薄以降低势垒,源极、漏极接地,处于导通状态。在控制栅上施加高于阈值电压的高压,可以减少电场作用,吸引电子穿越。

3.3.1.2 EPROM 特点

(1) EPROM 的编程需要使用编程器完成。编程器是用于产生 EPROM 编程所需要的高压脉冲信号的装置。编程时将 EPROM 的数据送到随机存储器中,然后启动编程程序,编程器便将数据逐行地写入 EPROM 中。

(2) 一片编程后的 EPROM,可以保持数据 10~20 年,并能无限次读取。擦除窗口必须保持覆盖,以防偶然被阳光擦除。老式电脑的 BIOS 芯片,一般都是 EPROM,擦除窗口往往被印有 BIOS 发行商名称、版本和版权声明的标签所覆盖。目前,EPROM 已经被 EEPROM(电可擦除可编程只读存储器)取代。

(3) 一些在快闪记忆体出现前生产的微控制器,使用 EPROM 来储存程序的版本更利于调试;使用一次性可编程(PROM)器件,调试时将造成严重浪费。

3.3.1.3 典型的 EPROM 芯片——2716

作为可擦除可编程的只读存储器,EPROM 通常用作程序存储器。表 3-3 是部分常用的 EPROM 芯片。下面通过 EPROM2716 这一具体型号来介绍 EPROM 芯片的基本工作原理及其与系统的连接方法。

EPROM2716 是一种 2KB 的 EPROM 存储器芯片,双列直插式 24 引脚封装,其最基本的存储单元就采用带有浮动栅的 MOS 管。

表 3-3 常用的 EPROM 芯片

型号	容量结构	最大读出时间/ns	制造工艺	需用电源/V	管脚数
2708	1K×8bit	350～450	NMOS	±5,±12	24
2716	2K×8bit	300～450	NMOS	+5	24
2732	4K×8bit	200～450	NMOS	+5	24
2764	8K×8bit	200～450	HMOS	+5	28
27128	16K×8bit	250～450	HMOS	+5	28
27256	32K×8bit	200～450	HMOS	+5	28
27512	64K×8bit	250～450	HMOS	+5	28
27513	4×64K×8bit	250～450	HMOS	+5	28

1. 芯片的内部结构

Intel 2716 存储器芯片的内部结构图和引脚图如图 3-19 所示。Intel 2716 存储器芯片的主要组成部分如下。

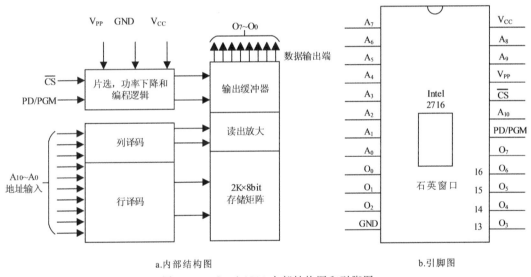

a.内部结构图 b.引脚图

图 3-19 Intel 2716 内部结构图和引脚图

存储列阵：Intel 2716 存储器芯片的存储阵列由 2K×8 个带有浮动栅的 MOS 管构成,可保存 2K×8bit 二进制信息。

行译码器：可对 7 位行地址进行译码。

列译码器：可对 4 位列地址进行译码。

输出允许、片选和编程逻辑：实现片选及控制信息的读/写。

数据输出缓冲器：实现对输出数据的缓冲。

2. 芯片的外部结构

Intel 2716 具有 24 个引脚,其引脚图如图 3-19b 所示,各引脚的功能如下。

$A_0 \sim A_{10}$:11 位地址信号输入引脚,可寻址芯片的 2K 个存储单元。

$O_0 \sim O_7$:8 根双向数据线。正常工作时为数据输出线,编程时为数据输入线。

$\overline{CE}$:片选信号输入引脚,低电平有效,只有当该引脚转入低电平时,才能对相应的芯片进行操作。

$\overline{OE}$:数据输出允许控制信号引脚输入,低电平有效,用以允许数据输出。

V_{CC}:+5V 电源,用于在线的读操作。

V_{PP}:+25V 电源,用于在线的读操作。

GND:地。

3. 工作方式与操作时序

Intel 2716 芯片有数据读出、编程写入和擦除 3 种工作方式。

(1)数据读出:这是 Intel 2716 的基本工作方式,用于读出 Intel 2716 中存储的内容。先把要读出的存储单元地址送到 $A_0 \sim A_{12}$ 地址线上,然后使 $\overline{CE}=0$,$\overline{OE}=0$,就可在 $O_0 \sim O_7$ 上读出需要的数据。在读操作时,片选信号 $\overline{CE}$ 应为低电平,输出允许控制信号 $\overline{OE}$ 也为低电平。Intel 2716 的时序波形如图 3-20 所示。读周期由地址有效开始,经时间 t_{ACC} 后,所选中单元的内容就可由存储列中读出,但能否送至外部数据总线,还取决于片选信号 $\overline{CE}$ 和输出允许信号 $\overline{OE}$。时序中规定,必须从 $\overline{CE}$ 有效经过 t_{CS} 时间及从 $\overline{OE}$ 有效经过时间 t_{OE},芯片地输出三态门才能完全打开,数据才能送到数据总线。表 3-4 为 Intel 2716 不同工作方式的选择。

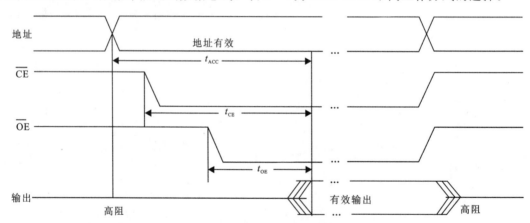

图 3-20 Intel 2716 读时序波形

表 3-4 Intel 2716 工作方式选择

方式	$\overline{CE}$	$\overline{OE}$	V_{PP}	V_{CC}	$I/O_0 \sim I/O_7$
读	L	L	5V	5V	输出(在线)
维持	H	×	5V	5V	高阻
编程	H	H	25V	5V	输入(离线)
编程校验	L	L	25V	5V	输出
编程禁止	L	H	25V	5V	高阻

(2)编程写入:EPROM 芯片的编程有两种方式,一种是标准编程,另一种是快速编程。

标准编程每给出一个编程负脉冲就写入一个字节的数据。具体的方法是:V_{CC} 接 $+5V$,V_{PP} 加上芯片要求的高电压;在地址线 $A_0 \sim A_{12}$ 上给出要编程存储单元的地址,然后使 $\overline{CE}=0$,$\overline{OE}=1$,并在数据线上给出要写入的数据。上述信号稳定后,在 $\overline{PGM}$ 端加上 (50 ± 5)ms 的负脉冲,就可将一个字节的数据写入相应的地址单元中。不断重复这个过程,就可将要写的数据写入对应的存储单元中。

如果其他信号状态不变,只是在每写入一个单元的数据后将 $\overline{OE}$ 变低,则可以立即对刚写入的数据进行校验。当然,也可以写完所有单元后再统一进行校验。若检查出写入数据有错,则必须全部擦除,再重新开始上述的编程写入过程。

早期的 EPROM 采用的都是标准编程方法。这种方法有两个严重的缺点:一是编程脉冲太宽(50ms)而使编程时间太长,对于容量较大的 EPROM,其编程的时间将长得令人难以接受,如 256KB 的 EPROM 的编程时间长达 3.5h 以上;二是不够安全,编程脉冲太宽会使芯片功耗过大而损坏 EPROM。快速编程与标准编程的工作过程是一样的,只是编程脉冲要窄得多。

(3)擦除:EPROM 的一个重要优点是可以擦除重写,而且允许擦除的次数超过上万次。一片新的或擦除干净的 EPROM 芯片,其每一个存储单元的内容都是 FFH。要对一个使用过的 EPROM 进行编程,首先应将其放到专门的擦除器上进行擦除操作。擦除器利用紫外线光照射 EPROM 的窗口,一般经过 $15 \sim 20$min 即可擦除干净。擦除完毕后可读一下 EPROM 的每个单元,若其内容均为 FFH,就认为擦除干净了。

3.3.2 EEPROM 存储器

EEPROM(E^2PROM)是指带电可擦除可编程只读存储器,是用户可更改内容的只读存储器,是一种掉电后数据不丢失的存储芯片。EEPROM 可以在电脑上或专用设备上擦除已有信息,重新编程,一般即插即用。不像 EPROM 芯片,EEPROM 不需从计算机中取出即可修改。在一个 EEPROM 中,使用计算机时可频繁地反复编程,因此 EEPROM 的寿命是一个很重要的设计考虑参数。EEPROM 是一种特殊形式的闪速存储器,其通常在个人电脑擦除已有信息来重新编程。

EEPROM 结构如图 3-21 所示,它的工作原理与 EPROM 类似,当浮动栅上没有电荷时,管子的漏极和源极之间不导电,若设法使浮动栅带上电荷,则管子就导通。在 EEPROM 中,使浮动栅带上电荷和消去电荷的方法与 EPROM 是不同的,EEPROM 的漏极上面增加了一个隧道二极管,它在第二栅与漏极之间电压 V_G 的作用下(在电场的作用下),可以使电荷通过它流向浮动栅(起编程作用);若 V_G 的极性相反也可以使电荷从浮动栅流向漏极(起擦除作用),而编程与擦除所用的电流是极小的,用极普通的电源就可以供给 V_G。

EEPROM 的另一个优点是:擦除可以按字节分别进行(不像 EPROM,擦除时把整个芯片的内容全变成"1")。由于字节的编程和擦除通常都只需要 10ms,并且不需特殊装置,因此可以进行在线的编程写入。

3.3.2.1 EEPROM 设备地址区别

1. EEPROM 芯片命名

EEPROM 常常使用 AT24CXX 系列芯片,其命名规则以及与存储空间大小的关系如表 3-5。

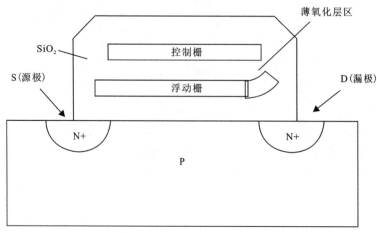

图 3-21　EEPROM 结构示意图

表 3-5　AT24CXX 系列芯片命名规则及存储空间大小

型号	AT24C01	AT24C02	AT24C04	AT24C08	AT24C16
存储大小/Kb	1	2	4	8	16

2. 设备地址划分

图 3-22 是 AT24CXX 的设备地址(第一行的为 AT24C02,它的容量为 2Kb),我们发现 AT24CXX 整个系列芯片的地址高 4 位都相同,都是 1010,这 4 位是由生产商固化在芯片内部的,无法改变。

1	0	1	0	A_2	A_1	A_0	$R/\overline{W}$	CAT24C01 和 CAT24C02
1	0	1	0	A_2	A_1	A_0	$R/\overline{W}$	CAT24C04
1	0	1	0	A_2	a_9	a_8	$R/\overline{W}$	CAT24C08
1	0	1	0	A_2	a_9	a_8	$R/\overline{W}$	CAT24C16

图 3-22　设备地址划分

AT24C02 地址的低 3 位(不包括读写位)对应芯片的 3 个引脚,也就是说这 3 位是可以人为设定的,$2^3=8$,所以一条 I^2C(即 IIC,Inter - Integrated Circuit)总线上可以挂载 8 个 AT24C02。

AT24C02 的地址为 7 位二进制数,图 3-22 中最后一位是读写位(数据方向位),1 表示读数据,0 表示写数据。

这样 7 位设备地址加 1 位读写位,构成 I^2C 的寻址数据。I^2C 总线在寻址过程中,通常在起始条件后的第一个字节决定主机选择哪一个从机,该字节的最后一位决定数据传输方向。

3.3.2.2　典型的 EEPROM 芯片——AT24C02

AT24C02 是一种 2K 位串行 CMOS EEPROM,内部含有 256 个 8 位字节。AT24C02 有一个 16 字节的页写缓冲器,该器件通过 IIC 总线接口进行操作,有一个专门的写保护功能。图 3-23 为 AT24C02 芯片引脚图。

1. 管脚描述

AT24C01/02/04/08/16 封装(管脚定义)相同,其管脚功能如表 3-6。

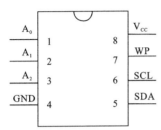

图 3-23 AT24C02 芯片引脚图

表 3-6 管脚功能

管脚名称	功能
A0、A1、A2	器件地址选择
SDA	串行数据/地址
SCL	串行时钟
WP	写保护
V_{cc}	+1.8~6.0V 工作电压
V_{ss}	地

(1) SCL 串行时钟:AT24WC01/02/04/08/16 串行时钟输入管脚用于产生器件所有数据发送或接收的时钟,这是一个输入管脚。

(2) SDA 串行数据/地址:AT24WC01/02/04/08/16 双向串行数据/地址管脚用于器件所有数据的发送或接收,SDA 是一个开漏输出管脚,可与其他开漏输出或集电极开漏输出进行线或(Wire-OR)。

(3) A_0、A_1、A_2 器件地址输入端:这些输入脚用于多个器件级联时设置器件地址,当这些脚悬空时默认值为 0(24WC01 除外)。当使用 24WC01 或 24WC02 时最大可级联 8 个器件。如果只有一个 24WC02 被总线寻址,这 3 个地址输入脚(A_0、A_1、A_2)可悬空或连接到 V_{ss};如果只有一个 24WC01 被总线寻址,这 3 个地址输入脚(A_0、A_1、A_2)必须连接到 V_{ss}。

当使用 24WC04 时最多可连接 4 个器件,该器件仅使用 A_1、A_2 地址管脚。A_0 管脚未用,可以连接到 V_{ss} 或悬空。如果只有一个 24WC04 被总线寻址,A_1 和 A_2 地址管脚可悬空或连接到 V_{ss}。

当使用 24WC08 时最多可连接 2 个器件,且仅使用地址管脚 A_2,A_0、A_1 管脚未用,可以连接到 V_{ss} 或悬空。如果只有一个 24WC08 被总线寻址,A_2 管脚可悬空或连接到 V_{ss}。

当使用 24WC16 时最多只可连接 1 个器件,所有地址管脚 A_0、A_1、A_2 都未用,可以连接到 V_{ss} 或悬空。

(4) WP 写保护:如果 WP 管脚连接到 V_{cc},所有的内容都被写保护(只能读)。当 WP 管脚连接到 V_{ss} 或悬空,允许器件进行正常的读/写操作。

2. 功能说明

AT24C01/02/04/08/16 支持 IIC 总线数据传送协议,任何将数据传送到总线的器件作为发送器,任何从总线接收数据的器件为接收器。数据传送由产生串行时钟和所有起始停止信号的主器件控制。主器件和从器件都可以作为发送器或接收器,但由主器件控制传送数据(发送或接收)的模式。通过器件地址输入端 A_0、A_1 和 A_2 可以实现将最多 8 个 24CW01 和 24CW02 器件、4 个 242CW04 器件、2 个 24CW08 器件和 1 个 24WC16 器件连接到总线上。

3. 对 AT24C02 进行读写

AT24C02 的存储空间为 2K 位(256 字节),在对其进行写数据时,最小写入单位为字节

(Byte),最大写入单位为页(Page),AT24C02 的页大小为 16Byte(16B)。

(1)字节写:在字节写模式下,主器件发送起始信号和从器件地址信息(R/W 位置零)给从器件,在从器件送回应答信号后,主器件发送 AT24WC01/02/04/08/16 的字节地址,主器件在收到从器件的应答信号后,再发送数据到被寻址的存储单元。AT24WC01/02/04/08/16 再次应答,并在主器件产生停止信号后开始内部数据的擦写,在内部擦写过程中,AT24WC01/02/04/08/16 不再应答主器件的任何请求。

(2)页写:用页写,AT24WC01 可一次写入 8B 数据,AT24WC02/04/08/16 可以一次写入 16B 的数据,页写操作的启动和字节写一样,不同之处在于传送了一个字节数据后并不产生停止信号,主器件被允许发送 P(AT24WC01 $P=7$;AT24WC02/04/08/16 $P=15$)个额外的字节。每发送一个字节数据后,AT24WC01/02/04/08/16 产生一个应答位并将字节地址低位加 1,高位保持不变。

如果在发送停止信号之前主器件发送超过 $P+1$ 个字节,地址计数器将自动翻转,先前写入的数据被覆盖。

接收到 $P+1$ 个字节数据和主器件发送的停止信号后,芯片启动内部写周期将数据写到数据区,所有接收的数据在一个写周期内写入 AT24WC01/02/04/08/16。

设备地址为 $0\times A0$,说明 AT24C02 的 3 个地址引脚都接地(或悬空),7 位地址为 1010000。

(3)当前地址读:AT24WC01/02/04/08/16 的地址计数器内容为最后操作字节的地址加 1。也就是说如果上次读/写的操作地址为 N,则立即读的地址从地址 $N+1$ 开始。如果 $N=E$(对 24WC01 $E=127$,对 24WC02 $E=255$,对 24WC04 $E=511$,对 24WC08 $E=1023$,对 24WC16 $E=2047$),则计数器将翻转到 0 且继续输出数据。AT24WC01/02/04/08/16 接收到从器件地址信号后(R/W 位置 1),它首先发送一个应答信号,然后发送一个 8 位字节数据。主器件不需发送一个应答信号,但要产生一个停止信号。

(4)选择读(随机读):选择性读操作允许主器件对寄存器的任意字节进行读操作,主器件首先通过发送起始信号、从器件地址和它想读取的字节数据的地址执行一个伪写操作。在 AT24WC01/02/04/08/16 应答之后,主器件重新发送起始信号和从器件地址,此时 R/W 位置 1,AT24WC01/02/04/08/16 响应并发送应答信号,然后输出所要求的一个 8 位字节数据,主器件不发送应答信号但产生一个停止信号。

(5)连续读:连续读操作可通过立即读或选择性读操作启动。在 AT24WC01/02/04/08/16 发送完一个 8 位字节数据后,主器件产生一个应答信号来响应,告知 AT24WC01/02/04/08/16 主器件要求更多的数据,对应每个主机产生的应答信号 AT24WC01/02/04/08/16 将发送一个 8 位数据字节。当主器件不发送应答信号而发送停止信号时结束此操作。

从 AT24WC01/02/04/08/16 输出的数据按顺序由 N 到 $N+1$ 输出。读操作时地址计数器在 AT24WC01/02/04/08/16 整个地址内增加,这样整个寄存器区域可在一个读操作内全部读出。当读取的字节超过 E,计数器将翻转到 0 并继续输出数据字节。

设备地址为 $0\times A0$,说明 AT24C02 的 3 个地址引脚都接地(或悬空),7 位地址为 1010000。读数据时,读写位为 1,所以 8 位的 IIC 地址(设备地址+读写位)为 10100001,即 $0\times A1$。

3.3.3 闪速存储器

Flash Memory 是一类非易失性存储器(Non-Volatile Memory,简称 NVM),即使在供电电源关闭后仍能保持片内信息,而诸如 DRAM、SRAM 这类易失性存储器,当供电电源关闭时片内信息随即丢失。Flash Memory 集其他类非易失性存储器的特点:与 EPROM 相比较,闪速存储器具有明显的优势——在系统电环境下可电擦除和可重复编程,而不需要特殊的高电压(某些第一代闪速存储器也要求高电压来完成擦除和/或编程操作);与 EEPROM 相比较,闪速存储器具有成本低、密度大的特点。独特的性能使其广泛地应用于各个领域,包括嵌入式系统,如 PC 及外设、电信交换机、蜂窝电话、网络互联设备、仪器仪表和汽车器件,同时还包括新兴的语音、图像、数据存储类产品,如数字相机、数字录音机和个人数字助理(Personal Digital Assistant,简称 PDA)。

3.3.3.1 闪速存储器的特点

(1)区块存储单元:在物理结构上分成若干个被称为区块的存储单元,不同区块之间相互独立。

(2)先擦后写:任何 Flash Memory 器件的写入操作只能在空或已擦除的单元内进行,所以大多数情况下,在进行写入操作之前必须先执行擦除。

(3)位交换:有时一个比特位会发生反转。

(4)区块损坏:在使用过程中,某些区块可能会被损坏,区块损坏不可修复。

3.3.3.2 闪速存储器的技术分类

全球闪速存储器的技术主要掌握在 AMD、ATMEL、Fujistu、Hitachi、Hyundai、Intel、Micron、Mitsubishi、Samsung、SST、SHARP、TOSHIBA 等厂商,由于各自技术架构的不同,分为几大阵营。

1. NOR 技术

NOR 技术(亦称为 Linear 技术)闪速存储器是最早出现的 Flash Memory,目前仍是多数供应商支持的技术架构。它源于传统的 EPROM 器件,与其他 Flash Memory 技术相比,具有可靠性高、随机读取速度快的优势,在擦除和编程操作较少而直接执行代码的场合,尤其是纯代码存储的应用中被广泛使用,如 PC 主板 BIOS 固件、移动电话、硬盘驱动器的控制存储器等。

NOR 技术 Flash Memory 具有以下特点:①程序和数据可存放在同一芯片上,拥有独立的数据总线和地址总线,能快速随机读取,允许系统直接从 Flash Memory 中读取代码执行,而无须先将代码下载至 RAM 中再执行;②可以单字节或单字编程,但不能单字节擦除,必须以块为单位或对整片执行擦除操作,在对存储器进行重新编程之前需要对块或整片进行预编程和擦除操作。

NOR 技术 Flash Memory 根据与 CPU 端接口的不同,可以分为 Parallel NOR Flash Memory 和 Serial NOR Flash Memory 两类。

Parallel NOR Flash Memory 可以接入到 Host 的 SRAM/DRAM Controller 上,所存储的内容可以直接映射到 CPU 地址空间,不需要拷贝到 RAM 中即可被 CPU 访问,因而支持片上执行。Serial NOR Flash Memory 的成本比 Parallel NOR Flash Memory 低,主要通过

SPI 接口与 Host 连接。

由于 NOR 技术 Flash Memory 的擦除和编程速度较慢,而块尺寸又较大,因此擦除和编程操作所花费的时间很长。在纯数据存储和文件存储的应用中,NOR 技术适用度略低。

鉴于 NOR 技术 Flash Memory 擦写速度慢、成本高等特性,NOR 技术 Flash Memory 主要应用于小容量、内容更新少的场景,例如 PC 主板 BIOS、路由器系统存储等。

2. NAND 技术

1) NAND 技术概述

NAND 闪存是一种通过在氮化硅的内部补集点捕获电子或空穴来存储信息的设备。在这种设备中,工作区和栅极间会留有通道供电流通过硅晶片表面,而根据浮置栅极中存储的电荷类型,便可进行存储编程("1")和擦除("0")信息的操作。同时,在一个单元内存储 1 个比特的操作被称为单层单元(SLC)。氮化硅内部捕获的电子数量与单元晶体管的阈值电压成正比,因此当俘获大量电子时即实现了高阈值电压,捕获少量电子会造成低阈值电压。NAND 闪存的主要分类以 NAND 闪存颗粒的技术,NAND 闪存颗粒根据存储原理分为 SLC、MLC、TLC 和 QLC,从结构上又可分为 2D、3D 两大类。

通过将捕获的电子数量分成 3 份,并将每份的中间电压施加到单元栅极上,可以检查电流的流通状态,从而确定所捕获的电子数量。在这种情况下,存在 4 种状态,其中包括擦除状态,这就是 2 比特多层单元(2bit-MLC)。2 比特多层单元的这 4 种状态可以描述为"11""10""01"和"00",每个单元可以存储 2 个比特的信息。从定义而言,多层单元(Multi Level Cell,简称 MLC)指的是一种状态,在这种状态下,一个单元具有多层的 2 个比特或更多比特;然而在本节中,多层单元是相对于单层单元(Single Level Cell,简称 SLC)而言的。方便起见,本节将存储 2 个比特信息的多层单元称为 2 比特多层单元。

在相同的方法下,若产生八单元状态并存储 3 个比特的信息时,此类状态则被称为 3 层单元(Triple Level Cell,简称 TLC);同样,当产生十六单元状态并存储 4 个比特的信息时,则称为四层单元(Quadruple Level Cell,简称 QLC)。单元状态越密集,一个单元内便可储存更多信息。举例来说,与单层单元 NAND 闪存相比,四层单元 NAND 闪存能够以 67.5% 的芯片尺寸存储相同数量的信息,但若想进行更多运行和读取的操作,就要增大单元状态的密度。相应地,由于单元状态之间的空间狭窄,更大的密度会使性能降级并出现读取错误的可能性,从而导致设备寿命缩短。因此,首先要根据 NAND 闪存的应用领域决定是否优先考虑信息量、性能和寿命,然后选择适当的编程方法。

NAND 闪存需要通过专门的 NAND Flash Interface 与 Host 端进行通信,通信过程如图 3-24 所示。

NAND 技术 Flash Memory 的一个存储单元内部,是通过不同的电压等级来表示其所存储的信息的。在 SLC 中,存储单元的电压被分为两个等级,分别表示 0 和 1 两个状态,即 1 个比特。在 MLC 中,存储单元的电压则被分为 4 个等级,分别表示 00、01、10、11 四个状态,即

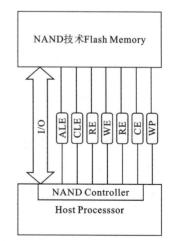

图 3-24 NAND 技术 Flash Memory 利用 NFI 与 Host 端通信过程

2个比特。同理,在 TLC 中,存储单元的电压被分为 8 个等级,即 3 个比特。

NAND 技术 Flash Memory 的单个存储单元存储的比特位越多,读写性能越差,寿命也越短,但是成本会更低。表 3-7 给出了特定工艺和技术水平下的成本与寿命数据。

表 3-7 Flash Memory 存储方式及其基本指标

类型	单元存储量	单元擦/写寿命
SLC	1bit/cell	10 万次
MLC	2bit/cell	3000～10 000 次
TLC	3bit/cell	5000 次
QLC	4bit/cell	150 次

相比于 NOR 技术 Flash Memory,NAND 技术 Flash Memory 写入性能好,大容量下成本低。目前,绝大部分手机和平板等移动设备中所使用的 eMMC 内部的 Flash Memory 都属于 NAND 技术 Flash Memory。PC 中的固态硬盘中也使用 NAND 技术 Flash Memory。

2) NAND 型闪存的决定因素

NAND 型闪存的基本存储单元是 Page,NAND 型闪存的页就类似硬盘的扇区,硬盘的一个扇区也为 512Byte。每一页有效容量是 512Byte 的倍数。所谓的有效容量是指用于数据存储的部分,实际上还要加上 16Byte 的校验信息,因此可以在闪存厂商的技术资料中看到"(512+16)Byte"的表示方式。目前,2Gb 以下容量的 NAND 型闪存绝大多数是(512+16)Byte 的页面容量,2Gb 以上容量的 NAND 型闪存则将页容量扩大到(2K+64)Byte(2KB=2048Byte)。

(1) 页数量:容量越大闪存的页越多、越大,寻址时间越长。但该时间的延长不是线性关系,而是一个一个阶梯变化的。例如 128Mb、256Mb 的芯片需要 3 个周期传送地址信号,512Mb、1Gb 的需要 4 个周期,而 2Gb、4Gb 的需要 5 个周期。

(2) 页容量:每一页的容量决定了一次可以传输的数据量,因此大容量的页有更好的性能。大容量闪存(4Gb)提高了页的容量,从 512Byte 提高到 2048Byte。页容量的提高不但易于提高容量,而且可以提高传输性能。

以三星 K9K1G08U0M 和 K9K4G08U0M 为例,前者为 1Gb,512Byte 页容量,随机读(稳定)时间 $12\mu s$,写时间为 $200\mu s$;后者为 4Gb,2048Byte 页容量,随机读(稳定)时间 $25\mu s$,写时间为 $300\mu s$。假设它们工作在 20MHz。

NAND 型闪存的读取步骤分为:发送命令和寻址信息、将数据传向页面寄存器(随机读稳定时间)、数据传出(每周期 8bit,需要传送 512+16 次或 2048+64 次)。

K9K1G08U0M 读一个页需要:5 个命令寻址周期×50ns+$12\mu s$+(512+16)×50ns=$38.7\mu s$。

K9K1G08U0M 实际读传输率:$512B \div 38.7\mu s = 13.2MB/s$(兆字节每秒)。

K9K4G08U0M 读一个页需要:6 个命令寻址周期×50ns+$25\mu s$+(2048+64)×50ns=$131.1\mu s$。

K9K4G08U0M 实际读传输率:$2048B \div 131.1\mu s = 15.6MB/s$。

因此,采用2048Byte页容量比512Byte页容量,读性能提高约20%。

NAND型闪存的写步骤分为:发送寻址信息→将数据传向页面寄存器→发送命令信息→数据从寄存器写入页面。其中,以一个命令周期为例,将其与寻址周期合并进行以下计算,但这两个周期部分并不连续。

K9K1G08U0M 写一个页需要:5个命令寻址周期×50ns+(512+16)×50ns+200μs=226.7μs。

K9K1G08U0M 实际写传输率:512B÷226.7μs=2.2MB/s。

K9K4G08U0M 写一个页需要:6个命令寻址周期×50ns+(2048+64)×50ns+300μs=405.9μs。

K9K4G08U0M 实际写传输率:2112B/405.9μs=5MB/s。

因此,采用2048Byte页容量为512Byte页容量的写性能为两至三倍。

(3)块容量:块是擦除操作的基本单位,由于每个块的擦除时间几乎相同(擦除操作一般需要2ms,而之前若干周期的命令和地址信息占用的时间可以忽略不计),块的容量将直接决定擦除性能。大容量NAND型闪存的页容量提高,而每个块的页数量也有所提高,一般4Gb芯片的块容量为2048Byte×64个页=128KB,1Gb芯片的为512Byte×32个页=16KB。在相同时间内,前者擦速度为后者的8倍。

(4)I/O位宽:NAND型闪存的数据线一般为8条,但从256Mb产品开始,16条数据线开始出现,由于控制器等方面的原因,×16芯片实际应用得相对比较少,但整体数量呈上升趋势。虽然×16的芯片在传送数据和地址信息时仍采用8位一组,占用的周期也不变,但传送数据时以16位为一组,带宽增加一倍。K9K4G16U0M就是典型的64M×16(单个内存颗粒为16M,位宽为64bit)芯片,它每页仍为2KB,但结构为(1K+32)×16bit(1KB=1024Byte)。仿照上面计算,得到如下结果。

K9K4G16U0M 读一个页需要:6个命令寻址周期×50ns+25μs+(1K+32)×50ns=78.1μs。

K9K4G16U0M 实际读传输率:2KB÷78.1μs=26.2MB/s。

K9K4G16U0M 写一个页需要:6个命令寻址周期×50ns+(1K+32)×50ns+300μs=353.1μs。

K9K4G16U0M 实际写传输率:2KB÷353.1μs=5.8MB/s。

相同容量的芯片,将数据线增加到16条后,读性能提高近70%,写性能也提高16%。

(5)频率:NAND型闪存的工作频率在20~33MHz,频率越高性能越好。以K9K4G08U0M为例,假设频率为20MHz,如果将频率提高一倍,达到40MHz,则结果如下。

K9K4G08U0M 读一个页需要:6个命令寻址周期×25ns+25μs+(2K+64)×25ns=78μs。

K9K4G08U0M 实际读传输率:2KB÷78μs=26.3MB/s。

如果K9K4G08U0M的工作频率从20MHz提高到40MHz,读性能可以提高近70%。在三星实际的产品线中,可工作在较高频率下的是K9XXG08UXM,频率目前可达33MHz。

(6)制造工艺:制造工艺可以影响晶体管的密度,也对一些操作的时间有影响。前面提到的写稳定和读稳定时间,尤其是写入时间在计算中占了时间的重要部分。如果能够降低这些时间,就可以进一步提高性能。

综合来看,大容量NAND型闪存芯片虽然寻址、操作时间会略长,但随着页容量的提高,有效传输率会更高一些,大容量的芯片符合市场对容量、成本和性能的需求趋势;而增加数据线和提高频率,则是提高性能的最有效途径,但由于命令、地址信息占用操作周期,以及一些固定操作时间(如信号稳定时间等)等工艺、物理因素的影响,它们不会带来同比的性能提升。

3. ROW 技术和 Managed 技术

由于 Flash Memory 存在按块擦写、擦写次数的限制,读写干扰、电荷泄露等局限,为了最大程度地发挥 Flash Memory 的价值,通常需要有一个特殊的软件层次,实现坏块管理、擦写均衡、ECC、垃圾回收等功能,这一软件层次称为闪存转换层(Flash Translation Layer,简称 FTL)。

在具体实现中,根据 FTL 所在位置的不同,可以把 Flash Memory 分为 Raw Flash 和 Managed Flash 两类,如图 3-25 所示。

(1)Raw Flash:在此类应用中,Host 端通常有专门的 FTL 或者 Flash 文件系统来实现坏块管理、擦写均衡等功能。Host 端的软件复杂度较高,但是整体方案的成本较低,常用于对成本控制要求较高的嵌入式产品中。通常我们所说的 NOR 技术 Flash Memory 和 NAND 技术 Flash Memory 都属于这一类。

(2)Managed Flash:Managed Flash 在其内部集成了 Flash Controller,用于完成擦写均衡、坏块管理、ECC 校验等功能。相比 Raw Flash 直接将 Flash 接入 Host 端,Managed Flash 屏蔽了 Flash Memory 的物理特性,为 Host 端提供标准化的接口,可以减少 Host 端软件的复杂度,让 Host 端专注于上层业务,省去对 Flash Memory 进行特殊处理。

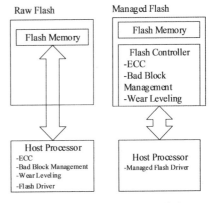

图 3-25 Flash Memory 的分类

4. AND 技术

AND 技术是 Hitachi 公司的专利技术。Hitachi 和 Mitsubishi 共同支持 AND 技术的 Flash Memory。AND 技术与 NAND 技术一样采用"大多数完好的存储器"概念,目前,在数据和文档存储领域中是另一种占重要地位的闪速存储技术。

Hitachi 和 Mitsubishi 公司采用 0.18μm 的制造工艺,并结合 MLC 技术,生产出芯片尺寸更小、存储容量更大、功耗更低的 512MB-AND Flash Memory,再利用双密度封装技术(Double Density Package Technology,简称 DDP),将 2 片 512MB 芯片叠加在 1 片 TSOP48 的封装内,形成一片 1GB 芯片。HN29V51211T 具有突出的低功耗特性,读电流为 2mA,待机电流仅为 1μA,同时由于其内部存在与块大小一致的内部 RAM 缓冲区,使得 AND 技术不像其他采用 MLC 的闪速存储器技术那样写入性能严重下降。Hitachi 公司用该芯片制造 128MB 的 MultiMedia 卡和 2MB 的 PC-ATA 卡,用于智能电话、个人数字助理、掌上电脑、数字相机、便携式摄像机、便携式音乐播放机等。

5. 由 EEPROM 派生的闪速存储器

部分制造商生产的另一类用 EEPROM 作为闪速存储阵列的 Flash Memory,如 SST 的小扇区结构闪速存储器(Small Sector Flash Memory,简称 SSFM)和 ATMEL 的海量存储器(Data-Flash Memory,简称 DFM)。这类器件具有 EEPROM 与 NOR 技术 Flash Memory 两者折中的性能特点。

(1)读写的灵活性逊于 EEPROM,不能直接改写数据。在编程之前需要先进行页擦除,但与 NOR 技术 Flash Memory 的块结构相比,其页尺寸小,具有快速随机读取和快编程、快擦除的特点。

(2)与 EEPROM 比较,具有明显的成本优势。

(3)存储密度比 EEPROM 大,但比 NOR 技术 Flash Memory 小。例如 Small Sector Flash Memory 的存储密度可达到 4Mb,而 32Mb 的 Data-Flash Memory 芯片由试用样品提供。正因为这类器件在性能上的灵活性和成本上的优势,其在如今闪速存储器市场上仍占有一席之地。

Small Sector Flash Memory 采用并行数据总线和页结构(1 页为 128B 或 256B),对页执行读写操作,因而既具有 NOR 技术快速随机读取的优势,又没有其编程和擦除功能的缺陷,适合代码存储和小容量的数据存储,广泛地替代 EPROM。

Data-Flash Memory 是 ATMEL 的专利产品,采用 SPI 串行接口,只能依次读取数据,但有利于降低成本、增加系统的可靠性、缩小封装尺寸。主存储区采取页结构。主存储区与串行接口之间有 2 个与页大小一致的 SRAM 数据缓冲区。特殊的结构决定它存在多条读写通道,既可直接从主存储区读,又可通过缓冲区从主存储区读或向主存储区写,两个缓冲区之间可以相互读或写,主存储区还可借助缓冲区进行数据比较。适合诸如答录机、寻呼机、数字相机等能接收串行接口和较慢读取速度的数据或文件存储应用。

3.3.3.3 典型的 Flash Memory 芯片——SST 28EE020

1. 主要指标

SST 28EE020 是一种页面式闪存,外部按 $256K \times 8bit$ 组织,内部组织为 2048 页,每页 128 个字节。页面写周期为 5ms,平均字节写入时间为 $39\mu s$,读出时间为 $120 \sim 150ns$。重写次数超过 100 000 次,数据保持时间大于 100 年。

2. 接口信号

该芯片的接口信号与一般的 SRAM 相同,为 32 脚封装,且管脚兼容,如图 3-26 所示。其中,$A_7 \sim A_{11}$ 为行地址,决定页面位置;$A_0 \sim A_6$ 为列地址,决定页内地址;$\overline{CE}$ 为片选信号;$\overline{WE}$ 为写命令线;$\overline{OE}$ 为读命令线。

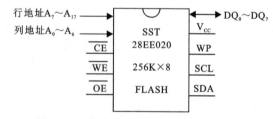

图 3-26 闪存 SST28EE020 的接口信号

3. 工作方式

尽管闪存的外部接口信号线与 SRAM 相同,但除了读出和编程写入这些常规的 PROM 操作外,闪存还具有内部控制寄存器和状态寄存器,可以通过"命令写"和"状态读"操作进行灵活的控制,如局部擦除或整片擦除、页面写入或字节写入,以及软件数据保护(Software Data Protect,简称 SDP)、读取芯片标识码等操作,各种操作与闪存内部状态机的状态相对应,通过送入适当的命令,可以改变其状态。

上电后,芯片内部的状态机使器件处于读出操作状态。在读出状态下,闪存的读出操作与其他 ROM 芯片相同,只需给出一定的地址并使读信号有效即可。只有在执行了特定的命令序列之后,才可进入其他状态,进行芯片擦除、页面擦除、编程写入、软件数据保护或者读标识码等操作。

在编程状态下,闪存的任何单元都可以写入任何数据。为防止状态机的误动作,闪存的各种命令是以向特定地址写入特定内容的命令序列方式定义的,其工作方式如表3-8所示。

表 3-8 闪存 SST 28EE020 的工作方式

工作方式	$\overline{CE}$	$\overline{OE}$	$\overline{WE}$	DQ	地址
读出	L	L	H	D_{out}	A_{in}
页面写入	L	H	L	D_{in}	A_{in}
待命	H	×	×	高阻	×
写禁止	×	L	×	高阻/D_{out}	×
	×	×	H	高阻/D_{out}	×

4. 命令序列

在存储器接口信号控制下,闪存通过软件命令实现各种操作。这些命令包括芯片擦除、SDP 使能(即页面写)和禁止、片内标识码读出(入口和出口)等。

根据电子器件工程联合会(Joint Electron Device Engineering Council,简称 JEDEC)的建议,闪存应提供软件数据保护方式,以避免数据被意外改变。执行 SDP 使能命令使整个芯片的所有页面均处于 SDP 有效状态,这样在上电或掉电时,数据就不会被偶然的意外操作所改变。在页面编程写入和芯片擦除前,必须通过三字节 SDP 使能命令序列使芯片脱离 SDP 有效状态,然后才能进行逐字节的写入操作。在正常的读操作模式中,总应使芯片处于 SDP 有效状态。

5. 编程写入操作完成状态检测

为了提高编程速度,闪存内部具有写操作完成状态检测逻辑,它设置有两个状态位供软件监测编程写入操作是否已经完成。

(1) 查询位(Data Polling Bit):DQ_7。在页面编程写入操作完成后,可读出最后写入数据的 D_7,看它是否与写入的数据相同。若相同,则表示写入完成;否则,表示没有完成。在写入完成前,检测逻辑总是把最后写入数据的 D_7 比特取反后送往 DQ_7。

(2) 反转位(Toggle Bit):DQ_6。写操作完成后,对片内任何地址执行两次读操作。若读出数据的 D_6 相反(交替的 0 和 1),则表示写入操作完成;否则,写入未完成。

思政导入　　　存储器发展变迁

1. 存储器的时代发展前景

在信息时代,数据已成为与物质、能量并列的三大资源之一,而存储器作为数据存放的载体,其重要性不言而喻。

随着 5G、扩展现实(Extended Reality,简称 XR)技术与元宇宙、大数据算法、人工智能、家电汽车智能化、安防与智慧城市等的发展,人类社会数据产生量在快速增长。根据互联网数据中心(Internet Data Center,简称 IDC)预计,全球数据产生量将从 2018 年的 33ZB(泽字节,即十万亿亿字节)增至 2025 年的 175ZB。2018 年,中国数据圈占全球数据圈的 23.4%,

即 7.6ZB。2018—2025 年,中国的数据产生量将以年均 30% 的速度增长,比全球快 3%。2025 年中国将成为全球最大的数据产生领域,数据产生量增至 48.6ZB,占全球数据圈的 27.8%。人工智能革命性变化将进一步加速数据生成量增长,产生大量的数据存储与计算需求,有望大幅拉动 NAND、DRAM 等存储芯片的需求。

存储芯片的市场规模呈现出周期波动的特征,但总体增长趋势明显。受益于快速增长的数据存储需求,存储器芯片市场增速领先半导体市场整体,呈波动上升趋势。据世界半导体贸易组织(World Semiconductor Trade Organization,简称 WSTS)统计,2022 年全球集成电路市场规模为 4744 亿美元,2022 年全球存储器市场规模为 1298 亿美元,增速快于集成电路整体,占比有所提升。存储芯片巨大的市场空间和较少的细分品类,使其成为中国实现集成电路自主可控的重要环节。中国大陆是全球重要的存储芯片市场,2022 年中国大陆 DRAM 销售金额占全球比例为 30%,NAND 销售金额占全球比例为 33%,排名位居全球第二,未来存储器需求有望持续增长。

2. 国产存储器芯片发展的里程碑

2004 年,冯丹担任国家 973 计划首席科学家,经过两年时间,她的团队构建的 PB 级存储(一种存储容量达到拍字节级别的数据存储系统。拍字节是一种计算机存储容量的单位,等于 10^{15}B,相当于 10^8GB。PB 级存储主要用于处理和存储大规模数据,如用于互联网公司、大数据中心、科研机构等需要处理和存储大量数据的场景)系统达到国际先进水平,在国际存储挑战竞赛中并列第四名。冯丹担任海量存储重大项目总体专家组组长,多个大型 IT 企业参与其中,产学研用深度合作,打破了国外对高端存储系统及其核心技术的垄断,实现了我国存储产业从技术依赖向自主创新的跨越,他们的成果也获得国家技术发明奖二等奖。如今,国产存储系统在国内的市场份额已经从立项前的不足 5%,发展到 60% 以上。

2016 年,华为正式推出了 OceanStor 存储 Dorado 系列 V3 产品;2019 年 7 月,历时近 3 年的华为全新一代 OceanStor Dorado V6 系列产品正式亮相,它拥有业界最高的 2000 万 IOPS 极致性能,业界最低 0.1ms 的稳定时延,控制器八坏七的极端情况依然工作,基于 AI 算法的全生命周期智能运维,并且可以实现故障零感知、业务零影响、升级零影响,真正保障用户业务永久在线。华为在智能存储的探索上一直走在业界的最前沿。华为 OceanStor 存储 Dorado V6 产品是业界首个 AI 加持的高端存储系统,并且在重删压缩算法、智能存储运维等方面大量运用了机器学习的方式,通过 AI+智能算法实现了存储系统的智能自调优,可以让存储越用越好。

2019 年,在国家的大力支持下,我国各大企业开始全面进军存储器市场,长江存储科技有限责任公司(简称长江存储)的 64 层 3D NAND 技术 Flash Memory 进入量产阶段;紧接着合肥长鑫存储技术有限公司(简称合肥长鑫存储)宣布中国大陆第一座 12 英寸 DRAM 工厂投产,并宣布首个 19nm 工艺制造的 8GB DDR4。3 年时间里,国内相继攻克了 3D NAND 技术 Flash Memory 和 DRAM 技术,在一定程度上打破了内存和闪存制造国际巨头垄断的局面。

2020 年,全球主流存储器大厂集体奔向 100 层以上,长江存储从 64 层的闪存直接跳级 128 层,成功研发的两款 128 层产品,分别是 128 层 QLC 3D NAND 闪存、128 层 512GB TLC 闪存芯片。其中,前者已在多家控制器厂商 SSD 等终端存储产品上通过了验证,两款产品可满足不同应用场景需求。长江存储此次官宣,意味着中国存储器厂商从此开始直面主流竞争市场,加入争夺高端闪存市场的行列中去了。

2022年,由昕原半导体(杭州)有限公司(简称昕原半导体公司)主导建设的大陆首条28/22nm ReRAM(阻变存储器)12英寸中试生产线顺利完成了自主研发设备的装机验收工作,实现了中试线工艺流程的通线,并成功流片(试生产)。

昕原半导体公司自行搭建的28/22nm ReRAM(阻变存储器)12英寸中试生产线吸取了代工厂和实验室的长处,迭代速度快,产线灵活,拥有自主可控的知识产权,使得ReRAM相关产品的快速实现成为可能。

2023年,清华大学集成电路学院吴华强教授、高滨副教授团队基于存算一体计算范式,研制出全球首颗全系统集成的、支持高效片上学习(机器学习可在硬件端直接完成)的忆阻器存算一体芯片,在支持片上学习的忆阻器存算一体芯片领域取得重大突破,有望促进人工智能、可穿戴设备、自动驾驶等领域的发展(江之行等,2024)。

近几年来,国内存储器技术的研发取得了诸多突破,但由于国内存储芯片起步较晚,该领域技术人才缺口还有待完善,先进制造技术仍掌握在国际大厂的手里,存储器产业形势依然十分严峻,想要实现全球领先更是任重道远。

随着互联网技术的发展,云存储逐渐成为了一种新型的存储方式。云存储可以将数据存储在远程服务器上,使用户可以随时随地访问和共享数据。此外,云存储还具有容量大、可靠性高、安全性好等优点。目前,常见的云存储服务包括百度云、阿里云、华为云、小米云等。

微机存储器的发展经历了多个阶段,从早期电子管到现代云存储,其技术和容量都在不断发展。随着技术的不断进步和应用需求的不断增长,计算机存储器将会继续朝着更高容量、更高速率、更低功耗和更安全可靠的方向发展。

3.4 存储器的应用

3.4.1 存储器的扩展

存储器芯片与CPU连接要连地址线、数据线、控制线。在一个系统中,存储器往往由多片存储器芯片组成,要通过片选信号来设置每一片存储器芯片地址。

3.4.1.1 存储器地址译码

存储器的地址译码分为片选控制译码和片内地址译码两部分。

1. 片选控制译码

片选控制译码对高位地址译码后产生存储芯片的片选信号。

(1)全译码法:除了将低位地址总线直接与各芯片的地址线相连接外,其余位地址总线全部经译码后作为各芯片的片选信号。

(2)部分译码法:将高位地址线中的一部分进行译码,产生片选信号。该方法常用于不需要全部地址空间寻址能力的情况,即地址连续但不唯一确定,无地址间断,有地址重叠。

2. 片内地址译码

片内地址译码对低位地址译码实现片内存储单元的寻址。

3.4.1.2 存储器容量扩展

一个存储器一般需要由多个存储芯片一起构成,多个存储芯片则需要通过扩展容量完成工作,存储芯片的扩展包括位扩展、字扩展和字位同时扩展3种情况。存储容量是可存储二进制信息的最大数量,计算过程为:存储容量=存储单元数×每个单元存储的位数。

1. 位扩展(增加存储字长)

在位扩展中,只加大字长,连接方式是并联。而存储器的字数与存储器芯片字数一致,对所有芯片使用共同片选信号。第一个芯片的数据线连接在CPU的高位数据线中,第二个芯片的数据线连接在CPU的低位数据线中。芯片的地址线直接与CPU的地址线相连。

【例3-1】假设现在有1K×4bit的存储芯片(容量为4096bit)若干,要想构成一个1K×8bit的存储器,可以使用两片1K×4bit的存储芯片构成,如图3-27所示。

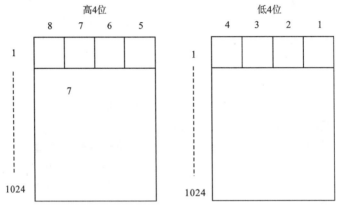

图3-27 两片1K×4bit的芯片构成的一个1K×8bit的存储器

通过片选信号CS同时选中两片存储芯片,同时进行8bit数据的读出和写入,如图3-28所示。

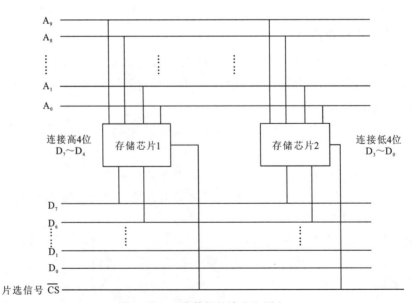

图3-28 8位数据的读出和写入

位扩展的关键是将两个存储芯片当成一个存储芯片使用,让两个存储芯片同时工作,同时被选中,同时做读操作,要想保证同时,就是把两个芯片的片选用相同的信号进行连接。

2. 字扩展(增加存储字的数量)

字扩展仅在字向扩充,位数不变,连接方式是串联,由片选信号来区分各片地址。

【例 3-2】如图 3-29,假设现有 1K×8bit 的存储芯片若干,要想构成一个 2K×8bit 的存储器,可以使用两片 1K×8bit 的存储芯片来构成。

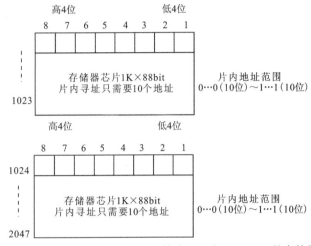

图 3-29 两片 1K×8bit 的芯片构成的一个 2K×8bit 的存储器

每一个存储芯片的容量是 1K×8bit,因为要构成一个 2K×8bit 的存储器,就需要两片芯片,可利用多出的一位二进制作为片选信号。

共有 11 条地址线,将 A_{10} 当成片选信号线,当 $A_{10}=0$ 时,选中左边的存储芯片工作,右边不工作;当 $A_{10}=1$ 时,通过取反,选择右边的芯片工作。从外部看来是从 00000000000～11111111111,刚好是从 0～2047 共 2K 个存储单元,每一个存储单元存放 8 位的二进制代码。

3. 字位同时扩展

在构成一个实际的存储器时,往往需要同时进行位扩展和字扩展才能满足存储容量的需求。在字位同时扩展中,分成几组,先进行位扩展,第一组的第一个芯片的数据线与 CPU 的高位数据线相连,第二个芯片的数据线与 CPU 的低位数据线相连;再进行字扩展,每个组芯片的地址线与 CPU 的低位地址线相连。一个存储器的容量假定为 $M×N$ 位,若使用 $l×k$ 位的芯片($l<M,k<N$),需要在字向和位向同时进行扩展,此时共需要 $(M/l)×(N/k)$ 个存储器芯片。

【例 3-3】利用 1K×4bit 的存储芯片,组成 4K×8bit 的存储器。需要芯片、地址线、数据线的数量各为多少? 扩展过程如何?

(1)芯片个数:(4K×8bit)/(1K×4bit)=8,每个芯片的容量是 4KB,所需片数是 32KB/4KB=8 个。

(2)地址线个数:4KB 地址空间需要 12 根地址线。

(3)数据线个数:8 根。

(4)扩展过程:先进行位扩展,这个过程相当于分组,将 2 片 1K×4bit 构成一组,利用位扩展,构成 1KB 的完整存储单元,一共可以分成 4 组,再将这些分组视为一个完整的存储单元,进行字扩展。

3.4.1.3 存储芯片与 CPU 的连接

存储芯片与 CPU 芯片相连时,特别要注意片与片之间的地址线、数据线和控制线的连接。

1. 地址线的连接

存储芯片的容量不同,其地址线数也不同,CPU 的地址线数往往比存储芯片的地址线数多。通常将 CPU 地址线的低位与存储芯片的地址线相连,CPU 地址线的高位或在存储芯片扩充时使用(子扩展时用作片选线),或做其他用途。

例如 CPU 的地址线为 16 位 $A_{15} \sim A_0$,$1K \times 4bit$ 的存储芯片仅有 10 根地址线 $A_9 \sim A_0$,此时将 CPU 的低位地址 $A_9 \sim A_0$ 与存储芯片地址线相连。又如,当用 $16K \times 1bit$ 存储芯片时,其地址线有 14 根 $A_{13} \sim A_0$,此时将 CPU 的低位地址 $A_{13} \sim A_0$ 与存储芯片地址线相连。

2. 数据线的连接

CPU 数据线的条数可能比存储器数据线的条数要多,此时必须对存储芯片扩位,使其数据位数与 CPU 的数据线数相等。

3. 读/写命令的连接

一般来说,CPU 将读/写命令线连接到每一个芯片上即可。

4. 片选线的连接

片选线的连接是 CPU 与存储芯片正确工作的关键。

(1) 确认 CPU 要访问的是存储器而不是 I/O 设备:通过访存控制信号 $\overline{MREQ}$ 实现(低电平有效)。

(2) 确认访问哪一片存储芯片:存储器由许多存储芯片组成,哪一片被选中取决于该存储芯片的片选控制端 $\overline{CS}$ 是否能接收到来自 CPU 的片选有效信号,也需要考虑存储芯片的选址能力,通过 CPU 上未与存储芯片相连的高位地址线产生片选信号,通过译码器等逻辑电路来实现。

5. 合理选择存储芯片

合理选择存储芯片主要是指存储芯片类型(RAM 或 ROM)和数量的选择。通常选用 ROM 存放系统程序、标准子程序和各类常数等,RAM 则是为用户编程而设计的。在考虑芯片数量时,要尽量使连线简单方便。

3.4.2 存储器的设计示例

本节通过具体应用示例,进一步说明如何利用已有的存储器芯片,设计出所需要的半导体存储器。设计可以按照如下步骤进行:①根据现有芯片的类型及需求,确定所需要的芯片数量;②根据要求先进行位扩展,设计出满足字长要求的存储体,再对存储体进行字扩展,构成符合要求的存储器,并确定相应线路的连接方法;③设计译码电路,可根据不同需求,利用基本逻辑门或专用译码器完成相应译码电路的设计;④编写相应的存储器读/写控制程序。

【例 3-4】根据题目要求选择芯片类型。

用 2114($1K \times 4bit$)、6116($2K \times 8bit$)、6264($8K \times 8bit$)分别组成容量为 $64K \times 8bit$ 的存储器,各需要多少片芯片?地址需要多少位作为片内地址选择线?多少位作为芯片选择线?

(1) 利用 2114 组成容量为 64K×8bit 存储器,需要 64×2＝128 片芯片,地址需要 10 位作为片内地址选择线,6 位作为芯片选择线。

(2) 利用 6116 组成容量为 64K×8bit 的存储器,需要 32 片芯片,地址需要 11 位作为片内地址选择线,5 位作为芯片选择线。

(3) 利用 6264 组成容量为 64K×8bit 的存储器,需要 8 片芯片,地址需要 13 位作为片内地址选择线,3 位作为芯片选择线。

【例 3-5】为 80C51 单片机设计一个存储器扩充接口电路。设存储器由 4 片 2K×8bit (2KB ROM、6KB RAM)的存储芯片组成。首地址为 E000H。选用图 3-30 所示的存储芯片。

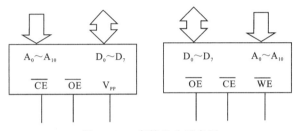

图 3-30 存储芯片示意图

1. 芯片选择

图 3-30 中,左图只有读线($\overline{OE}$),有 11 根地址线、8 根数据线,所以该芯片的存储容量为 2KB ROM。同理,右图既有读线($\overline{OE}$)又有写线($\overline{WE}$),有 11 根地址线、8 根数据线,所以该芯片的存储容量为 2KB RAM。根据题意和给定存储芯片的特性,本存储系统由 1 片 ROM 和 3 片 RAM 构成。

2. 地址分配

如图 3-31 所示,将首地址 0000H 打开,地址总线的低 11 位($A_{10} \sim A_0$)作为片内的寻址线,直接与存储芯片的地址线相连;A_{11}、A_{12} 经译码后作为片选线(即采用部分译码)。

3. 地址译码

本例采用部分译码,如图 3-32 所示译码电路。由于 $A_{15} \sim A_{13}$ 没有参加译码,故每个存储单元地址不唯一。另外,80C51 的 $P_{0.7} \sim P_{0.0}$ 为低 8 位地址线与数据线分时复用信号线,需要锁存器将低 8 位地址线分离出来;而 $P_{2.7} \sim P_{2.0}$ 为高 8 位地址线 $A_{15} \sim A_8$(其中未参加译码的最高点位上电缺省为"1")。ALE 为地址有效信号线。

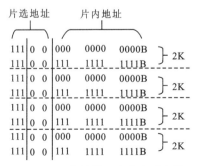

图 3-31 存储器地址分配示意图

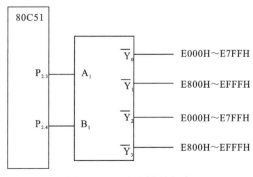

图 3-32 地址译码电路

4. 信号连接

图 3-33 中给出了 80C51 存储器扩充电路的原理图。

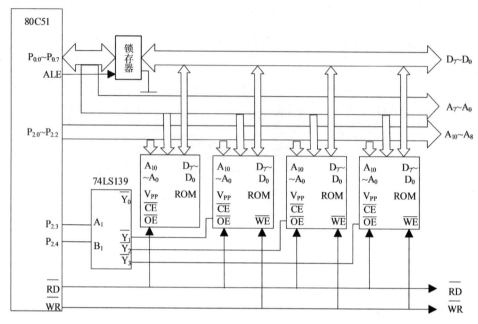

图 3-33　80C51 存储器扩充电路原理图

思政导入　　以先进封装技术为基础的 Chiplet

我们在电脑和手机上使用的芯片(Chip)，本质上就是半导体集成电路。集成电路(Integrated Ciruit,IC)集成了许多晶体管、电容、电阻、电感等元器件以及相关的电路，用来实现某种特定的功能(邓中翰，2024)，已经在各行各业中发挥着非常重要的作用，是现代信息社会的基石。目前，最先进的 IC 在指甲盖大小的面积内集成了超过 1000 亿个晶体管，让我们不得不对人类的超精细加工水平叹为观止。

英特尔公司创始人之一的戈登·摩尔曾于 1965 年提出摩尔定律：当价格不变时，单个芯片上可容纳的元器件的数目，每隔 18~24 个月便会增加一倍，性能也将提升一倍(处理器的性能大约每两年翻一倍，同时价格下降为之前的一半)。

但是近年来，随着特征尺寸越来越接近宏观物理和量子物理的边界，现在高级工艺制程的研发越来越困难，研发成本也越来越高，继续缩进制程成本的代价越来越大，摩尔定律带来的经济效益无法完全确保会稳步提升(卜伟海等，2022)。为寻找新的技术路线，研发人员绕过先进工艺障碍，与先进工艺效果接近的 Chiplet 技术应运而生。

Chiplet 俗称"芯粒"，又叫"小芯片"，是一种功能电路块。Chiplet 技术就是将一个功能丰富且面积较大的芯片裸片(Die)拆分成多个芯粒(Chiplet)，并将这些具有特定功能的芯粒通过先进封装的形式组合在一起，最终形成一个系统芯片。与传统 SoC 相比，Chiplet 优势有：①可重用 IP 被允许应用在许多不同的设备中；②异构集成来自各种不同的架构、工艺、材料或节点制造,甚至来自不同代工厂的专用硅块或 IP 块组合,从而省去了一些前道制造复杂工艺,构建更高效、更经济的芯片系统;③小型芯片可在组装前进行测试,从而提高最终器件和大型芯片的良率。

传统的 SoC 是将多个负责不同类型计算任务的计算单元,通过光刻的形式制作到同一块晶圆上,对先进的纳米工艺有着高度的依赖。例如人们手机芯片制造工艺就越来越高,从 28nm 一路升级到 10nm、7nm、5nm,目前正进一步走向 3nm 甚至更低,纳米工艺已经逐渐接近物理极限。

Chiplet 与 SoC 相反,是将一块原本复杂的 SoC 芯片,从设计时就先按照不同的计算单元或功能单元对其进行分解,然后每个单元选择最适合的半导体制程工艺进行分别制造,再通过先进封装技术将各个单元彼此互联,最终集成封装为一个系统级芯片组(陈桂林等,2022)。

对于 SoC 芯片的逻辑计算单元,需要先进制程来提高性能,但其他部分通常可使用成本更低的成熟制程,将 SoC 芯片 Chiplet 化之后,不同芯粒可以根据需要选择合适的工艺制程分开制造,再通过先进封装技术进行组装,从而有效降低制造成本。

3.5 学赛共轭——全国大学生电子设计竞赛

全国大学生电子设计竞赛(National Undergraduate Electronics Design Contest)是教育部与工业和信息化部共同发起的大学生学科竞赛之一。该竞赛是面向大学生的群众性科技活动,目的在于推动高等学校对信息与电子类学科课程体系和课程内容的改革,有助于高等学校实施素质教育,培养大学生的实践创新意识与基本能力、团队协作的人文精神和理论联系实际的学风,提高学生针对实际问题进行电子设计制作的能力。竞赛内容既有理论设计,又有实际制作,以全面检验和加强参赛学生的理论基础与实践创新能力。

3.5.1 空地协同智能消防系统

3.5.1.1 任务

设计一个由四旋翼无人机及消防车构成的空地协同智能消防系统。无人机上安装垂直向下的激光笔,用于指示巡逻航迹。巡防区域为 40dm×48dm,如图 3-34 所示。无人机巡逻时可覆盖地面 8dm 宽度区域,以缩短完成全覆盖巡逻时间为原则,无人机按照规划航线巡逻。发现火情后立即采取初步消防措施,并将火源地点位置信息发给消防车,使其前往熄灭火源。空地协同巡逻及消防工作完成时间越短越好。

3.5.1.2 要求

1.基本要求

(1)参赛队需自制模拟火源。模拟火源是用电池供电的红色光源,如 LED 等,用激光笔持续照射能够控制开启或关闭,持续照射 2s 左右开启,再持续照射 2s 左右关闭。

(2)展示规划的巡逻航线图,在消防车上按键启动无人机垂直起飞后,无人机以 18dm 左右的高度在巡防区域按规划的航线完成全覆盖巡逻。

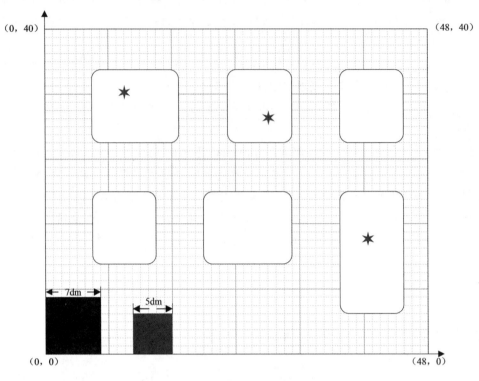

图 3-34 消防区域示意图

(3)无人机与消防车之间采用无线通信;巡逻期间无人机每秒向消防车发送 1 次位置坐标信息,消防车上显示器实时更新显示无人机位置坐标信息。

(4)巡逻中,消防车显示器显示巡逻航迹曲线,计算并显示累计巡逻航程。

(5)完成巡逻后,无人机返回,准确降落在起飞区域内。

2.发挥部分

(1)手动操作激光笔点亮一个火源。在消防车上启动无人机巡逻。无人机按规划航线巡航,发现火情后,前往接近火源(水平距离≤5dm)识别确认,再在无人机上用 LED 指示灯示警。

(2)无人机飞至火源地点上方,降低至 10dm 左右高度,悬停 3s 后抛洒灭火包,灭火包落在以火源点为中心、半径 3dm 圆形区域内;再将火源地点位置坐标发送给消防车,然后继续巡逻,完成后返航回到起飞点。

(3)消防车接收到火情信息,显示火源地点位置坐标后,从消防站出发前往火源地点,途中不得碾压街区及其边界线,在 5dm 距离内以激光笔光束照射模拟光源将其熄灭。

(4)熄灭模拟光源后消防车返回到出发区域内。发挥部分限时 360s 完成。

(5)其他。

3.5.1.3 说明

消防巡防区域说明具体如下几个方面。

(1)参赛队在赛区提供的场地测试,不得擅自改变测试环境条件。

(2)图 3-35 中消防巡防区域铺设的亚光喷绘布底色为浅灰色(R-240、G-240、B-

240);白色部分是街区,消防车不得驶入;街区以外区域淡灰色地面上画有 1dm×1dm 的坐标线,线条颜色为淡蓝色(R-180、G-230、B-255);左下方为坐标原点(0,0),右上方顶点坐标为(48,40);左下角黑色区域是无人机起降点,红色区域是消防车停车点。无人机可在整个巡防区域上空飞行,消防车只能在街区以外区域行驶,且不得碾压边界线。

图 3-35 模拟光源遮光罩示意

(3)消防车上激光笔照射在地面的光斑直径不得大于 2cm;无人机上的激光笔固定不得转动,光斑直径不得大于 6mm。

(4)参赛队需制作 3 只带电源开关的模拟火源,根据评委指示放置在某些白色街区中。模拟火源可用电池供电的红色 LED 等,需带向上的喇叭形遮光罩,遮光罩角度约 60°,如图 3-35 所示,高度不超过 10cm,可用激光笔控制其开启或关闭。竞赛结束一并封入作品箱。模拟火源发光部分直径不大于 2cm。

(5)巡防区上方、右侧各有一条 1.8cm 宽黑色标志线,用于无人机辅助定位,也可采用 UWB 等其他定位方式;巡防区域内坐标线仅为方便观察无人机航迹及消防车位置之用。无人机巡逻飞行时,激光笔扫到 8dm×8dm 粗线框区域内某处,即视为巡逻覆盖了该区域。

(6)灭火包可采用沙袋等软质物品,质量不小于 10g。无人机释放抛洒灭火包的方式不限。

(7)40dm×48dm 的巡防区四周及顶部设置安全网,支架在安全网外。若有辅助定位装置,须在巡防区及其上方空间之外。

(8)测试现场避免阳光直射,但不排除顶部照明灯及窗外环境光照射,参赛队应考虑到测试现场会受到外界光线或室内照明不均等影响因素;测试时不得提出光照条件要求。

3.5.1.4 思路指导

针对 2023 年 TI 竞赛的无人机赛题"空地协同智能消防系统"这一具体任务,简单可以分为以下 3 个部分。

1. 无人机自主飞行任务设计

在无人机自主飞行任务设计中,关于实现基础部分飞行功能,可以无须编写自主飞行任务代码,直接利用程序中已有的用户自定义航点飞行功能,通过按键或者地面站设置航点坐标即可完成基础部分飞行任务,有且仅需要做的工作是写 IO 控制去驱动激光笔点亮、串口通讯用数传去实时发送位置等信息给小车平台就可以,基础部分的无人机自主飞行任务设计只需要做很少的工作量就可以把分数拿满。

发挥部分无人机自主飞行任务设计分为航点遍历、底部视觉色块跟踪对准、驱动舵机实现投放动作。

2. 消防车自动运行与灭火任务设计

消防车自动运行与灭火任务的设计中,要求小车在行驶到火源的过程中不得碾压街区边界线,这点需要小车事先规划好从出发点前往火源 G 处的中间路径点。小车平台上可搭载机载计算机,通过激光雷达/深度相机实现全局定位,需要做的工作是实现航点遍历+视觉识别后激光笔对准,可加以云台辅助控制激光笔,实现在某一范围内激光笔动作,目的是实现快速灭灯,具体云台单轴还是双轴需要根据实际做的模拟火源光敏电阻分布情况决定。也可以不需要云台直接让视觉传感器和激光笔同轴安装,小车在视觉对准火源的过程中照射到光敏电阻就可以使火源熄灭。

3. 模拟火源的任务设计

自制模拟火源中要求用电池供电的红色光源作为模拟火源,模拟火源的亮灭可以用激光笔持续照射去控制,持续照射2s左右开启,再持续照射2s左右关闭,同时对模拟火源的尺寸和形状有一定的要求。红色光源的强度要足够,确保能满足无人机在不同环境光线下都能稳定识别。光敏电阻组成的分压电路稳态电压输出值受到环境光线影响需要现场标定,由于不同环境光线下光敏输出阻抗存在差异,因此程序中检测阈值需要现场标定,实际可以采用按键或者电位器进行现场标定。当然,如果在光敏电阻朝下并且底板为深色的情况下,可无须标定。

激光笔的光斑比较小,需要多个光敏电阻均匀分布才能确保激光笔照射到后实现灭火,由于没办法保证激光笔光斑能严格对准某一区域的光敏电阻,往往需要依靠灯罩、电路板的间接反射才能照射到光敏电阻,并且题目要求要持续不间断照射2s才行,实际小车很难做到这一点,故可以设计两组检测回路,比如单独用一路灰度传感器作为2s持续照射点亮或者关闭,另外一路光敏回路作为消防车灭火时用,只要有激光笔照射到光敏上就可以触发光源熄灭条件。

3.5.2 基于声传播的智能定位系统

3.5.2.1 任务

基于物体固有频率以及介质中声传播特性,应用模式识别、机器学习等算法,设计并制作一套智能定位系统,实现对特定区域内敲击声源或放置的物件进行探测和定位。

系统包括一块水平放置的正方形平面板,边长为450mm,俯视图及直角坐标系定义如图3-36所示。特定区域M是边长300mm的正方形,其中心定义为坐标原点O。平面板4个角60mm×60mm的正方形定义为区域Z,在区域Z内安装电声或声电转换部件,用于激发或探测在平面板内部传播的声信号。

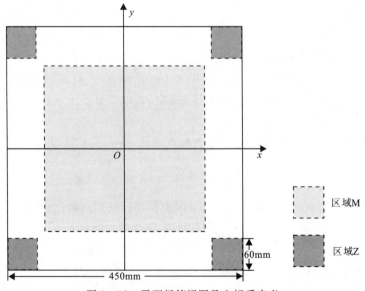

图3-36 平面板俯视图及坐标系定义

3.5.2.2 要求

1. 基本要求

(1)自制信号发生器,产生步进扫频信号,频率范围为15~20kHz,步进频率1kHz,扫频周期为5s。通过电声部件转换为声信号并注入平面板,由不在同一位置的任意声电转换部件接收该声信号,预留测试端口,通过示波器观测接收到的信号。

(2)按图3-37中灰色粗框线将区域M平均划分为6×6的大方格。一键启动系统后,在指定方格中敲击一次,系统在5s内完成探测定位并显示对应方格编号。显示格式为横轴编号在前,纵轴编号在后,中间以逗号分隔,如(EF,0304)、(GH,1112)。

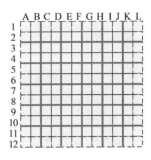

图3-37 区域M均匀划分为多分格的示意图

2. 发挥部分

(1)按图3-37将区域M平均划分为12×12的小方格。将磁铁片放置在指定的某一方格内后,一键启动系统,在15s内完成定位并显示圆片所在的方格编号。显示格式为横轴编号在前,纵轴编号在后,中间以逗号分隔,如(E,08)、(I,10)。

(2)将磁铁片放置在区域M中任意指定的位置后,一键启动系统,在20s内完成定位并显示其直角坐标数值,单位为mm,横轴坐标在前,纵轴坐标在后,中间以逗号分隔,如(-50mm,100mm)。定位误差不大于10mm。

(3)其他。

3.5.2.3 说明

(1)正方形平面板应选用亚克力材质,边长为(450±10)mm,厚度均匀且为(8±1)mm。使用标记笔在表面画格和标注,但不得进行其他加工处理。

(2)电声/声电部件和必要的支撑固定部件必须都安装在平面板区域Z内。

(3)敲击平面板的端面应足够小,以便能分辨敲击位置。

(4)采用铁硼磁铁片(直径12mm,厚度2mm),在面板上、下表面各叠放5片,隔平面板相互吸合。铁片的中心作为"2.发挥部分"中定位的基准位置。

(5)各项任务测试时,均要求先将系统切换到相应工作模式,一键启动后显示或输出结果。两项测试之间允许复位系统。

(6)探测和定位功能仅限于利用在平面板材料内部传播的声波信号,不得使用其他类型传感器。

3.5.2.4 思路指导

"基于声传播的智能定位系统"为2023年全国大学生电子设计竞赛本科组的第F题,通过对目标任务进行分析,可以得出以下设计思路(不唯一)。

1. 设计原理

(1)声音传播:声音在介质传播时,会受到障碍物的影响,产生散射和折射。利用亚克力板上钕铁硼磁铁圆片的谐振频率,比较振动在亚克力板中的传播时间和传播路径,可以确定钕铁硼磁铁圆片的大致位置。

(2)电子技术:利用现代电子技术,如传感器、信号处理、微控制器等,实现声音传播的精确测量和智能定位。

2. 设计方案

(1)主控芯片选择:可以选择 STM32F103ZET6 的核心板,其自带的 ADC 采样的频率便于采集声音信号,获取波峰时间。

(2)人机交互模块:可使用正点原子的 TFT-LCD 2.4 英寸的 LCD 屏幕,带触控功能,便于人机交互控制。

(3)发射和接收装置:可使用蜂鸣器、麦克风(带咪头)、超声波换能器、压电陶瓷片或电喇叭扬声器等发射接收信号,传入亚克力板在接受端接收信号。采用大功率电喇叭的核心扬声器部分当作发射装置,可产生较大信号。使用压电陶瓷振动传感器(图 3-38)作为信号接收装置。该传感器的优点是耦合度较为一致,方便信号接收时进行采集与测量。但是声信号经过亚克力板传到接收装置,压电陶瓷振动传感器所能接收到的信号会有较大的能量衰减,收到信号的电压幅值较小。因此,需要另行放大再进行采样,外加足够功率的功率放大器才能使用。

图 3-38 压电陶瓷振动传感器

3. 设计实现

(1)在 M 区域内按题目要求吸紧钕铁硼磁铁圆片,以确保谐振频率的稳定。

(2)设置 STM32F103ZET6 单片机程序产生扫频信号发送给功率放大器。

(3)功率放大器驱动改造后的扬声器产生振动信号。

(4)压电陶瓷振动传感器接收振动信号,然后模拟电路对信号进行放大并调节直流发送到单片机 I/O 口,图 3-39 所示为发射和接收装置位置示意图。

(5)单片机预先设置好的程序通过对比两个压电陶瓷片收到信号的谐振时间差和振幅特性,来分析钕铁硼磁铁图片所在位置。

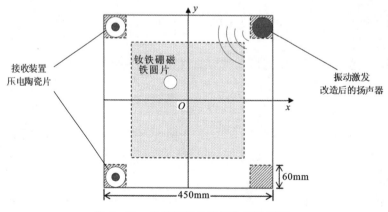

图 3-39 发射和接收装置位置示意图

4 输入输出技术

4.1 计算机中的输入/输出系统

计算机的输入/输出系统(简称 I/O 系统)是指计算机用于与外部设备(简称外设)进行交互的部分。I/O 系统是连接计算机和外部世界的接口,它使得计算机能够接收输入数据并将结果输出给用户或其他设备。

输入系统负责将外部设备传输的信息转换为计算机可理解的形式,以供计算机进行处理。常见的输入设备有键盘、鼠标、触摸屏、扫描仪、摄像头等。输入设备将用户的操作或环境中的物理量(如图像、声音等)转化为数字信号,然后通过输入/输出接口(简称 I/O 接口)传输到计算机。

输出系统则负责将计算机处理后的数据转换为外部设备可接受的形式,并将其传递给相应的设备。常见的输出设备有显示器、打印机、扬声器、绘图仪等。输出设备能够将计算机生成的数字信号转换为可视化的图像、可听的声音或实际的物理输出。

4.1.1 输入/输出接口的概念、功能与结构

4.1.1.1 I/P 接口的基本概念

接口是指计算机中央处理器(CPU)和存储器、外部设备或者两种外部设备之间,以及两种机器之间通过系统总线进行连接的逻辑部件(或称电路),它是 CPU 与外界进行信息交换的中转站。CPU 与外设之间的接口称为 I/O 接口,由于 I/O 设备种类繁多,其相应的接口电路也各不相同。因此,I/O 接口比较复杂,习惯上所说的接口都是指 I/O 接口。

外设为什么一定要通过 I/O 接口电路与计算机相连接呢?主要有以下原因。

(1)外设与 CPU 速度不匹配。CPU 的速度很快,而大多数外部设备的数据传输速度较慢,彼此之间速度差异很大。

(2)外设与 CPU 信号电平和驱动能力不相同。CPU 的信号都是 TTL 电平,而且提供的功率很小,而外设需要的电平的范围很宽,驱动功率也大。

(3)外设与 CPU 信号形式不相同。CPU 只能处理数字信号,而外设可以处理多种信号,可以是数字量、开关量、模拟量等。

(4)外设与 CPU 信号格式不相同。CPU 在数据总线上处理二进制数据,而外设使用的信号形式各不相同,有开关量、电流量、电压量等。

(5)外设与 CPU 时序不匹配。CPU 的各种操作都是在统一的时钟信号下完成的,各种操作都有自己的总线时钟周期。而外设也有自己的定时与控制逻辑,大多与 CPU 的时序不一致。

因此,必须通过 I/O 接口部件把外设与 CPU 连接起来,完成它们之间的信息格式转换、

速度匹配及某些相关控制等。

其实,接口技术就是专门研究 CPU 与外部设备之间的数据传送方式、接口电路工作原理和使用方法的一门技术,其采用硬件与软件相结合的方法,研究 CPU 如何与外部设备进行最佳耦合,以便在 CPU 与外部设备之间实现高效、可靠的信息交换。如显示器作为一种输出设备要通过显卡和微机相连接,这里的显卡就是接口电路,但只有显卡还不能实现显示器的正确显示,还需要有相应的接口程序即显卡驱动程序。CPU 与外部设备之间交换的信息主要有数据信息、状态信息和控制信息 3 类,如图 4-1 所示。

1. 数据信息

数据是 CPU 与外部设备之间交换最多的一类信息,微机中的数据通常为 8 位、16 位或 32 位。数据信息按其不同性质可分为以下 3 类。

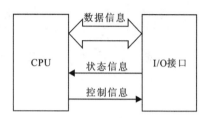

图 4-1 CPU 与外设之间交换的信息

(1) 数字量:数字量可以是以二进制形式表示的数据或以 ASCII 码表示的数据及字符,如从键盘、磁盘机等读入的信息,或由 CPU 送到打印机、磁盘机、显示器的信息。

(2) 模拟量:模拟量是指在连续变化的范围内取值的物理量。例如当微机用于检测或过程控制时,通过传感器把现场大量连续变化的物理量如温度、位移、流量、压力等非电量转换成电压或电流等电量,并经过放大器放大,然后经过采样器和 A/D 转换器转换为数字量后才能被微机接收,微机输出的数字量也要经过 D/A 转换器转换成相应的模拟量才能控制现场。

(3) 开关量:开关量是一些只有两个状态的量,如开关的闭合与断开、阀门的打开与关闭、电机的运行与停止等,通常这些开关量需经过相应的电平转换才能与微机连接。开关量只需一位二进制数即可表示,因此对于字长为 8 位或 16 位的计算机,一次可以输入或输出 8 个或 16 个开关量。

2. 状态信息

状态信息反映了当前外部设备的工作状态,是 CPU 与外部设备之间进行信息交换时的联络信号。对于输入设备,通常用准备好(READY)信号来表示当前输入数据是否准备就绪,若准备好则 CPU 可以从输入设备接收数据,否则 CPU 需要等待;对于输出设备,通常用忙(BUSY)信号来表示外部设备是否处于空闲状态,若为空闲则 CPU 可以向输出设备发送数据,否则 CPU 应暂停发送数据。因此,状态信息是保证 CPU 和外部设备能正确进行信息交换的重要条件。

3. 控制信息

控制信息是 CPU 对外部设备发出的控制命令,以设置外部设备的工作方式等,如外部设备的启动、停止等信号。由于不同的外部设备有不同的工作原理,因而其控制信息含义也往往不同。

4.1.1.2 I/O 接口的主要功能

为了实现 CPU 与外部设备之间的正常通信,完成信息传递任务,I/O 接口电路一般都具有如下 4 种功能。

1. 地址译码或设备选择功能

地址译码或设备选择功能即对 I/O 端口进行寻址的功能。在微机系统中通常会有多个外部设备同时与主机相连,为了实现 CPU 与外部设备之间的数据传输和通信,需要对外部设备进行地址译码或设备选择。而每个外部设备又可能有数据口、状态口和控制口等不同的端口。这就需要 I/O 接口中的地址译码电路进行地址译码以选定不同的外设和端口,只有被选定的端口才能与 CPU 进行数据交换或通信。

2. 数据缓冲功能

外部设备的数据处理速度通常都远远低于 CPU 的数据处理速度,因此在 CPU 与外部设备间进行交换数据时,为了避免因速度不匹配而导致数据丢失,在接口电路中一般都设有数据寄存器或锁存器来缓冲数据信息,同时还提供"准备好""忙""闲"等状态信号,以便向 CPU 报告外部设备的工作状态。

3. 输入/输出功能

外部设备通过 I/O 接口电路实现与 CPU 之间的信息交换,CPU 通过向 I/O 接口写入命令控制其工作方式,通过读入命令可以随时监测、管理 I/O 接口和外部设备的工作状态。

4. 信息转换功能

由于外部设备所需要的信息格式往往与 CPU 的信息格式不一致,因此需要接口电路能够进行相应的信息格式变换,如正负逻辑关系转换、时序配合上的转换、电平匹配转换、串并行转换等。例如微机系统的总线信号与外部设备所需的控制信号和它所能提供的状态信号往往不匹配,计算机只能识别 0、1 的 TTL 电平(0~0.4V 为 0,2.4~5.0V 为 1)或 CMOS 电平(0~1.7V 为 0,3.3~5.0V 为 1),需要接口电路来完成信号的电平转换。此外,总线上传输的是并行数据,而外部设备需要的是串行数据,这就需要串行和并行格式的转换;如果外设传送的是模拟信号,则要进行模/数和数/模转换。

4.1.1.3 I/O 接口的基本结构

I/O 接口作为 CPU 和外设之间的桥梁,要实现执行 CPU 的命令、返回外设状态、进行设备选择、信号转换、数据缓冲等功能。I/O 接口的基本结构由硬件结构和软件结构两部分组成。典型的 I/O 接口结构如图 4-2 所示。

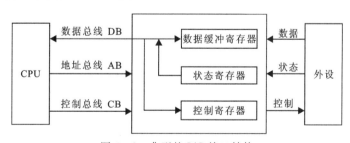

图 4-2 典型的 I/O 接口结构

1. 硬件结构

(1) 基本逻辑电路:包括控制寄存器、状态寄存器和数据缓冲寄存器。它们承担着接收执行命令、返回状态和传送数据的基本任务,是接口电路的核心。

(2) 端口地址译码电路:它由译码器或能实现译码功能的其他芯片如通用阵列逻辑(Generic Array Logic,简称 GAL)器件、普通 IC 逻辑芯片构成。它的作用是进行设备选择,是接口中不可缺少的部分。

(3)可选控制电路:这是根据接口的不同任务和功能要求而添加的功能模块电路,用户可按照需要加以选择。在设计接口时,当涉及数据传输方式时,要考虑中断控制或DMA控制器的选用;当涉及速度控制和发声时,要考虑定时/计数器的选用;当涉及数据宽度转换时,要考虑移位寄存器的选用等。以上这些硬件电路不是孤立的,而是按照设计要求有机地结合在一起,相互联系,相互作用,以实现接口的功能。

2. 软件结构

当然,I/O接口要工作还必须有软件支持,典型的软件结构有以下程序段。

(1)初始化程序段:对可编程接口芯片(或控制芯片)都需要通过其方式命令或初始化命令设置工作方式及初始条件,这是接口程序中的基本部分,用来启动接口的工作。

(2)传送方式处理程序段:数据传送涉及传送方式的处理,主要的数据传送方式将在4.2节详细介绍。

(3)主控程序段:完成接口任务的程序段,如数据采集的程序段,包括发转换启动信号、查转换结束信号、读数据以及存数据等内容。

(4)程序终止与退出程序段:包括程序结束退出前对接口电路中硬件的保护程序段。例如将一些芯片的引脚设置为电平复位,或将其设置为I/O状态等。

(5)辅助程序段:包括人机对话、菜单设计等内容。人机对话程序段能增加人机交互作用,并且设计简单、操作方便。

4.1.2 输入/输出接口的分类

I/O接口种类繁多,功能各异,从不同的角度有不同的分类方法。

1. 按功能分类

I/O接口按功能可分为专用I/O接口和通用I/O接口。

(1)专用I/O接口:是为专门用途或专业设备设计的I/O接口,如阴极射线管(Cathode Ray Tube,简称CRT)显示接口、打印机接口、键盘接口、磁盘接口等。

(2)通用I/O接口:就是不针对某种用途、某类设备而设计的I/O接口,可以服务于多种用途和多种设备,如并行接口、串行接口、中断接口、DMA接口等。

2. 按接口的可编程性能分类

I/O接口按接口的可编程性能可分为不可编程接口和可编程接口。

(1)不可编程接口:通常由专门的硬件电路实现,其功能固定、不可更改。例如计算机系统中常用的串行接口(如RS-232C接口)、并行接口(如打印机接口)等都属于不可编程接口。这些接口通常可以直接连接到特定的外部设备上,但无法自由地扩展和配置。

(2)可编程接口:则具有一定的可编程性能,可以根据需要进行编程和配置。可编程接口通常由软件和硬件共同实现,包括芯片级、板级和系统级的接口。例如计算机系统中常用的USB(Universal Serial Bus)接口、PCI(Peripheral Component Interconnect)接口等,都属于可编程接口。这些接口具有更强的灵活性和扩展性,可以通过软件编程或配置来实现不同的功能和应用,满足不同用户的需求。

3. 按接口与外设间数据传输形式分类

I/O接口按接口与外设间数据传输形式可分为并行接口和串行接口。

(1)并行接口:工作原理为同时使用多条数据线进行数据传输,每条数据线用于传输一个数据位。并行接口的优点是传输速度快,能够同时传输多个数据位,适用于需要高速数据传输的场景。常见的并行接口有 Centronics 接口、IDE(Integrated Drive Electronics)接口、SCSI(Small Computer System Interface)接口和 PCI 接口等。

(2)串行接口:工作原理为只使用一条数据线进行数据传输,通过连续传输每个数据位来完成数据传输。串行接口的优点是线路少、布线简单,适用于长距离传输和需要节省连接器和线缆成本的场景。常见的串行接口有 RS-232C 接口、IIC(Inter-Integrated Circuit,简称 I^2C)接口、USB 接口和 SPI 等(陈真和王钊,2022)。

4. 按数据控制方式分类

I/O 接口按数据控制方式分类可分为程序型接口和 DMA 型接口。

(1)程序型接口:需要由 CPU 发出指令并控制每个数据传输的过程。这种接口的优点是灵活性高,可以根据需要进行定制和控制;缺点是对 CPU 资源消耗较大,会导致系统响应速度变慢。

(2)DMA 型接口:可以让外部设备直接访问内存,而不需要 CPU 的干预。这种接口的优点是可以显著减少 CPU 的负担,提高系统吞吐量和响应速度;缺点是需要复杂的硬件支持,且对数据传输的控制较为困难。

由于大规模集成电路和微机技术的发展,I/O 接口电路大多采用大规模、超大规模集成电路,并向智能化、系列化和一体化方向发展。虽然新的接口芯片层出不穷,未来可能会有功能更强大、速度更快的 I/O 接口电路芯片出现,但是目前许多大规模、多功能的 I/O 电路芯片实质上仍然是一些功能单一的接口电路的组合与集成。因此,本文侧重于介绍单功能的接口电路,这有助于读者掌握微机接口技术的原理和方法。

4.1.3 输入/输出(I/P)接口端口编址

输入/输出接口端口编址是指 CPU 通过访问相应接口电路中的端口寄存器实现与外部设备进行信息交换。CPU 如何对端口寄存器进行访问呢?在微机中,CPU 对端口寄存器的访问有两种形式,即统一编址方式和 I/O 独立编址方式。

4.1.3.1 统一编址

统一编址是将存储器单元地址与 I/O 端口寄存器地址统一编在同一地址空间中,是把 I/O 端口当作存储单元看待。每个 I/O 端口被赋予一个存储器地址,I/O 端口与存储器单元的地址进行统一安排。通常是在整个地址空间中划分出一块连续的地址区域分配给 I/O 端口。被 I/O 端口寄存器占用了的地址,存储器不能再使用。CPU 通过访问存储器的指令访问 I/O 端口寄存器。I/O 端口与内存单元统一编址如图 4-3 所示。

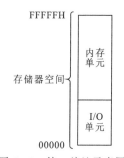

图 4-3 统一编址示意图

这种编址方式的优点为:①CPU 对外设的操作使用存储器操作指令,访问操作灵活、方便,并且还可对端口内容进行算术逻辑运算、循环或移位等;②I/O 数据存取与存储器数据存取一样灵活。I/O 端口寄存器的地址空间是内存空间的一部分,这样 I/O 端口寄存器的地址空间可大可小,从而使外设的数目只受总存储容量的限制,大大增加了系统的吞吐率和灵活性;③不需要专门的 I/O 指令,降低了对操作码的解码难度。

该方式的缺点为：①I/O端口寄存器的地址空间占用了一部分存储器地址空间，使可用的内存空间减少；②对外设的端口地址时，由于I/O端口寄存器的地址空间是内存空间的一部分，因此为了识别一个I/O端口寄存器，必须对全部地址线译码，这样不仅增加了地址译码电路的复杂性，而且使执行外设寻址的操作时间相对增长；③从指令上不容易区分当前是在对内存操作还是在对外设操作。

需要说明的是，对于单片机和嵌入式微处理器，接口电路通常采用统一编址方式。由于它们的接口电路和CPU集成在一块芯片上，处理速度较快。为了使用方便，一般给每一个接口寄存器系统都指定了一个寄存器名称；为了区别于CPU内的寄存器，这里的寄存器称为专用寄存器或特殊功能寄存器，这样就可以通过相应的寄存器名称来访问这些寄存器中的数据。

4.1.3.2 I/O独立编址

1. I/O独立编址原理

I/O独立编址方式是将接口电路中的端口寄存器和存储器单元分别编在不同的地址空间中，即端口寄存器的地址空间与存储器地址空间互相独立，CPU对端口寄存器和存储器采用不同的访问方法，对端口寄存器采用专门的I/O指令进行操作。I/O独立编址访问方式如图4-4所示。通用的微型计算机通常采用这种编址方式。

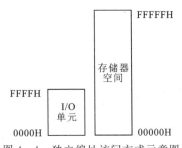

图4-4 独立编址访问方式示意图

这种编址方式的优点为：①I/O端口寄存器地址不占用存储器地址空间，因而不会减少存储器容量；②I/O地址线较少，I/O端口寄存器地址译码较简单，寻址速度较快；③使用专用I/O指令，可使程序编制得清晰，便于理解和检查。

这种方式的缺点为：①专用I/O指令类型少，不如存储器访问指令丰富，程序设计灵活性较差；②使用I/O指令一般只能在累加器和I/O端口寄存器间交换信息，信息处理能力不强；③要求处理器能提供存储器读/写、I/O端口读/写两组控制信号，增加了控制逻辑的复杂性。

2. I/O指令寻址

微型计算机采用I/O指令访问端口，实现数据的I/O传送。由于使用专门的I/O指令访问端口，并且I/O端口地址和存储器地址是分开的，故I/O端口地址和存储器地址在编号上是可以重叠的，不会相互混淆。

输入指令的助记符是IN，输出指令的助记符是OUT。根据I/O端口操作数采用的寻址方式共有4条指令，这4条指令在数据传送时都是使用CPU中的AX或AL寄存器。若是字数据传送则使用AX，若是字节数据传送，则使用AL。

1）输入指令寻址

（1）直接寻址的输入指令，指令格式级操作如下。

```
IN  AL/AX,PORT
```

该指令把8位或16位的数据直接由输入端口PORT（地址为0～255）输入到AL或AX寄存器中。指令如下。

```
IN  AL,0FFH      ;从字节端口 0FFH 输入一个字节到AL中
```

(2)间接寻址的输入指令,指令格式级操作如下。

```
IN  AL/AX,DX
```

该指令把 8 位或 16 位的数据由 DX 寄存器指定的端口地址输入到 AL 或 AX 寄存器中。

例如:

```
MOV DX,400H
IN  AX,DX       ;从字节端口 400H 输入一个字节到 AX 中
```

2)输出指令寻址

(1)直接寻址的输出指令,指令格式级操作如下。

```
OUT PORT,AL/AX
```

该指令把 AL(8 位)或 AX(16 位)的数据直接输出到 PORT 指定的输出端口地址(0~255)。指令如下。

```
OUT 60H,AL      ;把 AL 的内容输出到端口 60H 中
```

(2)间接寻址的输出指令,指令格式级操作如下。

```
OUT DX,AL/AX
```

该指令把 AL(8 位)或 AX(16 位)的数据输出到由 DX 寄存器指定的输出端口。指令如下。

```
MOV DX,350H
OUT DX,AL       ;把 AL 的内容输出到端口 350H 中
```

注意:

(1)IN 和 OUT 指令只能使用 CPU 中的累加器 AL 或 AX。

(2)当端口地址小于 256(即地址为 00H~FFH)时,采用直接寻址方式;当端口地址等于或大于 256(即地址为 0100H~FFFFH)时,采用间接寻址方式;当然,端口地址为 00H~FFH 时,也可使用间接寻址方式,即事先将端口地址放在 DX 寄存器中,然后再使用 I/O 指令。

思政导入　　I/O 设备的发展

计算机早期的输入和输出方式非常简单,主要通过打孔卡片、纸带、终端设备等实现。随着计算机技术的发展,I/O 设备逐渐多样化,并采用了更高效、更便捷的交互方式。

20 世纪 50 年代,打孔卡片和纸带是主要的输入输出手段。然而,这些设备的输入输出速度较慢,数据存储容量有限,不适用于处理大规模数据。

20 世纪 60 年代,终端设备逐渐成为主要的 I/O 设备,使得用户可以通过键盘输入数据,并通过显示器或打印机输出结果。终端设备的出现极大地改善了计算机与用户之间的交互方式。

20 世纪 70 年代,磁带和磁盘成为主要的辅助存储设备,取代了纸带和打孔卡片,大大提高了数据存储容量和读写速度。

20 世纪 80 年代,鼠标和图形用户界面(Graphics User Interface,简称 GUI)的引入使计算机操作更直观和友好。光驱、光盘等设备也逐渐普及,提供了更大的数据存储容量和更高的读写速度。

20世纪90年代,USB接口的发明为计算机连接外部设备提供了更便捷的方式。随着互联网的普及,网络设备如调制解调器、以太网接口等成为常见的I/O设备。

如今,I/O设备涵盖了各种形式,从传统的键盘、鼠标、显示器、打印机,到现代的触摸屏、扫描仪、摄像头、传感器等。同时,无线通信技术如蓝牙、Wi-Fi(Wireless Fidelity)、NFC(Near Field Communication)等技术的发展,使得计算机能够无线连接到外部设备。

从早期简单的打孔卡片到现代多样化的输入设备和输出设备,I/O设备在计算机发展的过程中不断创新和演进。如今,中国的I/O设备正处于一个飞速发展的时代。例如在传感器方面,2023年中国科学院成功研制出了国内首台深海质谱仪,并在南海某海域成功完成多次海试,填补了国内在深海质谱仪研制领域的空白。质谱仪是一种分离和检测不同同位素的仪器,利用质谱仪可以对相关物质进行化学分析,为确定化合物的分子式和分子结构等提供可靠的依据。深海质谱仪的研制可以为寻找海底油气及矿产资源、探究生命起源和早期演化以及研究全球气候变化等奠定了原位质谱探测基础。随着技术的不断进步,I/O设备将继续发挥着重要的作用,为我们带来更加智能、便捷和多样化的计算体验。无论是在日常生活和娱乐中,还是在科学研究和工业生产中,I/O设备都将持续助力。

4.2 输入/输出方式

由于外部设备的差异性非常大,它们与CPU之间进行信息传送的方式也各不相同。按照I/O接口电路复杂程度的演变顺序和外部设备与CPU并行工作的程度,CPU与外部设备之间的信息传送方式可以分为程序控制传送方式、中断传送方式和直接存储器存取(DMA)传送方式3种。

4.2.1 程序控制方式

程序控制方式是由程序直接控制外部设备与CPU之间的数据传送过程,在程序中安排相应的I/O指令来控制输入和输出,完成和外部设备的信息交换,进而直接控制外部设备的工作。由于数据的交换是由相应程序完成的,需要在编写程序之前预先知道何时进行这种数据交换工作。根据外部设备的特点,程序控制传送方式又可以分为无条件传送方式和查询传送方式。

1. 无条件传送方式

无条件传送是一种最简单的程序控制传送方式。当CPU确定一个外部设备已经准备就绪时,可以不必查询外部设备的状态而直接进行信息传送。要使无条件传送方式可靠,需要编程人员熟知外部设备的状态,保证每次数据传送时外部设备都处于就绪状态。因此,这种方式较少使用,一般只用于如开关、数码管等一些较简单的外部设备控制。这种方式的接口电路最简单,只需要有传送数据的端口就满足条件了,如图4-5所示。

(1)当外部设备作为输入设备时,其输入数据的保持时间通常会比CPU处理所需的时间长得多。因此,可以使用三态缓冲器将外部设备和数据总线连接起来。当CPU执行IN指令输入数据时,M/$\overline{\text{IO}}$信号为低电平,且读信号$\overline{\text{RD}}$有效,因而输入缓冲器被选中,把其中准备好

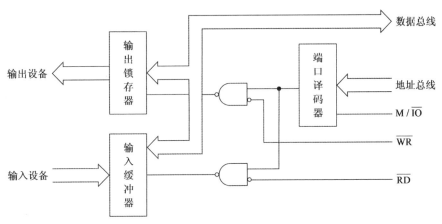

图 4-5 无条件传送方式接口电路

的数据放到数据总线上,然后传送到 CPU 内部进行处理。然而,在执行 IN 指令期间,CPU 需要确保外部设备已经将数据送到三态缓冲器中,否则读取的数据可能会产生错误。因此,在设计和实现系统时,必须确保设备之间的数据传输同步和协调,以避免数据错误的发生。

(2)当外部设备作为输出设备时,由于 CPU 的处理速度远快于外部设备,通常需要使用锁存器将 CPU 输出的数据先暂存起来,并等待外部设备取走。当 CPU 执行 OUT 指令输出数据时,M/$\overline{\text{IO}}$信号为低电平,且写信号$\overline{\text{WR}}$有效,因而输出锁存器被选中,CPU 经数据总线送来的数据被打入输出锁存器中。输出锁存器保持该数据,直到被外部设备取走。与输入操作类似,输出操作需要确保 CPU 在执行 OUT 指令时输出锁存器中为空,即确保外部设备已经取走前一个数据,否则可能会导致写入数据错误的发生。在设计和实现系统时,必须确保设备之间的数据传输同步和协调,并且需要合理地设置锁存器的数量和大小,以确保数据的正确性和稳定性。

值得注意的是,三态缓冲器是一种电路元件,由一个输入端和一个输出端组成,用于控制信号在不同逻辑电平之间的传输。它具备高电平、低电平和高阻态 3 个不同状态,可以通过控制输入信号来切换不同的输出状态。它的工作原理为:将输入端接收到的信号放大并传输到输出端;根据输入信号值的不同,三态缓冲器会将输出端置于高电平、低电平或高阻态;输入信号为高电平时,输出信号也为高电平;当输入信号为低电平时,输出信号将变为低电平;当输入信号为高阻态时,输出端不会输出任何信号。

2. 查询传送方式

查询传送方式的工作原理是 CPU 在传送数据之前,会不断读取并检测外部设备的状态。只有当外部设备的状态信息满足特定条件时,CPU 才会进行数据传送;否则,CPU 将持续等待,直到外部设备的状态条件满足为止。所谓满足条件,对于输入设备而言就是处于"准备好"状态,对于输出设备而言就是处于"空闲"状态。与无条件传送方式相比,查询传送方式下的接口电路中不仅要有传送数据的数据端口,还要有表征外部设备工作状态的状态端口。图 4-6、图 4-7 分别为查询式输入和输出接口电路。

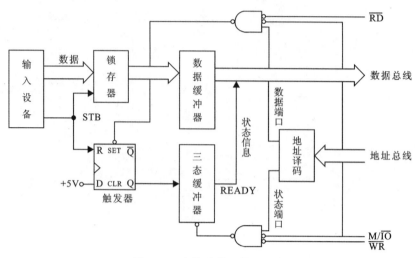

图 4-6 查询式输入接口电路

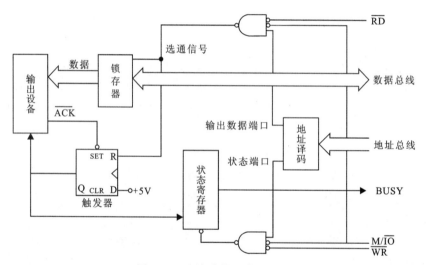

图 4-7 查询式输出接口电路

在输入接口电路中,当输入设备准备好数据后,它会发送一个选通信号(STB)。这个信号的作用是将数据存储到锁存器中,并使 D 触发器的输出为 1,从而将状态端口中的 READY 信号设置为"1",表示数据已经准备好。CPU 在读取数据之前,首先通过状态端口读取 READY 信号,检测数据是否已经准备就绪,即是否已经存入了锁存器中。如果数据已经准备就绪,CPU 就可以读取锁存器(数据端口)中的数据,并同时清除 D 触发器的输出,即将状态端口的 READY 信号清零,以准备传送下一个数据。

在输出接口电路中,当 CPU 向输出设备发送数据时,首先读取输出设备的状态信息,并检测"忙"状态标志。如果 BUSY=0,表示输出设备缓冲区为空,CPU 可以向输出设备发送数据;否则,表示输出设备正在忙碌中,不能向其发送新数据,CPU 必须等待。当输出设备完成前一个数据的处理后,它会发出一个 $\overline{ACK}$ 响应信号,将"忙"状态标志清零,从而允许 CPU 可以通过执行输出指令向输出设备发送下一个数据。在 CPU 执行 OUT 输出指令时,由 IO/$\overline{\text{M}}$ 信号和 WR 信号产生选通信号,该信号把数据送入锁存器锁存,并将"忙"状态标志置 1,通知外部设备已准备就绪,同时告知 CPU 不能发送新的数据。

采用查询式传送方式传送数据的工作过程如图 4-8 所示,一般分为 3 个步骤。

(1) 从外部设备的状态端口读取状态信息,并存储到 CPU 相应寄存器中。

(2) 通过检测状态信息中的相应状态位,判断外部设备是否"准备就绪"。

(3) 如果外部设备已经"准备就绪",则开始传送数据;如果外部设备没有"准备就绪",则重复执行步骤(1)和(2),直到外部设备"准备就绪"。

如图 4-8 所示,当外部设备未"准备就绪"时,CPU 一直在反复执行"读取状态""判断状态"的指令,不能进行其他操作。由于外部设备的工作速度通常都远远低于 CPU 的工作速度,因而 CPU 的等待浪费了大量时间,这大大降低了 CPU 的利用率和系统的效率。

当系统中存在多个外部设备时,CPU 在某个时间段内只能与一个外部设备进行数据交换。如果当前外部设备的输入/输出还未处理完毕,CPU 无法同时处理其他外部设备的输入/输出,因而不能达到实时处理的要求。

因此,程序控制传送方式,特别是查询传送方式,其显而易见的缺点就是 CPU 利用率低下,实时性差。然而,由于其硬件线路简单、程序易于实现,它仍然是微机系统中常用的一种数据传送方式。

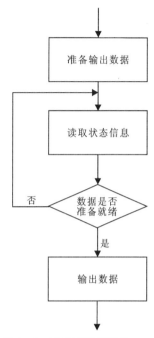

图 4-8 查询式数据传送数据的工作过程

4.2.2 中断传送方式

中断传送方式是计算机系统中用于实现输入/输出设备与 CPU 之间的异步通信的一种机制。当输入/输出设备需要与 CPU 进行交互或传递重要信息时,可以通过触发中断来打断 CPU 的正常执行流程,进而通知 CPU 去处理设备的请求或事件。为了接收中断请求信号,CPU 内部需要具备相应的中断控制电路,外部设备也需要能够提供中断请求信号和中断向量等信息。

相比于查询传送方式,中断传送方式弥补了查询传送方式的缺陷,提高了 CPU 的利用率及系统的实时性能。例如在数据的输入/输出过程中,可采用中断传送方式。中断传送的基本思想是当外部设备准备就绪(输入设备将数据准备好或输出设备可以接收数据)时,会主动向 CPU 发出中断请求,使 CPU 中断当前正在执行的程序,转而执行输入/输出中断服务程序进行数据传送,传送完毕后,CPU 会返回原来的断点处继续执行。

中断传送方式可以使 CPU 在外部设备未准备就绪时继续执行原来的程序,而不必花费大量时间去查询外部设备的状态。因此,在一定程度上实现了 CPU 与外部设备的并行工作,提高了 CPU 的利用率。图 4-9 为中断传送方式接口电路。

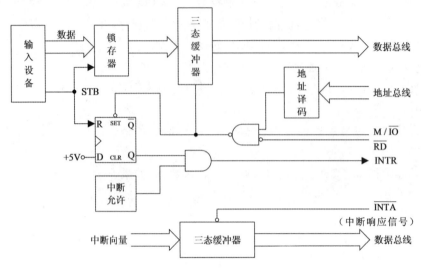

图 4-9 中断传送方式接口电路

同时,当存在多个外部设备时,CPU 只需逐个启动它们,就可以使它们同时准备进行数据传送。如果在某一时刻有多个外部设备同时向 CPU 提出中断请求,那么 CPU 按照预先规定好的优先级顺序,依次处理这几个外部设备的数据传送请求,从而实现外部设备的并行工作。

在中断方式接口电路中,当输入设备把数据准备好后,会发出一个选通信号(STB)。该选通信号把数据送入锁存器,并将 D 触发器置 1,产生中断请求,如果该中断未被屏蔽,则向 CPU 发出中断请求信号 $\overline{\text{INTA}}$。图 4-10 为其数据传送的流程。

CPU 接收到中断请求,在当前指令执行结束后,进入中断响应总线周期,发出中断响应信号 $\overline{\text{INTA}}$,以响应该设备的中断请求。外部设备收到 $\overline{\text{INTA}}$ 信号后,将中断所对应的中断向量送到数据总线上,同时清除中断请求信号。CPU 根据中断向量得到中断处理程序的入口地址,并跳转到中断处理程序。当中断处理完毕后,返回原来的程序断点处继续执行。

采用中断方式传送数据,能够确保 CPU 对外部设备的快速响应,但由于中断方式是通过 CPU 执行程序来进行,执行指令本身需要花费一定的时间;每次传送数据还需要产生一次中断,而每次中断都需要保存断点和现场,导致 CPU 浪费了很多不必要的时间。因此,中断传送方式一般适合于传送数据量少的

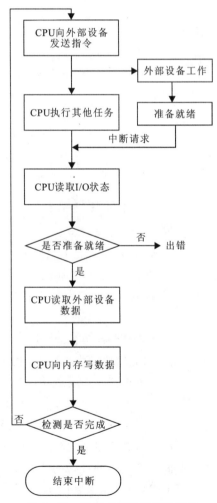

图 4-10 中断方式数据传送流程

中低速外部设备,高速外部设备的大批量数据传送应采用直接存储器访问方式。

4.2.3 直接存储器存取传送方式

直接存储器存取传送方式是由专门的硬件 DMAC (Direct Memory Access Controller)控制数据在内存与外设、外设与外设之间进行直接传送,无须 CPU 的干预。图 4-11 为 DMA 方式数据传送流程。

由于 DMA 传送方式是在硬件控制下完成数据的传送,而不是在 CPU 软件控制下完成的,所以这种数据传送方式不仅减轻了 CPU 的负担,而且数据传送的速度上限大多取决于存储器的工作速度,从而大大提高了数据传送速率。在 DMA 方式下,DMAC 成为系统的主控部件,获得总线控制权,由它产生地址码及相应的控制信号,而 CPU 不再控制系统总线。一般微处理器都设有用于 DMA 操作的应答联络线。

在 DMA 传送方式中,为保证数据能够正确传送,为确保数据正确传输,需对 DMAC 进行初始化。这包括确定数据传输所需的源和目标内存首地址、传输方向、操作方式(单字节传输或数据块传输)、传输的字节数等参数。在 DMA 启动后,DMAC 负责控制数据传输过程,主要包括发送地址和控制信号,数据传送是直接在接口和内存之间进行的。对于内存到内存的传输,首先使用一个 DMA 存储器读周期将数据从内存读取到 DMAC 的内部数据暂存器中,再使用另一个 DMA 存储器写周期将数据写入内存的指定位置。

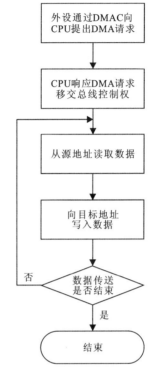

图 4-11 DMA 方式数据传送流程

下面以外部设备与内存间的数据传送为例,表示了 DMA 传送方式的大致工作过程。图 4-12 为 DMA 传送方式插入接口电路。

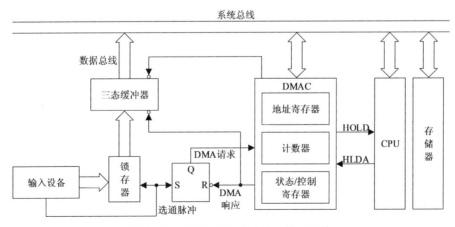

图 4-12 DMA 传送方式输入接口电路

当输入设备将数据准备好后,会发出选通信号,把数据存入锁存器并将 DMA 请求触发器置 1,向 DMAC 发出 DMA 请求信号 DRQ。接到外设的 DMA 请求后,DMAC 会向 CPU 发出 HOLD 信号,请求使用总线。CPU 会在当前总线周期完成后响应 HOLD 信号,并发出 HLDA 信号,放弃对总线的控制权。DMAC 接管总线并向输入设备发送 DMA 响应信号 DACK,进入 DMA 工作方式。DMAC 发出地址信号和相应的控制信号把外设输入的数据写入存储器,然后修改地址指针和字节计数器,待规定的数据传送完后,DMAC 会撤销向 CPU 的 HOLD 信号。CPU 检测到 HOLD 信号失效后也撤销 HLDA 信号,并在下一时钟周期重新接管总线。

4.3 微机与外设间的信息通信方式

通信是指计算机与外设之间、计算机与计算机之间的信息交换。微机与外设间的信息通信方式主要有并行通信与串行通信、单工、半双工与全双工通信,同步通信与异步通信。

4.3.1 并行通信与串行通信

根据一次传送的二进制数的位数,通信可分为并行通信和串行通信两种。

1. 并行通信

并行通信是一种同时传送多位数据的通信方式(图 4-13)。例如它可以一次传送 8 位或 16 位数据。并行通信的特点是一次传送多位数据,速度快,但每位数据都需要一根数据线,加上相关控制信号线,所以用到的传输信号线多,线路复杂,不适用于远距离传送。

在并行通信中,同时传送的数据位数较多,但由于使用了多条传输信号线,线路之间的干扰较大。随着传输距离的增加,干扰效应会变得更加明显。因此,每条数据信号线上的速率不能太高。

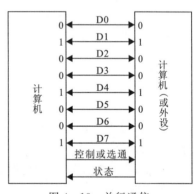

图 4-13 并行通信

2. 串行通信

串行通信是一种将传输数据按一位一位的顺序传送的通信方式,如图 4-14 所示。在串行通信中,各位数据通过同一传输通道进行分时传输,因此可以减少信号连线,最少只需要一对线即一条通信线加上一条地线即可。串行通信的特点是通信速度相对较慢,传输线少,通信线路简单,成本低,适合数据位数较少和长距离通信。

串行通信虽然一次只传送一位数据,但由于使用的传输信号线较少,线路之间的干扰较小,使得数据信号线上的速率可以更高。现今的串行通信速度已经非常快,有时甚至比并行通信速度还要快。因此,通常所说的通信方式指的就是串行通信。

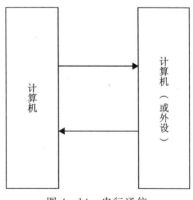

图 4-14 串行通信

综上所述,尽管并行通信一次能传送多个数据位,但由于干扰和传输距离限制,每根数据信号线上的速率有限。而串行通信虽然一次只传送一位数据,但由于其所受干扰小且支持高速传输的特征,目前广泛应用于市场中。

4.3.2 常见串行通信接口标准

串行通信是一种使用硬件线路较少、成本较低的通信方式,通过调制解调技术可以利用电话线路等传输数据,特别适合远距离信息传送。为了实现通信双方的相互衔接,以及使计算机与电话和其他通信设备之间相互沟通,现已对串行通信中涉及的问题和概念进行了标准化,并建立了统一的国际标准。其中,串行通信总线接口标准有多种,比较知名的有 EIA RS-232C、RS-422、RS-485 和 USB 等。这些标准定义了串行通信的电气信号特性、数据格式、接口连接方式等,确保不同厂商生产的设备可以相互兼容,并且能够在各种应用场景中广泛使用。

4.3.2.1 RS-232C 标准

RS-232C 标准总线是美国电子工业协会(Electronic Industry Association,简称 EIA)颁布的串行总线标准。RS 是 Recommended Standard(推荐标准)的英文缩写,232 是标识号,C 代表 RS-232 是在 1969 年进行的第三次修改,在这之前有 RS-232B、RS-232A。RS-232C 标准适合于数据传输速率在 20Kbit/s 以下范围的通信,通常被用于将电脑信号输入控制,当通信距离较近时,可不需要调制解调器(Modem),通信双方可以直接连接,这种情况下只需使用少数几根信号线。

RS-232C 标准最初是为远程通信中数据终端设备(Data Terminal Equipment,简称 DTE)与数据通信设备(Data Communication Equipment,简称 DCE)连接而制定的。目的是使不同厂家生产的设备能达到插接的兼容性,即不同厂家生产的设备只要具有 RS-232C 标准接口,不需要任何转换电路就可以相互连接起来。它实际上是一种物理接口标准。由于通信设备厂商都生产 RS-232C 标准兼容的通信设备,因此该标准也被广泛应用于计算机之间、计算机与终端或外设之间的近距离连接和数据传送。微机系统大多数都配备该串行接口,所以也把 RS-232C 标准作为微型计算机中的串行接口标准。

RS-232C 标准对串行通信接口的信号线数目、信号功能、逻辑电平、机械特性、连接方式及传送过程等都进行了统一规定。

1. 信号电平标准

RS-232C 对电气特性、逻辑电平和各种信号功能都做了规定:①在 TXD 和 RXD 数据线上,逻辑 1 的电平为 $-15\sim-3V$;逻辑 0 的电平为 $+3\sim+15V$;②在 RTS、CTS、DSR、DTR 和 DCD 等控制线上,信号有效(接通,ON 状态)为 $+3\sim+15V$,信号无效(断开,OFF 状态)为 $-15\sim-3V$。

以上规定说明 RS-232C 是用正、负电压来表示逻辑状态的。对于数据(信息码),逻辑 1 (传号)的电平低于 $-3V$,逻辑 0(空号)的电平高于 $+3V$;对于控制信号,接通状态(ON)即信号有效的电平高于 3V,断开状态(OFF)即信号无效的电平低于 $-3V$。也就是说,当传输电平的绝对值大于 3V 时,电路可以有效地检查出来,介于 $-3\sim+3V$ 之间的电压无意义,低于 $-15V$ 或高于 $+15V$ 的电压也认为无意义。因此,实际工作时,应保证电平在 $\pm(3\sim15)V$ 之间。显然,RS-232C 标准使用的信号电平标准与计算机及 I/O 接口电路中广泛采用的 TTL 电平标准不兼容。因此,在使用时,为了能同计算机接口或终端的 TTL 器件连接,必须在 RS-232C 与 TTL 电路之间进行电平转换。

2. 信号定义

RS-232C 标准总共定义了 25 根信号线,通过 25 芯接口连接。微机串行异步通信中常用的有 9 根,通过 9 芯接口连接,如表 4-1 所示。

表 4-1　RS-232C 标准信号、引脚号及功能

引脚号	信号方向	信号名称
1	DCE→DTE	载波检测(Data Carrier Detect,简称 DCD)
2	DCE→DTE	接收数据线(Receive External Data,简称 RXD)
3	DTE→DCE	发送数据线(Transmit Data,简称 TXD)
4	DTE→DCE	数据终端设备就绪(Data Terminal Ready,简称 DTR)
5		信号地线(Ground,简称 GND)
6	DCE→DTE	数据设备就绪(Data Set Ready,简称 DSR)
7	DTE→DCE	请求发送(Request to Send,简称 RTS)
8	DCE→DTE	允许发送(Clear to Send,简称 CTS)
9	DCE→DTE	振铃指示(Ringing Indication,简称 RI)

在微机串行通信中,DTE(数据终端设备)指微机的串行通信接口,DCE(数据通信设备)一般指调制解调器(Modem)。

(1)发送数据线(TXD):通过 TXD 数据终端将串行数据发送到数据通信设备。

(2)接收数据线(RXD):通过 RXD 数据终端接收从数据通信设备发送过来的串行数据。

(3)数据设备就绪(DSR):数据通信设备发送给数据终端的信号,告诉数据终端,数据通信设备可以使用了。

(4)数据终端设备就绪(DTR):数据终端发送给数据通信设备的信号,告诉数据通信设备,数据终端可以使用了。

(5)请求发送(RTS):当数据终端准备好送出的数据时,发 RTS 信号,通知数据通信设备准备接收数据。

(6)允许发送(CTS):用来表示数据通信设备准备好,可以接收数据终端发来的数据,它是 RTS 的响应信号。

(7)载波检测(DCD):该信号用来表示本地数据通信设备(DCE)已接通通信链路,通知数据终端(DTE)准备接收数据,也就是说,当本地的 Modem 收到通信链路的另一端(远地)的 Modem 送来的载波信号时使 DCD 有效,通知本地终端准备接收数据,并且由本地 Modem 将接收到的载波信号解调成数字量数据后,通过 RXD 送到终端。

(8)振铃指示(RI):当 Modem 收到交换台送来的振铃呼叫信号时,使该信号有效,通知终端,已被呼叫。当通信双方的 Modem 间使用电话线进行串行通信时,才用到此信号。

3. 机械特性

(1)连接器:RS-232C 未定义连接器(插针和插座)的物理特性,出现过 DB-25、DB-15 和 DB-9 各种类型的连接器,微机异步通信中通常使用 DB-9 型连接器,其外形及信号线分配如图 4-15 所示。

(2)电缆长度:RS-232C 通信速率低于 20Kbit/s,通信电缆直接连接的最大物理距离为 15m。当通信距离大于 15m 时应加接 Modem,如果通过公共的电话网络传输时也必须加上 Modem。

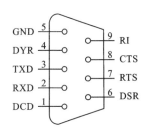

图 4-15 DB-9 型连接器外形及信号线分配图

4. 连接方式

在使用 RS-232C 接口进行通信时,近距离通信和远距离通信所使用的信号线是不一样的。在近距离通信时,通信双方可以直接连接,使用的信号线较少。在远距离通信时,使用的信号线数目较多,通信双方一般通过专门的通信线连接。

(1)近距离通信的连接:当通信距离较近时,通信双方可以直接连接,并且只需要使用少数几根信号线。最简单的情况是,在通信中根本不需要使用 RS-232C 的控制联络信号,只需要使用 3 根线(发送线、接收线、信号地线)便可实现全双工异步串行通信,如图 4-16 所示。图中 TXD 和 RXD 交叉连接,表示通信双方都可以既作 DTE 又作 DCE,既可发也可收。在通信时,通信双方的任何一方只要请求发送 RTS 有效和 DTR 信号有效,就能开始发送和接收数据。

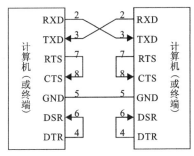

图 4-16 近距离通信 RS-232C 接口连接图

(2)远距离通信的连接:远距离通信使用的信号线数目较多,通信双方一般通过专门的通信线连接。连接时一般要加 Modem,常见的远距离通信连接如图 4-17 所示。其中,DTE 为计算机串行通信接口,DCE 为 Modem,两者之间通过 RS-232C 总线相连。

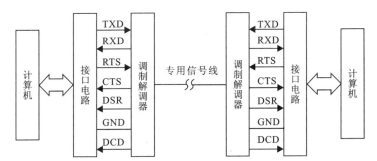

图 4-17 远距离通信 RS-232C 接口连接图

4.3.2.2 USB 接口标准

USB 接口支持即插即用和热插拔功能,在 1994 年底由 Intel、Compaq、IBM、Microsoft 等多家公司联合推出,从 1996 年进入计算机领域,如今已成功替代串口和并口,成为当今计算机与大量智能设备的必配接口。

1. USB 接口特点

使用 USB 接口进行设备连接时,具有以下优点。

(1)具有热插拔功能:这意味着用户在使用外接设备时,无须关机或重新启动计算机等操作,而是可以在设备工作时直接插入 USB 接口进行使用。

(2)携带方便:USB 设备以小巧、轻便和薄型的特点而闻名,使用户携带大量数据变得非常方便。尤其是当用户需要随身携带大量数据时,USB 硬盘成为首选之一。

(3)标准统一:在 USB 出现之前,大家常见的是 DE(驱动器输出使能)接口的硬盘、串口的鼠标键盘以及并口的打印机和扫描仪等。然而,随着 USB 的引入,这些外部设备可以通过同样的标准与微型计算机连接。这一革新使得 USB 硬盘、USB 鼠标、USB 打印机等成为了通用的选择。

(4)可以连接多个设备:USB 在微型计算机上往往具有多个接口,可以同时连接几个设备。如果接上一个有 4 个端口的 USB 集线器(USB Hub),就可以再连上 4 个 USB 设备。而且这种扩展性非常强大,用户可以根据需要逐级扩展,将所需的设备都方便地连接到同一台微型计算机上,而不会出现任何兼容性或冲突问题(最高可连接至 127 个设备)。

2. USB 接口的发展

USB 接口经过多年的发展,先后经历了多个版本,传送速率从 1.5Mbit/s 到 40Gbit/s,接口性能得到了飞速的发展。

USB1.0:USB1.0 是在 1996 年出现的,速度只有 1.5Mbit/s;1998 年升级为 USB1.1,速度也提升到 12Mbit/s。USB1.1 是较为普遍的 USB 规范,其高速方式传输速率为 12Mbit/s,低速方式传输速率为 1.5Mbit/s,大部分 MP3 为此类接口类型。

USB2.0:USB2.0 规范是由 USB1.1 规范演变而来的,且兼容 USB1.1。它的传输速率达到了 480Mbit/s,足以满足大多数外设的速率要求。USB2.0 中的增强型主机控制器接口(Enhanced Host Controller Interface,简称 EHCI)定义了一个与 USB1.1 相兼容的架构。它可以用 USB2.0 的驱动程序驱动 USB1.1 设备。也就是说,所有支持 USB1.1 的设备都可以直接在 USB2.0 的接口上使用而不必担心兼容性问题,而且像 USB 线、插头等附件也都可以直接使用。

USB3.0:USB3.0 由 Intel、Microsoft、惠普(Hewlett-Packard,简称 HP)、德州仪器、意法半导、恩智浦半导体等业界巨头组成的 USB3.0 PromoterGoup 组织(USB3.0 推广组织)制定。USB3.0 在保持与 USB2.0 兼容的同时,还有几项增强功能:①极大地提高了带宽—高达 5Gbit/s 全双工(USB2.0 则为 480Mbit/s 半双工),USB3.0 的理论速度为 5.0Gbit/s,采用 10 位编码方式,接近于 USB2.0 的 10 倍,实际传输速率大约是 3.2Gbit/s;②实现了更好的电源管理;③USB3.0 提供更高的电流输出,可以为设备提供更多的功率,从而支持更多的应用,包括充电电池、LED 照明、迷你风扇等需要相对较高功率的设备;④能够使主机更快地识别器件;⑤数据处理效率更高。

USB3.0 引入全双工数据传输。5 根线路中 2 根用来发送数据,另外 2 根用来接收数据,还有 1 根是地线。也就是说,USB3.0 可以同步全速地进行读/写操作,以前的 USB 版本并不支持全双工数据传输。

与 USB3.0 相同,USB3.1 是 2013 年发布的一个临时标准,它只是将数据速率提高了一倍,达到 10Gbps。该标准的名称为 SuperSpeed+,并一度采用了两级命名规则,即 USB3.1 Gen1(USB3.0) 和 USB3.1 Gen2。同样,随着 USB3.2 命名规则的引入,USB3.1 Gen2 现被称为 USB3.2 Gen2。

2017 年推出的 USB3.2 标准取代了 USB3.0 和 USB3.1 标准的命名规则,同时增加了第三级数据能力,最高可达 20Gbps。

USB4.0:基于 Thunderbolt3 协议的 USB4.0 于 2019 年发布。Thunderbolt3 协议俗称雷电接口协议,是由 Intel 主导开发的接口协议,具有速度快,供电强,可同时兼容雷电、USB、Display Port、PCIe(Peripheral Component Interconnect Express)等多种接口/协议的特点,而 USB4.0 数据传输速度高达 40Gbps 并具有专门的视频传输方法。

USB-IF(USB Implementers Forum)还完善了 USB4.0 命名规则,将其改为 USB4,且分为两级,即 USB4 20Gbps(数据速度与其命名相符)和 USB4 40Gbps(数据速度与其命名相符)。

最新的 USB4 标准目前仅支持 Type-C 接口。Type-C 接口是一种全新的连接标准,它具有许多优点和功能,表现为:首先,Type-C 接口的最大特点是可正反插,也就是无论插入方向如何,都可以正确连接设备,方便易用;其次,Type-C 接口也支持快速充电和高速数据传输,能够提供更高的功率输出和更快的数据传输速度。

3. USB 信号线及布局

USB 是一种广泛应用于 PC 设备的接口标准。USB1.0 和 USB2.0 使用了 4 根线,其中 2 根为电源线,2 根为信号线。USB 接口的形状和布局有多种,常见的有 A 型和 B 型两种,如图 4-18 所示。+ 和 - 为 +5V 电源、地线,D+ 和 D- 为数据线的正极、负极。图 4-18a 为 A 型,图 4-18b 为 B 型,A 型通常用在微型计算机中,B 型通常用在数码产品中。

在 USB 插头的 4 个触点中,电源和地线这两个触点相对较长,而中间的 D+ 和 D- 触点则稍短一些。这种设计是为了支持热插拔而特别设计的硬件结构。当插入 USB 时,首先连接电源和地线,然后再连接数据线。而在拔出 USB 时,先断开数据线,再断开电源和地线。这样的设计可确保插拔过程中不会出现只有数据信号而没有电源供应的情况。这种顺序的设计非常重要,因为如果数据线早于电源线连

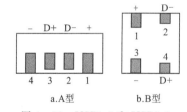

图 4-18 USB1.0 和 USB2.0 信号线及常见布局

接,可能会导致芯片的 I/O 引脚电压高于电源电压,从而引发芯片的闩锁现象。这种现象可能会导致芯片功能混乱、电路无法正常工作甚至烧毁。

USB3.0 采用了 9 针脚设计,为了向下兼容 USB2.0,其中 4 个针脚和 USB2.0 的形状定义均完全相同,而另外 5 根是专门为 USB3.0 准备的。USB3.0 常见接口形状及布局如图 4-19 所示。

1~4 针脚与 USB2.0 完全相同,针脚 5 是 USB3.0 接收数据线负端 SSRX-,针脚 6 是 USB3.0 接收数据线正端 SSRX+,针脚 7 是地线(GND),针脚 8 是 USB3.0 发送数据线负端 SSTX-,针脚 9 是 USB3.0 发送数据线正端 SSTX+。

USB接口支持热插拔,传输速度快,连接灵活方便,能独立供电,使用简单,已经逐渐取代COM作为微型计算机中标准的串行通信接口。现在的微机计算机系统中,鼠标、键盘、打印机、扫描仪、摄像头、U盘手机、数码照相机、移动硬盘、外置光驱、USB网卡、电缆调制解调器(Cable Modem)等几乎所有的外部设备都已经通过USB接口进行连接了。

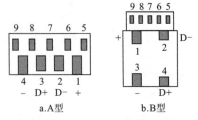

图4-19 USB3.0常见接口形状及布局

思政导入　　高速摄像机助力北京冬奥

在动物世界中,猎豹是当之无愧的短跑冠军,而在2022年北京冬奥会的赛场上,一位非参赛选手"猎豹"以每小时高达90km的奔跑速度吸引了各国媒体和观众的关注。这头"猎豹"并不是大草原上真正的豹子,而是中央广播电视总台专门为北京冬奥会研制的超高速4K轨道摄像机系统。作为一款特种设备,猎豹摄像机系统采用了陀螺仪轨道车和360m长的"U"形轨道,占据了速滑馆赛道的最外侧。通过人工智能算法和深度学习技术,猎豹相机系统能够实时跟踪运动员的位置,并根据转播需求实现加速、减速、超越等动作,灵活捕捉比赛画面。猎豹摄像机还具备5G无延迟网速、8K超高清视频画质的特点,让人如临现场,体验沉浸式观赛。

短道速滑比赛在首都体育馆举行。短道速滑的赛道为椭圆形,跑道内圆周长111.12m,直道长28.85m,弯道最小半径8m,比赛以逆时针方向进行。比赛中,运动员的速度可达到惊人的15~18m/s,顶尖运动员的速度甚至可以达到70km/h。而猎豹摄像机系统的设计技术标准是更高的25m/s,约等于90km/h,因此能够轻松应对超高速的运动员,实现高效精准的画面拍摄。

"猎豹"不是北京冬奥会上唯一的黑科技,速滑比赛中胜负差距只有千分之一秒,决胜时刻往往定格在秒的千分位。因此,在裁判判罚时需要使用高效、精准的仲裁回放系统。SMT天鹰S1超大型转播系统承担了短道速滑和花样滑冰项目的国际信号制作任务。除了为观众们呈现出精彩的比赛画面,系统采用了多机位视频记录和慢动作重放系统,可以以慢动作模式详细分析运动员的每个动作。在独立的裁判仲裁回放系统外,天鹰也为裁判的判罚起到了重要的辅助作用。

天鹰系统中的4K UHD S1转播车,是全国首辆基于SMPTE-2110标准的全IP架构转播系统,也是全国第一辆全4K内核的串行数字接口(Serial Digital Interface,简称SDI)系统(谢东和王嘉寅,2024)。4K UHD的分辨率是我们平常看1080p视频的4倍。1080p是指水平方向上每行有1080个像素,而4K UHD有大约4000个像素,具有更高的图像细节和清晰度。

4.3.3　单工、半双工与全双工通信

根据信息传送的方向,通信可以分为单工、半双工和全双工通信3种。

4.3.3.1 单工通信

1. 单工通信原理

在单工通信中,数据仅在一个方向上传输,即发送端发送数据,接收端接收数据。这种模式下,数据由一个设备通过通道发送,而不是同时由两个设备发送。

典型的单工通信方式如图 4-20 所示。在通信系统中,设备 1 只有发送器,设备 2 只有接收器,两者通过一根数据线相连,信息只能由设备 1 传送给设备 2,即单向传送。无线电广播就类似于单工方式,电台只能发送信号,收音机只能接收信号。单工方式目前已很少被采用。综上所述,单工通信具有以下特点。

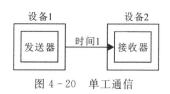

图 4-20 单工通信

(1) 单向传输:数据的流动是单向的,信息仅在一个方向上传输。

(2) 通信不对称:设备之间的通信是不对称的,其中一个设备负责发送数据,而另一个设备负责接收数据。

这种单向通信模式适用于一些简单的场景,其中一个设备只需向另一个设备传递信息而不需要接收来自后者的反馈。

2. 单工通信的应用

(1) 广播电台是一个典型的单向通信应用。广播电台通过无线电波向广大听众单向传递信息,而听众只能接收和听取广播内容,无法向广播电台发送信息。

(2) 遥控器是家庭生活中常见的单向通信设备。用户通过遥控器向电视、空调等设备发送指令,但这些设备并不会回传信息给遥控器。

(3) 在工业自动化中,温度传感器通常采用单向通信。传感器负责测量环境温度并将信息传输到监控系统,监控系统只需接收数据而无须向传感器发送指令。

4.3.3.2 半双工通信

1. 半双工通信原理

在半双工通信中,数据只能在一个方向上传输,发送端和接收端不能同时发送和接收数据。通信双方必须在不同的时间段进行发送和接收操作,因此需要一种机制来协调双方的通信。半双工通信只需要一个信道或频率来传输数据。

时分复用是半双工通信常用的机制。在时分复用中,通信系统将时间分割成若干个时隙,每个时隙用于不同方向的通信。在某一时刻,设备 1 可能处于发送模式,而设备 2 处于接收模式,然后它们在下一个时隙中交换角色。

典型半双工通信方式如图 4-21 所示。设备 1 既有发送器又有接收器,设备 2 也既有发送器又有接收器,但是两者也只有一根数据线相连。信息能从设备 1 传送给设备 2,也能从设备 2 传送给设备 1,但在任一时刻只能实现一个方向的传送,每一端的接收器、发送器通过开关进行切换连接到通信线路上。

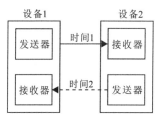

图 4-21 半双工通信

综上所述,半双工通信具有以下特点。

(1) 双向传输:半双工通信允许信息在通信的两个方向上

传输。然而,这种传输是交替进行的,而非同时进行的。

(2)单一方向传输:在任何给定时刻,通信的双方只能有一方处于发送模式,而另一方处于接收模式。

(3)时分复用:半双工通信通常使用时分复用技术,通过分配不同的时间段给发送和接收操作,以实现信息的双向传输。

2. 半双工通信的应用

(1)无线对讲机就是半双工方式的一个例子,一个人在讲话时,另外一个人只能听着,双方都能讲话,但不能同时进行。

(2)在半导体行业,半双工通信常用于集成电路测试。测试设备可以发送测试信号,并等待芯片返回测试结果,但在同一时刻只能进行一种操作。

(3)一些视频会议系统也采用半双工通信。在会议中,一个人可以说话,而其他人则只能听取信息。当然,这并不是绝对的,现代视频会议系统可能采用更复杂的通信模式。

4.3.3.3 全双工通信

1. 全双工通信原理

在全双工通信中,数据可以同时双向传输,即发送端和接收端可以同时发送和接收数据。这意味着通信双方可以同时进行发送和接收操作,互不干扰。全双工通信需要两个独立的信道或频率来实现双向传输,例如以太网的双绞线。

全双工通信中通常采用信道分离的技术,即在通信过程中,为发送和接收分别分配不同的频率、波道或时隙,以确保双方同时进行通信而不干扰彼此。

典型全双工通信方式如图4-22所示,设备1既有发送器又有接收器,设备2也既有发送器又有接收器,而且两者通过两根数据线相连。设备1的发送器与设备2的接收器相连,设备2的发送器与设备1的接收器相连,在同一个时刻能够实现

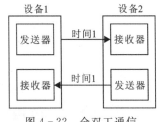

图4-22 全双工通信

数据的双向传送。现在大多数通信系统都采用全双工方式,如电话通信、Internet都是全双工方式。

综上所述,全双工通信具有以下特点。

(1)双向同时传输,与半双工通信不同,全双工通信允许通信的两个方向上同时传输信息,无须等待时隙或交替进行。

(2)实时互动:由于双向同时传输的特性,全双工通信适用于需要实时互动、双方能够随时发送和接收信息的场景。

2. 全双工通信的应用

(1)电话通信是全双工通信的典型应用场景。用户可以在通话中同时说话和聆听对方的回应。

(2)在现代远程协作中,视频会议系统通常采用全双工通信。参与者可以同时观看其他成员的视频画面,并在需要时发言,实现实时双向互动。

(3)计算机网络中的数据传输通常也采用全双工通信。在网络通信中,设备可以同时发送和接收数据包,实现高效的信息交换。

4.3.4 同步通信与异步通信

根据不同的通信方式有不同的数据格式,通信可以分为同步通信和异步通信。

1. 同步通信

同步通信方式是指将多个字符组合成一个信息组,以数据块的方式进行传送,每个数据块(称为信息帧)前面加上一个或两个同步字符或标识符作为帧的起始边界,后面加上校验字符,帧的结束可以用结束控制字符也可以在帧中设定长度。

在同步通信过程中,发送方在开始发送数据信息之前,需要先发送同步字符使接收方与之同步,并在之后才开始成批地进行数据传送。在数据传送时字符与字符之间没有空闲间隔,也不需要起始位和停止位等。如果在传送过程中下一个字符来不及准备好,则发送方需要在通信线路上发送同步字符来填充。接收方在接收数据时首先进入位串搜索方式寻找同步字符,一旦检测到同步字符就从这一点开始接收数据,直到数据传送结束。

同步通信的数据格式有许多类型,常见的同步通信帧格式如图4-23所示。

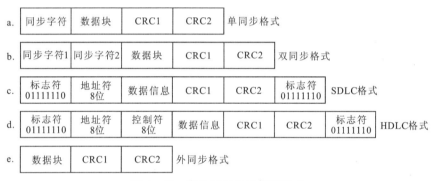

图4-23 常见的同步通信帧格式

在图4-23所示的同步通信帧格式中,除数据块字节数不受限制外,其他控制字符都只占一个字节。同步通信存在两种不同方式,即面向字符的同步通信和面向比特的同步通信。

(1)面向字符的同步通信是把帧看作由若干个字符组成的数据块,并规定一些特殊的字符作为同步字符及传送过程中的控制信息,其中最典型的例子是IBM公司的二进制同步通信规程(Binary Synchronous Communication,简称BSC),它定义了10个控制字符来控制数据的传送,称为通信控制字。在数据传送过程中,数据和控制字符都在同一帧中传送。

(2)面向比特的同步通信则将数据和控制信息视为比特流的组合,并通过约定的比特组合模式来标识帧的开始和结束。最有代表性的协议是IBM公司的同步数据链路控制协议(Synchronous Data Link Control,简称SDLC)和国际标准化组织(International Organization for Standardization,简称ISO)的高级数据链路控制规程(High-level Data Link Control,简称HDLC),如图4-23c、d所示。这两种格式都使用特殊的位模式01111110作为帧信息的起始和结束标志。为确保标志符编码的唯一性,并避免在传输的数据中出现帧的标志符从而引发传输错误,协议采用了"0"位插入/删除技术。具体做法是:在发送数据时,如果连续出现5个"1",发送方会自动插入一个"0";而在接收数据时,如果连续接收到5个"1",接收方会自动删除其后的"0",以恢复原始信息的含义。这种"0"位插入/删除操作由硬件自动实现。

在同步通信过程中,发送方和接收方必须要保持完全同步,否则就会出现传输错误。因此,为了确保同步性,发送方和接收方要使用同一个时钟信号。在通常情况下,当发送方和接收方距离较近时,可以通过增加一根时钟信号线来实现双方采用相同的时钟信号。但当发送方和接收方距离较远时,就需要采用编码技术将发送时钟信号和数据采用同一根信号线传输,接收方在接收数据时再从中提取出时钟信号并接收数据,例如可以采用曼彻斯特编码技术等方式来实现。

显而易见,数据传输效率高是同步传输的优点,故同步通信适合于连续传输大量数据的场合。但同步传输不仅要保持每个字符内各位以固定的时钟频率传输,而且还要管理字符间的定时,对发送方和接收方双方时钟同步的要求特别高,必须配备专用的硬件电路获得同步时钟。因此,同步通信的一个缺点是需要复杂的硬件电路来实现同步,这增加了系统的复杂性。

2. 异步通信

异步通信方式的特点是数据在传输线上以一个字符(字节)为单位进行传送。在字符内部,各位以固定的时间连续传输,但字符之间存在间隔,并且这个间隔的时间是随机不固定的,所以称为"异步通信"。

在异步通信中,被传输的信息通常是一个字符代码或一个字节数据,它们以事先规定的相同传输格式一帧一帧地发送或接收。异步通信之所以被称为"异步",是因为在两个字符之间的传输间隔是任意的,但在一个字符内部的位与位之间是同步的,也就是说,字符内部的各位以预先规定的速率进行传输。在异步通信中,发送方和接收方可以不使用同一时钟信号。然而,为了确保异步通信的正确传输,接收方必须能够识别每个字符从哪一位开始,到何时结束。因此,在每个字符的前后会添加一些分隔位来表示字符的开始和结束,从而形成了一个完整的串行传输字符,即字符帧格式。

通常字符帧格式由 4 个部分组成,依次为起始位、数据位、奇偶校验位和停止位,如图 4-24 所示。各部分功能介绍如下。

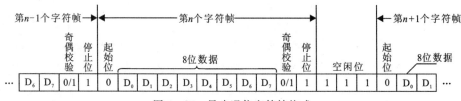

图 4-24 异步通信字符帧格式

(1)起始位:其是一帧数据的开始标志,占据一个位,低电平有效。在没有数据传送时,通信线上处于逻辑"1"(高电平)状态;当出现一个逻辑"0"(低电平)状态时,表示一个字符信息开始传送。

(2)数据位:其紧接在起始位之后,承载传输的有效信息。数据位数没有严格限制,可以是 5 位、6 位、7 位或 8 位。这会在初始化编程时进行设置,但规定由低位到高位逐位传送。

(3)奇偶校验位:其是在数据位发送完(或接收完)之后可选的一位,用于进行有限差错检测或表示数据的一种性质。发送方和接收方在通信前需要预先约定好的校验方式。奇偶校验位的发送(或接收)是可选的,并且可以由初始化编程进行设置。奇偶校验位可以用于检验数据的正确性。值得注意的是,奇偶校验是异步通信方式常用的校验方法。用这种检验方式发送时,在每个字符的数据位之后都附加一个奇偶校验位,这个检验位可为 1 或 0,以保证整个字符(包含校验位)中 1 的个数为偶数(偶校验)或奇数(奇校验)。在接收数据时,按照发送端所约定的奇偶性,对接收到的字符进行校验。例如发送时按偶校验产生校验位,接收时也必须按偶校验进行校验,当发现接收到的字符中 1 的个数不是偶数时,就产生奇偶校验错。奇偶校验可以检查出字符中发生的一位错误,但不能自动纠错。在发现错误后,接收器可向 CPU 发出中断请求,或使状态寄存器中的相应位置位供 CPU 查询,以便进行相应处理。

(4)停止位:其是用高电平表示一个字符帧信息的结束,并为发送下一个字符帧信息做好准备。根据字符数据的编码位数,可以选择 1 位、1.5 位或 2 位的停止位,这由初始化编程进行设定。停止位的作用是标识数据传输的结束点,确保接收方能够正确地辨别出每个字符帧的边界,以便正确地接收和处理数据。

在异步通信中,字符与字符之间的传输间隔是不固定的,可以是任意长。因此,在上一个字符信息传送完成而下一个字符还没有开始传送之前,要在通信线上加空闲位,空闲位用高电平"1"表示。异步通信的大致工作过程为:数据传送开始后,接收设备不断检测传输线上是否有起始位到来,当接收到一系列的"1"(空闲或停止位)之后,检测到第一个"0",表示起始位出现,然后开始接收所规定的数据位、奇偶校验位及停止位。经过接收器处理,将停止位去掉,把数据位拼装成为一个字节数据,并进行校验,经校验无误,则接收完成。当一个字符接收完成后,接收设备又继续测试传输线,监视"0"电平的到来和下一个字符的开始,直到全部数据接收完成。

由于异步通信方式对时钟同步的要求不严格,接收方不需要和发送方使用同一个时钟信号进行同步,且允许有一定的频率误差,因此异步通信控制比较简单,实现方便。但由于每个字符都需要添加起始位、停止位等信息,使得额外开销较大,降低了有效信息传送的效率,因此异步通信更适用于低速通信场景。

4.4 串行通信接口技术

串行通信作为计算机通信方式之一,扮演着主机与外设及主机之间数据传输的重要角色。相比并行通信,串行通信采用逐位传输的方式,将数据按顺序一个个地传输,比同时传输多个位稳定可靠。随着技术发展,串行通信接口技术具有灵活、可靠、高效的特点,能够满足不同应用场景下的数据传输需求,已经成为计算机系统中常用的接口技术之一,并逐渐成为主流趋势,广泛应用于远距离通信、低速率通信、高速率短距离通信及一些特殊应用场景中。

4.4.1 串行通信的特点

相较于并行通信,串行通信具有传输线路少、成本低的特点,主要适用于近距离的通信工作当中,通过利用现有的电话网等基础设施,串行通信甚至能够实现远距离传输的需求。通过采用串行通信接口技术,现代计算机系统在连接外设和传输数据时能够更加稳定、高效地工作。

1. 通信优点

在远距离传输数据时,串行通信相比并行通信具有更高的稳定性,这是因为串行通信在传输过程中受到的信号干扰较少。通过将数据流分解为一个个位元,依次传输,串行通信可以有效降低信号传输过程中的干扰和损耗。这种稳定的传输方式在现代技术中得到广泛运用。串行通信接口技术的主要优点如下。

(1)传输距离长,避免干扰:由于串行通信只需要一条传输线,串行接口在传输数据时可以避免并行接口的干扰问题,并且可以很容易地扩展到更长的距离。

(2)传输速度慢,可靠性高:由于串行通信是逐个数据位进行传输,因此其传输速度通常比并行通信慢,在传输过程中对数据同步要求也较低;但其在数据传输过程中不会出现数据错位的情况,可靠性更高。

(3)低噪声,低功耗:串行通信的传输信号采用单线传输,可以有效地抑制噪声、降低功耗、提高传输效率。例如当需要传输1bit信息时,采用并行通信需要8根信号线,实现同时传输,假如耗时为1T,而串行通信是在一根信号线上传输,需要传8次。因此,串行通信适用于需要远距离传输的情况,可以覆盖从几米到数千千米的传输距离范围。对于长距离且速率较低的通信需求,串行通信是可行的。而并行通信则更适合于短距离且速率较高的数据传输场景,通常不超过30m的传输距离。

值得特别提及的是,现有的公共电话网络作为通用的长距离通信媒介,采用调制解调技术可以使现成的公共电话网系统为串行数据通信提供方便、实用的通信线路。

2.使用场景

许多常见的接口标准也采用了串行通信技术。例如日常生活中常见的 USB 接口和 Type-C 接口都是基于串行通信接口技术设计的。这些接口不仅能够满足高速数据传输的需求,而且还能够兼容各种外设并实现可靠的数据传输。串行通信接口技术在不同的场景应用如下。

(1)用于计算机周边设备之间的数据传输:如硬盘、打印机、鼠标、键盘等,因为串行通信的布线简单、成本低,且在一定波特率下可以实现较高的数据传输速率。

(2)用于工业控制系统的通信:由于工业生产环境对可靠性和稳定性要求较高,串行通信具有较强的抗干扰能力,常用于连接传感器、执行器和其他控制器,实现对工业设备的控制和管理。

(3)用于无线数据传输:在无线通信领域,串行通信也可以作为一种调制技术,将数据信号转换为适合无线传输的波形,广泛用于物联网设备、远程监测系统等领域。

(4)用于仪器仪表领域:如示波器、数据采集卡等。这些设备需要实时处理和显示数据,而串行通信可以提供稳定的数据传输速率和较低的误码率(王李冬等,2018)。

除上述应用外,串行通信接口技术在人工智能、汽车电子、航空航天等领域均有诸多应用。在串行通信中,波特率一定时,数据位的传输时间相对较短,由于串行通信的数据位采样特点,位信息受干扰,整个字节数据就是错误信息。

串行通信具备诸多优点,但由于其是逐个比特位传输,因此传输速度较慢;由于所有数据都依赖于同一条线路,因此故障率更高。在现实中,串行通信易受到自身和外界环境两方面的信息干扰,外界环境干扰包括强电设备带来的电磁干扰、供电电源的纹波干扰等;自身干扰包括通信双方的波特率存在误差引起码率误差、系统间参考地信号高低电平不一致引起的信号对地电压误差等。

以上干扰源,在通信线屏蔽、线路隔离、校准波特率等不同的硬件优化措施下,可以减弱或消除部分干扰,但仍存在数据错误的可能性。因此,在硬件抗干扰的保障之外,加入软件侦错机制,也是抑制干扰的有效途径。

3. 波特率

在信息传输通道中,携带数据信息的信号单元叫码元,波特率表示单位时间内传送的码元符号的个数,即指一个单位时间内传输数据的位数,它是对符号传输速率的一种度量,单位是 bit/s。

在计算机网络通信中,波特率指单片机或计算机在串口通信时的速率,指的是信号被调制以后在单位时间内的变化,即单位时间内载波参数变化的次数模拟线路信号的速率,以波形单位时间内的振荡数来衡量。如果数据不压缩,波特率等于单位时间内传输的数据位数;如果数据进行了压缩,那么单位时间内传输的数据位数通常大于调制速率,使得交换使用波特和比特/秒偶尔会产生错误。

【例 4-1】异步串行通信的数据传送速度是 120B/s,每个字符包含有 10 位的二进制数,则传输的波特率计算如下。

波特率=120B/s×10bit/B=1200bit/s=1200bit/s

在选择串口波特率时,需要考虑以下几个因素。

(1) 传输速度:波特率越高,传输速度越快,但会增加传输错误的可能性。

(2) 传输距离:波特率越高,传输距离越短,因为高速传输会使信号衰减。

(3) 硬件支持:串口波特率需要与硬件设备匹配,否则硬件不支持高速传输。

思政导入　　　　海边的无人港口

港口作为货物流通的重要节点,承担着货物进出口的集散、装卸和仓储等功能。一个高效的港口能够提供快速、便捷的货物运输服务,加快货物流通速度,促进贸易的顺利进行,对沿海城市的发展起到了重要作用。

上海,为世界上最大的港口城市之一。上海港多年来一直坚守着全球集装箱吞吐量第一的排名,其外贸集装箱吞吐量更是占据全国总量的 1/4。中国上海洋山深水港洋山四期自动化码头是上海港最"年轻"的码头,是世界上智能化程度最高的自动化集装箱码头之一,也是全球一次性建成投运、单体规模最大的自动化集装箱码头,被誉为"集大成之作"(刘鼎等,2020)。它的建成和投产标志着中国港口行业在运营模式和技术应用方面实现了里程碑式的跨越升级与重大变革,进一步巩固了上海港在全球港口集装箱货物吞吐量上的领先地位,为上海跻身世界航运中心前列提供了全新动力。

目前,洋山四期工程建设中三大设备数量为开港初期的 4 倍,在人工节约 70% 的同时,效率却提高 30%。桥吊单机作业效率达 63.88 自然箱/h,单船平均最高作业台时量为 58.28 自然箱/h,生产指标屡创新高,码头整体效率较开港初期提高了 30%,劳动生产率达到传统码头的 213%。港口自 2017 年 12 月试运行以来累计吞吐量为 2100 万标箱,目前已实现日吞吐量超 1.5 万标箱。2022 年完成年吞吐量为 635.8 万标准箱,突破了当时建造港口 630 万的设计能力。而上海港集装箱吞吐量已经连续 13 年蝉联世界第一,其中洋山港区贡献率超过 50%。

洋山港惊人吞吐能力的背后是海量自主研发的自动化设备和可靠的自动化系统,以及可以实现全程无人值守的自动化作业。洋山四期工程建设中采用上港集团自主研发的全自动化码头智能生产管理控制系统（TOS系统）。它是我国首个拥有完全自主知识产权的自动化码头生产管理系统，一举打破了自动化集装箱码头核心操作系统长期以来一直由国外产品所垄断的行业环境（李冲，2021）。TOS系统不仅可以覆盖自动化码头全部业务环节、衔接上海港的各大数据信息平台，还提供智能的生产计划模块、实时作业调度系统及自动监控调整的过程控制系统。

没有人的海边港口，现代化桥吊、轨道吊自行挥动巨臂，没有驾驶室的自动导引小车（AGV）载着集装箱来回穿梭。一艘货轮缓缓靠岸，岸桥能够自动识别和定位集装箱，工人在后台操控桥吊进行装卸操作，根据货物的大小、质量、形状，起重机臂的长度和高度会自动调整，还可以对集装箱锁钮进行全自动拆装，将货物转移到堆场等待进一步的处理（王岩等，2021）。

洋山港开港5年来，除上述"超远程智慧指挥控制中心"项目外，洋山四期工程建设团队还开发上线了"洋山四期"运营大数据分析与智能决策平台，利用人工智能、大数据和3D技术，在虚拟空间中复刻一个"洋山四期"，让其不断进行压力测试和系统优化迭代。再如，我国首个智能驾驶集装箱转运业务场景也不断提质增效，通过"5G+L4"技术，2021年完成了4万标准箱转运任务（郑峰，2020）。

洋山港的自动化程度不仅提高了港口的作业效率，还大幅降低了人工成本和事故风险。全程自动化的集装箱转移系统，用于将集装箱从岸桥或轨道吊转移到堆场或其他运输工具上，系统能够自动完成转移操作，减少了人工操作时间和人为错误的风险。2023年，洋山港安全进出国际航行集装箱船舶8767艘次，其中超大型集装箱船舶进出1568艘次，是名副其实的安全港湾。

4.4.2　I²C总线接口技术

I²C总线是Philips公司在20世纪80年代初推出的一种串行、半双工总线，只需要两根线即可在连接于总线上的器件之间传送信息，主要用于近距离、低速的芯片之间的通信。I²C总线可以通过外部连线进行在线检测，便于系统故障诊断和调试，故障可以立即被寻址，软件也有利于标准化和模块化，缩短开发时间。I²C总线硬件结构简单，降低了系统成本，提高了系统可靠性，在传感器连接、显示器连接、存储器连接和I/O扩展等都有广泛应用。

4.4.2.1　硬件结构

连接在I²C总线的器件分为主机和从机，I²C总线是一种多主机总线，即可以有一个或者多个主机。I²C总线中有两根双向的信号线，分别是数据线SDA和时钟线SCL，数据线SDA用于收发数据，时钟线SCL用于通信双方时钟的同步。I²C总线硬件结构如图4-25所示。主机通常是微处理器，是初始化发送、产生时钟信号和终止发送的器件，可以是发送器或接收器。从机通常是单片机或者其他微处理器，是被主机寻址的器件，也可以是发送器或接收器。

在系统通信时，主机有权发起和结束一次通信，且每个器件都可以作为主机，也可以作为从机（但同一时刻只能有一个主机），总线上的器件增加和删除不影响其他器件正常工作。在通信时总线上发送数据的器件为发送器，接收数据的器件为接收器。

4 输入输出技术

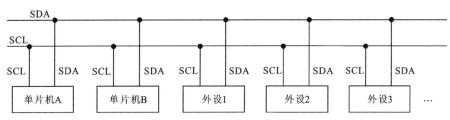

图 4-25 I²C 总线硬件结构

每个连接到 I²C 总线上的器件都有唯一的地址。主机与其他器件间的数据传输是由主机发送数据到其他器件,这时主机即为发送器,接收来自总线的数据的器件则为接收器。在多主机系统中,可能同时有多个主机企图启动总线进行数据传输。当多个主机同时竞争占用总线并试图启动数据传输时,就出现了总线竞争的情况,为了避免混乱,I²C 总线要通过总线仲裁以决定由哪一台主机控制总线。

4.4.2.2 工作时序

1. 数据位的有效性

在 I²C 总线进行数据传送时,SCL 上时钟信号为高电平期间,SDA 上的数据必须保持稳定,只有在 SCL 上时钟信号为低电平期间,SDA 上的数据才允许变化,如图 4-26 所示。

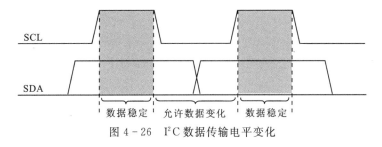

图 4-26 I²C 数据传输电平变化

2. 起始信号和停止信号

I²C 总线中唯一违反数据有效性的是起始和终止条件。

SCL 上为高电平期间,SDA 上由高电平向低电平的变化表示起始信号(S)。SCL 上为高电平期间,SDA 上由低电平向高电平的变化表示终止信号(P)。起始信号 S 和终止信号 P 都是由主机发出,起始信号产生后总线处于占用状态,直到停止信号产生后,总线被释放才处于空闲状态,此时 SCL 与 SDA 都是高电平,如图 4-27 所示。

若连接到 I²C 总线上的器件具有 I²C 总线的硬件接口,则很容易检测到起始信号和终止

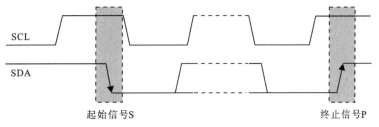

图 4-27 I²C 起始信号和终止信号

信号。对于不具备 I^2C 总线硬件接口的有些单片机来说,为了检测起始信号和终止信号,必须保证在每个时钟周期内对 SDA 采样两次。

3. 数据传送格式

(1)字节传送与应答:I^2C 总线通信时每个字节长度为 8 位,数据传送时,先传送最高位(MSB),后传送低位(LSB),发送器发送完一个字节数据后,接收器必须发送 1 位应答位来回应发送器,即一帧共有 9 位,如图 4-28 所示。

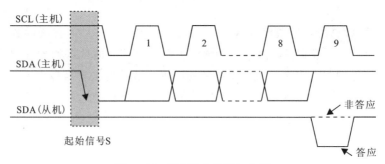

图 4-28 I^2C 字节传送与应答

由于某种原因从机不对主机寻址信号应答时(如从机正在进行实时性的处理工作而无法接收总线上的数据),必须将 SDA 置于高电平,而由主机产生一个终止信号以结束总线的数据传送。如果从机对主机进行了应答,但在数据传送一段时间后无法继续接收更多的数据时,从机可以通过对无法接收的第一个数据字节的"非应答"通知主机,主机则应发出终止信号以结束数据的继续传送。当主机接收数据时,它收到最后一个数据字节后,必须向从机发出一个结束传送的信号。这个信号是由对从机的"非应答"来实现的。然后从机释放 SDA 线,以允许主机产生终止信号。

(2)数据传送格式:I^2C 总线上传送的数据信号由地址信号和真正的数据信号组成。I^2C 总线在起始信号后必须传送一个从机的地址,即前 7 位,第 8 位是数据的传送方向位($R/\overline{W}$):用"0"表示主机发送数据($\overline{W}$),用"1"表示主机接收数据(R)。

每次数据传送总是由主机产生的终止信号结束。若主机希望继续占用总线进行新的数据传送,则可以不产生终止信号,马上再次发出起始信号对另一从机进行寻址。在总线的一次数据传送过程中,可以有以下几种读/写组合。

①主机向从机发送数据,数据传送方向不变。如图 4-29 所示,阴影部分表示数据由主机向从机传送,无阴影部分表示数据由从机向主机传送。以上包含应答 A、非应答 $\overline{A}$、起始信号 S 和终止信号 P。

图 4-29 主机向从机发送数据

②主机在第一个字节(寻址字节)后,立即由从机读数据。如图 4-30 所示,在从机产生响应时,主机从发送变成接收,从机从接收变成发送。之后,数据由从机发送,主机接收,每个应答由主机产生,时钟信号仍由主机产生。若主机要终止本次传输,则发送一个 $\overline{A}$,接着主机产生停止条件。

图 4-30　从机读数据

③在传送过程中,当需要改变传送方向时,起始信号和从机地址都被重复产生一次,但两次读/写方向位正好相反,如图 4-31 所示。

图 4-31　改变传送方向

综上所述,无论哪种方式起始信号、终止信号和地址均由主机发送,数据字节的传送方向由寻址字节中方向位规定,每个字节的传送都必须有应答信号位 A 或 $\overline{A}$ 跟从。

4. 总线的寻址

I^2C 总线采用 7 位的寻址字节(寻址字节是起始信号后的第一个字节)。

(1)寻址字节的位定义:D7～D1 位组成从机的地址。D0 位是数据传送方向位,即 $R/\overline{W}$ 位,$R/\overline{W}$ 位为"0"时表示主机向从机写数据,即处于写模式,$R/\overline{W}$ 位为"1"时表示主机由从机读数据,即处于读模式,如图 4-32 所示。

图 4-32　I^2C 总线 7 位的寻址字节

主机发送地址时,总线上的每个从机都将这 7 位地址码与自己的地址进行比较,若相同,则认为自己正在被主机寻址,根据 $R/\overline{W}$ 位将自己确定为发送器和接收器。

从机的地址由固定部分和可编程部分组成。在一个系统中可能希望接入多个相同的从机,从机地址中可编程部分决定了可接入总线该类器件的最大数目。例如一个从机的 7 位寻址位有 4 位是固定位,3 位是可编程位,这时仅能寻址 8 个同样的器件,即可以有 8 个同样的器件接入到该 I^2C 总线系统中。

(2)寻址字节中的特殊地址如表 4-2 所示。

表 4-2　I^2C 总线特殊地址表

地址位(固定位)	地址位(可编程位)	$R/\overline{W}$	意义
0 0 0 0	0 0 0	0	通用呼叫地址
0 0 0 0	0 0 0	1	起始字节
0 0 0 0	0 0 1	×	CBUS(可编程 I/O 引脚)地址
0 0 0 0	0 1 0	×	为不同总线保留地址
0 0 0 0	0 1 1	×	保留
0 0 0 0	1 × ×	×	
1 1 1 1	1 × ×	×	
1 1 1 1	0 × ×	×	10 位从机地址

I^2C 总线地址由其委员会进行分配,固定地址编号 0000 和 1111 已被保留作为特殊用途。

① 起始信号后的第一字节的 8 位为"00000000",称为通用呼叫地址。通用呼叫地址的用意在第二字节中加以说明,如图 4-33 所示。第二字节为 06H(00000110)时,所有能响应通用呼叫地址的从机器件复位,并由硬件装入从机地址的可编程部分。能响应命令的从机器件复位时不拉低 SDA 和 SCL 线,以免堵塞总线。第二字节为 04H(00000100)时,所有能响应通用呼叫地址并通过硬件来定义其可编程地址的从机器件将锁定地址中的可编程位,但不进行复位。

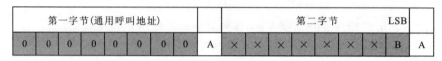

图 4-33 通用呼叫地址

② 第二字节的方向位 B 为"1",则这两个字节命令称为硬件通用呼叫命令。在这第二字节的高 7 位说明自己的地址,如图 4-34 所示。接在总线上的智能器件,如单片机或其他微处理器能识别这个地址,并与之传送数据。硬件主器件作为从机使用时,也用这个地址作为从机地址。

图 4-34 硬件通用呼叫命令

在系统中另一种选择可能是系统复位时硬件主器件工作在从机接收器方式,这时由系统中的主机先告诉硬件主器件数据应送往的从机器件地址,当硬件主器件要发送数据时就可以直接向指定从机器件发送数据了。

(3) 起始字节:不具备 I^2C 总线接口的单片机,则必须通过软件不断重复地检测总线,以便及时地响应总线的请求,此时单片机的速度与硬件接口器件的速度就出现了较大的差别。为此,I^2C 总线上的数据传送要由一个较长的起始过程加以引导,起始字节就是提供给没有 I^2C 总线接口的单片机查询 I^2C 总线时使用的特殊字节(图 4-35)。

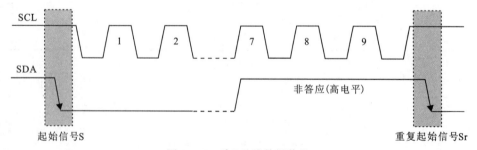

图 4-35 I^2C 总线数据传送

引导过程由起始信号 S、起始字节 00000001、应答位、重复起始信号 Sr 组成,如图 4-35 所示。请求访问总线的主机发出起始信号后,发送起始字节,另一个单片机可以用一个比较低的速率采样 SDA 线,直到检测到起始字节中的 7 个"0"中的一个为止。在检测到 SDA 线上的高电平后,单片机就可以用较高的采样速率,寻找作为同步信号使用的第二个起始信号

Sr。在起始信号后的应答时钟脉冲仅仅是为了和总线所使用的格式一致,并不要求器件在脉冲期间做出应答。

4.4.2.3 I²C 总线仲裁与时钟发生

在多主的通信系统中,总线上有多个节点,它们都有自己的寻址地址,可以作为从节点被别的节点访问,同时它们都可以作为主节点向其他节点发送控制字节和传送数据。但是如果有两个或两个以上的节点都向总线上发送启动信号并开始传送数据,这样就形成了冲突。要解决这种冲突就要进行仲裁的判决,这就是 I²C 总线上的仲裁。

I²C 总线上的仲裁分两部分,即 SCL 线的同步和 SDA 线的仲裁。在仲裁过程中,SCL 线的同步和 SDA 线的仲裁两处理过程没有先后关系,而是同时进行的。

1. SCL 线的同步

SCL 线的同步也称为时钟同步,是由于总线具有线"与"的逻辑功能,即只要有一个节点发送低电平时,总线上就表现为低电平。当所有的节点都发送高电平时,总线才能表现为高电平。由于线"与"逻辑功能的原理,当多个节点同时发送时钟信号时,在总线上表现的是统一的时钟信号,如图 4-36 所示。

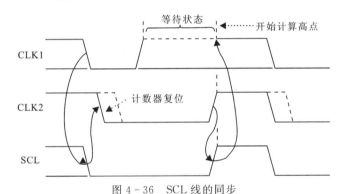

图 4-36 SCL 线的同步

2. SDA 线的仲裁

SDA 线的仲裁也是建立在总线具有线"与"逻辑功能的原理上的。节点在发送一位数据后,比较总线上所呈现的数据与自己发送的是否一致,"是"则继续发送,"否"则退出竞争。SDA 线的仲裁可以保证 I²C 总线系统在多个主节点同时企图控制总线时通信正常进行并且数据不丢失,如图 4-37 所示。总线系统通过仲裁只允许一个主节点可以继续占据总线。

DATA1 和 DATA2 分别是主节点向总线所发送的数据信号,SDA 为总线上所呈现的数据信号,SCL 是总线上所呈现的时钟信号。

当主节点 1、2 同时发送起始信号时,两个主节点都发送了高电平信号。这时总线上呈现的信号为高电平,两个主节点都检测到总线上的信号与自己发送的信号相同,继续发送数据。第二个时钟周期,两个主节点都发送低电平信号,在总线上呈现的信号为低电平,仍继续发送数据。第三个时钟周期,主节点 1 发送高电平信号,而主节点 2 发送低电平信号。根据总线的线"与"的逻辑功能,总线上的信号为低电平,这时主节点 1 检测到总线上数据与自己所发送数据不一样,断开数据的输出级,转为从机接收状态。这样主节点 2 就赢得了总线,而且数据没有丢失,即总线的数据与主节点 2 所发送的数据一样。因此,仲裁过程中数据没有丢失。

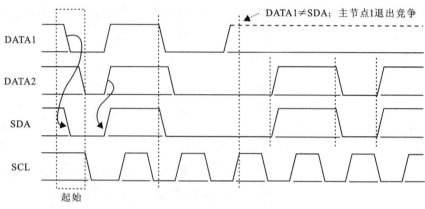

图 4-37 SDA 线的仲裁

4.4.2.4 I²C 总线接口技术扩展

以 80C51 单片机与串行 E² PROM 芯片 CAT24WC04 为例,CAT24WC04 是美国 CATALYST 公司生产的串行 CMOS E² PROM 芯片,支持 I²C 总线数据传送协议,容量为 4KB。可以有两种写入方式,即字节写入方式和 16 字节数据的页写入方式。

80C51 单片机的 3 根 I/O 端口线与 CAT24WC04 的 SDS、SCL 等相连。在实际应用中,SDA 和 SCL 两个引脚必须接上拉电阻。又因为 CAT24WC04 的 3 根地址线都接地,所以该芯片的片选编码为 000,其器件地址码的高 7 位固定为 1010000。A0、A1、A2 为器件地址输入引脚,用于多个器件级联时设置器件地址。WP 是写保护引脚,如果该引脚接高电平,则该芯片只能读,若该引脚接低电平,则允许对器件进行读/写操作。图 4-38 为 80C51 单片机与 CAT24WC04 连线示意图,I²C 总线最多可以同时挂载 4 片 CAT24WC04。

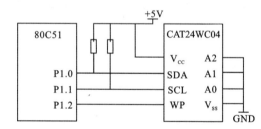

图 4-38 80C51 单片机与 CAT24WC04 连线示意图

以发送一个字节数据为例,其发送字节数据关键代码如下。

```
void i2c_Sendbyte(uchar dat)         //发送一个字节数据
{
  uchar i;
  for(i=0;i<8;i++ ) {                //循环传送 8 位数据
     if((dat<< i)&0x80)              //取当前位,发送
        SDA=1;
     else
        SDA=0; _nop_( ); SCL=1;
     _nop_( ); _nop_( ); _nop_( );_nop_( ); _nop_( ); _nop_( );
     SCL=0;
  }
  _nop_( );_nop_( );
```

```
    SDA=1;                        //数据发送完毕后,准备发送应答信号
    _nop_();_nop_();
    SCL= 1;
    _nop_();_nop_();_nop_();
    if(SDA== 1)                   //如果接收到了应答信号,ACK= 1,否则 ACK= 0
        ACK= 0;
    else
        ACK=1; SCL=0;
    _nop_(); _nop_();
}
```

4.4.3 SPI 总线接口技术

SPI 总线意为串行外围接口,是 Motorola 公司提出的一种同步串行接口技术,是一种高速、全双工、同步通信总线,能够在 CPU 和外围低速器件之间进行同步串行数据传输。SPI 总线在芯片中只占用 4 根管脚用来控制及数据传输,在主器件的时钟移位脉冲下,数据按位传输,高位在前,低位在后。

SPI 总线支持全双工操作、操作简单、数据传输速率较高,广泛用于 Flash、实时时钟(Real Time Clock,简称 RTC)、数模转换器(Digital-to-Analog Converter,简称 DAC)及数字信号解码器上。SPI 总线通信的速度易达到好几兆字节每秒,数据传输速度总体来说比 I^2C 总线要快,但 SPI 需要占用主机较多的口线,只支持单个主机且没有指定的应答机制确认是否接收到数据,在实际使用中要根据需求确定何时使用 SPI。

4.4.3.1 硬件结构

SPI 总线由 4 根信号线构成,其中包括两条数据线 MOSI(Master output slave input)和 MISO(Master input slave output),两条控制线 SCLK 和 $\overline{SS}$,其引脚定义如下。

MOSI:主器件数据输出,从器件数据输入。

MISO:主器件数据输入,从器件数据输出。

SCLK:串行时钟信号,由主器件驱动的时钟发往从器件,同步数据位。

$\overline{SS}$:从器件使能信号,由主器件控制。

SPI 协议指出从机的数量受系统负载电容的限制,它会降低主机在电压电平之间准确切换的能力。很多功能芯片可能没有 MISO 引脚,即无法支持读操作,仅仅支持写入操作。

SPI 接口的内部硬件实际上是两个简单的移位寄存器,传输的数据为 8 位,在主器件产生的从器件使能信号和移位脉冲下按位传输,高位在前,低位在后。在 SCLK 的下降沿上数据改变,上升沿一位数据被存入移位寄存器,如图 4-39 所示。

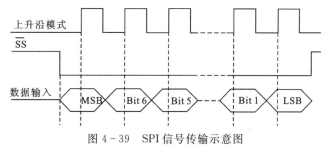

图 4-39 SPI 信号传输示意图

SPI 通信结构可以分为 SPI 单主多从和 SPI 单主单从两种类型。

1. 单主单从

在 SPI 单主单从通信结构中,只有一个主设备和一个从设备进行通信。主设备与从设备之间通过 SPI 总线进行数据传输,如图 4-40 所示。

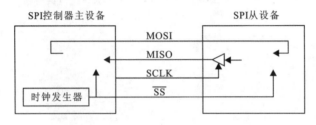

图 4-40　SPI 单主单从通信结构

SPI 单主单从通信结构的优点是简单、可靠,并且适用于只需与一个外部设备进行通信的场景。在该结构中,通信速度相对较快,且不受多个设备的影响。

2. 单主多从

SPI 单主多从通信结构又分为级联和独立连接两种连接方式。

(1) SPI 单主多从独立连接:是指每个从机都需要一条单独的 $\overline{SS}$ 线,如图 4-41 所示。如果要和特定的从机进行通信,可以将相应的 $\overline{SS}$ 信号线拉低,并保持其他 $\overline{SS}$ 信号线的状态为高电平;如果同时将两个 $\overline{SS}$ 信号线拉低,则可能会出现乱码,因为从机可能都试图在同一条 MISO 线上传输数据,最终导致接收数据乱码。

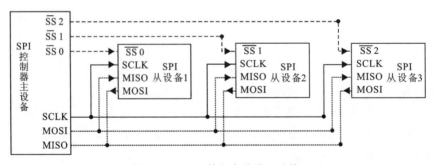

图 4-41　SPI 单主多从独立连接

(2) SPI 单主多从级联:也称为菊花链,即设备信号(总线信号或中断信号)以串行方式从一个设备依次传到下一个设备,不断循环直到数据到达目标设备的方式,如图 4-42 所示。

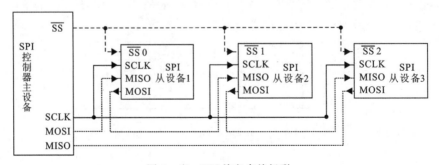

图 4-42　SPI 单主多从级联

SPI 单主多从级联的最大缺点是由于信号串行传输,所以一旦数据链路中的某设备发生故障的时候,其下面优先级较低的设备可能得不到服务。此外,距离主机越远的从机,获得服务的优先级越低,在实际操作中需要安排好从机的优先级,并设置总线检测器。如果某个从机超时,则对该从机进行短路,防止单个从机损坏造成整个链路崩溃的情况。

SPI 单主多从通信结构的优点是可同时与多个外部设备进行通信,且通信速度相对较快。然而,由于是单主模式,主设备需要依次与每个从设备进行通信,因此总线上设备数量有限。

在点对点的通信中,SPI 接口不需要进行寻址操作,且为全双工通信,显得简单高效。在多个从器件的系统中,每个从器件需要独立的使能信号,硬件上比 I²C 系统要稍微复杂一些。

4.4.3.2 工作时序

在 SPI 通信中,工作时序模式决定了主设备和从设备之间数据传输的时序方式,包括时钟极性和相位等参数设置。CPOL 表示 SPI 总线同步时钟信号的极性,即 SCLK 信号线初始的电平。当 CPOL 为"0"时,表示在无数据传输时低电平为空闲状态;当 CPOL 为"1"时,表示在无数据传输时高电平为空闲状态,空闲状态后的第一个跳变边沿表示有效数据的开始,如图 4-43 所示。

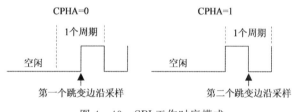

图 4-43 SPI 工作时序模式

CPHA 表示 SPI 总线同步时钟信号的相位,即在 SCLK 第几个边沿数据开始采样。当 CPHA 为"0"时,表示从第一个跳变边沿开始采样;当 CPHA 为"1"时,表示从第二个跳变边沿开始采样。

按照时钟信号和数据信号之间相位关系,SPI 有 4 种工作时序模式,如表 4-3 所示。在 0 时序模式下,CPOL 为 0,CHPA 为 0。在时钟的上升沿采样(主设备在时钟的上升沿将数据输出),下降沿更新数据(从设备在下降沿将数据输入)。其余 3 种模式以此类推。

表 4-3 SPI 工作时序

模式	CPOL 与 CHPA 设定	数据输出时间	SCLK 初始电平
0	CPOL=0,CHPA=0	SCLK 上升沿(第一个跳变边沿)	0
1	CPOL=0,CHPA=1	SCLK 下降沿(第二个跳变边沿)	0
2	CPOL=1,CHPA=0	SCLK 下降沿(第一个跳变边沿)	1
3	CPOL=1,CHPA=1	SCLK 上升沿(第二个跳变边沿)	1

SPI 是一个环形总线结构,由 MOSI、MISO、SCLK、$\overline{SS}$ 构成,其时序主要是在 SCLK 的控制下,两个双向移位寄存器进行数据交换。上升沿发送,下降沿接收,高位先发送。上升沿到

来的时候，MOSI 上的电平将被发送到从设备的寄存器中；下降沿到来的时候，MISO 上的电平将被接收到主设备的寄存器中。

例如 8 位寄存器装的是待发送的数据 10101010，第一个上升沿来的时候数据是 MOSI＝1，寄存器中的 10101010 左移一位，后面补入送来的一位未知数 x 成了 0101010x。下降沿到来的时候，MISO 上的电平锁存到寄存器中去，那么这时寄存器 SDI＝0101010。这样在 8 个时钟脉冲以后，两个寄存器的内容互相交换一次，这样就完成了一个 SPI 时序。

4.4.3.3 传输特点

(1)采用主从模式的控制方式，支持单主器件多从器件：SPI 协议规定了两个 SPI 设备之间通信必须由主设备主器件来控制从设备从器件。同时一个主器件可以设置多个片选来控制多个从器件。SPI 协议还规定从器件设备的时钟信号由主器件通过 SCLK 管脚提供给从器件，从器件本身不能产生或控制时钟信号，没有时钟信号则从器件不能正常工作。

(2)同步传输协议在传输数据的同时也传输了时钟信号：主器件会根据将要交换的数据产生相应的时钟脉冲，组成时钟信号，时钟信号通过 CPOL 和 CPHA 控制两个 SPI 设备何时交换数据以及何时对接收数据进行采样，保证数据在两个设备之间是同步传输的。

(3)数据传输时高位在前，低位在后：一个 SPI 设备不能在数据通信过程中仅仅充当一个发送者或者接收者。在每个时钟信号周期内，SPI 设备(不管是主设备还是从设备)都会发送并接收 1bit 数据，相当于有 1bit 数据被交换了。

4.4.3.4 SPI 总线接口技术扩展

以 80C51 单片机与串行 EEPROM 芯片 MCM2814 为例，80C51 的 4 根 I/O 端口线与 MCM2814 的 SPI 总线信号与相连。MCM2814 是 256bit 的 EEPROM，采用 HCMOS 技术制造，功耗低。它支持 M－bus 和 SPI 两种串行接口方式。MCM2314 与 80C51 单片机的接口方法当 3 号引脚 MODE＝0 时，MCM2814 工作于 M－bus 方式；MODE＝1 时，MCM2814 工作于 SPI 方式。

根据 SPI 总线的工作时序，单片机输出数据时，SCK(P1.1 引脚)的下降沿 MOSI(P1.0 引脚)输出数据；单片机读取 MCM2814 数据时，SCK 的上升沿 MISO(P1.3 引脚)输入数据。图 4－44 为 80C51 单片机与 MCM2814 连线示意图。

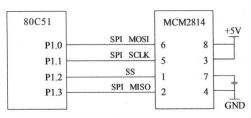

图 4－44　80C51 单片机与 MCM2814 连线示意图

单片机将一个字节数据 send_temp 传送到 MCM2814 的子程序 spi_out，可编写程序如下。

```
void spi_out(unsigned char send_temp)
{
    unsigned cha ri;
    P1^1=1;                  //SCK=1
    P1^2=0;                  //片选有效,选中对 MCM2814 操作
    for(i=0;i<8;i++) {
```

```
        if(send_temp&&0x80)
            P1^0=1;
        else
            P1^0=0;
        P1^1=0;                    //SCK=0,下降沿数据输出
        _nop_();_nop_();
        P1^1=1;                    //SCK=1
        send_temp= send_temp<<1;
    }
}
```

4.4.4 单总线接口技术

单总线(1-wire)是美国 Dallas 半导体公司推出的外围串行扩展总线技术。与 I^2C、SPI 串行数据通信方式不同,单总线接口技术由一个总线主节点或多个从节点组成系统,通过单根信号线对从芯片进行数据的读取,每一个符合单总线协议的从芯片都有一个唯一的地址。信号线上既传输时钟又传输数据,而且数据传输是双向的,传输速率一般为 16.3Kbit/s,最大可达 142Kbit/s,主设备 I/O 口可直接驱动 200m 范围内的从设备,扩展后可达 1km 范围,具有结构简单、成本低廉、便于总线扩展和维护等诸多优点。目前,单总线器件主要有数字温度传感器、A/D 转换器、门标、身份识别器、单总线控制器等。

4.4.4.1 硬件结构

一个简单的单总线网络如图 4-45 所示,因为单总线的端口为漏极开路结构或三态门的端口,因此一般需要加上拉电阻 R,阻值通常 3~5kΩ,使总线空闲时处于高电平状态,器件可直接从数据线上获得工作电能。稳压二极管将总线最高电平限定在 5.6V,起保护端口的作用。主机或从机通过一个漏极开路或三态端口,连接至该数据线,这样允许设备在不发送数据时释放数据总线,以便总线被其他设备所使用。

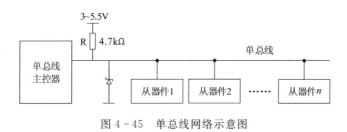

图 4-45 单总线网络示意图

单总线的空闲状态为高电平。无论任何理由需要暂停某一执行过程时,如果进行恢复执行的话,总线必须停留在空闲状态。在恢复器件如果单总线处于高电平,位于位间的恢复时间可以无限长。如果总线停留在低电平超过 $480\mu s$,总线上的所有器件都将被复位。

4.4.4.2 通信原理

由于单总线是主从结构,只有主机呼叫从机时,从机才能应答,因此主机访问单总线器件都必须严格遵循单总线命令序列,即初始化、ROM 命令、功能命令。如果出现序列混乱,单总线器件不会响应主机(搜索 ROM 命令,报警搜索命令除外)。因此,器件需要遵循严格的通

信协议,以保证数据的完整性。

(1)初始化:基于单总线的所有传输过程都是以初始化开始的,初始化过程由主机发出的复位脉冲和从机响应的应答脉冲组成。应答脉冲使主机知道总线上有从机设备且准备就绪。

(2)ROM 命令:在主机检测到应答脉冲后,就可以发出 ROM 命令,ROM 命令的说明如表 4-4 所示。这些命令与各个从机设备唯一 64 位 ROM 代码相关,允许主机在单总线上连接多个从机设备时,指定操作某个从机设备。这些命令还允许主机能够检测到总线上有多少个从机设备以及其设备类型,或者有没有设备处于报警状态。从机设备可能支持 5 种 ROM 命令(实际情况与具体型号有关),每种命令长度为 8 位。主机在发出功能命令之前,必须送出合适的 ROM 命令。

表 4-4 ROM 命令说明

ROM 命令	说明
搜索 ROM(F0h)	识别单总线上所有单总线器件 ROM 编码
读 ROM(33h)(仅适合单节点)	直接读单总线器件的序列号
匹配 ROM(55h)	寻找与指定序列号相匹配的单总线器件
跳跃 ROM(CCh)(仅适合单节点)	使用该命令可直接访问总线上的从设备
报警搜索 ROM(Ech)(仅少数器件支持)	搜索有报警的从机设备

注:F0h、33h、55h 等均为十六进制数字,表示一个二进制字节。F0h 即 11110000;33h 即 00110011;55h 即 01010101;CCh 即 11001100;Ech 即 11101100。

(3)功能命令:每个单总线器件都有自己的专用指令,需要参照各自的数据手册这些信号。

4.4.4.3 通信协议

所有的单总线器件都要遵循严格的通信协议,以保证数据的完整性。单总线协议定义了复位脉冲、应答脉冲、写 0、写 1、读 0 和读 1 时序等几种信号类型。所有的单总线命令序列(初始化 ROM 命令功能命令)都是由这些基本的信号类型组成的。所有这些信号除了应答脉冲外,都是由主机发出同步信号,并且发出的所有命令和数据都是字节的低位在前,这一点与多数串行通信格式不同(多数串行通信格式规定字节的高位在前)。

1.初始化时序

初始化时序包括主机发送的复位脉冲和从机发出的应答脉冲,如图 4-46 所示。主机通过拉低单总线至少 480μs,以产生 T_x 复位脉冲;然后主机释放总线,并进入 R_x 接收模式。当主机释放总线时,总线由低电平跳变为高电平时产生一个上升沿,单总线器件检测到这个上升沿后,向后延时 15~60μs,接着单总线器件通过拉低总线 60~240μs,以产生应答脉冲。主机接收到从机应答脉冲后,说明有单总线器件在线,然后主机就开始对从机进行 ROM 命令和功能命令操作。

2.写"1"和写"0"时序

写间隙有两种,包括写"0"的时隙和写"1"的时隙,如图 4-47 所示。主机要产生一个写"0"时隙,就必须把数据线拉低,在写时间隙开始后的 60μs 内保持数据线拉低(即在 0~60μs

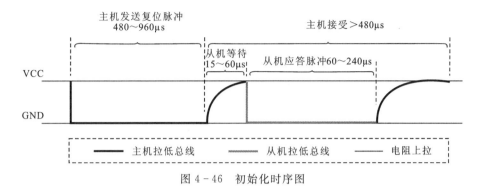

图 4-46 初始化时序图

为低电平)。主机要产生一个写"1"时隙,就必须把数据线拉低,在写时间隙开始后的 15μs 内允许数据线拉高(即在 0~15μs 释放总线)。

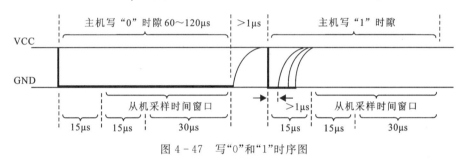

图 4-47 写"0"和"1"时序图

3. 读时序

单总线器件仅在主机发出读时序时才向主机传输数据所以当主机向单总线器件发出读数据命令 1μs 后产生读时序以便单总线器件能传输数据,如图 4-48 所示。在主机发出读时序之后单总线器件才能在总线上发送"0"或"1"。

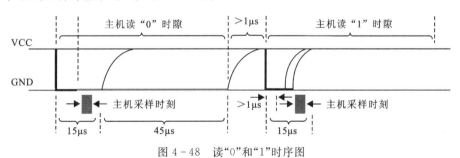

图 4-48 读"0"和"1"时序图

若单总线器件发送"1",则总线保持高电平;若单总线器件发送"0",则总线保持低电平。由于单总线器件发送数据后可保持 15μs 有效时间,因此主机在读时序期间必须释放总线且必须在 15μs 内采样总线状态以便接收从机发送的数据。

4.4.4.4 单总线接口技术扩展

DS18B20 是 Dallas 公司推出的一种改进型智能数字温度传感器,是一款常用的高精度的单总线数字温度测量芯片,具有体积小、硬件开销低、抗干扰能力强、精度高的特点。与传统的热敏电阻相比，它只需一根导线就能直接读出被测温度，并可以根据实际需求编程实现9～12位数字值的读数方式。

DS18B20返回的16位二进制数代表此刻探测的温度值，其高5位代表正负。如果高5位全部为1，则代表返回的温度值为负值；如果高5位全部为0，则代表返回的温度值为正值。后面的11位数据代表温度的绝对值，将其转换为十进制数值之后，再乘0.062 5即可获得此时的温度值。DS18B20芯片的外形和各个引脚功能如表4-5所示。

表4-5　DS18B20芯片外形和引脚说明

芯片外形图	引脚名称	说明
DQ／NC／NC／GND　DS18B20U　V$_{DD}$／NC／NC／NC	V$_{DD}$	可选的+5V电源
	DQ	数字输入/输出
	GND	电源地
	NC	无连接

对于DS18B20的访问分为以下3个步骤。

（1）初始化：单片机通过DQ线，向DS18B20发送一个满足时序要求的复位脉冲，DQ线上的所有DS18B20芯片都被复位。准备接收单片机发的序列号访问命令。

（2）序列号访问命令：单片机通过DQ线，发送某一个DS18B20的64位序列号编码。这时DQ线上所有相连的DS18B20都进行编码匹配，只有编码一致的DS18B20才被激活，可以接收下面的内存访问命令。

（3）内存访问命令：单片机对选中的DS18B20发送内存访问命令，启动A/D转换、读取温度数据、设定温度报警上下限等。

下面是时钟频率为12MHz时，DS18B20智能数字温度传感器单总线初始化、读和写过程编码如下。

第一步，初始化程序。

```
bit Init (void)
{
    unsigned char x=0;
    DQ=1;                //DQ复位
    delay(8);            //延时片刻
    DQ=0;                //单片机将DQ拉低
    delay(80);           //精确延时大于480μs
    DQ=1;                //拉高总线
    delay(14);
    x=DQ;                //延时片刻后，若x=0，则初始化成功；若x=1，则初始化失败
    delay(20);
    return x;
}
```

第二步,读一个字节。

```
Read(void)
{
  unsigned char i=0;
  unsigned char dat=0;
  for(i=0;i<8;i++ ) {
      DQ=0;                   //给脉冲信号
      dat>>=1;
      DQ=1;                   //给脉冲信号
      if(DQ)
          dat=dat l0x80;
      delay(4);
  }
  return(dat);
}
```

第三步,写一个字节。

```
Write(unsigned char dat)
{
  unsigned char i=0;
  for(i=8;i> 0;i-- )
  {
      DQ=0;
      DQ=dat&0x01;
      delay(5);
      DQ=1;
      dat>>= 1;
  }
  delay(4);
}
```

思政导入　　从通信空白到走向世界前列

改革开放以来,我国通信技术高速发展,在固网通信和移动通信等领域不断创新,很多技术实现从空白到领先的跨越式发展。在移动通信领域,电话和5G技术是重要的里程碑,我国经历了1G空白、2G跟随、3G突破、4G同步、5G引领的崛起历程(图4-49)。无论是传统的模拟电话系统还是现代的数字电话系统,都采用了串行通信技术来进行语音信号的传输,电话是我国通信技术的基石。

早在20世纪初,我国就开始引进电话技术,建立起相应的通信网络,这些早年的电话系统采用的是模拟信号传输,即采用连续的变化来表示信息。在20世纪90年代,数字通信技术开始逐渐取代模拟通信技术,数字化的电话网络也随之出现,通信效率高、信道占用率下降

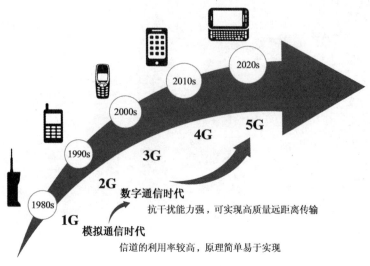

图 4-49 电话发展历程

使传输的数据更加安全可靠。进入 21 世纪,中国电话通信技术迎来了数字化和宽带化的时代,固定电话网络逐渐向光纤传输升级提供了更高速率和更丰富的业务服务。同时,移动通信进入 3G、4G 时代,智能手机的普及使移动通信成为人们生活中不可或缺的一部分。

当前,中国已经建立了庞大而先进的电话通信网络体系,正式进入 5G 时代(Saad et al.,2020)。中国曾自主研发的 4G 技术标准 TD-LTE(TD-SCDMA Long Term Evolution)被国际电联确定为 4G 国际标准之一,在现今 5G 时代无论是标准制定还是实验进程都走在世界前列。华为、中兴通讯(ZTE)、紫光展锐(Unisoc)、中国移动等公司在 5G 技术的研发和应用方面都取得了显著成果,为中国在全球 5G 领域的竞争中发挥了重要作用。

与 4G 相比,5G 不仅速度更快,应用场景更加丰富,关键性能指标也更加多样化(易芝玲等,2020)。5G 最突出的 3 个性能指标是用户体验速率、空口时延和连接数密度。5G 用户体验速率可达 100Mbps 至 1Gbps,是 4G 的 10 倍以上;空口时延低至 1ms,是 4G 的 1/10;连接数密度可达到 100 万连接/km^2。这些性能指标的提升意味着 5G 将更好地支持"万物互联"的应用场景,为物联网、智能城市、工业互联网等领域的发展提供更加强大的技术支持。

无人驾驶技术需要车载计算机即时获取大量数据,并做出相应的决策。通过 5G 技术,车辆可以实时收集和传输高清视频、传感器数据等信息(丁飞等,2022);低至 1ms 的低时延特性使得车辆之间、车辆与基础设施之间可以迅速响应;5G 网络支持大规模设备的连接和超高带宽,为大规模智能交通系统的部署提供了基础。无人驾驶汽车紧急情况下的刹车反应距离在 4G 网络条件下是 1.4m,而在 5G 网络条件下仅 2.8cm。

智慧医疗主要包括远程诊断、远程紧急处理和远程手术等应用场景(班晓娟,2021)。医疗影像数据通常体量巨大,传输和处理需要大量的带宽和计算资源,5G 的大带宽、低时延特点,可以实现医疗影像数据的快速传输和实时处理,能够支持医生远程为病人看诊、治疗甚至是做手术(胡慧娟等,2024)。5G 技术还可以将智能穿戴设备与互联网连接起来,实时监测患者的生理参数,并将数据传输到云端进行分析和处理,为医生提供实时的健康状态监测和预警服务。

从中华人民共和国成立初期,全国90%的县的居民不知电话为何物,到如今的通信网络覆盖全国、光纤宽带成家庭标配、手机网民规模达到10.65亿。70多年来,中国通信发生了翻天覆地的变化,从通信空白到走向世界前列,实现了跨越式发展。中国通信技术经历了从模拟到数字化、从窄带到宽带的发展过程,通信红利惠及每一个人,人们的获得感、幸福感不断增强。随着技术不断进步和应用需求的增加,中国的通信技术将继续迎来新的发展机遇。

4.5 学赛共轭:中国大学生计算机设计大赛

2008年,为进一步推动高校本科计算机教学的知识体系、课程体系、教学内容和教学方法的改革,引导学生踊跃参加课外科技活动,激发学生学习计算机知识技能的兴趣和潜能,教育部高等学校计算机类专业教学指导委员会、教育部高等学校软件工程专业教学指导委员会等联合主办了中国大学生计算机设计大赛。

大赛内容分设软件应用与开发类、微课与课件类、物联网应用类、大数据应用类、人工智能应用类和信息可视化设计类等类组,使各专业领域的学生都有充分展示其计算机应用与创作才智的平台。

4.5.1 软件应用与开发

软件应用与开发的作品是指运行在计算机(含智能手机)、网络、数据库系统之上的软件,它提供信息管理、信息服务、移动应用、算法设计等功能或服务。近年,软件应用与开发类包含Web应用与开发、管理信息系统、移动应用开发、算法设计与应用、信创软件应用与开发和区块链应用与开发6个赛项,各赛项有其相关要求。

例如算法设计与应用赛项指出:作品主要以算法为核心,以编程的方式解决实际问题并得以应用;既可以使用经典的传统算法,也可以利用机器学习、深度学习等新兴算法与技术,支持C、C++、Python、MATLAB等多种语言实现,涉及算法设计、逻辑推理、数学建模、编程实现等综合能力。

另有,一些小赛项除了自由命题外还包括1~3个企业赛题,参赛队可任选一个赛题参加。其要求由企业给出,每年的要求都有变动,企业赛道限制了参赛选手的作品内容,且相对于自由命题赛题而言难度更大。例如2023年区块链应用与开发类作品企业赛题要求为:基于微众FISCO、BCOS等平台设计开发区块链系统,以解决某个行业/场景的痛点或问题,包括但不限定于将区块链技术应用于供应链、版权保护、跨境、乡村振兴、医疗健康、社会治安、智慧城市等领域。

4.5.2 人工智能应用

人工智能应用赛项又分为人工智能挑战赛和人工智能实践赛。

1. 人工智能实践赛

人工智能实践赛是针对某一领域的特定问题,提出基于人工智能的方法与思想的解决方案。这类作品需要有完整的方案设计与代码实现,撰写相关文档,必须有具体的方案设计与技术实现,现场答辩时,必须对系统功能进行演示。作品涉及的领域包括但不限于智能城市与交通(包括汽车无人驾驶)、智能家居与生活、智能医疗与健康、智能农林与环境、智能教育与文化、智能制造与工业互联网、三维建模与虚拟现实、自然语言处理、图像处理与模式识别方法研究、机器学习方法研究。

2. 人工智能挑战赛

人工智能挑战赛是半自主命题,采用大赛组委会命题方式,一般会给出3～5个赛题,各参赛队任选一个赛题参加,赛题在大赛相关网站公布,历年赛题均有所变动。

例如2023年第16届中国大学生计算机设计大赛的人工智能挑战赛包含6个赛题,即医护机器狗专项挑战赛、智慧物流专项挑战赛、仿生机器人专项挑战赛、边缘智能应用专项挑战赛、智能视觉工程专项挑战赛和无人驾驶专项挑战赛。

以医护机器狗专项挑战赛为例,赛道采用四足机器人进行挑战,四足机器人作为仿生移动机器人,可适应绝大多数地形环境,对研发使用的场景没有过多要求,且部署流程简单,部署成本低廉,可在各种行业、多场景覆盖巡检。此次比赛模拟机器狗在医院中完成病人监测并紧急求救的场景,四足机器人需要按照要求完成相应动作并识别患者倒地,然后到正确的区域寻找物品(正赛部分)和取药(附加赛部分)。

比赛现场布置如图4-50所示,场景整体大小为8m×6m,设有监测区、识别区、附加赛区域。监测区大小为3m×3m,识别区大小为5m×6m。在救援区内,有3个小区域和药物台,每个小区域的大小为1m×1m,中间间隔0.5m。药物台放在附加赛中间位置。

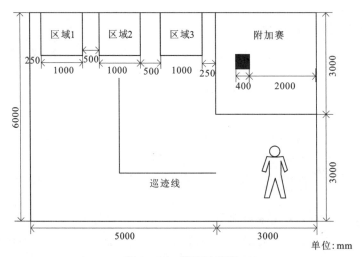

图4-50 赛道示意图

比赛任务要求有第一部分手势识别、第二部分摔倒检测、第三部分寻找物品。

(1)第一部分手势识别:比赛开始时裁判随机给出5个规定动作库中的任意3个,选手需要根据给定的动作比手势,让机器狗做出对应的动作,机器狗动作正确会得分,机器狗动作错误不得分。

(2)第二部分摔倒检测:选手假装摔倒,机器狗需要检测摔倒并在10s内播报"有人摔倒",然后机器狗通过地面的循迹线标记,循迹到寻物区。循迹线为白色的4cm宽布基胶带,仅供循迹引导,选手可不必完全沿着循迹线,只要能到搜寻区域即可。

(3)第三部分寻找物品:机器狗需要在指定区域搜寻物品,场地中设置有3个区域标记,3个区域顺序随机,其中红色区域为指定区域。每个区域有1～3个口罩和1～3个剪刀,顺序随机,道具并排放着垂直悬挂,相互之间不遮挡。机器狗需要识别指定区域并准确播报区域里的物品和数量。播报完成以后正赛部分结束,如果限时 5min 已到,不论任务是否完成都需要立即结束。

此项比赛目的在于引导参赛队研究、设计具有优秀硬件与软件系统的四足仿生机器人,特别是在仿生机构设计、关节驱动设计、感知伺服运动规划等关键技术方面的研究;培养参赛队员的硬件设计能力、编程能力、算法设计能力以及任务规划与优化能力,考查参赛机器人的运动能力、平衡能力和算法的稳定能力。

4.5.3 物联网应用

物联网应用包含城市管理、医药卫生、运动健身、数字生活、行业应用和物联网专项 6 个赛项。除物联网专项赛需要应用大赛组委会发布的 1~3 个企业的相关技术和板卡,是半自主命题外,其余 5 个赛项均为自主命题,作品涉及范围广,参赛队伍自我发挥空间大。

在物联网应用赛项中,数字生活是参赛的重点赛项,其中居家生活成为物联网应用热门方向。物联网技术在智能家居中的应用如下。

(1)智能家居设备连接:物联网技术使得智能家居中的各种设备能够通过网络实现连接,包括智能灯泡、智能插座、智能门锁等。这些设备通过物联网技术实现互联互通,用户可以通过手机 APP 或语音助手对这些设备进行远程控制。

(2)数据采集与分析:物联网技术使得智能家居设备能够实时采集家庭环境的各种数据,如温度、湿度、照明等。通过对这些数据进行分析,智能家居系统可以根据用户的需求和生活习惯,自动调节家庭环境,提高生活品质。

(3)家庭安全监控:物联网技术在智能家居中的应用还体现在家庭安全监控方面。通过智能摄像头、烟雾报警器等设备,物联网技术可以实时监控家庭安全状况,并在发生异常情况时进行报警提示,提高家庭安全性能。

(4)节能环保:物联网技术在智能家居中的应用还可以实现家庭设备的节能环保。通过对家庭设备的实时监测和数据分析,智能家居系统可以有效降低能源消耗,实现绿色环保生活。

以智慧家居机器人作为参赛项目,其能够适应各种居家环境,包括雷达建图、路径规划、自主导航等行驶规划功能,同时包括室内光照值检测、温湿度检测、二氧化碳浓度检测等检测功能,与家电家居进行连接,还能进一步实现家电家居控制,更加便捷日常居家生活。以下是智慧家居机器人的光照值检测、二氧化碳浓度检测和温湿度检测以及灯、电磁阀和空调控制实现代码示例。

第一,机器人检测客厅光照值,并控制客厅灯光的通断程序。

```
Nit=Get_BH1750_Value();
Delay_ms(1000);
Nit=Get_BH1750_Value();
if(Nit> 300)
{
  sprintf(txt,"光照值为%d尼特,光线足够已为你关灯",(uint16_t) Nit);
  SYN_FrameInfo(txt);
  E32Uploading(Light,0);
}
else
```

```
{
    sprintf(txt,"光照值为%d尼特,光线过暗已为你开灯",(uint16_t)Nit);
    SYN_FrameInfo(txt);
    E32Uploading(Light,1);
}
```

第二,机器人检测厨房二氧化碳浓度,并控制厨房电磁阀的通断程序。

```
GetADC10_Voltage();
Delay_ms(200);
if((int16_t)FAN_Voltage* 1000< 900)
{
    sprintf(txt,"厨房二氧化碳浓度良好已为你关闭电磁阀");
    SYN_FrameInfo(txt);
    E32Uploading(Solenoid_Valves,0);
}
else if((uint16_t)FAN_Voltage* 1000> 900 &&(uint16_t)FAN_Voltage* 1000< 11000)
{
    sprintf(txt,"厨房二氧化碳浓度偏高已为你打开电磁阀");
    SYN_FrameInfo(txt);
    E32Uploading(Solenoid_Valves,1);
}
else if(uint16_t)FAN_Voltage* 1000> 11000)
{
    sprintf(txt,"厨房二氧化碳浓度超高已为你打开电磁阀");
    SYN_FrameInfo(txt);
    E32Uploading(Solenoid_Valves,1);
}
```

第三,机器人检测卧室温湿度,并控制卧室空调的通断程序。

```
HTU20_Temp_Rh( );
Delay_ms(1000);
HTU20_Temp_Rh( );
if(Temprature> 2200)
{
sprintf(txt,"现在温度为%0.2f度湿度为%0.2f已为你打开空调".(float)Temprature/100,
(float)Humi/100);
SYN_FrameInfo(txt);
E32Uploading(Fan,1);
else
sprintf(txt,"现在温度为%0.2f度湿度为%0.2f已为你关闭空调",(float)Temprature/100,
(float)Humi/100);
SYN_FrameInfo(txt);
E32Uploading(Fan,0);
}
```

5 中断系统与定时/计数器

5.1 80C51 单片机的中断系统

假设你正在学习,突然电话响起,此时你需要停下手中的学习任务,接听电话。在这个过程中,你的注意力从学习任务转移到了接听电话这个事件上。这个过程中,可以将接听电话视为一个中断事件,而你的学习任务则是主程序。当中断事件发生时,多数情况下主程序需要暂停执行,转而去处理中断事件,等待事件处理完毕后再回到主程序继续执行。

在计算机中,中断也是一个类似的概念。当计算机正在执行某个任务时,如果发生了一个与该任务无关但需要立即处理的事件,例如输入输出设备有数据需要处理,此时 CPU 就会停止当前任务的运行,转而去处理中断事件。当中断事件处理完毕后,CPU 会回到原来的任务上继续执行。通过中断,计算机可以在不影响当前任务的情况下及时响应外部事件,从而大大提高计算机的效率和响应能力。

5.1.1 中断的概念

中断是指计算机系统在执行某个程序时,暂时中止正在执行的程序,转而去处理其他任务或事件,完成后再回到中断点继续执行原来的程序,如图 5-1 所示。

在中断处理过程中,计算机会保存当前程序执行的状态以及程序计数器的值,以便于在中断处理结束后能够恢复原来的执行状态。

通过中断机制,单片机可以及时地响应外部请求,如按键输入、引脚电平变化等;也可以用于处理实时任务,比如实时控制系统中的传感器数据采集和实时反馈等。

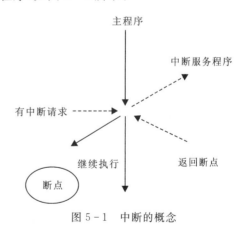

图 5-1 中断的概念

5.1.2 中断系统的结构

80C51 单片机中断系统有 5 个中断源,4 个中断源寄存器包括定时/计数器控制寄存器 TCON、串行口控制寄存器 SCON、中断允许寄存器 IE、中断优先级控制寄存器 IP,以及内部配套的硬件查询电路。

1. 中断源

中断源是指可以引起 CPU 中断请求的外部信号或内部事件。根据中断源来自于 CPU 内部还是外部,中断可以分为内部中断(也称为软件中断)和外部中断(也称为硬件中断)。内中断是由软件指令触发的中断,可以使用指令 INTERRUPT 来触发。

【例 5-1】 通过 INTERRUPT 触发一个内部中断。

```
            ORG 0H          ;设置程序起始地址
            MOV P1,#0FFH    ;设置 P1 口为输入模式
            SETB IT0        ;将 IT0 置位,选择边沿触发方式
            SETB EX0        ;打开外部中断 0 允许
            SETB EA         ;打开总中断允许
MAIN:       SJMP MAIN       ;主程序循环
INTERRUPT:  PUSH ACC        ;保存现场
            PUSH PSW        ;在此处编写中断处理代码
            POP PSW         ;恢复现场
            POP ACC
            RETI            ;返回中断
END
```

外部中断是由外部硬件触发的中断。例如当输入引脚状态发生变化、定时器溢出或其他外部事件发生时,硬件会发出中断信号。

【例 5-2】 通过引脚 $\overline{INT0}$ 触发外部中断 0。

```
IT0=1;      //INT0 的类型选择位,1 表示下降沿触发,0 表示低电平触发
EX0=1;      //允许外部中断 0
EA=1;       //允许总中断
```

在例 5-1 中,首先通过配置控制寄存器 TCON,设置 $\overline{INT0}$ 引脚为输入模式,并选择外部中断 0 的触发条件为下降沿触发。假设有一个按钮连接到单片机的外部引脚 $\overline{INT0}$,当按钮按下时,引脚 $\overline{INT0}$ 的电平从低电平变为高电平,就触发了外部中断 0。

当外部中断 0 被触发时,CPU 会立即跳转到相应的中断服务程序执行一些特定的操作。例如编写一个中断服务程序来记录按钮按下的次数。完成中断服务程序后,CPU 会返回到原来的程序继续执行。

包括例 5-2 中使用 $\overline{INT0}$ 触发的外部中断 0 在内,80C51 单片机共设置了 5 个中断源。

(1)外部中断 0($\overline{INT0}$):外部引脚 $\overline{INT0}$ 上信号电平发生变化时触发中断。

(2)外部中断 1($\overline{INT1}$):外部引脚 $\overline{INT1}$ 上信号电平发生变化时触发中断。

(3)定时/计数器 T0 中断:当定时/计数器 T0 溢出时触发中断置位 TF0,并向 CPU 发出中断申请。

(4)定时/计数器 T1 中断:类似于定时/计数器 T0 中断,但是对应的是定时/计数器 T1,置位 TF1。

(5)串行口中断(RX、TX):当串行口收到数据(置位 RI)或发送数据完成(置位 TI)时触发中断。RI 和 TI 通过一个逻辑或门共用一个中断源。

当 CPU 同时收到来自多个中断源的中断请求时,就需要确定每个中断的优先级别,以此判断中断的响应顺序、是否可以执行中断嵌套等问题。

每个中断源在中断源寄存器(定时/计数器控制寄存器 TCON 和串行口控制寄存器 SCON)中都有对应的标志位,还有中断优先级控制寄存器 IP,可以设置或者查询当前的优先级别。在没有对中断源优先级进行配置时,所有中断源都被配置为低优先级中断,CPU 会遵

照默认的自然优先级对中断进行响应。

表 5-1 中显示外部中断 0 的自然优先级别高于定时器中断 0。也就是说,如果外部中断 0 和定时器 0 中断同时发生,CPU 会优先处理外部中断 0,然后再处理定时器 0 中断。

表 5-1　中断源自然优先级别和入口地址

编号	中断源	优先级别	中断入口地址(矢量地址)
0	$\overline{INT0}$(外部中断 0)	高	0003H
1	T0(定时器中断 0)		000BH
2	$\overline{INT1}$(外部中断 1)	↓	0013H
3	T1(定时器中断 1)		001BH
4	RI 或 TI(串行通信口中断)	低	0023H

这里需要补充一个关于中断嵌套的概念。中断嵌套是指当一个中断正在处理时,另一个更高优先级的中断请求到达,导致当前正在执行的中断被中断打断。基本型 80C51 系列单片机有 5 个中断源、2 个优先级,每个中断源可通过软件设置为高优先级或低优先级中断,可以实现二级中断服务嵌套,很多单片机有 4 个或更多的优先级,可以实现的嵌套层数也更多。

中断优先级和中断嵌套是两个相关但不完全相同的概念,如图 5-2 所示。

中断优先级是指在多个中断请求同时到达时,确定哪个中断先被处理的优先级顺序。不同的中断源可以设置不同的优先级,以确保紧急或重要的中断能够及时得到处理。如果不对中断源优先级进行配置,或者两个中断请求都来自高优先级情况下,具有更高自然优先级的中断请求会被立即处理,而自然优先级较低的中断请求则需要等待。

中断嵌套是指当一个中断服务程序正在执行时,如果有更高优先级的中断请求发生,处理器会中断当前的中断服务程序,转而处理更高优先级的中断。这允许系统在处

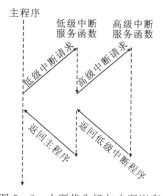

图 5-2　中断优先级与中断嵌套

理紧急任务时能够立即响应更高优先级的中断请求,而不必等待当前的中断服务程序执行完毕。当更高优先级的中断处理完毕后,处理器会返回原来的中断服务程序继续执行。

80C51 单片机还提供了中断的屏蔽功能,通过设置相关的寄存器,可以选择性地屏蔽某些中断源,使其暂时不被响应,这将在对寄存器的介绍中详细说明。

2. 定时/计数器控制寄存器 TCON

TCON 寄存器的字节地址为 88H,可位寻址,其地址表如图 5-3 所示。包括定时/计数器 T0、T1 溢出中断请求标志位 TF0 和 TF1,两个外部中断请求的标志位 IE1 与 IE0,还包括两个外部中断请求源的中断触发方式选择位,用于配置和控制中断触发以及定时/计数器的工作模式。TCON 寄存器的各位功能如下。

IT0:外部中断 0 的触发方式选择位。当 IT0=0 时,外部中断 0 使用电平触发方式;当 IT0=1 时,外部中断 0 使用边沿触发方式。

IE0:外部中断 0 中断标志位。当外部中断 0 触发后,IE0 会被置位,表示中断发生。

IT1:外部中断 1 的触发方式选择位。当 IT1=0 时,外部中断 1 使用电平触发方式;当 IT1=1 时,外部中断 1 使用边沿触发方式。

IE1:外部中断 1 中断标志位。当外部中断 1 触发后,IE1 会被置位,表示中断发生。

TF0:定时/计数器 0 溢出标志位。当定时/计数器 0 计数溢出时,TF0 会被置位,表示溢出事件发生。溢出标志可由硬件自动清 0,也可由软件清 0。

TF1:定时/计数器 1 溢出标志位。当定时/计数器 1 计数溢出时,TF1 会被置位,表示溢出事件发生。

位地址 →	最高位 8FH	8EH	8DH	8CH	8BH	8AH	89H	最低位 88H
TCON	TF1	TR1	TF0	TR0	IE1	IT1	IE0	IT0

字节地址 → 88H

图 5-3 TCON 地址表

通过对 TCON 寄存器的位操作,可以配置中断的触发方式,检查中断标志位;TCON 中的 TR0、TR1 还可以控制定时/计数器的启动和停止,并判断定时/计数器是否发生溢出,这将在后面对定时/计数器的部分进行介绍。

要确定一个有效的中断信号是使用边沿触发还是电平触发,应该考虑该中断能不能被 CPU 及时地响应。例如如果中断信号变化非常快速,而 CPU 的中断响应速度有限,就无法及时捕获到每个中断。此时,可以考虑使用电平触发,让中断持续保持,直到 CPU 有时间来处理;反之,如果中断信号变化缓慢,并且 CPU 可以快速响应,那么边沿触发可以有效减少中断的数量,提高系统的效率。

3. 串行通信口控制寄存器 SCON

SCON 寄存器的字节地址为 98H,可位寻址,用于配置和控制串行通信口 UART 的工作模式以及中断触发,其地址表如图 5-4 所示。串行通信口的工作方式由 SCON 中的位确定,4 种工作方式的位选择、功能描述和波特率详情见表 5-2。

位地址 →	最高位 9FH	9EH	9DH	9CH	9BH	9AH	99H	最低位 98H
SCON	SM0	SM1	SM2	REN	TB8	RB8	TI	RI

字节地址 → 98H

图 5-4 SCON 地址表

表 5-2 串行口工作方式和功能描述

SM0	SM1	方式	功能描述	波特率
0	0	方式 0	8 位同步移位寄存器	Fosc(晶振振荡频率)/12
0	1	方式 1	10 位 UART	可变
1	0	方式 2	11 位 UART	Fosc/64 或 Fosc/32
1	1	方式 3	11 位 UART	可变

SM0：串行口工作方式选择位。当 SM0＝0 时，串行通信口工作在异步串行通信模式下；当 SM0＝1 时，串行通信口工作在同步串行通信模式下。

SM1：串行口工作方式选择位。当 SM1＝0 时，串行通信口工作在模式 0 下，每帧数据长度为 8 位，不支持校验；当 SM1＝1 时，串行通信口工作在模式 1 或模式 3 下，每帧数据长度为 9 位，支持奇偶校验或空闲检测。

SM2：多机通讯控制位。在方式 0 时，SM2 一定要等于 0。在方式 1 中，若 SM2＝1 则只有接收到有效停止位时，RI 才置 1。在方式 2，或方式 3 且 SM2＝1 时只有接收到的第 9 位数据 RB8＝0 时，RI 才置 1。

SCON 寄存器中其余各位功能如下。

RI：串行口接收中断请求标志位。在串口接收完一个串行数据帧，硬件自动使 RI 中断请求标志置 1。CPU 在响应串口接收中断时，RI 标志并不清 0，须在中断服务程序中用指令对 RI 清 0。

TI：串口发送中断请求标志位。CPU 将 1 个字节的数据写入串口的发送缓冲器 SBUF 时，就启动一帧串行数据的发送，每发送完一帧串行数据后，硬件使 TI 自动置 1。CPU 响应串口发送中断时，并不清除 TI 中断请求标志，TI 标志必须在中断服务程序中用指令对其清 0。

RB8：接收到的数据的第 9 位。在方式 0 中不使用 RB8。在方式 1 中，若 SM2＝0，RB8 为接收到的停止位。在方式 2 或方式 3 中，RB8 为接收到的第 9 位数据。

TB8：发送数据的第 9 位。在方式 2 或方式 3 中，要发送的第 9 位数据根据需要由软件置 1 或清 0。例如可约定作为奇偶校验位，或在多机通信中作为区别地址帧或数据帧的标志位。

REN：接收使能位。当 REN＝1 时，串行通信口可以接收数据；当 REN＝0 时，串行通信口不接收数据，由软件进行置位和清零。

SCON 寄存器可以配置接收和发送中断标志位、检查串口状态、控制串口接收使能和多机通信模式，以及选择串口工作模式和通信模式。同时，SCON 寄存器与 IE 寄存器相结合，可以实现对串口中断的管理和控制。

单片机复位后，TCON 和 SCON 的各位会清零，这样可以防止复位后立即触发未处理的中断，从而避免了可能引起系统不稳定或逻辑错误的情况。所以我们会发现，在大部分项目的主程序中，通常会先进行系统初始化，其中就包括对中断相关的寄存器进行适当的初始化。根据应用的需求，设置合适的标志位和控制位，以确保系统按照预期的方式工作。

中断标志位的置位可以有软件和硬件两种方式。软件置位是通过编写软件代码来设置中断标志位。在中断服务程序中，可以根据需要将相关的中断标志位置位，以表示中断事件已经发生。例如在处理完接收到的串口数据后，可以通过设置相应的中断标志位（如 SCON 寄存器的 RI 位）来表示串口接收中断已经处理完毕。

硬件置位是通过硬件电路或特定的指令操作来设置中断标志位。这种方式通常由硬件模块或外设自动完成。例如在定时/计数器溢出时，硬件电路可以自动设置定时器相关的中断标志位（如 TCON 寄存器的 TF0 或 TF1 位），以通知 CPU 发生了定时器溢出中断。

开发者在编写中断服务程序时，需要注意两种置位方式的冲突，确保正确地操作中断标志位。

4. 中断允许寄存器 IE

IE 寄存器用于配置各种中断的使能和优先级，字节地址为 A8H，可进行位寻址，用于控制各中断源的开放或屏蔽，其地址表如图 5-5 所示。

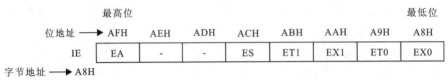

图 5-5　中断允许寄存器 IE 地址表

中断允许寄存器 IE 各位功能如下。

EX0：外部中断 0 的使能位。当 EX0＝1 时，允许外部中断 0 产生中断；当 EX0＝0 时，禁止外部中断 0 产生中断。

ET0：定时/计数器 0 中断的使能位。当 ET0＝1 时，允许定时/计数器 0 溢出中断；当 ET0＝0 时，禁止定时/计数器 0 溢出中断。

EX1：外部中断 1 的使能位。当 EX1＝1 时，允许外部中断 1 产生中断；当 EX1＝0 时，禁止外部中断 1 产生中断。

ET1：定时/计数器 1 中断的使能位。当 ET1＝1 时，允许定时/计数器 1 溢出中断；当 ET1＝0 时，禁止定时/计数器 1 溢出中断。

ES：串行通信口中断的使能位。当 ES＝1 时，允许串行通信口中断产生；当 ES＝0 时，禁止串行通信口中断产生。

EA：总中断使能位。当 EA＝1 时，允许所有中断产生；当 EA＝0 时，禁止所有中断产生。

通过对 IE 寄存器的位操作，可以分别允许或禁止中断的产生。同时，通过设置 EA 位来全局使能或禁止所有中断。

5. 中断优先级控制寄存器 IP

当多个中断源同时触发时，CPU 会首先处理高优先级中断，然后再处理低优先级中断；在一个中断服务程序执行期间，另一个更高优先级的中断发生并且没有被屏蔽，CPU 也会暂停当前正在执行的中断服务程序，转而处理更高优先级的中断源。80C51 单片机中断系统有两个优先级，所以最多可以执行中断的二级嵌套。除了 5 个中断源的自然优先级，中断优先级还可以通过 IP 寄存器来设置。在 80C51 单片机的默认情况下，所有中断源都被配置为低优先级中断（IP 不做设置，上电复位后为 00H）。如果需要将某个中断源配置为高优先级中断，可以通过设置 IP 寄存器的相应位来实现。中断优先级控制寄存器 IP，字节地址为 B8H，可进行位寻址，其地址表如图 5-6 所示，IP 各位的功能如下。

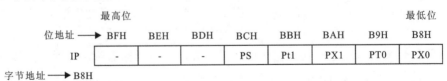

图 5-6　中断优先级控制寄存器 IP 地址表

PX0：外部中断 0 的优先级控制位。当 PX0＝1 时，外部中断 0 具有较高的优先级；当 PX0＝0 时，外部中断 0 具有较低的优先级。

PT0:定时/计数器 0 中断的优先级控制位。当 PT0=1 时,定时/计数器 0 溢出中断具有较高的优先级;当 PT0=0 时,定时/计数器 0 溢出中断具有较低的优先级。

PX1:外部中断 1 的优先级控制位。当 PX1=1 时,外部中断 1 具有较高的优先级;当 PX1=0 时,外部中断 1 具有较低的优先级。

PT1:定时/计数器 1 中断的优先级控制位。当 PT1=1 时,定时/计数器 1 溢出中断具有较高的优先级;当 PT1=0 时,定时/计数器 1 溢出中断具有较低的优先级。

PS:串行通信口中断的优先级控制位。当 PS=1 时,串行通信口中断具有较高的优先级;当 PS=0 时,串行通信口中断具有较低的优先级。

在 IP 寄存器中设置对应位为 1 表示该中断源为高优先级,设置为 0 表示该中断源为低优先级。当 IP 不做设置时,表 5-1 中所示的中断源自然优先级别来确定中断优先权队列。

需要注意的是,当高优先级中断正在处理时,低优先级中断是被屏蔽的。这意味着,如果一个低优先级中断在高优先级中断处理期间触发,它将被暂时忽略,直到高优先级中断处理完毕。这样可以确保高优先级中断得到及时处理,提高系统响应能力。所以,所有的中断服务子程序必须以中断返回指令 RETI 结尾,否则后续的中断请求将全部被屏蔽。

5.2 80C51 单片机的中断处理过程

中断处理过程中 CPU 和外设需要进行一系列的操作,大致可以分为中断请求、中断响应、中断服务和中断返回 4 步。

(1)中断请求:中断源向 CPU 发送中断请求信号。

(2)中断响应:CPU 接收到中断请求后,会保存当前的执行状态,并跳转到中断服务程序的入口地址。这个过程称为中断响应,意味着 CPU 正在处理中断请求。

(3)中断服务:一旦 CPU 进入中断服务程序,它会针对特定的中断事件执行相应的操作。中断服务程序是为了处理特定中断事件而编写的代码,它会根据中断类型执行相应的操作,处理中断事件。

(4)中断返回:当中断服务程序执行完毕后,CPU 会恢复之前保存的执行状态,包括程序计数器、寄存器等,然后将控制权返还给原来被中断的程序,使其从中断发生的位置继续执行。

80C51 单片机的中断处理机制不会自动保护一些寄存器,如程序状态字 PSW、累加器 ACC 等;串行口等部分中断源的响应不会自动发送中断响应信号,需要软件清除相应的标志位;不会自动开关中断等,在编写中断处理程序时更加谨慎地处理现场的保存和恢复、中断的启用和禁用及中断源的触发等问题。

5.2.1 中断请求

在收到中断请求后,CPU 会执行中断服务程序来响应中断,在此之前 CPU 需要先确定中断来源和中断优先级。

"5.1.2 中断系统的结构"小节中介绍的 TCON、SCON 中包含一组中断标志位,不同的中断源有各自的中断标志位,IP 中也可以对优先级进行设置。当一个中断请求到达时,CPU 首先检查中断标志位和相关寄存器,确定中断源及中断优先级。

在单片机系统运行过程中,会有很多无法预测的故障或错误产生,如掉电、计算溢出等。在产生这一类的严重故障时,会立即执行相应的中断处理,保护重要的系统参数,以便后续的系统恢复,这是一类特殊的中断请求。当发生错误时,也会有相应的中断处理子程序运行,自动修改算法参数并发出警告。

5.2.2 中断响应

CPU响应中断必须同时满足以下条件:①CPU必须允许中断的触发和处理,即通过硬件或软件的方式使EA=1;②CPU必须收到来自中断源的一个中断请求信号;③中断源相应的中断允许位为1。

每个中断类型都对应着一个中断向量,这个向量作为索引可以直接定位到中断处理程序的入口地址。通过中断向量表来明确中断类型,中断向量表是内存中一块特殊区域,表中的每一项都对应一个具体的中断类型,如键盘中断、定时器中断等。

当一个中断事件发生时,CPU会根据中断请求的优先级,从中断向量表中获取相应中断类型的中断向量,并跳转到该中断向量对应的中断处理程序的入口地址,开始执行中断处理程序。但在一些情况下,CPU不会及时(或者不会)响应中断请求:①CPU正在处理更高优先级的中断;②CPU正在执行的指令为RETI或需要访问IE或IP寄存器的指令;③查询到中断标志位时并不是所执行指令的最后一个机器周期,CPU会继续执行该指令的后续机器周期,直到该指令的执行结束,才能响应中断请求。

这里要补充一个关于机器周期的概念。在单片机中一条指令的执行过程被划分为若干个阶段,每一阶段完成一项工作,如取指令、存储器读、存储器写等,完成每项工作所需要的时间,就称为机器周期。

对于大多数MCS-51系列单片机,一个机器周期通常包含12个时钟周期。而时钟周期是由晶振的频率决定的,每个时钟周期对应于晶振上的一个脉冲。因此,机器周期的长度取决于晶振的频率,如图5-7所示。

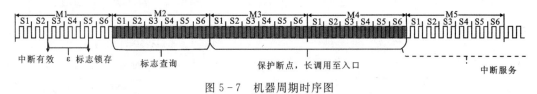

图5-7 机器周期时序图

CPU正常运行时,每个机器周期的S5P2会对各个中断源是否有中断请求信号进行采样。如果有中断请求,会在下一周期对该中断源的标志位进行查询;如果有多个中断请求,则按照中断优先的顺序进行查询,从中断向量表中获取该中断向量对应的中断处理程序的入口地址,开始执行中断处理程序。

像上述的第二种CPU不及时响应情况中,虽然上一周期接收到了有效的中断请求、当前周期查询到了有效的中断标志位,但是由于当前指令还没有执行完成,所以不会立即开始响应中断。

从中断源发出中断请求到处理器执行该中断服务子程序的这一段时间称为中断响应时间。80C51中断响应时间的最短时间是3个机器周期(优先权扫描1个周期,LCALL指令2

个周期)。最长的响应时间为 8 个机器周期,除了必要的 3 个周期外,要考虑最坏的情况,比如当前正在执行 RETI 指令或访问 IE 或 IP 指令的第一个机器周期,那么等 RETI 执行完成之后,还需再等待执行一条指令,假设这条指令最长是 4 个机器周期,那么就是 $3+1+4=8$ 个机器周期。

在开始执行中断处理程序之前,中断响应还需要进行一系列操作。

(1)将当前中断源优先级的状态标志位置 1,以屏蔽后续同级的中断请求。这样做可以确保当前中断源具有最高的优先级,并防止其他同级中断打断正在处理的中断。

(2)执行硬件 LCALL 指令,包括为了保护断点(即中断发生时的程序指针 PC),将当前 PC 的值入栈保护;再将中断处理程序的入口地址加载到 PC 寄存器中。LCALL 是一条硬件指令,可将 PC 的断点地址入栈保护,而对于其他寄存器的内容不做保护处理,这是由中断系统自动完成的。可以通过编写中断服务程序,以软件的方式保护中断现场,方便中断返回后的现场恢复。LCALL 指令将中断处理程序的入口地址加载到 PC 寄存器,方便 CPU 从该地址开始执行中断处理程序的指令,从而响应中断请求。

(3)中断请求撤销,目的是保证对于一次中断请求标志只执行一次中断响应。中断撤销一般分为硬件自动处理和软件清除。

对于 T0 和 T1 的溢出中断,在 CPU 响应后,硬件会自动清除中断请求标志 TF0 和 TF1。对于边沿触发的 $\overline{INT0}$ 和 $\overline{INT1}$ 中断,一旦 CPU 响应后,中断请求也会自动撤除。但对于低电平触发的 $\overline{INT0}$ 和 $\overline{INT1}$ 中断,CPU 响应后需要手动撤除中断请求。

而对于串行口中断,硬件不会自动清除中断标志 TI、RI 等。在 CPU 响应之后,需要通过软件来清除这些中断标志位。

5.2.3 中断服务

中断服务子程序是中断的主体。程序的具体内容由开发者编程决定,在不同的应用场合下,不同的中断的子程序内容是不同的。

前面提到在 80C51 不会自动保存 PSW 的值,PSW 是计算机系统的核心部件——运算器的一部分,存放着当前指令执行结果的各种状态信息,如有无借位进位(CY 位)、有无溢出(OF 位)、奇偶标志位(PF 位)等;还有重要的控制状态,如允许中断(IF 位)、跟踪标志(TF 位)、方向标志(DF 位)等。中断服务程序在执行期间如果使用了程序状态字 PSW,主程序在断点位置的运行时依赖的 PSW 中的状态字就会被覆盖,如果不手动保存和恢复 PSW 中的状态字,将会对中断返回后的主程序运行造成严重影响。

在主程序执行时,还有很多计算的中间结果都是使用内部寄存器来保存的,在主程序和中断服务子程序中很可能会用到同一个寄存器,比如最常用的累加器 ACC 等。在中断服务子程序执行时这些数据也都有被覆盖的可能。

因此,在中断子程序开始之前,需要把这些公用寄存器的内容进行保护,这就是保护现场。保护现场和保护断点十分类似,不同的是保护断点是硬件自动完成的,而保护现场则需要编写程序实现。其中,保护现场除了利用堆栈来进行保护外,还有一种比较有效的方法就是切换工作寄存器组。已经知道 80C51 有 4 组工作寄存器组,当中断发生后,在执行子程序之前,可以先切换到同主程序不同的工作寄存器组,在中断子程序执行完成之后,再切换主程序使用的工作寄存器组。

5.2.4 中断返回

在中断服务程序执行完成后,CPU 会执行一条特殊的返回指令,将控制权从中断服务程序返回给主程序。所以在通常情况下,中断服务子程序都会以中断返回指令 RETI 结尾。RETI 指令的操作如下。

(1)从堆栈中恢复之前保存的断点并加载到 PC 寄存器中,CPU 返回到之前的位置,继续执行被中断的程序。

(2)将中断源优先级的状态触发器置 0,恢复这一优先级的中断请求接收。

指令 RET 也可以用于从非中断嵌套的中断服务程序返回,RET 指令的操作与 RETI 指令相似,但是 RET 指令不会将中断标志位设置为允许中断的状态,在返回之后不能够响应其他中断请求,所以通常使用的都是 RETI 指令。

CPU 得到从堆栈中弹出之前保存的 PC 和其他寄存器的值后,就可以返回到中断发生时的现场并继续执行下一条指令,回到正常的程序执行流程。

5.3 定时器与计数器

定时/计数器是单片机内部的一种计数装置,若对内部时钟脉冲计数,可视为定时器;若对外部时钟脉冲计数,可视为计数器。

在单片机的实际应用系统中,经常会使用到精确延时,定时扫描,统计事件的发生次数和产生一定频率的声音等功能。这些功能都需要在时序电路中实现定时和计数的功能。80C51 内部集成有 2 个可编程的定时/计数器 T0 和 T1,有两种工作模式,有定时器模式和外部事件计数的计数器两种工作模式,T1 还可以作为串行口的波特率发生器。

5.3.1 定时/计数器概述

想要在单片机中实现定时/计数器功能,有软件定时、数字电路硬件定时和单片机内置定时/计数器计时 3 种主要方法。

1. 软件定时

软件定时常常用一个循环程序,通过正确选择指令和安排循环次数来实现所需要的定时功能,由于执行每条指令都需要时间,执行这一程序段所需的时间就是延时时长。

【例 5-3】简单的单循环定时程序。

	MOV	R7,#TIME
LOOP	NOP	
	NOP	
	DJNZ	R7,LOOP

在例 5-3 中,TIME 是多安排的循环次数,NOP 指令执行的时间是 1 个机器周期,DJNZ 指令的执行时间是 2 个机器周期,所以一次循环共需 4 个机器周期。因为 R7 是 8 位寄存器,如果设 TIME=00H,那么可安排 256 次循环定时程序中。若单片机晶振频率为 12MHz,那么这段程序最长执行时间是 $1024\mu s$。

在主程序中可以调用这段程序来进行定时或延时,所以软件延时的优势是比较简单,但是要占用 CPU 的时间,降低了 CPU 利用率。

2. 数字电路硬件定时

数字硬件定时电路常采用小规模集成电路器件，如电阻和电容等构成，或者用555定时芯片构成定时电路，它不占用CPU的时间。但是这种电路的定时时间要靠电路中的电子元件参数来确定，在硬件电路连接好以后，要改变定时时间，就要改变电路中的电子元件，使用起来不方便。

3. 单片机内置的定时/计数器计时

定时/计数器的实质是一个16位的加1计数器，当计数值满、产生溢出时，定时/计数器会产生定时或计数中断，使CPU进入中断服务程序。定时/计数器的工作方式和功能由工作方式寄存器TMOD确定，T0、T1的启动和停止及设置溢出标志由控制寄存器TCON控制。

定时/计数器是为了方便微型计算机系统的设计和应用而研制的，它属于硬件定时，可以很容易地通过软件来确定和改变定时时间，通过软件编程能够满足不同的定时和计数要求。

定时器和计数器的功能相似但有区别。作定时器时，常选用内部时钟源，由单片机内部提供时钟信号，频率固定；作计数器时，常用外部时钟源，信号由相应的引脚输入，统计外部事件发生的次数。定时与计数在本质是一致的，都是通过计数时钟信号的下降沿个数实现。

时钟信号的下降沿有效，80C51单片机在每个机器周期的S5P2期间会外部输入时钟信号的电平状态进行采样，当连续两次采样得到的信号先后为1和0时，单片机认为外部输入了一个下降沿，此时在下一个机器周期的S3P1期间计数器的计数值加1。

5.3.2 定时/计数器T0、T1的结构及工作原理

80C51单片机的定时/计数器结构如图5-8所示。其中，两个可编程的定时/计数器，每个定时/计数器都有16位的加法计数结构，定时/计数器T0的高8位和低8位分别由特殊功能寄存器中的TH0(地址为8CH)、TL0(地址为8AH)组成，定时/计数器T1的高8位和低8位分别由特殊功能寄存器中的TH1(地址为8DH)和TL1(地址为8BH)组成。

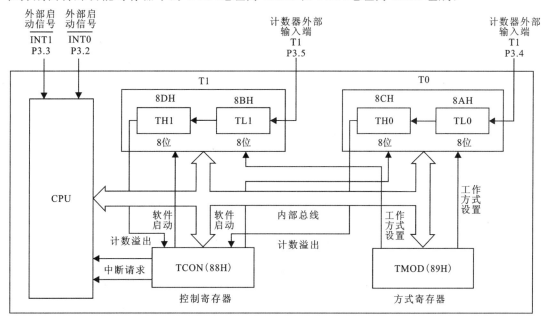

图5-8 80C51单片机的定时/计数器结构图

定时/计数器实际上是16位加1计数器,它可以定时方式工作,也可以计数方式工作。两种方式计数时实际上都是对脉冲计数,只不过所计脉冲的来源不同,实现两种功能。

1. 计数功能

定时/计数器的计数是指对外部事件进行计数,外部事件的发生以输入脉冲来表示,因此计数器实质上是对外来脉冲进行计数。

80C51单片机芯片用引脚T0(P3.4),可以作为计数器0的外来计数脉冲的输入端,引脚T1(P3.5)作为计数器1的脉冲输入端。单片机在每个机器周期的S5P2期间采样T0、T1引脚上输入的电平,但更新的计数值要在下一机器周期的S3P1才会装入计数器。

图5-9中的T_{cy}是机器周期,由于单片机对计数脉冲的采样是在2个机器周期中进行的,因此为了计数的正确性,要求外来计数脉冲的频率不得高于单片机系统振荡脉冲频率的1/24。如果单片机用的是12MHz晶振,计数脉冲的周期就要大于$2\mu s$,即最高计数频率要低于0.5MHz,才能被正确取样识别。

2. 定时功能

定时功能也是通过计数来实现的,只不过此时的计数脉冲来自单片机芯片内部,是系统振荡脉冲经12分频后送来的。由于1个机器周期等于12个振荡脉冲周期,所以此时的定时/计数器是每到一个机器周期就加1,计数频率为振荡脉冲频率的1/12。

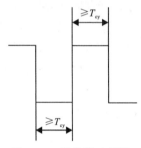

图5-9 计数脉冲周期必须大于机器周期

无论是计数还是定时,都是每来一个脉冲,定时/计数器就加1,当加到定时/计数器全1时,再来一个计数脉冲就会发生溢出,定时中断请求标志位TF0或TF1置1,产生的溢出信号会使定时/计数器全部置0,同时会向CPU发出中断申请。若定时/计数器以计数方式工作,表示计数已满;若定时/计数器以定时方式工作,表示定时时间已到。由于时钟频率是一个定值,所以可根据计数值计算出定时时间。

在定时/计数器允许的范围内,可以从任何数值开始计数。对于加1计数器,当计数到最大值时,再来一个计数脉冲就使得定时/计数器产生溢出(对于8位计数器,当计数值在255上再加1时,计数值变为0)。因此,定时/计数器允许用户编程设定开始计数的数值,称为初值。初值不同,则定时/计数器产生溢出时,计数的个数也不同。例如对于8位计数器,当初值设为100时,再计156个脉冲,计数器就产生溢出;当初值设为200时,再计56个脉冲,计数器就产生溢出。对于80C51的两个16位计数器来说,溢出事件的最大计数值是65 536。

工作方式寄存器TMOD用于选择定时/计数器T0、T1的工作模式和工作方式。2个定时/计数器都有4种工作方式(方式0、方式1、方式2和方式3)可供选择。T0、T1本质上是16位加法器,分别由两个8位的专用寄存器TH0/TL0和TH1/TL1组成,每个寄存器均可单独访问,因此可以设置为8位、13位、16位的计数器使用。

TCON用于控制T0、T1的启动和停止计数。定时/计数器的启动方式有软件启动和硬软件共同启动两种。由图5-8可以看出,除了从控制寄存器TCON发出的软件启动信号外,还有来自外部的两个引脚启动信号。这两个引脚也是单片机的外部中断输入引脚。TCON同时包含了T0、T1的计数溢出标志位,用于通知用户定时/计数器已经溢出,用户可以用查询方式或中断方式进行操作。

TMOD、TCON 这两个寄存器的内容由软件设置。当设置了定时器的工作方式并启动定时器工作后,定时器就按设定的工作方式独立工作,不再占用 CPU 的操作时间,只是在计数器溢出时,才可能中断 CPU 当前操作。

5.3.3 定时/计数器的工作方式寄存器和控制寄存器

工作方式寄存器 TMOD 用于设置 T0 和 T1 的工作方式,其中低 4 位用于设置 T0,高 4 位用于设置 T1,字节地址为 89H,工作方式寄存器 TMOD 地址表如图 5-10 所示。

位地址	90H	8FH	8EH	8DH	8CH	8BH	8AH	89H
TMOD	GATE	C/$\overline{T}$	M1	M0	GATE	C/$\overline{T}$	M1	M0

字节地址 → 89H

图 5-10 工作方式寄存器 TMOD 地址表

(1) C/$\overline{T}$:定时/计数器的工作模式选择位。当 C/$\overline{T}$=0 时,对应定时/计数器工作在定时器模式,对单片机片内振荡器 12 分频后的脉冲进行计数;当 C/$\overline{T}$=1 时,工作在计数器模式,对单片机引脚 P3.4 或 P3.5 的下降沿脉冲进行计数。

(2) M1、M0:定时/计数器的工作方式选择位,有 4 种工作方式可供设置,如表 5-3 所示。在实际应用中,TMOD 寄存器工作方式的选择,要依据具体的情况和配置来调整。

表 5-3 工作方式寄存器的设置

M1	M0	方式	功能描述	计数范围
0	0	方式 0	T0 或 T1 可设置为 13 位计数器	0~8191
0	1	方式 1	T0 或 T1 可设置为 16 位计数器	0~65 535
1	0	方式 2	T0 或 T1 可以设置为自动重装 8 位计数器	0~255
1	1	方式 3	T0 的低 8 位 TL0 可设置为 8 位定时/计数器,高 8 位 TH0 可设置为 8 位定时器;T1 无方式 3,若设置为方式 3 会立即停止计数	0~255

(3) GATE:定时/计数器的外部门控使能位。当 GATE=0 时,用程序语句将 TCON 的 TR0 或 TR1 设置为 1,就可以启动定时/计数器 T0 或 T1,称为软件启动或内部启动。

GATE=1 时,除了要将 TCON 的 TR0 或 TR1 设置为 1,同时对应定时/计数器还要得到外部中断引脚 $\overline{INT0}$ 或 $\overline{INT1}$ 的高电平信号,才能启动定时/计数器 T0 或 T1,此种方式称为硬件启动或外部启动。在硬件启动情况下,一般先将 TR0 或 TR1 位设置为 1,然后等待 $\overline{INT0}$ 或 $\overline{INT1}$ 引脚的高电平信号来启动 T0 或 T1。图 5-11 是 T0(或 T1)工作方式 0 结构图。

前文介绍过的定时/计数器控制寄存器 TCON,用于配置和控制定时/计数器的工作模式以及中断触发,但只介绍了其中 6 个标志位的功能,另外两位 TR0、TR1 是两个定时器的运行控制位,当该位为 1 时,定时器 1 开始计数;当该位为 0 时,定时器 1 停止计数。

5.3.4 定时/计数器的工作方式实例

T0 或 T1 可以通过 TMOD 中的 C/$\overline{T}$ 位设置成定时或计数功能,通过 M1、M0 可以将

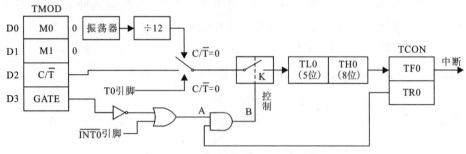

图 5-11 工作方式 0——13 位计数器

T0 或 T1 设置成 4 种工作方式。T0 有 4 种工作方式，T1 有 3 种工作方式。前 3 种工作方式，T0 和 T1 除所使用的寄存器对应二进制位不同外，其余操作和含义完全相同。

1. 方式 0 的工作原理及应用

当 TMOD 的 M1、M0 位都置位 0 时，T0 或 T1 就工作在方式 0。以 T0 为例介绍方式 0 的工作情况。当 T0 工作在方式 0 时，其计数值由 TL0 的低 5 位和 TH0 的 8 位，共 13 位组成，TL0 的高 3 位未用。当 TH0 的最高位溢出时，即 T0 的 13 位计数值满溢出时，硬件自动将 TCON 的 TF0 位置 1，向 CPU 发出中断请求。

当 T0 工作在定时模式时，每计数加 1，就消耗 1 个机器周期时间，T0 最多能计 $2^{13}=8192$ 个数，就对应消耗 8192 个机器周期时间。

定时时间 t 对应的计数数值 N 为

$$N=\frac{t}{T_{cy}}=\frac{t}{振荡周期 \times 12}$$

式中：N 的数值即定时时间 t 对应的机器周期个数；T_{cy} 表示的是机器周期。则计数初值为

$$T0\ 初值 = 2^{13} - N = 2^{13} - \frac{t}{振荡周期 \times 12}$$

当 T0 工作在计数模式时，N 为计数值，T0 初值为 $2^{13} - N$。

假设单片机的晶振频率为 12MHz，T0 定时 5ms，要求此时 T0 的计数初值，要先求机器周期 T_{cy} 的值

$$T_{cy} = 12 \times \frac{1}{12\mathrm{MHz}} = 1\mu s$$

再计算 N 的值，即

$$N = \frac{t}{T_{cy}} = \frac{5\mathrm{ms}}{1\mu s} = 5000$$

最后，得到 T0 的初值为 $2^{13} - 5000 = 8192 - 5000 = 3192$。

汇编语言实现的程序如下。

```
MOV   TL0,#(8192-5000)    MOD32
MOV   TH0,#(8192-5000)/32
```

C51 语言程序如下。

```
TL0=(8192-5000)%32;
TH0=(8192-5000)/32;
```

工作方式 0 是为了与早期的单片机产品兼容,13 位的计数初值,但高 8 位和低 5 位的确定比较麻烦,目前已很少使用,常使用的是 16 位的工作方式 1。

2. 方式 1 的工作原理及应用

当 TMOD 的 M1、M0 位分别置为 0、1 时,相应地,T0 或 T1 工作在方式 1。方式 1 与方式 0 的差别仅在于计数位数的不同,方式 1 为 16 位计数器,如图 5-12 所示。

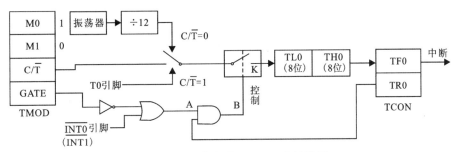

图 5-12 工作方式 1——16 位计数器

当 T0 作定时器且工作在方式 1 时,定时时间 t 对应的计数值 N 与工作方式 0 计算相同,但设置的初值变为 2^{16} 减 N。

$$T0\ 初值 = 2^{16} - N = 2^{16} - \frac{t}{振荡周期 \times 12}$$

当 T0 作计数器使用时,T0 的计数初值为 $2^{16} - N$。如果用 T0 的工作方式 1 产生一个 10Hz 的方波,由 P2.0 输出;晶振频率为 12MHz,机器周期 T_{cy} 依然是 $1\mu s$,10Hz 的方波是每 50ms 反向输出,所以 T0 要定时为 50ms,计数值 N 为

$$N = \frac{t}{T_{cy}} = \frac{50\text{ms}}{1\mu\text{s}} = 50\ 000$$

所以,T0 初值为 $65\ 536 - 50\ 000 = 15\ 536$。汇编语言实现的程序如下。

【例 5-4】工作方式 1 汇编程序实例。

```
        ORG    0000H                  ;复位后 PC 指向处
        JMP    MAIN                   ;跳到 MAIN 处
        ORG    0030H                  ;MAIN 的地址
MAIN:   MOV    TMOD,#01H              ;T0 采用方式 1
        CLR    TF0                    ;标志位 TF0 清 0
        MOV    P2,#0FFH               ;初始灯全亮
        SETB   TR0                    ;启动定时器 T0
LOOP:   MOV    TL0,#15536   MOD 256   ;设置初值的低 8 位
        MOV    TH0,#15536/256         ;设置初值的高 8 位
        JNB    TF0,$                  ;查询 TF0
        CPL    P2.0                   ;P2.0 输出反相
        CLR    TF0                    ;TF0 重新清 0,等待下一次循环
        SJMP   LOOP                   ;跳到循环初始处,等待下一次中断
        END
```

C51 语言程序如下。

【例 5-5】工作方式 1 C51 程序实例。

```
sbit led=P2^0;        //定义 LED 为 P2.0 口
void main() {
    TMOD=0x01;        //T0 采用方式 1
    led=0xFF;         //初始灯全亮
    TF0=0;            //标志位清 0
    TR0=1;            //启动定时器 T0
    while(1) {
        TH0= (63356- 5000)/256;      //定时 50 ms,设置初值的高 8 位
        TL0= (65536- 5000)% 256;     //定时 50ms,设置初值的低 8 位
        while(TF0==0);               //查询 TF0,为 0 停在此处,不为 0 则跳此次循环
            led=~led;                //此时 TF0=1,LED 输出反相
            TF0=0;                   //TF0 重新清 0,等待下一次循环
    }
}
```

使用查询方式实现定时程序时需要注意以下两方面：第一，CPU 要不停检测标志位 TF，当检测到 TF 为 1 时，CPU 转去处理定时情况，因此 CPU 工作效率不高；第二，CPU 不是通过中断程序处理定时情况时，TF 标志位由软件清 0 而不是由硬件自动清 0。

3. 方式 2 的工作原理及应用

当 TMOD 的 M1、M0 位分别置为 1、0 时，T0 或 T1 工作在方式 2。在方式 2 中，T0 或 T1 是一个可自动重载的 8 位定时/计数器，如图 5-13 所示。

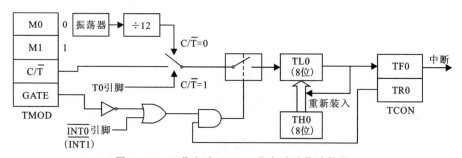

图 5-13 工作方式 2——8 位自动重载计数器

在程序初始化时，TL0 和 TH0 被赋相同初值。定时器启动后，由 TL0 负责计数，当计数溢出时，除中断标志位 TF0 被置 1，TH0 中的数值还被自动重新装载到 TL0，继续循环计数。在这种情况下，程序中减少了重新设置定时数值的语句，产生了精确的定时时间，特别适合于脉冲信号发生器。

此时，TL0 的作用是 8 位计数器，TH0 的作用是保存初始计数值。方式 2 的定时时间是

$$t=(2^8-\text{TL0 初值})\times 振荡周期 \times 12$$

所以 TL0 的初值为 2^8-N。

假设要求用单片机计数，每数到 10 时就发出一个提示信号。现在用 T0 工作在方式 2 实现这一控制需求，由 P1.0 引脚连接的 LED 输出提示信号。

首先计算 TMOD，T0 工作在方式 2，所以 GATE＝0，C/$\overline{T}$＝1，M1、M0 分别置为 1、0，所以 TMOD＝06H。每间隔就是 $N=10$，TH0 初值为 $2^8-10=256-10=246$。

汇编语言实现的程序如下。

【例 5-6】 工作方式 2 汇编程序实例。

```
            ORG    0000H          ;复位后 PC 指向处
            LJMP   MAIN           ;跳转到主程序
            ORG    000BH          ;T0 的中断入口地址
            LJMP   Time0_Int      ;转向中断服务程序
            ORG    0030H          ;MAIN 的地址
MAIN:       MOV    TMOD,#06H      ;T0 作计数器,工作在方式 2
            MOV    TL0,#246       ;装入计数初值
            MOV    TH0,#246       ;装入自动重载数值
            SETB   ET0            ;T0 开中断,用中断实现,也可用查询实现
            SETB   EA             ;CPU 开中断
            SETB   TR0            ;启动 T0
            SJMP   $              ;等待计数到 10,产生溢出
            ORG    0200H
Time0_Int:  SETB   P1.0           ;置位提示信号
            NOP
            NOP
            CLR    1.0            ;复位提示信号
            RETI                  ;中断返回
END
```

C51 语言程序如下。

【例 5-7】 工作方式 2 C51 程序实例。

```
sbit tip=p1^0;
void main(){
  TMOD=0x06;        //T0 作计数器,工作在方式 2
  TL0=246;          //装入计数初值
  TH0=246;          //装入自动重载数值
  IE=0x82;          //打开 T0 中断功能
  TR0=1;            //启动定时器 T0
  while(1);         //等待计数到 10,产生溢出
}
void timer0() interrupt 1{
  int i;
  tip=1;            //置位提示信号
  for(i=1;i<2;i++);
    tip=0;          //复位提示信号
}
```

4. 方式 3 的工作原理及应用

当 TMOD 最低两位的 M1、M0 位分别置为 1、1 时，T0 工作在方式 3。T1 无方式 3，若将

T1 设置为方式 3,T1 就会立即停止计数,同时保持原有计数值。

在方式 3 中,T0 被拆成 2 个 8 位的独立计数器 TL0 和 TH0。TL0 沿用原 T0 的各控制位、引脚和中断源,即原 T0 的 GATE、C/$\overline{\text{T}}$、TR0 启动位、T0 中断标志位、T0 引脚 P3.4 和外部中断引脚$\overline{\text{INT0}}$(P3.2)。TL0 计数溢出时,TF0 自动由硬件置 1,向 CPU 发出请求。TL0 可以当作 8 位的定时器或计数器使用,与 T0 的方式 0、方式 1 的区别仅在于它是 8 位的计数器。

TH0 沿用了 T1 的 TR1 启动位和 TF1 中断标志位,启动/关闭 TH 仅通过 TR1 控制,外部中断引脚不会对 TH0 的启动/关闭产生任何影响。从图 5-14 中可以看出,TH0 只能当作 8 位定时器使用,而不能进行外部计数。

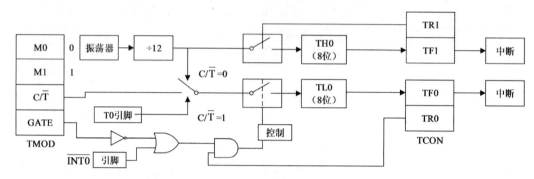

图 5-14 T0 工作方式 3 结构图

当 T0 工作在方式 3 时,T1 的 C/$\overline{\text{T}}$、M1、M0 位仍然有效,所以 T1 仍可按方式 0、1、2 工作,用 T1 的 C/$\overline{\text{T}}$ 位切换其定时或计数模式时,T1 就将按照定时或计数功能自动运行;若要停止其工作,只需将其设定为方式 3。

如图 5-15 所示,当 T0 工作在方式 3 时,T1 也会有计数溢出,但因 TF1 被 TH0 占用,所以 T1 无法向 CPU 提出中断请求。所以,当 T0 工作在方式 3 时,T1 计数溢出情况只能用于不需要中断的场合,如串行通信波特率发生器。当 T1 用作串行通信波特率发生器时,T1 被

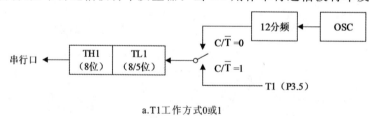

a. T1 工作方式 0 或 1

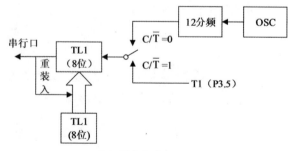

b. T1 工作方式 2

图 5-15 T0 工作方式 3 时 T1 的工作状况

设置成计数初值自动重载的方式 2,T1 的溢出情况不需要中断处理,只需要提供溢出率,将溢出率进行 16 分频或 32 分频后作为串行发送或接收的移位脉冲,此移位脉冲的速率即为波特率。

如果用 T0 工作的方式 3 同时控制两个输出,TL0 控制 P2.0 口上的 LED 灯亮 2s 灭 2s 闪烁,TH0 控制 P2.1 口上的 LED 灯亮 1s 灭 1s 闪烁,硬件电路图如图 5-16 所示。

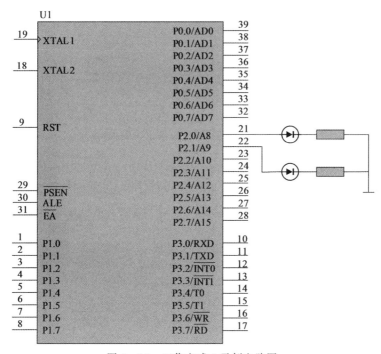

图 5-16 工作方式 3 示例电路图

首先,计算 TMOD 的值,因为 T0 工作在方式 3,TL0 用作定时功能,所以 TMOD 低 4 位 GATE=0,C/$\overline{T}$=0,M1、M0 分别置 1,TMOD=03H。

晶振频率仍为 12MHz,所以机器周期 T_{cy} 依然是 1μs。TL0 为 8 位计数器,最多能计数 256 个机器周期,每 250μs 中断一次,TL0 的初值为 256-250=6,P2.0 口对应的中断次数为 8000 次,P2.1 口对应的中断次数为 4000 次。

C51 语言程序如下。

【例 5-8】 工作方式 3 C51 程序实例。

```
unsigned int num1,num2;
sbit led1=P2^0;
sbit led2=P2^1;
void main() {
    TMOD=0x03;        //设置定时器 0 工作于方式 3
    TH0=6;            //定时器初始值设定
    TL0=6;            //定时器初始值设定
    EA=1;             //开总中断
    ET0=1;            //开定时器 0 中断
```

```
    ET1=1;              //开定时器 1 中断
    TR0=1;              //启动定时器 0
    TR1=1;              //启动定时器 0 的高 8 位计数器
while(1) {
    if(num1>=8000) {
        num1=0;         //然后把 num1 清 0 重新再计 8000 次
        led1=~led2;     //让发光管状态取反
    }
    if(num2>=4000) {
        num2=0;         //num2 清 0 重新再计 4000 次
        led2=~led2;
    }
  }
}
void TL0_time() interrupt 1 {
    TH0=6;              //重装初值
    num1++;             //中断次数加 1
}
void TH0_time() interrupt 1 {
    TH0=6;              //重装初值
    num2++;             //中断次数加 1
}
```

5.3.5 系统故障重启

在介绍一款微处理器时我们经常会看到这样的说法,"80C51 微处理器具有 8 位数据总线和 16 位地址总线,包含存储器、I/O 端口、定时/计数器、串行通信接口、看门狗(Watch Dog Timer)等多个功能模块"。看门狗是什么?为什么单片机中会有一个以动物名字命名的模块?

首先,要知道 CPU 对指令的执行是逐条向下的,如果在某一条指令或者某一个函数运行中出现故障、死锁或其他异常情况,程序指针跑飞或进入死循环,无论进行什么操作都不会有响应。此时只能通过断电让系统重启恢复正常。

看门狗的本质是一个定时器,被称为"看门狗"是因为类似于现实生活中的看门狗的角色和行为。它会周期性地监测系统的运行状态,如果检测到故障、死锁或其他异常情况,就会触发预定的应对措施,如重启系统、恢复到默认状态等。

使用看门狗模块时先预设一个时间,每当看门狗发生溢出就会触发重启系统;当程序正常运行时定时器会在预设时间之内被清零所以不会重启,清零的操作被形象称作"喂狗";如果系统出现故障,长时间没有经过正常运行来"喂狗",看门狗就会判定出现了系统故障,重启系统。

80C51 是用一个计时器充当看门狗,优点是可以通过程序改变溢出时间、可以随时禁用;缺点是如果在程序初始化后、启动完成前或在禁用后发生故障,看门狗就无法复位系统了。

除了这种 CPU 内部看门狗,还有软件看门狗和硬件看门狗两种类型。

软件看门狗的本质是一个监控软件,是通过在系统中运行的特定程序来实现的。该程序会定期向看门狗发送信号,表示系统正在正常运行。如果看门狗没有接收到信号,就会判断系统存在故障或死锁的情况,并采取预设的应对措施,如重启系统或采取其他恢复策略。

硬件看门狗通常是一个独立的计时器芯片,需要与处理器通信以触发复位操作。它会周期性地向主处理器发送一个计时信号,并检测主处理器是否在规定时间内响应。如果主处理器停止响应,可能是由于系统崩溃或死锁,硬件看门狗将自动触发重启操作,重新启动系统以恢复正常运行。此类看门狗一上电就开始工作,无法禁用,所以系统恢复能力强,但是溢出时间无法配置,所以应用灵活性下降。现在常用独立看门狗芯片的芯片有 CAT705、IMP706、ADM706 等,溢出时间通常在 1.6s 左右。

【例 5-9】软件看门狗的 C51 程序实例。

```
# include < reg51.h>
sbit WDI=P1^0;            //看门狗喂狗
sbit LED=P2^0;            //用于指示系统运行状态的 LED
void main(){
    EA=1;                 //允许中断
    TMOD=0x01;            //设置定时器 0 为工作模式 1
    TH0=0xFE;             //定时 1ms
    TL0=0x94;
    TR0=1;                //启动定时器 0
    while(1){
        WDI=1;            //喂狗,重置看门狗计数器
        if(WDI== 0){      //看门狗复位触发
            LED=0;        //指示系统处于异常状态
        }
        else{
            LED=1;        //指示系统正常运行
        }
    }
}
void Timer0_ISR() interrupt 1{    //定时器 0 中断服务程序,每 1ms 执行一次
    WDI=0;                //喂狗信号置 0,开始计数
    TH0=0xFE;             //重新加载定时器 0 初值
    TL0=0x94;
}
```

5.4 定时/计数器应用实例

5.4.1 流水灯

流水灯是常见的单片机项目,通过设定定时器的计时周期或计数值,可以调节每个发光

二极管(Light Emitting Diode,简称 LED)的闪烁时长和间隔时长,还可以设置中断,在每个计时周期结束时触发中断请求、切换中断服务程序来控制灯光的流水效果,实现多种效果的流水灯。

已知单片机的晶振频率为 12MHz,首先确定定时/计数器的工作方式,假设选择的是定时器 T0 的工作方式 1,闪烁周期 2s,采用中断方式实现控制信号输出,流水灯实例硬件电路图如图 5-17 所示。

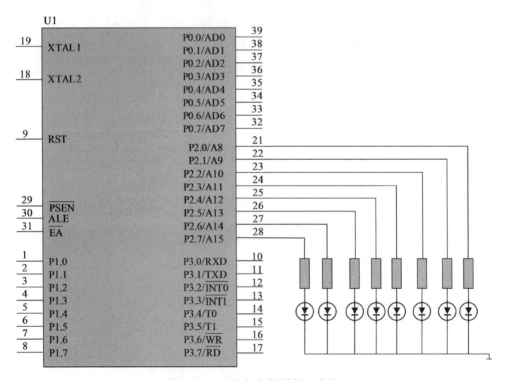

图 5-17 流水灯实例硬件电路图

在写中断函数和主函数之前首先要对输出引脚进行定义,选择 P2 口的 8 个 LED 作为控制对象,将 P2 定义为 LED。定义定时器计数器的目的是和定时器组合实现 2s 的闪烁周期,LED 编号用于实现 8 个 LED 依次亮起的流水效果。

【例 5-10】流水灯程序引脚宏定义。

```
#include <reg52.h>
#define LED P2                    //定义所使用的管脚
unsigned char timer_count=0;      //定时器计数器
unsigned char led_index=0;        //当前亮起的 LED 编号
```

对工作方式寄存器 TMOD 进行设置后,计算计时器初值。每隔 2s 触发一次中断,计时器 T0 初值为 65 536-(500 000/12)=0xFC17。所以定时器 T0 的高 8 位设置为 0xFC,低 8 位设置为 0x17。打开全局中断和定时器中断后,启动计时器 T0 开始计数。中断函数设置输出效果需要注意的是,在程序编写时中断函数的位置应该在主函数之后。

【例 5-11】流水灯程序计时器初始化。
```c
void init_timer() {
  TMOD &=0xF0;          //清空 T0 和 T1 的工作方式
  TMOD |=0x11;          //T0 和 T1 均设置为工作方式 1
  TH0=0xFC;             //定时器初始值设定
  TL0=0x17;             //定时器初始值设定
  ET0=1;                //开启 T0 中断
  EA=1;                 //全局开启中断
  TR0=1;                //启动 T0 计数
}
```

【例 5-12】流水灯程序中断函数。
```c
void timer0() interrupt 1 {
  timer_count++ ;                //每隔 2s 计数满,触发一次中断
  if(timer_count>=50){
    timer_count=0;
    led_index++ ;
    if(led_index>7)
      led_index=0;}
  TH0=0xFC;                      //重新设置 T0 初值
  TL0=0x17;
}
```

在主函数中对初始化函数进行调用,并设置循环结构,点亮当前 LED,流水的效果就完成了。

【例 5-13】流水灯程序主函数。
```c
void main(){
  init_timer();
  while(1){
    LED=~(1<< led_index);   //点亮当前 LED
  }
}
```

5.4.2 倒计时警报发生器

倒计时警报器的效果即每 10s 蜂鸣器响起一次,30s 连续响起 3 次,60s 连续响起 6 次,并对计时器清零,重新开始倒计时。

单片机启动能力足够的情况下,引脚需要输出一个高电平信号驱动蜂鸣器。首先,定义蜂鸣器控制引脚,定义计时器计数变量 timer_count;再定义蜂鸣器计数变量 buzzer_count,用于控制蜂鸣器的触发次数。

【例 5-14】警报器程序宏定义。
```c
#include<reg52.h>
sbit BUZZER_PIN=P2^5;          //定义引脚为 P2.5 为蜂鸣器控制引脚
unsigned int timer_count=0;
unsigned int buzzer_count=0;
```

计时器每溢出一次就对计时器计数变量 timer_count 加 1，timer_count 每达到 100 的整数倍就对蜂鸣器计数变量加 1，在 6 次以内根据情况触发相应次数的蜂鸣器，当 buzzer_count 达到 7 时，重新开始计时和计数。

【例 5-15】 警报器程序中断函数。

```
void TimerInterrupt() interrupt 1{
  timer_count++ ;
  if(timer_count% 100== 0){
    buzzer_count++ ;          //蜂鸣器计数变量加 1
    if(buzzer_count<=1){
      BUZZER_PIN=1;}
    else if(buzzer_count<=3){
      BUZZER_PIN=1;}
    else if(buzzer_count<=6){
      BUZZER_PIN=1;}
    else{
      timer_count=0;
      buzzer_count=0;
    }
  }
}
```

思政导入　　　　　一秒与十五年

时间其实是时和间两个概念，时是指具体的时刻，间是指两个时刻之间的时间间隔。一秒(1s)是日常生活中最小时间计量单位。

有据可查，最古老的钟是使用太阳的东升西落作为时间尺度的太阳钟，如圭表、日晷，最早出现在公元前 2357 年前后的尧帝时期，一秒就是一天的 1/86 400。之后沙漏、水钟、机械钟、石英钟等计时仪器的出现使计时精度不断提高，但直到 1967 年国际计量大会，人类对于一秒的定义仍然是基于地球自转或太阳公转的周期。

目前最常见的石英钟计时原理与我们熟悉的"晶振"相同：在压电晶片上施以电压，以产生的振荡频率带动时钟。中华人民共和国国家标准《指针式石英钟　走时精度》(GB/T 38021—2019)中对定义范围内的石英钟走时精度要求为，连续运走 3d 后，平均瞬时差不超过 $-1.0\sim+1.0 \text{s/d}$ 的范围。石英钟的精度完全满足我们的日常生活所需，但在科学实验、导航系统、通信网络等领域，仍然需要更高精度的计时仪器来确保精确性和可靠性。

20 世纪 40 年代随着量子力学的发展，科学家发现在宇宙范围内，同一种元素的电子跃迁频率是不会改变的，原子中的电子跃迁过程如图 5-18 所示。1967 年国际计量大会将铯-133 原子电子跃迁时的辐射振动 9 192 631 770 次所持续的时间定为一秒。此前按照历书时秒定义的准确度是十亿分之一秒，而按原子秒定义的准确度已优于十万亿分之一秒。

中国计量科学研究院(National Institute of Metrology，简称 NIM)于 2003 年成功研制了

NIM4#激光冷却-铯原子喷泉钟,成为继法、美、德之后,第四个自主研制成功铯原子喷泉钟的国家,成为国际上少数具有独立完整的时间频率计量体系的国家之一。

原子钟还可以分为微波钟与光钟,光钟的工作频段比微波钟的工作频段高 4～5 个数量级,可以达到比微波钟更高的精度。2023 年,国家授时中心完成了自主研制的锶原子光钟性能的评估确认,成果上报给国际时间频率咨询委员会频率标准工作组并发表在《计量学》期刊。从 2008 年开始研制锶光钟、2017 年制作完成开始"校准"频率(王叶兵,2019),再到 2023 年实现了现行时间单位秒定义下的锶光钟绝对频率测量,数据获得了国际认可。这一秒钟,国家授时中心的科学家们脚步不停地用了 15 年。

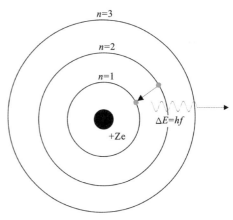

图 5-18 原子中的电子跃迁

科学是对真理不断探索的过程,追求科学没有捷径可走,唯有不懈的努力和持之以恒的坚持。

5.4.3 LED 数码管秒表

数码管通常由多个 LED 组成,每个 LED 可以表示代表一个数字或字符,所以数码管秒表的项目中,首先要定义数字 0 到 9 的数码管段码。假设使用的是共阴极数码管,用一个数组 discode1 来定义会更方便。定义变量 timer 用于记录定时器中断次数,变量 second 用于存储秒数。

【例 5-16】数码管秒表程序宏定义。

```
#include< reg51.h>
unsigned char code discode1[]={0x3F,0x06,0x5B,0x4F,0x66,0x6D,0x7D,0x07,0x7F,0x6F};
unsigned char timer= 0;        //记录中断次数
unsigned char second;          //存储秒
unsigned char key= 0;          //记录按键次数
```

在主函数中首先设置定时器 T0 的工作方式为方式 1(TMOD=0x01),打开定时器 T0 中断和总中断。P0 和 P2 分别用来控制数码管显示秒位和 1 秒位,进入一个无限循环 while(1),等待按键的按下。

按键按下后记录按键次数的变量 key 加 1,根据按键次数 key 进行不同的操作。当 key 为 1 时,启动秒表计时,将初值 0xEE 的高 8 位和低 8 位分别赋值给 TH0 和 TL0,然后启动定时器 T0;当 key 为 2 时暂停秒表计时,关闭定时器 T0。当 key 为 3 时,清零秒表,再将按键次数 key 和秒数 second 都清零。

while((P3&0x80)==0x00)可以判断按键时间是否过长,如果按键仍处于按下状态,则继续循环等待按键释放。

【例 5-17】 数码管秒表程序主函数。

```
void main() {
    TMOD=0x01;                          //定时器 T0 方式 1 为定时
    ET0=1;                              //允许定时器 T0 中断
    EA=1;                               //总中断允许
    second=0;                           //设初始值
    P0=discode1[second/10];
    P2=discode1[second%10];
    while(1) {
        if((P3&0x80)==0x00) {
            key++ ;                     //按键按下,当按键次数加 1
            switch(key) {
                case 1:
                TH0=0xEE;               //向 TH0 写入初值的高 8 位
                TL0=0x00;               //向 TL0 写入初值的低 8 位
                TR0=1;                  //启动定时器 T0
                break;
                case 2:
                TR0=0;                  //关闭定时器 T0
                break;
                case 3:
                key=0;                  //按键次数清零
                second=0;               //秒表清零
                P0=discode1[second/10];
                P2=discode1[second%10];
                break;
            }
            while((P3&0x80)==0x00);     //防止按键时间过长死循环
        }
    }
}
```

中断函数中首先将 TR0 的控制寄存器置 0,停止定时器计数,接着将 TH0 和 TL0 寄存器分别设置为 0xEE 和 0x00,即设定定时器 T0 的初始值为 0xEE00。晶振频率依然是 12MHz,设定 65536－0xEE00＝0x1200＝4608,T0 计满 4608 个计数周期即为 1ms。

每 1ms timer 加 1,当 timer＝20,将 timer 计数器清零同时将 second 加 1,表示已经经过了 1s 的时间。

更新计数器 second 的同时,将 P0 和 P2 的输出分别设置为 discode1[second/10]和 discode1[second%10],即用 7 段 LED 码显示当前的秒数。

如果 second 计数器为 49,则说明经过了约 49s 的时间,此时需要停止定时器 T0 的计数,将 second 计数器清零,将 key 设置为 2,表示用户需要重置秒表。当再次按下按钮时,key 变量的值会加 1,即 key＝3,程序会清零复原。如果 second 计数器不为 49,说明还未经过 99s 的时间,此时将 TR0 置 1,T0 继续计数。

【例 5-18】数码管秒表程序中断函数。

```
void int_T0() interrupt 1 using 0{
    TR0=0;              //停止计时,执行以下操作
    TH0=0XEE;
    TL0=0X00;
    timer++ ;           //记录中断次数
    if(timer==20){
        timer=0;        //中断 20 次,中断次数清零
        second++ ;      //加 1s
        P0= discode1[second/10];
        P2= discode1[second%10];
    }
    if(second==49){
        TR0=0;          //计时到 99s 停止计时
        second=0;       //秒数清零
        key=2;          //下次按下时 key=3,秒表清零复原
    }
    else{
        TR0=1;          //启动定时器继续计时
    }
}
```

5.5 学赛共轭:中国机器人及人工智能大赛

中国机器人及人工智能大赛是由中国人工智能学会主办,多单位联合承办的全国性学科竞赛,作为中国人工智能学会最早主办的竞赛之一,已为我国培养了一大批"能动手""敢创新""善协作"的复合型人才。

大赛有多个赛项,常见的赛项包括机器人竞技赛(机器人足球、障碍跑、格斗等)、机器人任务挑战赛(目标射击、自主巡航、四足仿生等)、机器人应用(智慧养老、智能家居、智能驾驶等)和各类创新赛。

2023 年 8 月 21 日,第二十五届中国机器人及人工智能大赛全国总决赛在海南海口开赛,来自全国 120 余所高校的近 300 支参赛队伍从全国各省分赛区的层层角逐中脱颖而出,在全国总决赛中同台竞技角逐冠军和其他奖项。比赛现场还设置了人工智能展区,展示机器人及人工智能领域最新的前沿技术和创新应用,并邀请来自世界各地的业内专家和学者在论坛、交流会中进行分享和交流。

5.5.1 智能家居服务:雷达建图与自主导航

ROS(Robot Operating System)是目前很多领域中应用较多的机器人操作系统(DiLuoffo et al.,2018),可以在各种不同类型的计算机上的标准 Linux 系统之上运行,如

Ubuntu(Ubuntu Linux Distribution)、CentOS(Community Enterprise Operating System)等。

ROS 的优势在于提供了一种标准的方式来连接机器人系统中的摄像头、模数转换器、陀螺仪、驱动马达等配件,并在树莓派或其他单片机这样的微机设备上运行。借助 Linux 系统和通信协议还可以轻松地进行网络通信,在计算机等远端通过镜像对机器人进行监控、控制和其他操作。

ROS 还为机器人许多复杂的行为提供了官方库,比如雷达建图、自主导航、轨迹规划等。这些特点使得 ROS 机器人成为近年来机器人比赛中的热门选手。在智能家居服务项目中,ROS 机器人的最大优势是可以运用里程计、陀螺仪和高速激光雷达等对比赛场地进行建图,然后规划完成任务的路径,最后运用自主导航完成自动行驶。搭配摄像头、机械臂、语音模块等配件,还可以完成诸如物体识别、语音交互、物块搬运等工作。接下来将详细介绍 ROS 机器人雷达建图和自主导航功能。

5.5.1.1 雷达建图

定位与地图构建(Simultaneous Localization and Mapping,简称 SLAM)是一种用于机器人或无人系统的技术,旨在实现同时定位和地图构建(王朋等,2024)。SLAM 通过利用传感器网络,如激光雷达、摄像头、惯性测量单元、里程计等来获取环境数据,以推测机器人的位置,并同时使用这些数据构建环境的地图。

SLAM 技术广泛应用于机器人导航、自主导航、增强现实和虚拟现实等领域,在 ROS 系统中,SLAM 技术的运用包括节点通讯、数据处理、地图构建及可视化等若干个步骤。

1. 节点通讯

在 ROS 中,节点通讯主要是通过话题(Topic)和服务(Service)两种方式实现的。话题是一种发布/订阅(Publish/Subscribe)模型的通讯机制,一个节点可以发布消息到话题,而其他节点则可以订阅这个话题,从而接收到该话题上的消息。服务则是一种请求/响应(Request/Response)模型的通讯机制,一个节点可以提供一个服务,而其他节点则可以请求该服务并得到相应的响应。

SLAM 中的通讯通常包括多个节点,如传感器采集节点、地图构建节点、定位节点等,这些节点之间需要进行数据的传递和协作。

2. 数据处理

SLAM 系统需要对传感器数据进行处理,如激光雷达、摄像头等,以获取机器人周围的环境信息。ROS 提供了各种工具和库,包括但不限于 Gazebo、rosbag、rosbridge 等,还支持其他常用的库和工具,如 OpenCV(Open Source Computer Vision Library)。

3. 地图构建

SLAM 系统需要构建机器人周围的环境地图,以便机器人能够进行定位和导航。ROS 中可以使用多种地图构建工具,如 Gmapping、Cartographer 等,根据不同的传感器数据构建 2D 或 3D 地图(饶文利,2021)。

4. 可视化

SLAM 系统涉及大量数据和信息,需要将其可视化以便开发人员和用户进行观察和分析。ROS 提供的可视化工具 Rviz(Robot Visualization),可以根据不同的需求显示机器人周围的环境、机器人状态、传感器数据等。Rviz 中建图结果如图 5-19 所示。

5 中断系统与定时/计数器

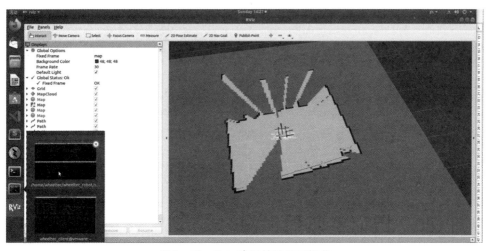

图 5-19 Rviz 建图结果的可视化

5.5.1.2 自主导航

自主导航涉及对环境的感知和理解,因此需要使用各种传感器获取环境信息,还要有一个准确的环境地图,用于机器人的定位和路径规划。在 ROS 中,使用激光雷达(Light Detection and Ranging,简称 LIDAR)可以实现环境数据的及时更新,因此重点介绍。LIDAR 是一种利用激光技术进行距离测量的设备,可以精确地获取环境的三维结构信息。激光雷达通过发射脉冲光束,测量其与目标物体的时间差,从而计算出目标物体与激光雷达之间的距离(乔大勇等,2023)。目前常见的激光雷达可以分为机械式激光雷达、半固态激光雷达和全固态激光雷达三大类。

1. 机械式激光雷达

机械式激光雷达通过旋转或振动的机械部件来实现激光束的扫描。它通常使用一个旋转镜或多个镜片来转向激光束。通过不断地旋转或振动,机械式激光雷达可以实现全方位的扫描。

由于机械部件需要旋转或振动,机械式激光雷达的扫描速度相对于后两种较慢,而且旋转或振动过程中存在一定的惯性和机械限制,所以机械式激光雷达的分辨率虽一般较低,但制造成本相对其他两种也较低,使用场景也非常广泛。

2. 半固态激光雷达

半固态激光雷达可以进一步细分为 MEMS 式、转镜式和棱镜式 3 种类型。

MEMS 式半固态激光雷达采用微机电系统(Micro-Electro-Mechanical System,简称 MEMS)技术制造微型镜片阵列,通过控制每个镜片的倾斜角度和振动频率来实现激光束的扫描。

转镜式半固态激光雷达使用一个旋转镜来控制激光束的扫描方向。激光器发射出的光束经过旋转镜反射后被聚焦到远处的物体表面上,反射回来的光线再次经过旋转镜后被接收器接收。通过旋转镜的旋转速度和角度来实现激光束的扫描。

棱镜式半固态激光雷达也称为双楔形棱镜式激光雷达,内部包括两个楔形棱镜。激光在通过第一个楔形棱镜后发生一次偏转,通过第二个楔形棱镜后再一次发生偏转。控制两面棱镜的相对转速便可以控制激光束的扫描形态。

前面提到的几种激光雷达类型的扫描图案都是点云状,棱镜式激光雷达累积的扫描图案是连贯的闭环曲线,在同一位置长时间扫描几乎可以覆盖整个区域,这也是目前智能汽车、无人机等企业积极进行棱镜式激光雷达领域研发的原因。

3. 全固态激光雷达

全固态激光雷达这个名字或许不被人们所熟悉,但相控阵雷达这个名字对于军事爱好者来说就是如雷贯耳了。军事相控阵雷达发射的是电磁波,全固态激光雷达发射的是光,采用的都是相控阵这种扫描方式,所以全固态激光雷达也称作光学相控阵雷达(Optical Phase Array,简称OPA)。光和电磁波一样也表现出波的特性,所以原理上是一样的。波与波之间会产生干涉现象,通过控制相控阵雷达平面阵列各个阵元的电流相位,利用相位差可以让不同位置的波源产生干涉,从而指向特定的方向,往复控制便得以实现扫描效果。

激光雷达广泛应用于机器人、自动驾驶汽车、无人机、地形测绘和建筑扫描等领域。在机器人领域中,激光雷达是实现自主导航和障碍物避障的重要传感器之一。激光雷达能够提供高精度的环境三维信息,可以帮助机器人实时感知环境,并规划移动路径。

ROS的相关论坛上还提供了许多开源的激光雷达SLAM算法和障碍物检测算法,如GMapping、Hector SLAM和PointCloud Library等,可以帮助机器人自主地感知环境和避开障碍物,为智能服务类项目中ROS机器人的开发和操作提供了便利。

5.5.2 智慧养老:环境监测、智能家居与跌倒检测

2016年12月《国务院办公厅关于全面放开养老服务市场提升养老服务质量的若干意见》提出要发展智慧养老行业服务新业态,开发和运用智能硬件,推动移动互联网、云计算、物联网、大数据等与养老服务业结合,创新居家养老服务模式。中国机器人及人工智能大赛的智慧养老赛道就是应时代发展需求出现的新的机器人竞赛战场。

在智慧养老项目中,除了包括智能家居服务原有的项目,最大的不同是针对老年人的服务项目和考察点,如含老年人跌倒监测、身体健康状况检查等。这些需要在机器人中高效地整合物联网技术、室内定位技术及ROS机器人操作系统等软硬件多项前沿优势技术。

1. 环境监测

环境监测功能的实现通常需要多种传感器进行配合。例如二氧化碳传感器可以用于监测空气质量,燃气泄漏传感器则用于燃气泄漏检测,而温湿度传感器则可以与排气扇、空调等功能相结合。

物联网技术(Internet of Things,简称IoT)被称为信息科技产业的第三次革命。物联网是指通过信息传感设备,按约定的协议,将任何物体与网络相连接,物体通过信息传播媒介进行信息交换和通信。

物联网通信是通过无线传感网络实现的。无线传感网络是由大量具有自我组织和自适应能力的低功耗传感器节点组成的网络,这些节点可以互相通信和协作,构成一个覆盖范围广泛的无线传感器网络(Wireless Sensor Networks,简称WSN)。可以使用加速度计、陀螺仪等传感器来监测老年人的活动状态和姿势,完成老年人跌倒监测;使用心率传感器、血压计、血糖仪等设备来实时监测老年人的生理参数。以下是一些常见的无线通信技术和其应用(刘亚男和丛杉,2018)。

(1)Wi-Fi:可用于连接设备和云端服务器,将数据上传到云平台进行处理和分析。例如,老年人住所中的智能家居设备可以通过 Wi-Fi 连接到云端服务器,将环境信息和生理参数上传至服务器进行分析和处理。

(2)蓝牙:在老年人跌倒监测中,可以使用蓝牙传感器来监测老年人的活动状态和姿势,并将数据上传到智能手机或云平台进行分析和处理。例如老年人佩戴的跌倒检测器可以通过蓝牙连接到智能手机或家庭网关,将跌倒数据上传至云平台进行分析和处理。

(3)ZigBee:ZigBee 是一种低功耗、短距离和低速率的无线通信技术,适用于大规模传感器节点的网络通信。在老年人身体健康状况检查中,可以使用 ZigBee 传感器来监测老年人的生理参数,并将数据上传到家庭网关或云平台进行分析和处理。

(4)NB-IoT:窄带物联网(Narrow Band Internet of Things,简称 NB-IoT),是一种低功耗广域物联网技术,适用于传输低速率、低功耗且数据量较小的物联网设备(Chen et al.,2017)。在老年人健康状况检查中,可以使用 NB-IoT 设备来监测老年人的生理参数,并将数据上传至云平台进行分析和处理。

2.智能家居

适老化智能家居是指通过智能技术和设备,为老年人提供更方便、安全、舒适的居住环境。这种智能家居系统可以帮助老年人更好地应对日常生活中的各种挑战,并提供支持和照顾。

(1)安全监测:智能家居系统可以通过安装摄像头、门窗传感器等设备,实现对居室及周边环境的实时监测。老年人的安全问题是关注的重点,通过智能家居可以及时发现异常情况,如门窗未关、跌倒等,并发送警报消息给家人或护理人员。

(2)紧急呼叫:智能家居系统可以配备紧急呼叫按钮,老年人在遇到紧急情况时,只需按下按钮即可向家人或相关机构发送求助信息,以获得及时帮助。

(3)健康监测:智能家居可以集成医疗监测设备,如血压计、血糖仪等,帮助老年人进行健康数据的收集和管理。这些数据可以通过手机或计算机等终端设备进行远程监测和分享,以便家人或医生进行关注和干预。

(4)智能照明与电器控制:智能家居可以通过语音控制、远程控制等方式,方便老年人对灯光、电器等进行操作,减轻老年人的劳动负担,提高生活品质。

(5)健康提示与日程管理:智能家居系统可以设置提醒功能,帮助老年人及时记住用药时间、医院预约等重要事项。此外,还可以提供天气预报、新闻信息等服务,丰富老年人的生活。

(6)亲情互动:适老化智能家居系统可以支持视频通话、消息传递等功能,让老年人与家人、朋友保持联系,缓解孤独感,并提供远程关怀和支持。

适老化智能家居通过智能化的设备和服务,为老年人提供更好的居住环境和生活体验。随着科技的不断进步,适老化智能家居将会得到更多创新和发展,更好地满足老年人的需求。

3.跌倒检测

哈尔滨医科大学公共卫生学院副院长田懋一教授课题组联合国内相关单位对1990—2019年这30年间的老年人跌倒状况进行了回顾分析,发现80岁及以上老年人是跌倒高危人群,这部分人群跌倒发生率在这30年中呈上升趋势,其中约35%的髋部骨折病人无法恢复独立行走,25%的患者需长期家庭护理,骨折后6个月死亡率为10%~20%,一年内死亡率高达20%~30%(刘鑫妍等,2024)。

跌倒检测技术可以为老年人提供及时的呼救、治疗时间,减轻意外跌倒带来的伤害。目前主流的跌倒检测技术有以下 3 种:3D 加速度传感器、火柴人机器视觉算法和毫米波雷达技术。

(1)3D 加速度传感器:这种技术通过在老年人身上携带或安装小型的加速度传感器,来实时监测老年人的运动状态和姿势。加速度传感器可以感知身体的加速度变化,从而推断出老年人的动作,如行走、站立、坐下等。当老年人突然跌倒时,加速度传感器会检测到异常的加速度变化,并发送信号触发警报系统。该技术可用于手腕带式设备、手机应用程序等。

(2)火柴人机器视觉算法:听起来像是游戏的一种技术,使用智能摄像头、图像处理和计算机视觉算法来实时分析老年人的姿势和行为。基于人体关节点的识别和追踪,算法可以生成一个火柴人模型,模拟老年人的动作。通过监测火柴人模型的变化,系统可以检测到老年人是否发生了跌倒事件。一旦检测到跌倒,系统会发送警报通知相关人员。这种技术通常应用于智能摄像头和监控系统中。

(3)毫米波雷达技术:利用毫米波雷达设备向老年人发送微波信号,然后接收回波以检测老年人的位置和运动状态。通过分析回波的特征,系统可以判断老年人的姿势和动作。当老年人发生跌倒时,运动状态会发生剧烈变化,系统会立即识别出跌倒事件并触发警报通知。毫米波雷达技术通常应用于智能家居系统或床垫等家具上。

思政导入　　　　工业机器人从科幻到现实

工业机器人是一种用于工业生产和制造领域的自动化机器人,可以在制造过程中自动执行各种任务,如组装、焊接、喷涂、搬运等。它们具备高速、高精度、反应灵敏的特点,能够提高生产效率、质量稳定性和生产线的灵活性。

2008 年,一部以清扫型机器人瓦力为主角的动画电影《机器人总动员》上映。影片中的未来世界呈现了机器人的高度智能化和自动化。在今天,工业机器人从科幻已经到现实,成为现代制造业不可或缺的一部分。

工业机器人可以自动完成各种重复、简单和危险的操作,提高生产效率、质量和安全性。随着人工智能、云计算、大数据等技术的发展,工业机器人的应用范围也在不断扩大,从传统的制造业延伸到物流、医疗、服务等领域。随着人口老龄化、劳动力成本上升等趋势的加剧,工业机器人将更加普及和重要,成为推动经济发展和提高生活质量的重要因素之一。

工业机器人的历史可以追溯到 20 世纪 50 年代初期,当时美国工程师 George Devol 发明了第一个具有控制系统的机械臂。这个机械臂被用于在汽车生产线上进行焊接和涂漆等任务。

20 世纪 60 年代初,日本工程师岛田正雄开发了一种新型的工业机器人。这种机器人在自动化装配线上表现良好,使得日本制造商开始采用工业机器人来提高生产效率。此后,工业机器人逐渐成为全球制造业的主力军,为企业提供了更快、更精确、更安全的生产线操作。

在 20 世纪七八十年代,工业机器人的使用范围不断扩大,包括喷涂、打磨、焊接、加工等多个领域。特别是在汽车制造行业中,工业机器人已经成为不可或缺的生产设备。

20 世纪 90 年代以来,工业机器人开始向智能化和柔性化发展。机器人控制系统越来越先进,可以进行更加复杂的运动和操作,同时还能够与其他机器人和生产设备进行联网。这种智能化和柔性化的趋势,使得工业机器人可以适应不同的生产需求和任务,并能满足客户更多元化的需求(代浩岑等,2021)。

下面将介绍目前应用最为广泛的几种工业机器人的任务和特点。

1. 装配线机器人

任务:主要用于产品组装,将零件精确地放置到指定位置并进行组装。

特点:多关节机械臂,精确、高速、重复性好,适合进行细致组装工作。

2. 焊接机器人

任务:用于焊接金属零件,提高焊接的精度和速度。

特点:常用于汽车制造和金属加工行业,具有高温抗性和精确控制焊接参数的能力。

3. 搬运和物料处理机器人

任务:主要用于搬运和处理物料,从仓库到生产线的物料运输,或将成品送往包装区。

特点:可以是滑动、轮式或多关节机械臂,具有各种各样的抓取工具,用于不同类型和大小的物料搬运。

4. 涂装机器人

任务:用于自动喷涂和涂装表面,如汽车外壳或家具表面。

特点:精确控制喷涂速度和厚度,提高涂装质量和效率。

5. 检测和质检机器人

任务:用于检测产品质量,包括尺寸、外观和功能。

特点:配备高精度传感器和视觉系统,能快速、准确地进行质检和数据采集。

6. CNC 机器人

任务:控制数控机床进行金属加工,如铣削、切割和雕刻。

特点:高精度、可编程性强,适用于制造业中的精密加工和定制加工。

不同类型的工业机器人在生产线上发挥着特定的作用,优化了制造流程,提高了生产效率和产品质量,设计和功能针对性强,满足了不同行业和任务的需求。

根据国际机器人联合会(International Federation of Robotics,简称IFR)2020年发布的全球工业机器人统计数据,截至2019年底,全球工业机器人累计安装量达到创纪录的270万台套,比前一年增长了12%,中国依旧是全球最大的机器人市场,工业机器人总量为78.3万台,2019年工业机器人新安装约14.05万台,虽然比2018年下降8.6%,但为5年前的销量(2014年5.7万台)的两倍以上,高居榜首。中国工业机器人累计安装量已经达到了78.3万台,总量亚洲第一。

随着人工智能领域的不断发展,机器视觉、深度学习、自主导航与定位、云计算和大数据等技术被更多地应用于工业机器人。在未来,工业机器人将继续朝着更智能、更灵活、更安全的方向发展,成为推动制造业进步的重要力量。

6 模数和数模接口及应用

6.1 模拟量的输入/输出通道

在自动控制和测量系统中,常常采用微型计算机实现对参数的测量和控制。被测或被控对象往往是随时间连续变化的物理量,这些物理量被称为模拟量,如温度、压力、速度、水位、流量等。众所周知,计算机处理的都是数字量,不能直接处理模拟量,所以这些模拟量不能直接送入计算机,而且计算机输出的数字量,也不能直接输送给使用模拟量控制的执行部件。在测量和控制过程中,微型计算机控制系统对生产过程的各种参数进行监视和控制,必须先由传感器检测参数,将其转换为电信号,并对信号进行放大处理后,通过A/D转换器将标准的模拟信号转换为相应的数字信号,传输给微型计算机。微型计算机对各种信号进行处理后输出数字信号,再由D/A转换器将数字信号转换为模拟信号,作为控制装置的输出去控制生产过程的各种参数。模拟量输入/输出通道的一般结构如图6-1所示。

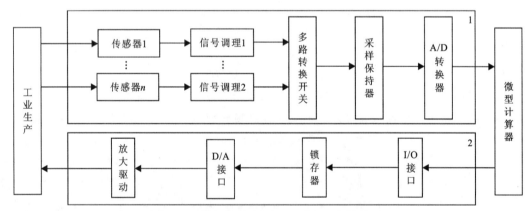

图6-1 模拟量输入/输出通道的一般结构图

6.1.1 模拟量输入通道

一般模拟量输入通道由传感器、信号调理系统、多路转换开关、采样保持器和A/D转换器组成。

1.传感器

传感器是能感受到被测量的信息,并能将感受到的信息,按一定规律变换成为电信号或其他所需形式的信息输出,以满足信息的传输、处理、存储、显示、记录和控制等要求的检测装置。一般传感器由敏感元件、转换元件和变换电路组成,在外加激励电流或电压的驱动下,随着所测量非电物理量的变化,传感器敏感材料的阻值会发生改变,进而导致不同类型的传感器产生变化,使得输出连续变化的电流或电压与非电物理量的变化成比例。

2. 信号调理系统

在微型计算机控制系统中,因为不同传感器的输出信号各异,所以需要进行信号处理,将传感器输出的信号放大或转换成与 A/D 转换器的输入相适配的电压范围。此外,由于传感器与待测量的信号相连接,其输出可能受到干扰信号的影响,通常需要采用 RC 低通滤波电路来消除干扰信号,也可以采用由运算放大器构成的有源滤波电路,以滤除叠加在传感器输出信号上的高频干扰信号,提高测量的精确度。

3. 多路转换开关

在数据采集系统中,要监测或控制的模拟量往往不只一个,如果被采集的物理量是缓慢变化的,则可以只用一片 A/D 转换芯片,轮流选择输入信号进行采集,节省了硬件开销,简化了系统设计,且不会影响监测与控制的质量。

许多并行和串行 A/D 转换芯片内部集成多路转换功能,则无须额外添加转换开关,如果芯片内部不具有多路转换开关,则需要外加多路转换开关。

CD4051B 集成芯片是一个八选一模拟多路开关,CD4051B 模拟开关逻辑如图 6-2 所示,其功能如表 6-1 所示。

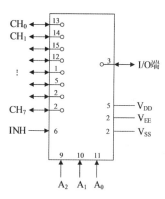

图 6-2 CD4051B 模拟开关逻辑图

表 6-1 CD4051B 模拟开关功能表

输入				开关导通位置
INH	A_2	A_1	A_0	
0	0	0	0	CH_0
0	0	0	1	CH_1
0	0	1	0	CH_2
0	0	1	1	CH_3
0	1	0	0	CH_4
0	1	0	1	CH_5
0	1	1	0	CH_6
0	1	1	1	CH_7
1	×	×	×	高阻状态

当第 6 脚使能端 INH 为高电平时,CD4051B 被禁止,输出处于高阻状态,INH 为低电平,即逻辑 0 状态时,CD4051B 才能选择导通,由选择输入端 $A_2 A_1 A_0$ 三位二进制编码来控制($CH_0 \sim CH_7$)8 个输入通道的通断。从图 6-2 中可以看出,该芯片能实现双向传输,即可以实现多传一或一传多两个方向的传送。

4. 采样保持器

由于 A/D 转换需要一定的时间,当对高速模拟信号进行取样时,可能会出现 A/D 转换尚未完成而取样信号已发生变化的情况。为确保 A/D 转换的有效性,必须将取样信号保存下来,这个保存装置被称为采样保持器(董嗣万和佟星元,2020)。采样保持器广泛应用于计算机测控系统中,其主要功能如下。

(1)采样跟踪状态:在采样跟踪期间应尽可能快地接收输入信号,使输出和输入信号保持一致。

(2)采样保持状态:把采样结束瞬间的输入信号保持下来,使输出和保持的信号一致。由于模/数转换需要一定时间,在此期间,要求模拟信号保持稳定。因此,当输入信号变化速率较快时,必须采用采样保持器,否则转换出的数字信号是个不稳定的值。如果输入信号变化缓慢,则可省去保持电路。

图 6-3 是采样保持器的基本原理图,它由模拟开关 S、保持电容 C_H 和运算放大器 OA 等组成,V_I 是待采样的模拟电压,V_C 为模拟开关的逻辑输入信号。在 V_C 的控制下,模拟开关 S 接通,V_I 对 C_H 充电,由于运算放大器接成同相输入方式的射极跟随器,V_{OUT} 跟随 V_I 的

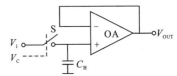

图 6-3 采样保持器的基本原理图

变化而变化。射极跟随器的输入阻抗趋于无穷大,放大回路 RC 常数很大,当模拟开关 S 断开时,电容两端已充电后的电压短时间内保持不变,使得采样/保持器为 A/D 转换器提供了稳定的电压。

采样/保持器按照性能分,可以分为 4 类:①通用采样保持器芯片,如 LF198、LF298、LF398、AD582K 等;②高速采样保持器芯片,如 HTS-0025、THS-0060、THC-0300 等;③高分辨率采样保持器芯片,如 SHA1144、AD389、SHA6 等;④超高速采样保持器芯片,如 THS-0010、HTC-0300 等。

例如 LF398 采样保持器芯片电源电压为 ±5V 到 ±18V 之间。外接保持电容 C_H,其大小的选择取决于维持时间的长短,当选用 $C_H=0.01\mu F$ 时,信号达 0.01% 精度的获取时间为 $25\mu s$,保持器电压下降率为每秒 3mV。若 A/D 转换时间是 $100\mu s$,则保持器电压下降值为 $300\mu V$,保持性能好。

Logic IN+(8 脚)输入电平与 TTL 逻辑电平相匹配。当 Logic IN+ 控制电压大于 1.4V 且逻辑参考 IN-(7 脚)接地时,LF398 处于采样模式;IN+ 和 IN- 都等于"0"时,LF398 处于保存状态;IN- 等于 0 不变,IN+ 由"0"跳变到"1"时,LF398 转到采样模式。

5. A/D 转换器

A/D 转换器是模拟输入通道的核心环节,其功能是将模拟输入电信号转换成数字量(二进制数或 BCD 码等),以便被计算机读取、分析处理。

6.1.2 模拟量输出通道

由于一些执行元件需要接收模拟电流或电压作为输入,而微型计算机输出的信号以数字形式呈现。因此,必须使用模拟量输出通道将微型计算机输出的数字量转换成模拟量。考虑到 A/D 转换器在转换期间要求输入保持不变,而微型计算机输出的数据在数据总线上稳定

的时间很短,因此在微型计算机与 D/A 转换器之间采用锁存器来保持数字量的稳定。此外,通过 D/A 转换器得到的模拟信号通常需要经过低通滤波器处理,以使其输出波形平滑。

6.2 D/A 转换器

D/A 转换器,可接收数字信息,输出一个与数字值呈正比例的电流或电压信号,D/A 转换器的电路相对于 A/D 转换器来说比较简单。

6.2.1 D/A 转换器概述

6.2.1.1 D/A 转换器的基本结构

1. D/A 转换器的工作原理

为了将数字量转换成模拟量,将每一位代码按权大小转换成相应的模拟输出分量,然后根据叠加原理将各位代码对应的模拟输出分量相加,其总和就是与数字量成正比的模拟量,由此完成 D/A 转换。典型的 D/A 转换器一般由模拟开关、电阻网络、运算放大器几部分组成,其基本变换原理如图 6-4 所示。

运放的放大倍数足够大时,输出电压 V_{OUT} 与输入电压 V_{IN} 的关系为

$$V_{OUT} = -\frac{R_F}{R}V_{IN}$$

若输入端有 n 个支路,如图 6-5 所示。

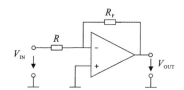
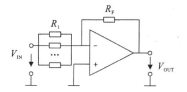

图 6-4 D/A 转换器基本原理图   图 6-5 有 n 个支路的 D/A 转换器基本原理图

则输出电压 V_{OUT} 与输入电压 V_{IN} 的关系为

$$V_{OUT} = -R_F \sum_{i=1}^{n} \frac{1}{R_i} V_{IN}$$

令每个支路的输入电阻为 $2^i R_F$,并令 V_{IN} 为一基准电压 V_{REF},则有

$$V_{OUT} = -R_F \sum_{i=1}^{n} \frac{1}{2^i R_F} V_{REF} = -\sum_{i=1}^{n} \frac{1}{2^i} V_{REF}$$

如果每个支路由一个开关 S 控制,如图 6-6 所示。

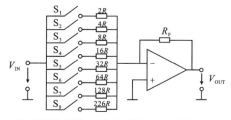

图 6-6 有开关控制的 n 个支路的 D/A 转换器基本原理图

$S_i=1$ 表示 S_i 合上，$S_i=0$ 表示 S_i 断开，则上式变换为

$$V_{OUT} = -\sum_{i=1}^{n}\frac{1}{2^i}S_i V_{REF}$$

若 $S_i=1$，该项对 V_{OUT} 有贡献；若 $S_i=0$，该项对 V_{OUT} 无贡献。

如果用 8 位二进制代码来控制图中的 $S_1 \sim S_8$（$D_i=1$ 时 S_i 闭合；$D_i=0$ 时 S_i 断开），则不同的二进制代码就对应不同输出电压 V_{OUT}。

当代码在 FFH～0 之间变化时，V_{OUT} 相应地在 $-(255/256)V_{REF}$～0 之间变化。

为控制电阻网络各支路电阻值的精度，实际的 D/A 转换器采用 $R-2R$ 的 T 型电阻网络，它只用两种阻值的电阻（R 和 $2R$）。

集成的 DAC 芯片有多种形式，从结构上看，可分为两大类：一类 DAC 芯片内设置有数据寄存器、片选信号和其他控制信号，可直接与 CPU 或微机系统总线连接；另一类没有数据寄存器，因此需通过接口芯片与 CPU 或微机系统总线相连接，由接口芯片进行数据锁存。

2. D/A 转换器的输出类型

D/A 转换器的输出分为电压和电流两种类型，分别如图 6-7 所示。电压输出型 D/A 转换器的输出内阻很小，相当于一个电压源，因此与之相配接的负载电阻应该较大。电流输出型 D/A 转换器的输出内阻较大，相当于一个电流源，因此与之相配接的负载电阻不能过大。

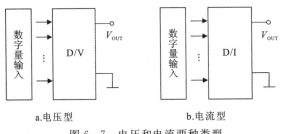

a.电压型　　　　　　　　b.电流型

图 6-7　电压和电流两种类型

3. 电流输出型 D/A 转换器的使用

电流输出型 D/A 转换芯片在具体应用中必须外接运算放大器，如图 6-8 所示，选择合适的放大系数，按比例输出电压信号。

图 6-8a 是反相连接，输出电压 $V_{OUT}=-iR$。

图 6-8b 是同相连接，输出电压 $V_{OUT}=-iR\left(1+\dfrac{R_2}{R_1}\right)$。

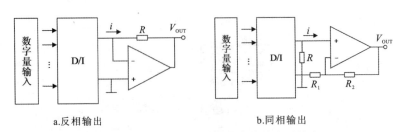

a.反相输出　　　　　　　　b.同相输出

图 6-8　电流型 D/A 转换器变换成电压输出

6.2.1.2 D/A 转换器的主要技术指标

1. 分辨率

分辨率是指输入数字量的最低有效位 LSB 发生变化时,所对应的输出模拟量(电压或电流)的变化量,即是指 D/A 转换器所能分辨出来的最小输出电压。这个参数反映 D/A 转换器对模拟量的分辨能力,它有以下两种表示法。

(1)用数字量最低有效位对应的模拟量表示,V_{FS} 为满量程模拟量。最低有效位 LSB 为

$$\text{LSB} = \frac{V_{FS}}{2^N}$$

例如假定 8 位 D/A 转换器满量程电压为 10V,则其分辨率为

$$\text{LSB} = \frac{10\text{V}}{2^8} = \frac{10\text{V}}{256} = 39.1\text{mV}$$

又假定 12 位 D/A 转换器满量程电压为 10V,则其分辨率为

$$\text{LSB} = \frac{10\text{V}}{2^{12}} = 2.44\text{mV}$$

比较上述两例可见,D/A 转换器输入数字量位数(N)越多,其能分辨的输出电压值越小,其分辨率越高。

(2)用相对值表示,即用最小模拟量增量与满量程输出值之比表示。如对于 8 位 D/A 转换器,其分辨率为

$$\frac{1}{2^8-1} = \frac{1}{255} = 0.4\%$$

同理,若 $N=12$,则其分辨率为 0.024%。

尽管这种表达方式不如第一种用数字量最低有效位对应的模拟量表示直观,但在工程领域中经常被采用。了解了数/模转换器的分辨率(如 0.4%)和满量程值(如 10V),就可知道 D/A 转换器能分辨的最小模拟量为

$$10\text{V} \times 0.4\% = 40\text{mV}$$

2. 精度

精度是用于衡量 D/A 转换器在将数字量转换成模拟量时,所得模拟量的精确程度。精度可分为绝对精度和相对精度两种。

(1)绝对精度:指在输入端加入给定数字量时,D/A 转换器实际输出值与理论值之间的误差。

绝对精度也有两种表示法:①用 LSB 的分数形式表示,如 1/2LSB,8 位 D/A 转换器精度是 $\pm 1/512 V_{FS}$,即满量程电压的 1/512;②用满量程值 V_{FS} 的百分比表示,设某 D/A 转换器在满量程时理论输出值 $V_{FS}=10\text{V}$,而实际输出值 $V'_{FS}=9.99\text{V}$,则其精度为

$$\frac{V'_{FS} - V_{FS}}{V_{FS}} \times 100\% = \frac{9.99-10}{10} \times 100\% = -0.1\%$$

记为 0.1%FS,或称为精度级别为 0.1 级。

上述的表示法,只要知道满量程值(如 $V_{FS}=10\text{V}$),又知道精度级别为 0.1 级,则可得知其最大误差值为 $10\text{V} \times 0.1\% = 10\text{mV}$。

(2)相对精度:是指在满量程校准的情况下,任何数字输入所对应的 D/A 转换输出值与理论值之间的偏差。从相对精度定义可知,它实际上就是 D/A 转换器的线性度,其表示法与绝对精度相同。

要注意的是,分辨率和精度是两个不同的参数,容易混淆,因此必须将其进行本质上的区分:分辨率取决于 D/A 转换器的位数,而精度则取决于 D/A 转换器各组件的制造误差,包括 V_{REF} 的电压波动、电阻网络中的电阻值偏差、模拟开关导通电阻值偏差、运算放大器温度漂移和增益误差等。

3. 建立时间

建立时间是指输入的数字量发生满刻度变化时,输出模拟信号送到满刻度值的 $\pm 1/2$ LSB 所需的时间,是描述 D/A 转换速率的一个动态指标。

电流输出型 D/A 转换器的建立时间短。电压输出型 D/A 转换器的建立时间主要决定于运算放大器的响应时间。根据建立时间的长短,可以将 DAC 分成超高速($<1\mu s$)、高速($1\sim 10\mu s$)、中速($10\sim 100\mu s$)、低速($\geqslant 100\mu s$)几档。

4. 转换时间

转换时间是指从 D/A 转换器输入的数字量发生变化开始,到其输出模拟量达到相应的稳定值所需要的时间。例如输入由全"0"变为全"1",输出端达到最终值并稳定为止所需的时间。

5. 温度系数

温度系数描述了工作环境温度变化对 D/A 转换器输出模拟量的影响程度。在通常情况下,当环境温度发生变化时,会对 D/A 转换精度产生影响。

6. 线性度误差

线性度误差是实际转换特性曲线与理想直线特性之间的最大偏差。常以相对于满量程的百分数表示,如$\pm 1\%$是指实际输出值与理论值之差在满刻度的$\pm 1\%$以内。

6.2.2 8 位 D/A 转换器芯片 DAC0832

1. DAC0832 的主要特性

DAC0832 是一种使用非常普遍的 8 位 D/A 转换器,由于其片内有输入数据寄存器,故可以直接与单片机接口,与微处理器完全兼容(印健健,2021)。DAC0832 以电流形式输出,当需要转换为电压输出时,可外接运算放大器。属于该系列的芯片还有 DAC0830、DAC0831,它们可以相互代换。DAC0832 的主要特性包括:①分辨率 8 位;②电流转换时间 $1\mu s$;③单电源供电($+5\sim +15V$);④电流输出型 D/A 转换器;⑤输入逻辑电平满足 TTL 电平规范;⑥功耗 20mW。

2. DAC0832 的内部结构

DAC0832 由一个 8 位输入寄存器、一个 8 位 DAC 寄存器和一个 8 位 D/A 转换器及逻辑控制电路组成。输入寄存器和 DAC 寄存器构成了两级缓存,可以实现多通道同步转换输出,DAC0832 内部逻辑框图如图 6-9 所示。

引脚功能如下。

(1)$\overline{CS}$:低电平有效,与 ILE 相配合,可对$\overline{WR1}$是否有效起到控制作用。

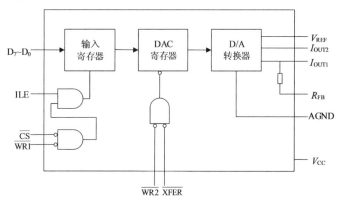

图 6-9　DAC0832 内部逻辑框图

(2)ILE：允许锁存信号，高电平有效。锁存信号$\overline{LE1}$由 ILE、$\overline{CS}$、$\overline{WR1}$的逻辑组合形成。当 ILE 为高电平，$\overline{CS}$为低电平，$\overline{WR1}$为负脉冲时，$\overline{LE1}$信号为正脉冲，这时输入锁存器的输出状态随数据输入线的状态而变化，$\overline{LE1}$的负跳变将输入数据锁存。

(3)$\overline{WR1}$：写信号 1，低电平有效。当$\overline{WR1}$、$\overline{CS}$、ILE 均为有效时，将数据写入锁存器。

(4)$\overline{WR2}$：写信号 2，低电平有效。当其有效时，在传送控制信号$\overline{XFER}$的作用下，可将锁存在输入锁存器的 8 位数据送到 DAC 寄存器。

(5)$\overline{XFER}$：数据传送控制信号，低电平有效。当$\overline{XFER}$为低电平，$\overline{WR2}$输入负脉冲时，则在$\overline{LE2}$产生正脉冲，此时 DAC 寄存器的输出与输入锁存器输出的状态相同，$\overline{LE2}$的负跳变将输入锁存器输出的内容锁存在 DAC 寄存器。

(6)V_{REF}：基准电压输入端，可在 -10~+10V 范围内调节。

(7)$D_7 \sim D_0$：数字量数据输入端。

(8)I_{OUT1}、I_{OUT2}：电流输出引脚。电流I_{OUT1}与I_{OUT2}的和为常数，I_{OUT1}、I_{OUT2}随寄存器的内容线性变化。

(9)R_{FB}：内部集成反馈电阻(15kΩ)。DACO832 是电流输出型 D/A 转换器，为得到电压的转换输出，使用时需在两个电流输出端接运算放大器，R_{FB}可作为运算放大器的反馈电阻。

(10)V_{CC}：电源输入引脚，+5~+15V。

(11)DGND、AGND：分别为数字信号地和模拟信号地。

3. DAC0832 的工作过程

(1)CPU 执行输出指令，输出 8 位数据给 DAC0832。

(2)在 CPU 执行输出指令的同时，使 ILE、$\overline{WR1}$、$\overline{CS}$三个控制信号端都有效，8 位数据锁存在 8 位输入寄存器中。

(3)当$\overline{WR2}$、$\overline{XFER}$两个控制信号端都有效时，8 位数据再次被锁存到 8 位 DAC 寄存器，这时 8 位 D/A 转换器开始工作，8 位数据转换为相对应的模拟电流，从I_{OUT1}与I_{OUT2}输出。

4. DAC0832 的工作方式

通过改变控制引脚 ILE、$\overline{WR1}$、$\overline{WR2}$、$\overline{CS}$和$\overline{XFER}$的连接方法，DAC0832 具有直通方式、单缓冲方式和双缓冲方式 3 种工作方式。

(1) 直通方式：当引脚 $\overline{WR1}$、$\overline{WR2}$、$\overline{CS}$、$\overline{XFER}$ 直接接地时，ILE 接电源，DAC0832 工作于直通方式下，此时，8 位输入寄存器和 8 位 DAC 寄存器都直接处于导通状态，当 8 位数字量一到达 $D_0 \sim D_7$，就立即进行 D/A 转换，从输出端得到转换的模拟量。处理简单，但 $D_0 \sim D_7$ 不能直接和 80C51 单片机的数据线相连，只能通过独立的 I/O 接口来连接。该方式用于连续反馈控制系统，接线如图 6-10 所示。

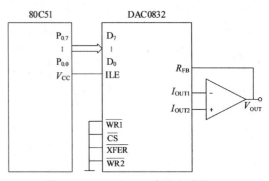

图 6-10 DAC0832 直通方式接口

(2) 单缓冲方式：通过连接 ILE、$\overline{WR1}$、$\overline{WR2}$、$\overline{CS}$ 和 $\overline{XFER}$ 引脚，使得两个寄存器中的一个处于直通状态，另一个处于受控制状态，或者两个同时被控制，DAC0832 以单缓冲方式进行工作。对于单缓冲方式，单片机只需对它操作一次，就能将转换的数据送到 DAC0832 的 DAC 寄存器，并立即开始转换，转换结果通过输出端输出。将 DAC 寄存器控制端接地，接线如图 6-11 所示。

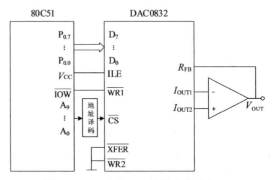

图 6-11 DAC0832 单缓冲方式接口

(3) 双缓冲方式：当 8 位输入寄存器和 8 位 DAC 寄存器分开控制导通时，DAC0832 以双缓冲方式进行工作，此时单片机对 DAC0832 的操作先后分为两步：第一步，使 8 位输入寄存器导通，将 8 位数字量写入 8 位输入寄存器中；第二步，使 8 位 DAC 寄存器导通，8 位数字量从 8 位输入寄存器送入 8 位 DAC 寄存器。第二步只是使 DAC 寄存器导通，在数据输入端写入的数据无意义。接线如图 6-12 所示。

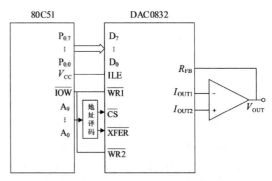

图 6-12 DAC0832 双缓冲方式接口

6.2.3　12 位 D/A 转换器芯片 DAC1210

1. DAC1210 的主要特性

DAC1210 为 12 位双缓冲乘法 D/A 转换器，可以与各种微处理器直接接口。在与 16 位微处理器一起使用时，DAC1210 系列的 12 根数据输入线可直接与微处理器的数据总线接口。其主要技术指标如下：①分辨率 12 位；②电流转换时间 1μs；③单电源供电（+5～+15V）；④电流输出型 D/A 转换器；⑤参考电压 $V_{REF}=-10\sim+10V$；⑥输入逻辑电平满足 TTL 电平规范；⑦线性度，满量程的 8 位、10 位、11 位；⑧功耗 20mW。

2. DAC1210 的内部结构

DAC1210 转换器是一种带有双输入缓冲器的 12 位 D/A 转换器（刘兆瑜等，2020）。第一级缓冲器由高8位输入寄存器和低4位输入寄存器构成,第二级缓冲器为12位DAC寄存器,它还有一个12位D/A转换器。DAC1210内部结构如图6-13所示,其引脚功能如下。

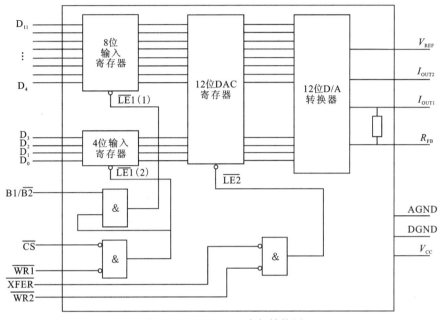

图6-13 DAC1210内部结构图

(1) $\overline{CS}$:片选信号,低电平有效。

(2) $D_{11} \sim D_0$:数据总线 $D_{11} \sim D_0$ 用来传送被转换的数字,高8位 $D_4 \sim D_{11}$ 对应高8位输入寄存器,低4位 $D_0 \sim D_3$ 对应低4位输入寄存器。

(3) $\overline{WR1}$:写入1(低电平有效), $\overline{WR1}$ 用于将数字数据位(D_i)送到输入锁存器。当 $\overline{WR1}$ 为高电平时,输入锁存器中的数据被锁存。12位输入锁存器分成2个锁存器,一个存放高8位的数据,而另一个存放低4位。B1/$\overline{B2}$控制脚为高电平时选择两个锁存器,处于低电平时则改写4位输入锁存器。

(4) B1/$\overline{B2}$:字节顺序控制。当此控制端为高电平时,输入锁存器中的12个单元都被使能;当为低电平时,只使能输入锁存器中的最低4位。

(5) $\overline{WR2}$:写入2(低电平有效)。

(6) $\overline{XFER}$:传送控制信号(低电平有效)。该信号与 $\overline{WR2}$ 结合时,能将输入锁存器中的12位数据转移到DAC寄存器中。

(7) I_{OUT1}:数模转换器电流输出1。DAC寄存器中所有数字码为全"1"时 I_{OUT1} 为最大,为全"0"时 I_{OUT1} 为零。

(8) I_{OUT2}:数模转换器电流输出2。I_{OUT2} 为常量减去 I_{OUT1},即 $I_{OUT1}+I_{OUT2}=$ 常量(固定基准电压),该电流等于 $V_{REF} \times (1-1/4096)$ 除以基准输入阻抗。

(9) R_{FB}:反馈电阻。集成电路芯片中的反馈电阻用作为DAC提供输出电压的外部运算放大器的分流反馈电阻。

3. DAC1210 的工作原理

由图 6-14 可知,当 B1/$\overline{B2}$ 与 $\overline{XFER}$ 为高电平,$\overline{CS}$ 和 $\overline{WR1}$、$\overline{WR2}$ 为低电平时,$\overline{LE1}(1)=1$,$\overline{LE1}(2)=1$,高 8 位和低 4 位输入寄存器。数据 $D_{11} \sim D_0$ 同时被更新,并在 $\overline{WR1}$、$\overline{WR2}$ 的上升沿被锁存。能否进行 D/A 转换,最终依赖于 $\overline{LE2}$ 的状态。由图 6-14 时序可知,当 $\overline{WR1}$、$\overline{WR2}$、B1/$\overline{B2}$ 和 $\overline{XFER}$ 也为低电平时,$\overline{LE2}=1$,刷新低 4 位输入寄存器并更新 12 位 DAC 寄存器的数据内容,同时 12 位数据送入 D/A 寄存器进行 D/A 转换。否则 $\overline{LE2}=0$,12 位 DAC 寄存器内容保持不变。需要强调的是,图 6-14 工作时序是对 DAC1210 引脚控制线 BY1/BY2 和 XFER 连结在一起使用的情形,$\overline{WR1}$ 和 $\overline{WR2}$ 也是连结在一起使用的。根据 DAC1210 转换器的工作原理,控制线完全可根据其逻辑表达式进行控制,即高 8 位、低 4 位以及 12 位 DAC 寄存器的锁存命令可分别发出。这样 DAC1210 转换器既可异步输出,又可多路同步输出,具有极大的灵活性。

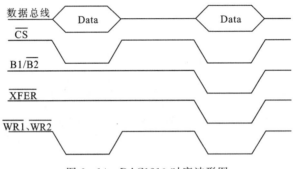

图 6-14 DAC1210 时序波形图

4. DAC1210 的输入与输出

DAC1210 有 12 位数据输入线,当与 8 位的数据总线相接时,因为 CPU 输出数据是按字节操作的,那么送出 12 位数据需要执行两次输出指令,比如第一次执行输出指令送出数据的低 8 位,第二次执行输出指令再送出数据的高 4 位。为避免两次输出指令之间在 D/A 转换器的输出端产生不需要的扰动模拟量输出,就必须使低 8 位和高 4 位的数据同时送入 DAC1210 的 12 位输入寄存器。为此,往往采用两级数据缓冲结构来解决 D/A 转换器和总线的连接问题。在工作时,CPU 先用两条输出指令把 12 位数据送到第一级数据缓冲器,然后通过第三条输出指令把数据送到第二级数据缓冲器,从而使 D/A 转换器同时得到 12 位待转换的数据。

DAC1210 是电流相加型 D/A 转换器,有 I_{OUT1} 和 I_{OUT2} 两个电流输出端,通常要求转换后的模拟量输出为电压信号。因此,外部应加运算放大器将其输出的电流信号转换为电压输出。加一个运算放大器可构成单极性电压输出电路,加两个运算放大器则可构成双极性电压输出电路。图 6-15 为 DAC1210 单缓冲单极性电压输出电路原理图。

与 DAC0832 不同,DAC1210 转换器除了数据线多了 4 位,还多了一个高低位选择信号 B1/$\overline{B2}$。该信号为高电平时选择 8 位输入寄存器,低位寄存器不受 B1/$\overline{B2}$ 控制。因此,在写入 12 位数据时,应使用双缓冲方式,即写入高 8 位数据,第二次写入低 4 位数据。

由上面分析可知,DAC1210 与 DAC0832 有许多相似之处,其主要差别在于分辨率不同,

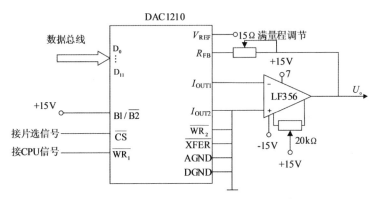

图 6-15　DAC1210 单缓冲单极性电压输出电路原理图

DAC1210 具有 12 位的分辨率，而 DAC0832 只有 8 位分辨率。例如若取 $V_{REF}=10V$，按单极性输出方式，当 DAC0832 输入数字 0000、0001 时其输出电压约为 39.06mV，而 DAC1210 输入数字 0000、0000、0001 时，其输出电压约为 2.44mV。可见，DAC1210 的分辨率比 DAC0832 的分辨率高 16 倍，因此转换精度更高。

思政导入　　　破茧成蝶——国产模数转换芯片的崛起

模数转换器是自然信号和数字系统之间的桥梁，决定着电子信息系统的性能，与我国信息技术产业发展息息相关。1968 年，北京成立了东光电工厂，上海成立了无线电十九厂，均于 1970 年投产，它们生产 TTL 电路、CMOS 钟表电路、A/D 转换电路等芯片，是中国芯片产业中的南北两强。1968 年，中华人民共和国国防科学技术工业委员会（简称国防科委）在四川永川成立了固体电路研究所，是当时中国唯一的模拟芯片研究所。

20 世纪 90 年代初，政府开始制定并实施一系列政策来推动模拟芯片产业的发展，其中包括大力支持模拟芯片的科研与开发，并引进国外先进的技术和设备。此外，政府还提供了一定的资金支持和税收优惠政策，鼓励企业投入模拟芯片研发。

随着数字信号处理技术和数字电路工作速度的提高，以及人们对系统灵敏度等要求的不断提高，对高速、高精度的 A/D 转换器（Analog to Digital Converter，简称 ADC）的指标都提出了很高的要求。ADC 芯片指标如表 6-2 所示。

2019 年，TI、ADI 等企业限制向国内芯片市场供货，加速了我国模数转换器芯片行业发展，促进未来我国 ADC 行业将向高端化方向发展的趋势。2022 年，台积电使用 7nm 技术制造出第 10 亿个优质裸片，中芯国际突破 14nm 技术，芯片工艺更是实现大步迈进式发展，国产高端 ADC 晶圆流片不再是不可逾越的高墙。

表 6-2　ADC 芯片指标

速度	精度
≥1.3GSPS	8bit~10bit
≥600MSPS	减法运算
≥400MSPS	10bit~12bit
≥250MSPS	14bit~16bit
≥65MSPS	16bit

6.3 A/D 转换器

A/D 转换器的作用是把模拟量转换成数字量,通常的 A/D 转换器是将一个输入电压信号转换为一个输出的数字信号,以便于计算机进行处理。随着超大规模集成电路技术的飞速发展,现在有很多类型的 A/D 转换器芯片,不同芯片的内部结构不一样,转换原理也不同。各种 A/D 转换芯片根据转换原理可分为计数型 A/D 转换器、逐次逼近型 A/D 转换器、双重积分型 A/D 转换器和并行式 A/D 转换器等,按转换方法可分为直接型 A/D 转换器和间接型 A/D 转换器,按其分辨率可分为 4~16 位的 A/D 转换器。

6.3.1 A/D 转换器概述

6.3.1.1 A/D 转换器的分类

根据 A/D 转换器的原理可将 A/D 转换器分成两大类:一类是直接型 A/D 转换器,另一类是间接型 A/D 转换器。在直接型 A/D 转换器中,输入的模拟电压被直接转换成数字代码,不经过任何中间变量;在间接型 A/D 转换器中,首先把输入的模拟电压转换成某种中间变量(时间、频率、脉冲宽度等),然后再把这个中间变量转换为数字代码输出(王卫星等,2019)。

尽管 A/D 转换器的种类很多,但目前应用较广泛的主要有逐次逼近型转换器、双重积分型转换器、$\sum-\Delta$ 式 A/D 转换器和 V/F 转换器。

逐次逼近型 A/D 转换器在精度、速度和价格上都适中,是最常用的 A/D 转换器件。双重积分型 A/D 转换器具有精度高、抗干扰性好、价格低廉等优点,但转换速度慢,近年来在单片机应用领域中也得到了广泛应用。

$\sum-\Delta$ 式 A/D 转换器具有双重积分型与逐次逼近型 ADC 的双重优点。它对工业现场的串模干扰具有较强的抑制能力,不亚于双积分 ADC,它比双重积分 ADC 有较高的转换速度。与逐次逼近型 ADC 相比,$\sum-\Delta$ 式 A/D 转换器有较高的信噪比,分辨率高,线性度好,不需要采样保持电路。由于上述优点,$\sum-\Delta$ 式 A/D 转换器得到了重视,目前已有多种 $\sum-\Delta$ 式 A/D 芯片投向市场。而 V/F 转换器适用于转换速度要求不高,需进行远距离信号传输的 A/D 转换过程。

思政导入   通信技术变迁——模数转换的应用

在革命战争时期,短波通信依靠电离层反射,无须依赖网络枢纽和有源中继即可实现数千千米的远距离通信,是我国军队基于网络信息体系作战的重要战略战术通信手段。我国军队的通信事业就是从半部短波电台起家。在解放战争三大战役持续的 142 天里,从西柏坡发往前线的电报有 408 封,一封封电报穿梭在西柏坡与战役指挥部之间。在硝烟滚滚的革命战争中,短波通信为保证我们党对军队的绝对指挥、从胜利走向胜利起到了重要作用。

1989 年,我国相关通信研究团队开始进行短波数字调制解调器的科研攻关工作,面对国外的技术封锁,研制出了国内第一台短波调制解调器;几年后,又成功研制出了短波并行调制解调器,改变了当时短波数据通信设备严重依赖进口的局面。但是,在智能化作战条件下,通信系统的作战环境面临越来越恶劣的现状,部分国家的作战条令规定:战前要干扰和破坏敌方通信设施的50%～70%,第一次火力打击要摧毁其中的40%。因此,如何提高通信系统的生存能力,以确保在最险恶的作战环境中通信联络的不间断,成了一个亟待解决的现实问题。

模数转换是实现数字通信系统的重要环节,信源模拟信号先模数转换,即采样(时间离散化)+量化(电平数值离散化)+编码(用二进制表示电平),得到各个采样点处电平对应的二进制数值(数字信号),再对数字信号进行数字调制(数字序列转化为频带模拟信号,即比特映射+脉冲成形+上变频),最后发射。

随着通信技术的不断发展,无线通信领域在不断创新和进步,已历经 1G、2G、3G、4G 的发展。每一次代际跃迁,每一次技术进步,都极大地促进了产业升级和经济社会发展。从 1G 到 2G,实现了模拟通信到数字通信的过渡,移动通信走了千家万户;从 2G 到 3G、4G,实现了语音业务到数据业务的转变,传输速率成百倍提升,促进了移动互联网应用的普及和繁荣。2019 年,5G 无线通信网络正式投入商用,是一种具有高速率、低时延和大连接特点的新一代宽带移动通信技术。当前,5G 网络正覆盖全球,具有更高的传输速度、更低的延迟和更大的容量,将彻底改变我们的通信方式。2023 年 11 月 22 日,工业和信息化部发布数据显示,我国 5G 网络建设稳步推进,2024 年 1 月 19 日,国务院新闻办公室(简称国新办)就 2023 年工业和信息化发展情况举行发布会,截至 2023 年底,我国 5G 基站总数达 337.7 万个,5G 移动电话用户达 8.05 亿户。

6.3.1.2 模拟信号的取样、量化和编码

将模拟信号转换成数字信号,必须经过取样、量化和编码的过程。

1. 取样

在计算机控制过程中,每隔一定的时间进行一次控制循环。每次的循环过程,需要输入模拟量信息,即对模拟信号取样。取样的信号送往 A/D 转换器转换成数字信号输入计算机中,经数据处理得到控制信息,最后经 D/A 变换输送给被控对象。计算机不断重复上述的循环,计算机每隔一定的时间间隔 T 逐点取样模拟信号的瞬时值,这个过程就是取样,时间间隔 T 称为取样周期。

如图 6-16 所示,被取样的信号是一个连续的时间函数,设为 $f(t)$,周期性地取 $f(t)$ 的瞬时值得到离散信号 $f(nT)$。这个把时间上连续变化的信号变成一系列时间上不连续的脉冲信号的过程,称为取样过程或离散化过程。

在取样过程中,将取样时刻 nT 的信号送到 A/D 转换器,由于 A/D 转换需要一定的时间,那么取样后的信号就必须保存一段时间,以维持到 A/D 转换结束。这个保存取样信息的装置,称为取样保持器。当连续信号变化较缓慢,在满足精度要求的条件下也可以不使用取样保持器。

取样周期 T 是指第 n 次取样时间 $t(n)$ 和第 $n+1$ 次取样时间 $t(n+1)$ 的时间间隔,即 $T=t(n+1)-t(n)$,取样频率是 $f=1/T$。根据香农定理(Shannon's Throrem),对于带限信号进

行离散采样时,设随时间变化的模拟信号的最高频率为 f_{max},只有使取样频率 $f \geqslant 2f_{max}$(即在一个周期内至少采 2 个点),才能从采样信号中唯一正确地恢复原始带限信号。另外,对于混在信号中的其他高频信号,可以采用一个理想的低通滤波器将其滤掉。但是,实际上理想滤波器是不存在的,因此信号的完全复原是不可能实现的,在工程上只要满足一定要求就可以了。由此可见,在取样过程中可能会一定程度上造成信号的失真。

2. 量化

取样后的信号仍是数字上连续的、时间上离散的模拟量,若用数字上和时间上都是离散的量化数字量来表示,就是用基本的量化电平 q 的个数来表示取样的模拟信号。例如在图 6-16 中,若取样得到的信号电压幅度范围为 $0 \sim 7V$(对应的二进制代码为 $000 \sim 111$),可分为 8 层,每层为 1V。每个分层的电压称为量化单位;每个分层的起始电压就是取样的数字量。若 t_0 时刻取样的实际电压为 3.7V,它处于 $3 \sim 4V$ 层之间,因此它对应的数字量为 3,依此类推,这个过程称为量化。

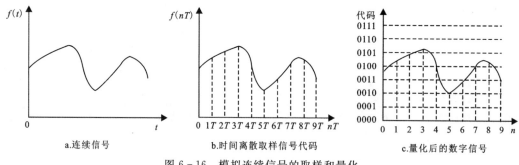

图 6-16 模拟连续信号的取样和量化

显然,量化单位越小,电压的分层就越多,取样信号与量化信号之间的误差也就越小,精度也相应提高。此外,取样频率越高,量化过程的 T 就越小,同样也能提高量化精度。但是,取样频率越高,对 A/D 转换的品质要求也越高,这会增加相应的成本。

为了便于计算机的接收和处理,分层必须是 2^n,如上例的分层为 2^3。通常用 n 来表示最小量化信号的能力,也就是 A/D 转换器的分辨率。

3. 编码

编码就是对量化后的模拟信号(一定为量化单位的整数倍)用二进制的数字量编码来表示,如使用 BCD 码、补码、偏移二进制码(移码)等。

上述为 A/D 转换的全过程,而 D/A 转换则是 A/D 转换的逆过程。其中,量化和编码的原理也是适用的。

6.3.1.3 A/D 转换器的工作原理

1. 逐次逼近型 A/D 转换器工作原理

逐次逼近法型 A/D 转换器是由一个比较器、D/A 转换器、缓冲寄存器及控制逻辑电路组成,如图 6-17 所示。逐次逼近法的主要思想是:将一个待转换的模拟输入信号与一个"推测"信号进行比较,调节"推测"信号的增减,逐步使"推测"信号向输入信号逼近。当"推测"信号"等于"输入信号时,即得到一个 A/D 转换的输入数字信号。

逐次逼近法转换过程是:初始化时将逐次逼近寄存器各位清零;转换开始时,先将逐次逼

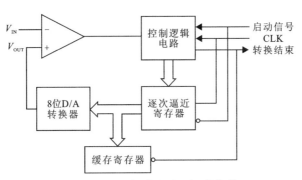

图 6-17 逐次逼近型 A/D 转换器

近寄存器最高位置 1,送入 D/A 转换器,经 D/A 转换后生成的模拟量送入比较器,称为 V_{OUT},与送入比较器的待转换的模拟量 V_{IN} 进行比较,若 $V_{OUT} < V_{IN}$,该位 1 被保留,否则被清除。然后再置逐次逼近寄存器次高位为 1,将寄存器中新的数字量送至 D/A 转换器,输出的 V_{OUT} 再与 V_{IN} 比较,若 $V_{OUT} < V_{IN}$,该位 1 被保留,否则被清除。重复此过程,直至逼近寄存器最低位。

转换结束后,将逐次逼近寄存器中的数字量送入缓冲寄存器,得到数字量的输出。逐次逼近的操作过程是在一个控制电路的控制下进行的。

例如某个 8 位的 A/D 转换器,如果输入的模拟电压为 0~5V,则输出对应的值为 00H~FFH,并且最低有效位所对应的输出电压为 $5/(2^8-1) \approx 19.61\text{mV}$。现设输入模拟电压为 3.5V,其变换过程如下。

位序号	比较表达式	二进制值
D_7	$3.5\text{V} - 2^7 \times 19.61\text{mV} = 0.99\text{V} > 0$	$D_7 = 1$
D_6	$0.99\text{V} - 2^6 \times 19.61\text{mV} = -0.265\text{V} < 0$	$D_6 = 0$
D_5	$0.99\text{V} - 2^5 \times 19.61\text{mV} = -0.362\text{V} > 0$	$D_5 = 1$
D_4	$0.362\text{V} - 2^4 \times 19.61\text{mV} = 0.048\text{V} > 0$	$D_4 = 1$
D_3	$0.048\text{V} - 2^3 \times 19.61\text{mV} = -0.109\text{V} < 0$	$D_3 = 0$
D_2	$0.048\text{V} - 2^2 \times 19.61\text{mV} = -0.03\text{V} < 0$	$D_2 = 0$
D_1	$0.048\text{V} - 2^1 \times 19.61\text{mV} = 0.009\text{V} > 0$	$D_1 = 1$
D_0	$0.009\text{V} - 2^0 \times 19.61\text{mV} = -0.187\text{V} < 0$	$D_0 = 0$

这样就把 3.5V 模拟量转换成了数字量 10110010B。

2. 双重积分型 A/D 转换器工作原理

采用双重积分法的 A/D 转换器由电子开关、积分器、比较器和控制逻辑等部件组成,如图 6-18 所示。它的基本原理是将输入电压变换成与其平均值成正比的时间间隔,再把此时间间隔转换成数字量,属于间接转换。

双重积分型 A/D 转换的过程是:先将开关接通待转换的模拟量 V_{IN},V_{IN} 采样输入到积分器,积分器从零开始进行固定时间 T 的正向积分;经过时间 T 后,开关再接通与 V_{IN} 极性相反

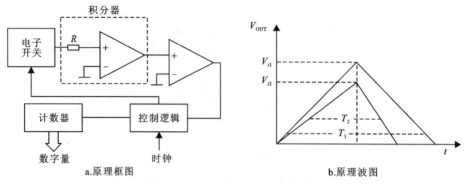

图 6-18 双重积分型 A/D 转换器

的基准电压 V_{REF},将 V_{REF} 输入到积分器,进行反相积分,直到输出为 0V 时停止积分。V_{IN} 越大,输出电压越大,反相积分时间也越长。

计数器在反相积分时间内所计的数值,就是输入模拟电压 V_{IN} 所对应的数字量,实现了 A/D 转换。典型的双重积分型 A/D 转换芯片 7115 与 CPU 定时器和计数器配合起来完成 A/D 转换功能。

3. V/F 转换器工作原理

V/F 转换器由计数器、控制门及一个具有恒定时间的时钟门控制信号组成,如图 6-19 所示。它的工作原理是把输入的模拟电压转换成与模拟电压成正比的脉冲信号。

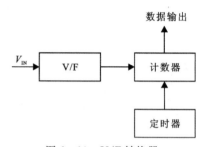

图 6-19 V/F 转换器

V/F 转换器的工作过程是:当模拟电压 V_{IN} 加到 V/F 的输入端,便产生频率 F 与 V_{IN} 成正比的脉冲,在一定的时间内对该脉冲信号计数,规定时间结束后,统计到计数器的计数值正比于输入电压 V_{IN},从而完成 A/D 转换。这 3 种常用 A/D 转换方式的各自特点如表 6-3 所示。

表 6-3 3 种 A/D 转换方式的比较

转换方式	转换精度	转换速度	价格	特点
电压频率转换法	一般	较慢	低	电路简单,但转换时间不一致
逐次逼近法	较高	快	低	采用闭环控制,可靠性高
双重积分法	高	慢	较高	每秒的转换频率小于 10MHz

6.3.1.4 A/D 转换器的主要技术指标

1. 分辨率

分辨率表示转换器对微小输入量变化的敏感程度,通常用转换器输出数字量的位数来表示。例如对 8 位 A/D 转换器,其数字输出量的变化范围为 0~255,当输入电压满刻度为 5V 时,转换电路对输入模拟电压的分辨能力为 5V/255,即 19.6mV。

2. 转换精度

精度是指和数字输出量对应的模拟输入量的实际值与理论值之间的差值。A/D 转换电路中与每一个数字量对应的模拟输入量并非是单一的数值,而是一个范围△。

例如对满刻度输入电压为 5V 的 12 位 A/D 转换器,△=5V/FFFH=1.22mV,定义为数字量的最小有效位 LSB。

若理论上输入的模拟量 A,产生数字量 D,而输入模拟量 $A\pm\frac{\triangle}{2}$ 产生的还是数字量 D,则称此转换器的精度为±0LSB。当模拟电压 $A+\frac{\triangle}{2}+\frac{\triangle}{4}$ 或 $A-\frac{\triangle}{2}-\frac{\triangle}{4}$ 还是产生同一数字量 D,则称其精度为±1/4LSB。

3. 转换时间

完成一次 A/D 转换所需要的时间,称为 A/D 转换电路的转换时间。目前,常用的 A/D 转换集成芯片的转换时间为几微秒到 200μs。在选用 A/D 转换集成芯片时,应综合考虑分辨率、精度、转换时间、使用环境温度以及经济性等因素。例如陶瓷封装 A/D 转换芯片适用于 −25~+85℃ 或 −55~+125℃,塑料封装芯片适用于 0~70℃。

4. 量化误差

ADC 把模拟量变为数字量,用数字量近似表示模拟量,这个过程称为量化。量化误差是 ADC 的有限位数对模拟量进行量化而引起的误差。实际上,要准确表示模拟量,ADC 的位数需要很大甚至无穷大。一个分辨率有限的 ADC 的阶梯状转换特性曲线与具有无穷分辨率的 ADC 转换特性曲线(直线)之间的最大偏差即是量化误差,如图 6-20 所示。

5. 偏移误差

偏移误差是指输入信号为零时,输出信号不为零的值,所以有时又称为零值误差。假定 ADC 没有非线性误差,则其转换特性曲线各阶梯中点的连线必定是直线,这条直线与横轴相交点所对应的输入电压值就是偏移误差。

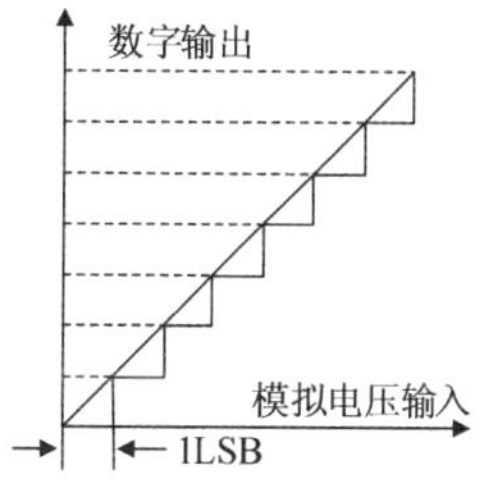

6. 满刻度误差

满刻度误差又称为增益误差。ADC 的满刻度误差是指满刻度输出数码所对应的实际输入电压与理想输入电压之差。

图 6-20 量化误差曲线

7. 温度系数和增益系数

这两项指标都是表示 A/D 转换器受环境温度影响的程度。一般用每摄氏度温度变化所产生的相对误差作为指标,以 ppm/℃ 为单位表示。

6.3.2 8 位 A/D 转换器芯片 ADC0808/0809

6.3.2.1 ADC0808/0809 的主要特性

ADC0808/0809 是 8 位逐次逼近型 A/D 转换器。主要性能为:①分辨率为 8 位;②精度上,ADC0808/0809 小于±1LSB(ADC0808 小于±1/2LSB);③单+5V 供电,模拟输入电压范围为 0~+5V;④具有锁存控制的 8 路输入模拟开关;⑤可锁存三态输出,输出与 TTL 电平兼容;⑥功耗为 15mW;⑦不必进行零点和满度调整;⑧转换速度取决于芯片外接的时钟频率,时钟频率范围为 10~1280kHz,典型值为时钟频率 640kHz,转换时间约为 100μs。

6.3.2.2 ADC0808/0809 的内部结构

ADC0808/0809 的内部结构如图 6-21 所示。片内带有锁存功能的 8 路模拟多路开关,可对 8 路输入模拟信号分时转换,具有多路开关的地址译码和锁存电路、8 位 A/D 转换器和三态输出锁存器等。ADC0808/0809 引脚功能如下。

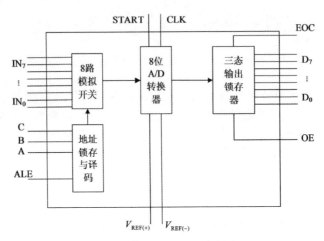

图 6-21 ADC0808/0809 内部结构及引脚

(1)$IN_0 \sim IN_7$:8 路模拟量输入端。

(2)C、B、A:地址输入端,用于选择 8 路模拟输入中的一路,其与模拟输入通道的关系如表 6-4 所示。

表 6-4 C、B、A 与模拟输入通道的关系

模拟输入通道	C	B	A
IN_0	0	0	0
IN_1	0	0	1
IN_2	0	1	0
IN_3	0	1	1
IN_4	1	0	0
IN_5	1	0	1
IN_6	1	1	0
IN_7	1	1	1

(3)$D_7 \sim D_0$:8 位数字量输出端。

(4)ALE:地址锁存允许信号输入端。通常向此引脚输入一个正脉冲时,可将 3 位地址选择信号 A、B、C 锁存于地址寄存器内并进行译码,选择相应的模拟输入通道。

(5)START:启动 A/D 转换控制信号输入端。一般向此引脚输入一个正脉冲,上升沿复位内部逐次逼近寄存器,下降沿后开始 A/D 转换。

(6)CLK:时钟信号输入端。

(7)EOC:转换结束信号输出端。A/D 转换期间 EOC 为低电平,A/D 转换结束后 EOC 为高电平。

(8)OE:输出使能信号,高电平有效,控制输出锁存器的三态门。当 OE 为高电平时,转换结果数据出现在 $D_7 \sim D_0$ 引脚。当 OE 为低电平时,$D_7 \sim D_0$ 引脚呈高阻状态。

(9)$V_{REF(+)}$、$V_{REF(-)}$:分别为基准电源的正、负输入端。

(10)V_{CC}:电源输入端,+5V。

(11)GND:接地。

6.3.2.3 ADC0808/0809 的工作原理

ADC0809 的工作时序如图 6-22 所示。启动转换之前,转换结束信号 EOC 为高电平,转换过程中输出为低电平。外部提供的输出允许 OE 信号应该为无效的低电平(张佳明等,2024)。启动转换时,首先由外部提供 3 位地址信号,在锁存地址信号 ALE 由低电平跳变到高电平时,3 位地址被锁存,选中模拟输入通道。然后,由 START 信号启动转换,START 信号的正脉冲有效,高脉冲的宽度不小于 200ns,START 信号的上升沿将内部逐次逼近寄存器复位,下降沿启动 A/D 转换,转换结束时 EOC 上升到高电平。

在实际应用中,START 和 ALE 并接在一起,使用同一个脉冲信号,其上升沿用于锁存地址,下降沿用于启动转换。

ADC0809 内部将转换后的数字量锁存于 8 位三态锁存缓冲器中,当 OE 端输入高电平时,缓冲器中的数字量从 $D_0 \sim D_7$ 输出。

在实际应用中,通常把 $V_{REF(+)}$ 接到 V_{CC}(+5V)电源上,$V_{REF(-)}$ 接到地端。$V_{REF(+)}$ 和 $V_{REF(-)}$ 分别可以不连接到 V_{CC} 和 GND 上,但是,加到 $V_{REF(+)}$ 和 $V_{REF(-)}$ 上的电压必须满足以下的要求。

$$0 \leqslant V_{REF(-)} \leqslant V_{REF(+)} \leqslant V_{CC} \quad V_{REF(+)} + V_{REF(-)} = V_{CC} \div 2$$

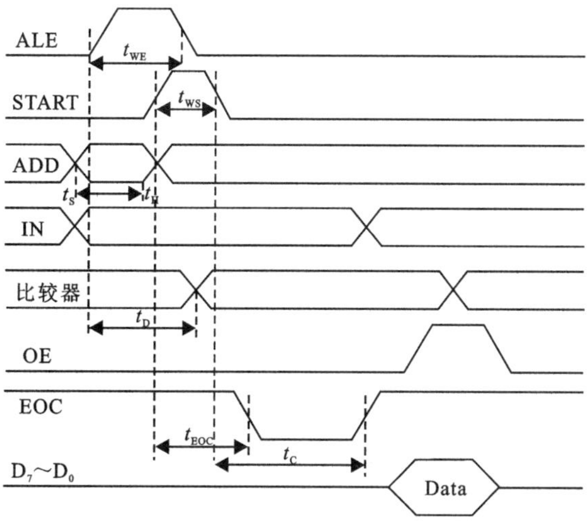

图 6-22 ADC0809 的工作时序

注:t_{WE}.写使能时间;t_{WS}.最小启动脉冲宽度为 100ns,最大值为 200ns;t_S.地址设置时间,典型值是 100ns,最大值是 200ns;t_H.数据保持时间;t_D.转换延迟时间;t_{EOC}.启动转换延迟时间,为 $2\mu s + 8$ 个时钟周期;t_C.转换时间 $100\mu s$。

ADC0808/0809 的工作流程如下：

(1)输入 3 位地址，并使 ALE＝1，将地址存入地址锁存器中，经地址译码器译码从 8 路模拟通道中选通一路模拟量送到比较器。

(2)输送 START 一个高脉冲，START 的上升沿使逐次逼近寄存器复位，下降沿启动 A/D 转换，并使 EOC 信号为低电平。

(3)当转换结束时，转换的结果送入三态输出锁存器，并使 EOC 信号回到高电平，通知 CPU 已转换结束。

(4)当执行读数据指令，使 OE 为高电平，则从输出端 $D_0 \sim D_7$ 读出数据。

6.3.2.4 ADC0808/0809 的工作方式

ADC0808/0809 与单片机接口可以采用查询方式、中断方式和延时方式。

1. 查询方式

ADC0808/0809 与单片机接口电路如图 6-23 所示。由于 ADC0808/0809 片内无时钟，故需利用 80C51 所提供的地址锁存允许信号 ALE 经 D 触发器 4 分频后获得。

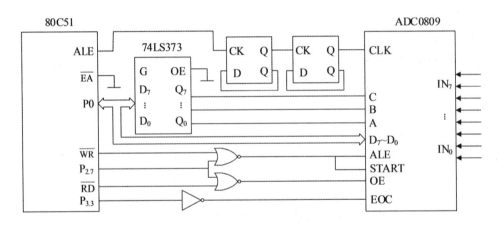

图 6-23 ADC0808/0809 与单片机的接口电路

ALE 引脚的频率是单片机时钟频率的 1/6，如果单片机时钟频率为 12MHz，则 ALE 引脚的频率为 2MHz。再经 4 分频后为 500kHz，所以 ADC0808/0809 能可靠工作。

由于 ADC0808/0809 具有输出三态锁存器，故其 8 位数据输出线可直接与单片机数据总线相连。单片机的低 8 位地址信号在 ALE 作用下锁存在 74LS373 中，其低 3 位分别加到 ADC0808/0809 的通道选择端 C、B、A 作为通道编码。单片机的 $P_{2.7}$ 作为片选信号，与 $\overline{WR}$ 进行或非操作得到一个正脉冲加到 ADC0808/0809 的 ALE 和 START 引脚上。由于 ALE 和 START 连接在一起，因此 ADC0808/0809 在锁存信道地址的同时也启动转换。在读取转换结果时，用单片机的读信号 $\overline{RD}$ 和 $P_{2.7}$ 引脚经或非门后产生的正脉冲作为 OE 信号，用以打开三态输出锁存器。显然，上述操作时，$P_{2.7}$ 应为低电平。ADC0808/0809 的 EOC 端经反相器连接到单片机的 $P_{3.3}$ 引脚，作为查询或中断信号。

6 模数和数模接口及应用

【例6-1】 采用查询方式。

```
MAIN:   MOV   R1,#DATA        ;设置数据区起始地址
        MOV   DPTR,#7FF8H     ;指向0通道
        MOV   R7,#08H         ;设置通道数
LOOP:   MOVX  @DPL,A          ;启动A/D转换
WAIT:   JB    P3.3,WAIT       ;等待A/D转换结束
        MOVX  A,@DPL          ;读取A/D转换结果
        MOV   @R1,A           ;存储数据
        INC   DPL             ;指向下一个通道
        INC   R1              ;修改数据区指针
        DJNZ  R7,LOOP         ;8个通道转换完成
```

分别对8路模拟信号轮流采样一次，并依次把转换结果存储到片内 RAM 以 DATA 为起始地址的连续单元中。对于上面的程序，也可以采用软件延时的方法读取每次 A/D 转换结果，即在启动 A/D 后，延时 $100\mu s$ 左右，等待转换结果。

2. 中断方式

采用中断方式可大大节省 CPU 的时间。当转换结束时，EOC 向单片机发出中断申请信号，响应中断请求后，由中断服务子程序读取 A/D 转换结果并存储到 RAM 中，然后启动 ADC0808/0809 的下一次转换。

【例6-2】 采用中断方式。

```
            ORG   0x0000H
            AJMP  MAIN
            ORG   0x0013H        ;设定中断向量地址为0x0013h
ISR_ENTRY:  PUSH  PSW            ;保存PSW寄存器的当前值
            PUSH  ACC            ;保存ACC寄存器的当前值
            SETB  EXI            ;开启INT1中断
            SETB  BEA            ;允许启动A/D转换
            SETB  BEXI           ;允许外部中断
            SETB  EA             ;开启全局中断
            MOV   DPTR,#0x7FF8H
            MOVX  @DPTR,A
            RETI
MAIN:       MOV   R1,#<DATA
            SETB  BIT1
            MOV   IE,#0          ;关闭所有中断源
            SETB  EX0            ;开启INT0中断
            SETB  EA             ;开启全局中断
            SETB  TR0            ;启动定时器0
            SETB  IT0            ;设置INT0为下降沿触发模式
            MOV   TH0,#0         ;设置定时器0的初始值为高8位
            MOV   TL0,#0         ;设置定时器0的初始值为低8位
            AJMP  MAIN           ;跳转回MAIN标签，开始循环
```

完成读取 IN₀ 信道的模拟量转换结果，并送至片内 RAM 以 DATA 为首地址的连续单元中。首先，将程序的起始地址设定为 0x0000H，并跳转到 MAIN 标签处执行，在主程序中设置数据区的起始地址并配置中断和定时器参数。然后，通过循环等待中断和定时器触发，执行相应的操作。中断处理程序中，保存寄存器状态并处理外部中断和 A/D 转换。

3. 延时方式

连接时 EOC 悬空，启动转换后延时 100s，跳过转换时间后再读入转换结果。查询方式：EOC 接单片机并口线，启动转换后，查询单片机并口线，如果变为高电平，说明转换结束，则读入转换结果。中断方式：EOC 经非门接单片机的中断请求端，将转换结束信号作为中断请求信号向单片机提出中断请求，中断后执行中断服务程序，在中断服务中读入转换结果。

【例 6-3】采用延时方式。

```
START:  MOV   R1,#50H          ;置数据区首地址
        MOV   DPTR,#7FF8H P2.7=0
        MOV   R7,#08H           ;置通道数
NEXT:   MOVX  @DPTR,A           ;启动 A/D 转换
        MOV   R6,#0AH           ;软件延时
DLAY:   NOP
        NOP
        NOP
        DJNZ  R6,DLAY
        MOVX  A,@DPTR           ;读取转换结果
        MOV   @R1,A             ;存储数据
        INC   DPTR              ;指向下一个通道
        INC   R1                ;修改数据区指针
        DJNZ  R7,NEXT           ;8个通道全采样完成
```

首先，设置数据区的首地址为 R1，再将 DPTR 寄存器设置为特定地址，用于启动 A/D 转换。然后，将 R7 寄存器设置为 8，表示共有 8 个通道需要采样。接着，进入一个循环，循环中使用 MOVX 指令启动 A/D 转换，并设置软件延时，延时结束后，将转换结果存储到指定的数据区，并递增 DPTR 和 R1 的值，指向下一个通道和修改数据区指针。最后，判断是否所有通道都已经采样完成，如果未完成，则继续循环进行下一个通道的采样。

6.3.3 12 位 A/D 转换器芯片 AD574

6.3.3.1 AD574 的主要特性

AD574 是一个完整的 12 位逐次逼近式带三态缓冲器的 A/D 转换器，它可以直接与 8 位或 16 位微型机总线进行接口（周润景和丁岩，2017）。AD574 的分辨率为 12 位，转换时间为 $25\mu s$。AD574 有 6 个等级，其中 AD574AJ、AD574AK 和 AD574AL 适合在 0～+70℃ 温度范围内工作，AD574AS、AD574AT 和 AD574AV 可用在-55～+125℃ 温度范围内工作。其主要性能为：①分辨率为 8 位；②非线性误差：±1/2LSB；③模拟输入（两个量程）中，双极性为 ±5V、±10V，单极性为 0～10V、0～20V；④供电电源中，V_{LOGIC} 逻辑电源 +5V，V_{CC}（+12V/+15V），V_{EE}（-12V/-15V）；⑤内部参考电平 $(10±0.1)V_{max}$；⑥转换时间 $25\mu s$；⑦低功耗

为390mW。

6.3.3.2 AD574 的内部结构

AD574 由两部分组成,一部分是模拟电路,另一部分是数字电路。其中,模拟电路由高性能的 12 位 D/A 转换器 AD565 和参考电压组成。数字电路由控制逻辑电路、逐位逼近寄存器和三态输出缓冲器组成。控制逻辑用以发起/停止复位信号,并控制转换过程。其转换原理与 ADC0808/0809 基本相同,也采用逐位逼近式原理工作。AD574 内部结构如图 6-24 所示。

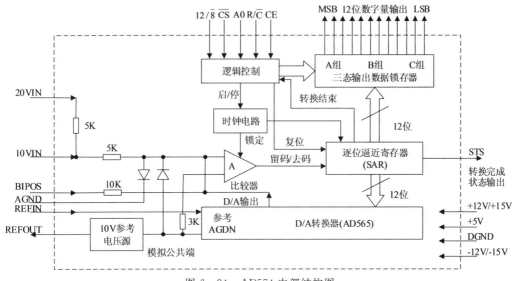

图 6-24 AD574 内部结构图

引脚功能如下。

(1)$D_{11} \sim D_0$:12 位数据线。

(2)$\overline{CS}$:片选线,低电平有效。

(3)CE:片使能,高电平有效。$\overline{CS}$、CE 均有效时,AD574 才能操作,否则处于禁止操作状态。

(4)$R/\overline{C}$:读出和启动转换控制线。当 $R/\overline{C}=0$ 时,启动 AD574 转换;当 $R/\overline{C}=1$ 时,读 AD574 转换结果。

(5)$12/\overline{8}$:为数据格式选择端。当 $12/\overline{8}=1$ 时,12 位数据线一次读出,主要用于 16 位微机系统;当 $12/\overline{8}=0$ 时,可与 8 位机接口。$12/\overline{8}$ 与 A0 配合,使 12 位数据分两次读出:A0=0 时,读高 8 位;A0=1 时,读低 4 位(数据低半字节附加零)。注意:$12/\overline{8}$ 不能用 TTL 电平控制,必须用+5V 或数字地控制。

(6)A0:字节选择线。A0 引脚有两个作用,即选择字节长度和与 8 位机接口时用于选择读出字节。在转换之前,若 A0=1,则 AD574 按 8 位进行 A/D 转换,转换时间为 $10\mu s$;若 A0=0,则按 12 位进行 A/D 转换,转换时间为 $25\mu s$。在读操作中,当 A0=0 时,高 8 位数据有效;当 A0=1 时,则低 4 位数据有效。但当 $12/\overline{8}=1$ 时,则 A0 的状态将不起作用。以上控制信号的组合控制功能如表 6-5 所示。

表 6-5 ADC 控制信号真值表

CE	$\overline{CS}$	$R/\overline{C}$	$12/\overline{8}$	A0	工作状态
0	×	×	×	×	禁止
×	1	×	×	×	禁止
1	0	0	×	0	启动 12 位转换
1	0	0	×	1	启动 8 位转换
1	0	1	接 1 脚(+5V)	×	12 位并行输出有效
1	0	1	接 15 脚(地)	0	高 8 位并行输出有效
1	0	1	接 15 脚(地)	1	低 4 位加上尾随 4 个 0 有效

(7)STS：转换结束信号。当启动 A/D 转换后，STS 信号变为高电平，表示正处于转换状态，转换完成时 STS 变成低电平，该信号可向 CPU 发中断请求或供 CPU 查询用。

(8)10VIN、20VIN：模拟输入端。

(9)REFIN、REFOUT、BIPOS：参考输入、参考输出、双极性增益补偿调节端。

(10)V_{CC}、V_{EE}、V_L：工作电源，接+15V(12V)、-15V(-12V)、+5V。

(11)DGND、AGND：数字地与模拟地。

6.3.3.3 AD574 的工作过程

AD574 的工作过程分为启动转换和转换结束后读出数据两个过程。

启动转换时，首先使 $\overline{CS}$、CE 信号有效，AD574 处于转换工作状态，且 A0 为 1 或为 0，根据所需转换的位数确定，然后使 $R/\overline{C}=0$，启动 AD574 开始转换。视选中 AD574 的片选信号，为启动转换的控制信号。转换结束，STS 由高电平变为低电平。可通过查询法，读入 STS 线端的状态，判断转换是否结束。

输出数据时，首先，根据输出数据的方式，即是 12 位并行输出还是分两次输出，以确定是接高电平还是接低电平。然后，在 CE=1，$\overline{CS}=0$，$R/\overline{C}=1$ 的条件下，确定 A0 的电平。若为 12 位并行输出，A0 端输入电平信号可高可低；若分两次输出 12 位数据，A0=0，输出 12 位数据的高 8 位，A0=1，输出 12 位数据的低 4 位。由于 AD574 输出端有三态缓冲器，所以 D_{11}~D_0 数据输出线可直接接在 CPU 数据总线上。

6.4 MCS-51 系列单片机模数和数模接口及应用

6.4.1 A/D 转换器与 CPU 的连接

1. ADC 转换的启动信号

第一，ADC 的转换启动方式有脉冲启动和电平启动之分。若是脉冲启动，则只需接口电路提供一个宽度满足启动要求的脉冲信号，即一般采用 $\overline{IOW}$ 或 $\overline{IOR}$ 的脉宽。若是电平启动，则要求启动信号的电平在转换过程中保持不变，否则(如中途撤销)会停止转换而产生错误的结果。为此，就应增加 D 触发器、单稳电路等附加电路或采用可编程并行 I/O 接口芯片来锁存这个启动信号,使之在转换过程中维持不变。

第二,ADC 的转换启动信号有单个信号启动和由多个信号组合起来的复合信号启动之分。若是由单个信号启动,如 ADC0809 的 START,则只需接口电路提供 1 个 START 正脉冲信号。若是由复合信号启动,如 AD574A 需要 $\overline{CE}=0$,$R/\overline{C}=0$,和 $\overline{CS}=0$ 三个信号同时满足要求才能启动。

2. ADC 模拟量输入的控制信号

ADC 的模拟信号输入既有多通道也有单通道。在多通道情况下,接口电路需要提供通道地址线和通道地址锁存信号线,以便选择和确定输入模拟量的通道号。而在单通道情况下,无须进行特殊处理。

3. ADC 数字量输出的控制信号

第一,在 ADC 芯片内的数据输出是否是三态锁存器。若是,则 ADC 的输出数据线可直接挂在 CPU 的数据总线上;否则,必须在 ADC 的输出数据线与 CPU 的数据总线之间外加三态锁存器才能连接。

第二,ADC 的分辨率与系统数据总线宽度是否一致。若一致,则数据只需一次传输,数据线可直接连接;若不一致,则数据需分批传输,应增加缓冲寄存器等附加电路。

4. ADC 的转换结束信号

在 A/D 转换完成之后,将会使用转换结束信号来通知中央处理器,表示转换工作已经完成。这个信号的逻辑定义因实现方式不同而有所差异:有的系统将其定义为高电平有效,有的则定义为低电平有效。无论采用何种定义,转换结束信号都可以作为查询方式、中断方式或直接内存访问 DMA 方式的申请信号,以实现相应的数据处理或传输需求。

6.4.2 A/D 转换器与 MCS‑51 系列单片机的接口与应用

1. 查询方式的 ADC 接口电路设计

(1) 设计要求:采用 ADC0808/0809,从通道 7 采集 100 个数据,采集的数据以中断方式传输到内存缓冲区,并将转换结束信号 EOC 连接到 IRQ_4 上,请求中断。

(2) 硬件设计:本接口电路要提供 ADC0808/0809 模拟量通道号选择信号、启动转换信号,读取数据允许信号。这些信号都可由 82C55A 接口芯片实现。而 EOC 的中断请求直接连接到系统总线的 IRQ_4 上。中断方式的 ADC 接口电路如图 6‑25 所示。

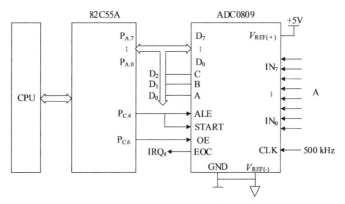

图 6‑25 中断方式的 ADC 接口电路原理

(3)软件编程:查询方式的 ADC 接口电路设计的程序流程如图 6-26 所示,整个程序分主程序和中断服务程序两部分。

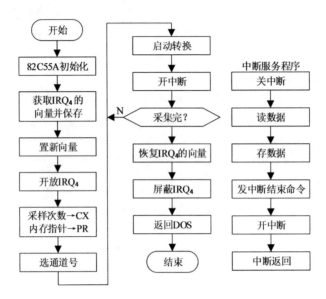

图 6-26 数据采集程序流程图

【例 6-4】中断方式数据采集的汇编语言程序段及 C 语言程序段。

中断方式数据采集的汇编语言程序段如下。

```
STACK   SEGMENT STACK 'STACK'        ;定义堆栈段
        DW 256 DUP (?)
STACK   ENDS
DATA    SEGMENT PARA DATA
        BUFFER DW 100 DUP (0)
        POINTER DW ?
DATA    ENDS
CODE    SEGMENT
ASSUME CS: CODE_SEGMENT,DS:DATA_SEGMENT,SS:STACK_SEGMENT
ADC_START: MOV AX,DATA_SEGMENT
        MOV DS,AX
        MOV AX,STACK_SEGMENT
        MOV SS,AX
        MOV CX,100              ;设置采用次数和内存指针
        MOV AX,OFFSET BUFFER
        MOV POINTER,AX
        MOV DX,303H             ; 80C55A 初始化
        MOV AL,90H
        OUT DX,AL
        NOP
        NOP
```

```
        MOV   AL,0EH
        OUT   DX,AL
        NOP                        ;等待
        NOP
        MOV   AL,0CH
        OUT   DX,AL
        NOP
        NOP
        MOV   DX,OFFSET HANDLER
        MOV   AH,25H
        INT   21H
        MOV   DX,303H              ;启动转换
        MOV   AL,0FH               ;产生 START 启动脉冲信号
        OUT   DX,AL
        NOP
        NOP
        MOV   AL,0EH
        MOV   AL,0EH
        OUT   DX,AL
        NOP
        NOP
        MOV   AL,0CH
        OUT   DX,AL
        NOP
        MOV   DI,POINTER           ;存储数据
        MOV   [DI],AL
        INC   DI
        MOV   POINTER,DI
        MOV   DX,300H
        MOV   AL,20H
        OUT   DX,AL
        LOOP  ADC_START
        MOV   AX,4C00H
        INT   21H
HANDLER PROC                       ;中断服务程序
        PUSH  AX
        PUSH  DX
        PUSH  DI
        CLI
        MOV   DX,303H
        MOV   AL,07H
```

```
            OUT     DX,AL
            MOV     DI,POINTER
            MOV     [DI],AL
            INC     DI
            MOV     POINTER,DI
            MOV     AL,20H
            OUT     20H,AL
            POP     DI
            POP     DX
            POP     AX
            STI                 ;开中断
            IRET                ;中断返回
HANDLER ENDP
CODE ENDS
END ADC_START
```

中断方式数据采集的 C 语言程序如下。

```c
#include<dos.h>
#include<stdio.h>
#define BUFFER_SIZE 100
void interrupt newIntHandler();
unsigned char buffer[BUFFER_SIZE];
int pointer=0;
void main()
{
  _disable();
  _DX=0x303;
  _AL=0x90;
  _outp(_DX,_AL);
  _asm nop;
  _asm nop;
  _AL=0x0E;
  _outp(_DX,_AL);
  _outp(_DX,_AL);
  _asm nop;
  _asm nop;
  _AL=0x0C;
  _outp(_DX,_AL);
  _asm nop;
  _asm nop;
  _DX=(unsigned int)newIntHandler;    //设置中断处理程序
  _AX=0x2525;
```

```
    _asm int 0x21;
    _DX=0x303;                          //启动转换
    _AL=0x0F;                           //产生START启动脉冲信号
    _outp(_DX,_AL);
    _asm nop;
    _asm nop;
    _AL=0x0E;
    _outp(_DX,_AL);
    _asm nop;
    _asm nop;
    _AL=0x0C;
    _outp(_DX,_AL);
    _asm nop;
    buffer[pointer++ ]=_AL;
    _DX=0x300;
    _AL=0x20;
    _outp(_DX,_AL);
    while(1)
    {
    }
}
void interrupt newIntHandler()          ;中断服务程序
{
    _disable();
    _DX=0x303;
    _AL=0x07;
    _outp(_DX,_AL);
    buffer[pointer++ ]=_AL;
    _AL=0x20;
    _outp(0x20,_AL);
    _enable();
}
```

6.4.3 D/A 转换器与 CPU 的连接

DAC 转换器与 ADC 转换器的操作有不同的特点。首先,当 DAC 工作时,只要 CPU 把数据送到它的输入端写入 DAC,DAC 就开始转换,而不需设置专门的启动信号去触发转换开始;其次,CPU 向 DAC 传输数据时,也不必查询 DAC 的状态,只要两次传输数据之间的间隔不小于 DAC 的转换时间,就能得到正确结果。正因为 DAC 不设专门的转换启动信号线和转换结束信号线,使接口对 DAC 的信号线减少,连接也就更简单。所以,接口中除了设置数据线之外,如果 DAC 芯片不带三态输入锁存器或者带有三态锁存器但分辨率大于数据总线的宽度,则需要增加附加的锁存缓冲器。为此,接口要提供一些对锁存器的锁存控制信号。

6.4.4 D/A 转换器与 MCS-51 系列单片机的接口与应用

1. DAC0832 接口设计

(1)设计要求：通过 DAC0832 转换器产生锯齿波和三角波,当按任意键时,可立即停止波形输出。

(2)硬件设计：采用 82C55A 作为 D/A 转换器与 CPU 之间的接口芯片,并把 82C55A 的 A 端口作为数据输出端,而 B 端口的 $PB_0 \sim PB_4$ 五根线作为控制信号来控制 DAC0832 的工作方式及转换操作,如图 6-27 所示。

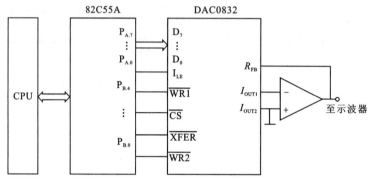

图 6-27 DAC0832 作函数波形发生器

(3)软件编程：根据设计要求产生连续的锯齿波,可知本例的 D/A 转换程序是一个循环结构,其程序流程图如图 6-28 所示。

产生锯齿波的程序段如下。若把 DAC0832 的输出端接到示波器的 Y 轴输入,运行下列程序,便可在示波器上看到连续的锯齿波波形。

【例 6-5】锯齿波发生器的汇编语言程序段及 C 语言程序段。

锯齿波发生器的汇编语言程序段如下。

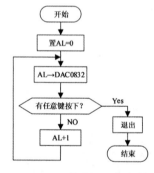

图 6-28 DAC0832 产生锯齿波的程序流程图

```
        ORG   1000H
        MOV   AL,11000000B
        OUT   20H,AL
        MOV   CX,1000H            ;设置循环次数
WAVE_LOOP:  MOV  AL,00H
            OUT  21H,AL
            INC  AL               ;递增 AL
            MOV  AH,01H
            INT  21H
            JNZ  STOP_WAVE
            LOOP WAVE_LOOP        ;循环生成波形
STOP_WAVE:  RET
        END
```

锯齿波发生器的 C 语言程序段如下。

```c
#include <stdio.h>
#include <dos.h>
#include <conio.h>
int main()
{
    outp(0x20,0xC0);          //设置 82C55A 控制字,A 端口为输出
    unsigned short int i;
    for (i=0; i<0x1000 &&!kbhit(); i++)
    {
            outp(0x21,0x00);   //输出数据到 82C55A 的 A 端口
            outp(0x21,i);      //递增 DAC0832 的输出电压
            outp(0x21,~i & 0xFF);
            if (kbhit())
              {
                  break;
              }
    }
    return 0;
}
```

若要求产生连续的三角波,则程序只需将生成锯齿波的循环修改为生成三角波的循环,程序的其他部分保持不变。三角波发生器的汇编语言程序段如下。

```
                    ;生成三角波
TRIANGLE_LOOP:  MOV   AL,00H
                OUT   21H,AL
                INC   AL              ;递增 AL
                MOV   AX,CX           ;上升阶段
                OUT   21H,AL          ;递增 DAC0832 的输出电压
                MOV   AX,CX           ;下降阶段
                NOT   AX
                OUT   21H,AL          ;递减 DAC0832 的输出电压
                MOV   AH,01H
                INT   21H
                JNZ   STOP_WAVE
                LOOP  TRIANGLE_LOOP   ;循环生成波形
STOP_WAVE:      RET
END
```

三角波发生器的 C 语言程序段如下。

```c
:
unsigned short int i;
for(i=0;i< 0x1000;i++)
{
  outp(0x21,0x00);      //输出数据到 82C55A 的 A 端口
  outp(0x21,i);         //递增 DAC0832 的输出电压
  if(kbhit())
  {
      break;
  }
return0;
}
```

思政导入　　　　　　中国"芯"需要青年力量

2020 年 7 月 25 日,中国科学院大学(以下简称国科大)在北京公布了首期"一生一芯"计划,让每一个本科生带着自研芯片毕业(徐艳茹等,2023)。该计划在国内首次以流片为目标,由 5 位国科大本科生主导完成一款 64 位 RISC-V 处理器系统级芯片(System on a Chip,SoC)的设计并实现流片。

SoC 芯片的设计是将处理器核心、存储器、输入输出接口、通信模块等集成到一个单一的芯片上,实现多个功能在一个芯片中。传统的计算机系统由多个独立的芯片组成,如处理器、内存、硬盘控制器等,这些芯片通过总线进行通信。而 SoC 芯片设计则将这些独立的功能模块集成到一个芯片中,通过高度集成和优化设计,可以实现更小的尺寸、更低的功耗和更高的性能。

独立地完成一款处理器芯片设计绝非易事,需要学习并精通包括 SoC 架构设计、处理器核设计、FPGA 模拟仿真、集成电路设计、操作系统在内的多个领域知识,还需要深入了解处理器的架构、指令集、流水线设计、缓存设计、内存管理单元等方面的知识。

让学生"手搓"芯片并非突发奇想,"一生一芯"计划最初萌芽于乌镇的一家餐馆。2018 年 11 月 8 日,第五届世界互联网大会乌镇峰会召开,经过 9 个月筹备工作,中国开发指令生态联盟正式成立。晚上在乌镇的一家餐馆庆祝时,一位老师问了个问题:"以后打算怎么做开源芯片生态?"其实这也是在 2018 年我经常思考且询问自己的一个问题,听了那位老师的问题之后,脑海中萌生了一个简略的想法:"能不能让学生参与到开源芯片生态建设中?"然后,我们就在饭桌上一边整理思路一边讨论如何将教学和开源芯片结合起来。

这也不是首例。1981 年,由美国多所知名高校共同组建的 MOSIS(Metal Oxide Semiconductor Implementation Service)项目,为大学生提供流片服务,大幅降低了芯片设计门槛,40 多年来为大学和研究机构提供流片超过 60 000 款,培养了数万名芯片设计领域研究人员。实际参与到芯片设计全过程中去,通过亲身经历和实践,在真实的项目环境中学习和应用芯片设计技术,是培养芯片设计领域实战型人才的有效方式。

"一生一芯"流片采用了 110nm 工艺流片,所以流片费用并不昂贵,首次测试时在 200MHz 下可以稳定地运行 Linux 系统。80C51 使用的是 CISC 指令集,指令集相对较大,包含丰富的操作码和寻址模式。"一生一芯"计划中的芯片使用的是开源 RISC-V 指令集架构,最初由加州大学伯克利分校的团队研发,后发展为一个全球性质的项目,全球范围内的科研机构、产业界和社区组织都积极参与到 RISC-V 生态系统的建设中。

建立良好的开放指令集生态系统对于培养人才和推动教育具有重要意义,学生和研究人员可以自主设计和定制适合需求的处理器和芯片,这也是"一生一芯"计划采用 RISC-V 指令集架构的考虑因素。RISC-V 的开放生态系统不仅可以促进产学研合作和资源共享,还可以加快相关技术的发展和商业化进程,所培养的芯片设计领域人才也会对行业发展起正向推动作用。

6.5 学赛共轭:全国大学生集成电路创新创业大赛

集成电路是信息技术产业的核心,是支撑经济社会发展和保障国家安全的战略性、基础性、先导性产业,在国民经济关键领域中起着关键作用。为贯彻落实国家集成电路发展战略重要部署,服务我国集成电路产业发展大局,创新集成电路产业人才培养模式,为集成电路产业提供大批优秀的后备人才,工业和信息化部人才交流中心决定举办全国大学生集成电路创新创业大赛。

全国大学生集成电路创新创业大赛以服务产业发展需求为导向,以提升我国集成电路产业人才培养质量为目标,打造产学研用协同创新平台,将行业发展需求融入教学过程,提升在校大学生创新实践能力、工程素质及团队协作精神,助力我国集成电路产业健康快速发展。

6.5.1 18 位高精度 ADC 设计

1. 赛题分析

高性能模数转换器是电子信息系统的核心器件,是集成电路设计领域的研究热点与难点,是最复杂、难度最大的模拟集成电路(姚宇豪和姜梅,2023)。随着无线移动通信、物联网与传感器、光传输和光通信、智能传感器等新兴应用领域的快速发展,以及雷达与精确制导、仪器仪表与医学成像等传统应用领域的技术革新,对模数转换器的性能要求不断增加。射频信号感知与测量等领域要求模数转换器覆盖宽带,同时兼顾高精度的挑战。例如电子对抗、电磁干扰等系统需要 12~14 位 10+GS/s 射频采样模数转换器,光通信与有线通信等领域需要中等精度采样率达到 64+GS/s 的模数转换器;精密工业控制与智能传感等领域要求低延时分辨率超 24 位的超高精度模数转换器。

逐次逼近寄存器型 SAR 模拟数字转换器 ADC 是采样速率低于 5Msps(每秒百万次采样)的中等至高分辨率应用的常见结构。SAR ADC 的分辨率一般为 8~16 位,相比于其他类型 ADC,具有速度快、功耗低、抗干扰能力强等优点。

2. 设计指标

(1)工作温度:-40℃~+85℃。

(2) 工作电压 V_{DD}：(3.3±0.3)V(模拟部分，数字部分电压不限)。

(3) ADC 分辨率：18 bit。

(4) 吞吐率：≥500kSPS。

(5) 外部参考 V_{REF}：2.5V。

(6) 差模输入范围：±V_{REF}。

(7) 共模输入范围：(V_{REF}/2)±50mV。

(8) 增益误差：±0.01%。

(9) 输入失调电压：±3mV。

(10) 积分非线性：±4LSB(典型值)。

(11) 微分非线性：±1LSB(典型值)。

(12) 信噪失真比：95dB@fin=1kHz，91.5dB@fin=100kHz(典型值)。

(13) 无杂散动态范围：110dB@fin=1kHz，100dB@fin=100kHz(典型值)。

(14) 功耗：≤15mW(0.5MSPS，外部参考电压)。

(15) 工艺：≤0.18μm。

3. 应用拓展

在生活中，高精度的模数芯片通常会被广泛应用于音乐设备中。当乐器或人声产生模拟音频信号时，ADC将其转换为数字信号，使其可以被音频接口、计算机或音频处理器捕捉和处理，这种数字化的过程保留了音频的原始信息，并且能够实现更高质量的录制。数字化声音的过程实际上就是以一定的频率对来自microphone等设备的连续的模拟音频信号进行模数转换得到音频数据的过程。在数字化声音时有两个重要的指标，即采样频率和采样大小。采样频率即单位时间内的采样次数，采样频率越大，采样点之间的间隔越小，数字化得到的声音就越逼真，但相应的数据量增大，处理起来就越困难。采样大小即记录每次样本值大小的数值的位数，它决定采样的动态变化范围，位数越多，所能记录声音的变化程度就越细腻，所得的数据量也越大。

HIFI，即高保真音频，是指能够在音频信号的采集、储存、传输和播放过程中尽可能地保持信号原始质量信息的音频系统。需要注意的是，HIFI并不是一种特定的设备或技术，而是一种对音频质量和重放效果的追求和标准。不同的HIFI设备和系统可能在设计、性能上有所不同，但它们通常都致力于提供高质量的音频体验。

6.5.2 数模混合信号芯片设计

数模混合通常指的是将数字信号处理和模拟信号处理结合在一起的技术或系统，其基本设计流程主要包括赛题分析、系统建模、数字电路/模拟电路划分、电路级设计与仿真和版图级设计与后仿真等(佟晓娜等，2018)。

1. 赛题分析

研究和开发数模混合信号芯片首先应从市场需求出发，选定一个研究开发的目标，然后确定数模混合信号芯片的系统定义、系统指标，在此基础上开发和选择合适的算法。

2. 系统建模

当算法确定后，将其映射成特定的结构，以利于线路设计及对各模块进行整体验证。此时，数模混合信号芯片的系统功能行为与非功能约束都要被详细说明。另外考虑到电路的混合特性,电路必须要以不同类型的方式来规范,使用连续时变和离散时变的方式来处理,可以采用方框图结构形式将其分开。目前设计者常采用 MATLAB、C 语言、SystemC、SPW 等软件进行系统设计。MATLAB 在算法工程师中应用极广,作为 DSP 算法的首选开发工具,它拥有很大的用户群。SystemC 是一种专为集成电路系统设计而开发的语言,SPW 是应用最广的系统级设计工具,在通信、视频等领域应用很多。

3. 数字电路/模拟电路划分

在这个阶段,需要根据电路的功能将数字电路和模拟电路划分开来。数字电路用来处理离散的信号,模拟电路则处理连续的信号。

4. 电路级设计与仿真

电路可通过具体的元器件如运算放大器、晶体管、电容器、逻辑门等来表征。数模混合信号芯片包括数字和模拟两部分。其中,模拟电路一般为全定制设计,采用自底向上的设计流程,进行全定制版图设计、验证、仿真;数字电路一般采用自顶向下的设计流程,进行寄存器传输级描述、寄存器传输级仿真、测试、综合、门级仿真。然后,将两种电路放在混合信号验证平台中进行混合仿真。

混合仿真可以是寄存器传输级的数字电路与晶体管级的模拟电路的混合仿真,也可以是门级或晶体管级的数字电路与模拟电路的混合仿真。目前设计者主要采用由 Siemens EDA、Synopsys 和 Cadence 等在内的多个 EDA 工具供应商提供的信号处理工具和技术进行混合仿真。

5. 版图级设计与后仿真

在这两个阶段,将整合后的电路级设计结合相关物理实现工艺,进行对相关模拟电路和数字电路的版图设计、设计规则检查、版图验证和寄生参数提取等工作。之后,通过相关的混合信号验证平台对整个系统进行混合信号电路的后仿真,通过输入包含原始信息和寄生信息的网表,对版图进行电气和工艺规则的验证,以确定版图是否满足设计要求,以及发现和修正潜在的问题。

7 MCS-51系列单片机汇编程序设计

7.1 MCS-51系列单片机汇编语言与指令系统概述

程序设计语言是用于书写计算机程序的语言,按使用层次可以划分为机器语言、高级语言和汇编语言。

机器语言是计算机能直接识别的二进制代码指令代码,无须经过翻译可以由计算机硬件直接执行,但不同的计算机都有各自的机器语言,即指令系统,机器语言程序在不同架构的计算机之间不可移植。

高级语言是一种独立于机器,面向过程或对象的语言,不受计算机硬件限制。常用的高级语言有C/C++、Java、Python等,它们通用性强,直观易懂,可读性好。

汇编语言是使用特定的助记符和符号标签来编写汇编语言指令,相对于机器语言更容易阅读和理解。每个汇编语言指令都对应着指令系统中的一条机器指令,编译时被转换成二进制代码以便计算机能够执行。不同计算机架构有自己的指令系统,所以汇编语言在不同平台上并不通用,但汇编语言相对于高级语言更接近硬件层,学习汇编语言可以对计算机的底层运行机制有更深入的了解。

7.1.1 汇编语言的特点

(1)一条汇编语句对应一条机器指令,更接近计算机硬件的底层操作。

(2)汇编语言允许直接操作计算机的硬件资源,如寄存器、内存和输入/输出设备。这种直接性使得汇编语言非常灵活。相对于高级语言,它可以更有效地利用计算机资源,编写更紧凑高效的代码。

(3)汇编语言的编程和调试比高级语言的困难。汇编语言是面向计算机的,汇编语言的程序设计人员必须对计算机硬件有深入的了解。

(4)汇编语言依赖于架构,缺乏通用性,程序不易移植,编写和维护代码可能更为复杂。

7.1.2 汇编语言指令类型及指令格式

7.1.2.1 指令类型

汇编语言的语句是在指令系统的基础上形成的,按其作用与编译情况分为汇编真实指令和伪指令两类。MCS-51系列单片机有111条汇编真实指令和7条常用汇编伪指令,它们组成了MCS-51系列单片机的汇编指令体系。

汇编真实指令是由底层硬件直接执行的指令,是汇编语言中最基本的操作,例如数据传送(MOV)、加法(ADD)、跳转(JMP)等。这些指令直接映射到不同计算机架构下的指令集,由硬件执行。

汇编伪指令是不由硬件直接执行,由汇编器处理的特殊指令,便于编写和维护汇编代码。伪指令被用于对机器汇编过程进行某种控制,如指定目标程序的起始地址、在程序存储器中建立表格、结束程序汇编等。伪指令通常不映射到机器语言指令,而是在汇编过程中被汇编器转化为真实指令或其他汇编指令。

7.1.2.2 指令格式

汇编语言指令的一般格式为:

```
[标号:] 操作码 [目的操作数][,源操作数][,第三操作数][;注释]
```

由[ ]括起来的为可选项,一条指令最多包含6个部分。例如:

```
STATT: CJNE A,#01H,Label
```

STATT 为自定义标号,CJNE 是汇编语言中的一个常见助记符,表示条件跳转指令,A 和#01H 是要比较的操作数。标签(Label)是跳转的目标地址。指令的作用是当(A)≠01H 时,程序跳转到 Label 处执行,如果它们相等,则继续执行后续的指令。

1. 标号

标号以字母起始,是由1~8个字母或数字组成的字符串。标号与操作码之间应以冒号":"分隔。标号是用户自定义的指令符号地址,但不能重复定义,代表指令源地址(指令第一字节存放的存储单元地址)。编译时会将指令源地址赋值给标号,因此在编写程序时可以在其他语句的操作数字段中引用已定义的标号作为地址或数据。

2. 操作码

操作码也称为指令助记符,是由英文缩写组成的字符串。它表明了指令执行的功能或操作性质,常用助记符及其对应指令意义如表7-1所示。

表7-1 常用助记符及其对应指令意义

助记符	指令意义
MOV	数据传送指令,用于将数据从一个位置传送到另一个位置
ADD	加法指令,用于将两个数相加
SUB	减法指令,用于将一个数减去另一个数
CMP	比较指令,用于比较两个数的大小
JMP	无条件跳转指令,用于跳转到指定地址
JE(或 JZ)	条件跳转指令,表示"跳转相等"或"跳转零"
JNE(或 JNZ)	条件跳转指令,表示"跳转不相等"或"跳转非零"
CALL	调用指令,用于调用一个子程序或函数
RET	返回指令,用于从子程序或函数返回

3. 操作数

操作数是指令操作码操作的对象,可以是参加操作的数或者参加操作的数所在的地址。MCS-51系列单片机指令操作数的具体形式可以是各种进制的数、PC 当前值、ASCII 码、指令标号、已赋值的符号名及表达式。需注意当字母作数字用时,字母前要冠以"0"。操作数包括目的操作数、源操作数和第三操作数3种。目的操作数与操作码之间以空格分隔,目的操作数与源操作数、源操作数与第三操作数之间均以逗号分隔。

(1)目的操作数:是指令将要存储结果的位置,指令执行时修改或执行后写入结果的地方,如 MOV AX,BX 中,AX 是目的操作数,指令将 BX 中的值传送到 AX。

(2)源操作数:是指令执行过程中从中读取数据的位置。以上述的 MOV AX,BX 为例,BX 是源操作数,其值被传送到 AX。

(3)第三操作数:有些指令可能涉及第三操作数,这是在一些特定的指令中使用的附加操作数。在 CJNE 指令中,用于给出相对地址偏移量。在一些算术或逻辑操作中,第三操作数可能表示一个额外的输入值。例如 ADD AX,BX,CX 中,AX 是目的操作数,BX 和 CX 是源操作数,表示将 BX 和 CX 相加的结果存储在 AX 中。

4. 注释部分

注释部分是便于阅读而添加的解释,用于说明关键指令或程序段的功能。注释部分不参与汇编过程也无对应的目标程序代码,与指令其他部分之间以分号";"分隔。

7.1.2.3 伪指令

伪指令是一种特殊类型的指令,它们并不是由底层硬件执行的真实指令,而是由汇编器处理的指令。伪指令的存在是为了方便编写和维护汇编代码,提供一些高级的抽象或宏指令,以简化编程过程。在不同的汇编语言和体系结构中,伪指令的具体集合和语法可能有所不同。下面介绍 MCS-51 系列单片机汇编语言源程序中常用的伪指令。

1. ORG(汇编起始地址命令)

指令通常放在程序的开头,用于表明程序代码开始放置的地址。命令格式为:

[标号:]   ORG   地址

其中标号是任选项,可以没有;地址项为指定的内存地址,通常为 16 位二进制绝对地址。例如:

```
ORG    1000H
START: MOV   A,#00H
       ⋮
```

例中的程序作用为将程序起始地址设定为 1000H,然后在该地址处执行一条指令将立即数 00H(常数 0)传送到累加器 ACC 中,即将 ACC 的值设置为 0。(在本节中统一使用 ACC 指代特殊功能寄存器之一的累加器或累加器的地址,使用 A 指代累加器中的内容)

2. END(汇编终止命令)

指令通常位于程序的最后一行,用于指定程序的结束点,使汇编器停止编译,生成可执行文件或其他目标文件。一个程序只能有一个 END 命令。

命令格式为:

[标号:]   END   表达式

其中标号是可选项,在主程序模块中 END 伪指令可带标号,这个标号为主程序第一条指令的符号地址。在子程序模块中 END 伪指令不应带标号。除此之外,在主程序模块中,表达式的值等于该程序模块的入口地址,其他程序模块没有表达式项。例如:

```
    ORG    1000H
START: MOV   A,#00H
    ⋮
END    START
```

3. EQU（赋值命令）

指令功能是将一个特定值赋给一个字符名称。赋值以后，可以使用字符名称在整个程序中代替该特定值。命令格式为：

字符名称　EQU　表达式

这里的字符名称不同于标号，因此不加冒号。表达式可以是常数、地址、标号或表达式。其值为 8 位或 16 位二进制数。赋值以后的字符名称既可以作地址使用，也可以作立即数使用。例如：

```
MY_CONSTANT EQU 42
MOV     AX,MY_CONSTANT
```

该指令表示把 42 的值赋给字符 MY_CONSTANT，然后将 MY_CONSTANT 传送给 AX，等效于 MOV AX,42，即将值 42 传送给 AX。

4. DB（定义字节命令）

指令通常用于在内存中分配一个或多个字节的空间，并同时初始化这些空间的值。命令格式为：

[标号:]　DB　数据表

其中标号是可选项，数据表是一字节数据或用逗号分隔开的一组字节数据；或用引号括起来的字符串。例如：

```
MY_DATA:  DB  10,20,30
```

上述指令表示将在内存中分配 3 个字节的空间，分别用 10、20 和 30 初始化。在程序中，可以通过 MY_DATA 引用这个数据。例如：

```
DB  "how old are you?","A","# "
```

表示把引号中的字符按 ASCII 码存于连续的 ROM 中。

5. DW（定义字命令）

指令通常用于在内存中分配一个或多个字节（16 位）的空间，并可以同时初始化这些空间的值。命令格式为：

[标号:]　DW　字数据表

一个数据字占 2 个字节，存放时高 8 位在前（低地址），低 8 位在后（高地址）。例如：

```
MY_ARRAY:  DW  1000H,2000H,3000H
```

上述指令表示将在内存中分配 3 个字节的空间，分别用 1000H、2000H 和 3000H 初始化。在程序中，可以通过 MY_ARRAY 引用这个数据。

6. DS（定义存储区命令）

指令用于定义存储区。命令格式为：

[标号:]　DS　表达式

表达式的值为要分配的存储区的大小，即保留多少字节的存储单元。例如：

```
BASE:    DS  100
```

表示将在内存中分配100个字节的存储区,并通过BASE引用这个存储区。又例如:

ORG 8100

DS 08H

表示从8100H地址开始,保留8个连续的存储单元。

7. BIT(位定义命令)

BIT的功能是给字符名称赋以位地址。命令格式为:

字符名称 BIT 位地址

BIT的中位地址可以是绝对地址,也可以是符号地址,即位符号名称。例如:

AQ BIT P1.1

表示把P1.1的位地址赋给变量AQ,在其后的编程中,AQ就可以作为P1.1使用。

7.1.3 汇编语言指令常用符号

为便于理解和记忆,介绍MCS-51系列单片机汇编语言指令时引入了一些特定符号,列于表7-2。在进行编程时,要将具体内容代入。

表7-2 MCS-51系列单片机汇编语言指令常用符号及其含义

符号	含义
#data	指令中的8位二进制码立即数,"#"为立即数标识符(称为前缀)
#data16	指令中的16位二进制码立即数
direct	直接寻址方式符号
addr16	16位二进制地址码。用于提供长调用(LCALL)或长跳转(LJMP)指令中16位二进制地址码,使之可调用或跳转到64KB程序存储器的任何子程序或程序段的地址空间执行
addr 11	11位二进制地址码。专为绝对调用(ACALL)或绝对跳转(AJMP)指令提供低11位(0~10)二进制地址码,原16位的高5位保持原值不变,因而只能使程序转向或调包含该ACALL或AJMP指令的下一条指令的第一个字节所在地址在内的2KB范围内的子程序或程序段的地址空间
Rn	当前程序段中选用的工作寄存器组的R0~R7,$n=0$~7
Ri	工作寄存器组中R0或R1其中的一个,只有这两组寄存器可以存储地址
@	间接寻址的前缀。如@Ri表示寄存器间接寻址
rel	用于相对转移指令中,指代相对地址偏移量。具体形式是以补码表示的8位带符号的数,范围为-128~+127
$	指代本条指令的源地址
bit	内部数据存储器(含RAM区和SFR区)中可寻址位的位地址
C	指代进位标志位,在位操作中作累加器用
/	位操作指令中用作位地址的前缀,表示对该位操作数取反(但不影响该位的原值)
(X)	X为寄存器名称或存储单元地址,(X)为该寄存器或存储单元中的内容

续表 7-2

符号	含义
((X))	X 为寄存器名称或存储单元地址,((X))表示以该寄存器或存储单元中的内容为地址的另一存储单元中的内容
←	指令操作流程符号,表示箭头左方的内容被箭头右方的内容取代

7.2 操作数寻址方式

操作数的寻址方式简称寻址方式,在汇编语言中,寻址方式描述了如何指定和访问操作数的地址。不同的寻址方式提供了不同的方式来获取数据或指定操作数。MCS-51 系列单片机共有 7 种寻址方式,如表 7-3 所示。

表 7-3 MCS-51 系列单片机的寻址方式及其寻址范围

寻址方式	寻址范围
立即寻址	程序存储器
直接寻址	程序存储器内部 RAM 区低 128 个单元(00H~7FH),SFR 区
寄存器寻址	R0~R7、A.B、C(CY)、AB、DPTR
寄存器间接寻址	内部数据存储器的 RAM 区(不含 SFR 区);外部数据存储器
变址寻址	程序存储器
相对寻址	程序存储器
位寻址	分布于内部数据存储器内的 221 个可寻址位构成的位地址空间

7.2.1 立即寻址

指令中直接给出操作数的寻址方式称为立即寻址。这种寻址方式用于表示常数或立即数,在指令执行时直接被使用。立即寻址常用于为寄存器或存储单元赋初值,该寻址方式只能用于源操作数而不能用于目的操作数。立即寻址举例如下:

```
MOV A,#45H
```

其中,45H 就是立即数,立即数以前缀"#"号为其标志。指令的功能是把立即数 45H 传送到累加器 ACC 中,示意图如图 7-1 所示。图中 E0H 为累加器 ACC 的字节地址。

在 MSC-51 系列单片机中,除了有 8 位立即数外,还有一条 16 位立即数的数据传送指令,即 MOV DPTR,#dataH,其功能是把 16 位立即数传送到数据指针 DPTR 中。例如:

```
MOV DPTR,#1234H
```

指令表示把立即数 1234H 传送到数据指针 DPTR 中,其中 12H 传送到 DPH,34H 传送到 DPL 中,示意图如图 7-2 所示。图中 DPH 的字节地址是 83H,DPL 的字节地址是 82H。

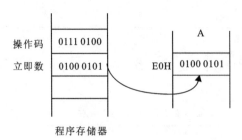

图 7-1 立即寻址指令功能示意图(8 位立即数寻址)

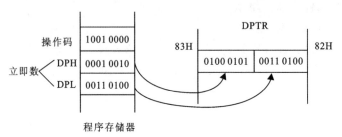

图 7-2 立即寻址指令功能示意图(16 位立即数寻址)

7.2.2 直接寻址

指令中直接给出操作数地址的寻址方式称作直接寻址,即操作数的地址是一个内存地址,直接指定了数据所在的存储位置。这种寻址方式用于直接从内存中取得数据。直接寻址方式可用于访问程序存储器,也可用于访问内部数据存储器。

直接寻址访问程序存储器用于 LJMP、LCALL、AJMP 和 ACALL 指令中,指令操作数为 addr16 或 addr11。这些指令都直接给出了程序转移目的地的地址,执行后 PC 的全部 16 位或低 11 位内容将被替换为指令操作数位置给出的地址。

直接寻址访问内部数据存储器的指令以 direct 为操作数,其寻址范围包括内部 RAM 区低 128 个单元(00H~7FH)和 SFR 区的 8 位特殊功能寄存器。访问 SFR 时 direct 不仅可以用寄存器所在单元地址,还可以用寄存器符号名称来具体化。直接寻址的指令有 3 种形式,如图 7-3 所示。

图 7-3 直接寻址的 3 种指令形式

直接寻址举例为:

```
MOV  A,45H
```

45H 就是要操作的数据所在的单元地址,如果内 RAM(45H)=36H,那么指令执行后 (A)=36H,示意图如图 7-4 所示。

```
ANL  30H,#30H
```

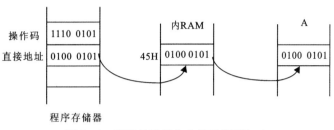

图 7-4　直接寻址指令功能示意图(一)

ANL 是逻辑"与"操作指令,第一个 30H 是寄存器或内存位置的地址,用于存储操作数,第二个 30H 是立即数,进行按位与逻辑操作的掩码值。最后,将"与"的结果存入第一个 30H 单元中,示意图如图 7-5 所示。

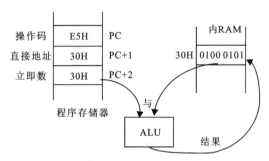

图 7-5　直接寻址指令功能示意图(二)

7.2.3　寄存器寻址

以通用寄存器的内容为操作数的寻址方式称作寄存器寻址。在寄存器寻址中,数据直接从一个寄存器读取,或者将数据直接写入寄存器。寄存器寻址的寻址空间有 R0～R7、A、B、C(CY)、AB 和 DPTR。当寄存器为 Rn 时,操作码的低 3 位指明是 R0～R7 中的哪一个。寄存器寻址的指令有 3 种形式,如图 7-6 所示。

图 7-6　寄存器寻址的 3 种指令形式

寄存器寻址举例为:

```
MOV A,R7
```

指令中 R7 就是存放源操作数据的寄存器,如果(R7)=19H,则指令执行后(A)=19H,而上述指令为:01011111,其中低 3 位 111 就表示操作数寄存器是 R7,示意图如图 7-7 所示。

7.2.4　寄存器间接寻址

以寄存器内容为地址,该地址内容为操作数的寻址方式称作寄存器间接寻址。MCS-51 系列单片机指令系统规定,以当前工作寄存器 R0 或 R1 作为间接寻址寄存器(常用 i 表示,其中 i=0 或 1),用以寻址片内或片外 00H～FFH 数据存储器字节单元,用 16 位的数据指针

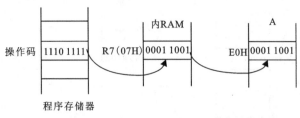

图 7-7 寄存器寻址指令功能示意图

DPTR 间接寻址外部扩展的 0000H~FFFFH 数据存储器存储空间。Ri 作为间接寻址寄存器时,由指令代码中的最低一位指定是 R0 或 R1;DPTR 作为 16 位间接寻址寄存器时属隐含,不需在指令中标明。寄存器寻址的指令有 3 种形式,如图 7-8 所示。

图 7-8 寄存器间接寻址的 3 种指令形式

寄存器间接寻址举例如下,已知(R0)=30H,(30)=40H,分析指令为:

MOV A,@R0

这是累加传送指令,设(R0)=30H,则该指令是把内部 RAM 的 30H 写入累加器 ACC 中,示意图如图 7-9 所示。

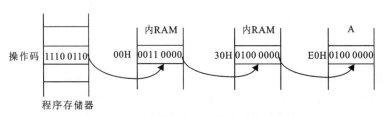

图 7-9 寄存器间接寻址指令功能示意图

7.2.5 变址寻址

变址寻址是"变址寄存器加基址寄存器间接寻址"的简称,以 DPTR 或 PC 作基址寄存器,累加器 ACC 作变址寄存器(存放 8 位无符号数),两者相加形成 16 位程序存储器地址作操作数地址。变址寻址方式只存在于 MOVC 和 JMP 两种指令中,以"@A+DPTR"或"@A+PC"的形式出现在指令操作数位置,其寻址范围为程序存储器空间,指令中"@"右边两寄存器内容相加形成的 16 位地址即为操作对象所在的单元地址。该寻址方式是单字节指令,用于读出程序存储器中数据表格中的常数(查表)到累加器 ACC 中。

寄存器间接寻址举例如下,已知(DPTR)=1234H,(A)=50H,程序存储器(1284H)=65H,分析如下执行结果:

MOVC A,@A+DPTR

该指令是指 DPTR 与 ACC 相加后的地址是 1284H。实际寻址地址是 1284H,其操作数是 65H,最后将 65H 送至累加器 ACC 中,示意图如图 7-10 所示。

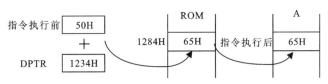

图 7-10 变址寻址指令功能示意图

7.2.6 相对寻址

相对寻址方式是以 PC 的内容为基准,加上指令中给出的相对偏移量(rel),形成新的有效转移地址,使程序转向该目的地址去执行。

相对偏移量是一个带符号的 8 位二进制数,其最高位为符号位,余下的 7 位为有效位,因此有效转移范围为以 PC 的当前值为基准,相对偏移量在－128～＋127 个字节的地址单元之间。转移的目的地址的表达式为:目的地址＝转移指令地址＋转移指令字节数＋偏移量。

由于作为基准的 PC 当前值是随程序的运行而不断变化着的动态值,因而形成的目的转移地址不是一个绝对地址,是仅相对于 PC 的当前值,故称之为相对寻址。这为程序设计中程序段的浮动带来了方便。

相对寻址的指令有 3 种形式,如图 7-11 所示。

图 7-11 相对寻址的 3 种指令形式

相对寻址举例为:

```
2000H: SJMP  06H
```

该指令是一条 2 个字节的指令,它存储在 ROM 的 2000H、2001H 这两个单元中。在执行到该指令时,首先取出该指令,由于 PC 具有自动加 1 功能,取出指令后 PC 内容已加 2,此时 PC 当前值为 2002H,地址偏移量 06H 为正值,可得转移的目的地址是 2002H＋06H＝2008H,即程序将从 2008 处开始执行。执行过程如图 7-12 所示。

图 7-12 相对寻址指令功能示意图

7.2.7 位寻址

位寻址方式仅用于位操作类的指令中,它以符号"bit"出现在指令操作数位置,代表某一可寻址位的位地址,而以该可寻址位中的一位二进制数作为指令的操作对象。位寻址的范围是由片内 221 个可寻址位构成的位地址空间(包括片内 RAM 的 128 位和 SFR 区的 93 位)。具体编程时,符号"bit"可由以下 4 种位地址表示方法取代:①直接使用位寻址区中的位地址;②采用"字节地址.位号"表示方法;③采用"特殊功能寄存器名.位号"表示方法;④使用位名称。

7.3 MCS-51系列单片机指令系统

MCS-51系列单片机指令系统是Intel公司为其该系列8位单片机设计的一套指令集。这套指令集包括了一系列操作码，每个操作码代表一个特定的操作或功能。

MCS-51系列单片机指令系统允许开发者执行数据传送、算术和逻辑运算、跳转和分支、堆栈操作等其他微控制器常用操作。从功能上可分成5种，即数据传送类指令、算术运算类指令、逻辑运算类指令、控制转移类指令和位操作类指令。

7.3.1 数据传送类指令

MCS-51系列单片机的数据传送类指令主要用于在不同的寄存器、内存位置或外部设备之间传输数据。这些指令允许程序员在单片机内部进行数据操作，从而实现各种控制和处理任务。

数据传送类指令共29条，用于实现数据的单向或双向传送操作。按操作方式不同，该类型指令可分为6类：内部8位数据传送指令（助记符MOV）、16位数据传送指令（专用于设定地址指针）、外部数据传送指令（助记符MOVX）、程序存储器数据传送指令（助记符MOVC）、内部数据存储器数据交换指令（助记符XCH、XCHD和SWAP）和堆栈操作指令（助记符PUSH和POP）。

助记符共有MOV、MOVX、MOVC、XCH、XCHD、SWAP、PUSH、POP 8种。源操作数可采用寄存器、寄存器间接、直接、立即、寄存器基址加变址5种寻址方式，目的操作数可以采用寄存器、寄存器间接、直接3种寻址方式。除涉及改变累加器ACC内容的指令外，数据传送类指令一般不影响程序状态字PSW的值。

7.3.1.1 内部8位数据传送指令

内部8位数据传送指令主要在单片机内部数据存储器单元和寄存器之间进行数据交换。这些指令的主要目的是从一个源位置复制数据到一个目标位置，同时保留源数据的原始值，通常使用助记符MOV进行表示，其传送指令的格式为：

```
MOV <目的字节>,<源字节>
```

这类指令允许多种源操作数选项，包括累加器ACC、工作寄存器Rn（其中$n=0$到7）、直接地址direct、间接寻址寄存器@Ri（其中$i=0$或1）以及立即数#data。同时，目标操作数也有多种选择，包括累加器ACC、工作寄存器Rn、直接地址和间接寻址寄存器@Ri。

图7-13为MOV类指令数据传送关系示意图，箭头表示数据传送方向，双向箭头表示可以相互传送。如图所示，MOV类数据传送指令传送范围十分广泛，包括片内数据传送的绝大部分，是编程中应用十分活跃的基础指令。

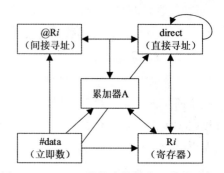

图7-13 MOV类指令数据传送关系示意图

这些内部8位数据传送指令通常根据目标

操作数的类型可以进一步分为不同的组别，形成更为明确和专用的数据传送功能。

1. 以累加器 ACC 为目的操作数的指令组

在这个组别中，数据将从源操作数传送到累加器 ACC，同时保留源操作数的原始值。这一指令组适用于需要对 ACC 进行操作或准备 ACC 以进行后续计算的情况。该指令组如表 7-4 所示。

表 7-4 以累加器 ACC 为目的操作数的指令组

操作码	目的	源操作数	功能	寻址范围	机器码
MOV	A	Rn	(A)←(Rn)	R0 - R7	11101 rrr(E8 - EFH)8 种操作码
		direct	(A)←(direct)	00 - FFH	1 1100101 direct 双字节
		@Ri	(A)←((Ri))	00 - FFH	1110011r(E6 - E7H)2 种操作码
		#data	(A)←(#data)	#00 - #FFH	01110100 data 双字节

例如需要从工作寄存器 R0 中的值复制到 ACC，并执行一些算术操作。执行指令为：

```
MOV  A,R0    ;将 R0 寄存器的内容传送到累加器 ACC
ADD  A,#10   ;累加器 ACC 的内容增加 10
```

在这个例子中，"MOV A,R0"指令将 R0 寄存器的值传送到 ACC。然后，"ADD A,#10"指令将 ACC 的值增加 10。通过这些指令，可以在 ACC 中完成数据的处理和计算，而不影响 R0 寄存器的原始值。

2. 以工作寄存器 Rn 为目的操作数的指令组

在以工作寄存器 Rn（其中 n=0~7）作为目的操作数的指令组中，数据将从源操作数传送到指定的工作寄存器 Rn，同时保留源操作数的原始值。其指令组如下表 7-5 所示。

表 7-5 以工作寄存器 Rn 为目的操作数的指令组

操作码	目的	源操作数	功能
MOV	Rn	A	(Rn)←(A)
		direct	(Rn)←(direct)
		#data	(Rn)←data

这些指令的功能主要集中在实现数据的传送和加载，将不同的数据源传送到工作寄存器 Rn，为后续的计算、逻辑操作或其他任务处理提供必要的数据基础。这些指令增强了单片机的数据处理能力，有助于优化和简化程序的编写和执行。

例如需要把累加器 ACC 中的值复制到工作寄存器 R1，并在 R1 中进行算术操作。执行指令为：

```
MOV  A,#20   ;将立即数 20 传送到累加器 ACC
MOV  R1,A    ;将累加器 A 的内容传送到工作寄存器 R1
ADD  R1,#5   ;工作寄存器 R1 的内容增加 5
```

在这个例子中，"MOV A,#20"指令将立即数 20 传送到 ACC。接着，"MOV R1,A"指令将 ACC 的值传送到工作寄存器 R1。然后,"ADD R1,♯5"指令将工作寄存器 R1 的值增加 5。通过这些指令,可以在工作寄存器 R1 中进行数据的处理和计算,而不影响 ACC 和其他寄存器的值。

3. 以直接地址 direct 为目的操作数的指令组

在以直接地址 direct 为目的操作数的指令组中,指令的目的是将数据从源操作数传送到直接指定的内存地址 direct。这种指令组主要用于在程序中直接操作或修改内存中定位置的数据。其指令组如表 7-6 所示。

表 7-6 以直接地址 direct 为目的操作数的指令组

操作码	目的	源操作数	功能
MOV	direct	A	(direct)←(A)
		Rn	(direct)←(Rn)
		direct	(direct)←(direct)
		@Ri	(direct)←((Ri))
		♯data	(direct)←data

这组指令源操作数有寄存器寻址、直接寻址、寄存器间接寻址和立即寻址等寻址方式。直接地址 direct 为 8 位直接地址,可寻址 0~255 个单元,对 MCS-51 系列单片机指令系统可直接寻址内部数据存储器 0~127 个地址单元和 128~255 地址的特殊功能寄存器。对 MCS-51 单片机指令系统而言,这 128~255 共 128 个地址单元很多是没有定义的。对定义的单元进行读写时,读出的为不定数,而写入的数将被丢失。

累加器 ACC 也可以通过直接地址来寻址,但机器码要多一个字节,执行时间会加长,即:

```
MOV  A,♯data      ;机器码为 74 data      2 个字节
MOV  0E0H,♯data   ;机器码为 75 E0 data   3 个字节
```

MOV A,♯data:这条指令将立即数 data 加载到 ACC 中,它的机器码是 2 个字节长,第一个字节为 74,第二个字节为 data 的值;MOV 0E0H,♯data:这条指令将立即数 data 存储到直接地址 E0H 指定的内存单元中。由于这里使用了直接地址寻址,并且涉及 ACC,这条指令的机器码是 3 个字节长。第一个字节是 75,第二个字节是直接地址 E0H,第三个字节是 data 的值。

因此,虽然两条指令都涉及将一个立即数存储到内存中,但由于 MOV 0E0H,♯data 指令涉及额外的地址信息,所以它的机器码和执行时间会比 MOV A,♯data 指令更长。这种细微的差别可能在编写高效的程序或对程序进行微调时变得重要,因为它会影响到程序的执行速度和内存使用。

4. 以间接寻址寄存器 Ri 为目的操作数的指令组

在以间接寻址寄存器 Ri(其中 i=0 或 1)为目的操作数的指令组中,指令主要用于将数据从源操作数传送到间接寻址寄存器 Ri 指向的内存地址。这种间接寻址方式允许程序在运行时动态地确定要访问的内存地址,提高了程序的灵活性和功能性。其指令组如表 7-7 所示。

7　MCS-51系列单片机汇编程序设计

表7-7　以间接寻址寄存器 Ri 为目的操作数的指令组

指令	目的	源操作数	功能
MOV	@Ri	A	((Ri))←(A)
		direct	((Ri))←(direct)
		#data	((Ri))←data

这组指令的核心功能是将源操作数的数据传送到由 R0 或 R1 指向内部数据存储器的特定单元中。源操作数通过寄存器、直接地址或立即数等方式确定。间接寻址寄存器 Ri 的内容实际上是一个地址，而不是直接的数据。通过使用 Ri 的内容作为地址，指令可以在执行时动态地确定数据的存储位置。

指令的操作码中的最低位用于区分是使用寄存器 R0 还是 R1。当执行指令时，Ri($i=0$ 或 1)的内容被解释为一个地址，而不是实际的操作数。这个地址所指向的内存单元的内容才是要处理或存储的实际数据。

直接寻址方式需要在编程时明确指定目标地址，而间接寻址方式允许在程序执行过程中动态确定目标地址。例如：

```
MOV  0x20,A      ;将 ACC 的内容存储到地址 0x20 中
MOV  @R0,A       ;将 ACC 的内容存储到 R0 指向的地址中
```

这两条指令显示了直接寻址和间接寻址的基本差异。在直接寻址中，目标地址(如 0x20)在编程时就已经明确定义。而在间接寻址中，目标地址是通过寄存器(如 R0)的内容在程序执行过程中动态确定的。

7.3.1.2　16位数据传送指令

```
MOV  DPTR,#data16   ; (DPTR)←data16
```

这是 MCS-51 系列单片机指令系统中唯一的一条 16 位指令。这条指令的功能是将一个 16 位的立即数 data16 装入数据指针 DPTR 中。在操作过程中，该指令会自动将数据的高 8 位存放到 DPTR 的高字节寄存器 DPH 中，并将数据的低 8 位存放到 DPTR 低字节寄存器 DPL 中，整个过程并不会对单片机的标志位产生影响。例如：

```
MOV  DPTR,#1234H
```

执行指令"MOV DPTR,♯1234H"后，数据指针 DPTR 被成功地设置为 1234H。高字节寄存器 DPH 存储了 12H，而低字节寄存器 DPL 存储了 34H。这样，整个 16 位立即数值 1234H 被有效地加载到了 DPTR 中。

7.3.1.3　外部数据传送指令

外部数据传送指令是 MCS-51 系列单片机中的一组关键操作，它们允许累加器 ACC 与外部数据存储器或 I/O 端口之间实现字节级的数据交换。

在这些指令中，可以选择间接寻址，其中有两种方式：Ri 寄存器和 DPTR。当选择使用 R0 或 R1 作为间址寄存器时，可以方便地访问 256 个外部数据存储器单元，而这些 8 位的地址和数据则通过 P0 端口进行交互。如果需要访问超过 256 个单元的片外数据存储器，可以选择使用其他输出端口来输出高 8 位地址，通常会选择 P2 端口进行这一操作。此外，使用 16

位的 DPTR 寄存器作为间址方式,可以访问整个 64KB 的片外数据存储空间,其中低 8 位 DPL 通过 P0 端口分时使用,而高 8 位 DPH 则通过 P2 端口输出。

1. 外部数据存储器或 I/O 内容送累加器 ACC

将外部数据存储器或 I/O 端口的内容传送到 ACC 时,此类指令的执行需要从外部数据存储器或 I/O 端口读取数据,并将这些数据传输到 ACC 中。在过程中,与外部设备的通信主要通过特定的控制引脚和数据端口完成。例如 P3.7 引脚可能用于输出 RD 有效信号,从而选通外部数据存储器或特定 I/O 设备,同时 P0 端口可能会分时输出低 8 位地址信息或数据内容。例如:

```
MOVX   A,@Ri
MOVX   A,@DPTR
```

这两条指令用于访问外部数据存储器。在执行第一条指令时,单片机使用 R0 或 R1 寄存器中的内容作为地址,从外部数据存储器读取一个字节的数据并将其传送到 ACC。而第二条指令则是使用 16 位的 DPTR 寄存器作为地址,从外部数据存储器中读取数据到 ACC。这两条指令提供了一种灵活的机制,使单片机能够与外部数据存储器高效地交换数据。

2. 累加器 ACC 内容送外部数据存储器或 I/O

当 ACC 的内容需要被发送到外部数据存储器或 I/O 端口时,MCS-51 单片机指令系统使用特定的指令来完成此任务。例如:

```
MOVX   @R,A
MOVX   @DPTR,A
```

第一条指令允许 MCS-51 系列单片机指令系统将 ACC 中的数据传输到由 R0 或 R1 寄存器指定的外部数据存储器地址。同样地,第二条则将 ACC 的内容写入 16 位 DPTR 寄存器所指定的外部数据存储器地址中。这种数据传输过程不仅涉及单片机的内部寄存器和总线,还需要通过适当的引脚和端口与外部设备进行通信。其中,MOVX 指令是关键的工具,允许单片机从 ACC 中直接传送数据到外部地址指定的位置。

【例 7-1】将外部数据存储器 0030H 单元内容读入累加器 ACC。

```
MOV    DPTR,#0030H
MOVX   A,@DPTR
```

本例给出了两种解决方案,第一种的指令组如上,首先执行"MOV DPTR,♯0030H"指令后,单片机会将立即数 0030H 加载到 16 位数据指针寄存器 DPTR 中,从而使得 DPTR 指向外部数据存储器的地址 0030H。然后,当执行"MOVX A,@DPTR"指令时,单片机会根据 DPTR 指示的地址 0030H 从外部数据存储器中读取内容,并将其传送到 ACC 中,完成数据的读取操作。

```
MOV    R0,#30H
MOV    P2,#00H
MOVX   A,@R0
```

第二种解决方案的指令组如上,当执行"MOV R0,♯30H"指令后,单片机会将立即数 30H 加载到工作寄存器 R0 中。接下来的"MOV P2,♯00H"指令将立即数 00H 加载到 P2 端口中。最后的"MOVX A,@R0"指令将利用 R0 中的值(30H)作为间接地址,从外部数据存储器读取内容,并将其传输到累加器 ACC 中。

7.3.1.4 程序存储器数据传送指令(查表指令)

程序存储器数据传送指令，通常也被称为查表指令，是 MCS-51 系列单片机指令系统中的一组特殊指令，用于在程序执行过程中从程序存储器读取数据，并将其传输到累加器或其他寄存器中。这类型指令有如下两条，它们均以 MOVC 为指令助记符、以 A 为目的操作数，且源操作数采用变址寻址方式。

```
MOVC  A,@A+PC
MOVC  A,@A+DPTR
```

这两条指令的功能均是从程序存储器中读取数据(如表格、常数等)，执行过程相同，其差别是基址不同，因此适用范围也不同。

【例 7-2】 求平方数(远、近程查表法)。

```
       MOV   DPTR,#TABLE         ;指向表首址
       MOVC  A,@A+DPTR           ;查表得到平方数
       MOV   20H,A               ;存平方数
HERE:  SJMP  HERE
TABLE: DB    00H,01H,04H,09H,16H ;平方表 02-92
       DB    25H,36H,49H,64H,81H
```

以上程序为远程查表法，通过远程查表的方法来计算平方数。首先，"MOV DPTR,#TABLE"指令将立即数 TABLE 的地址装载到 DPTR 寄存器中，使其指向平方数查找表的起始地址。接下来的"MOVC A,@A+DPTR"指令从查找表中取出与 A 相对应的平方数，并将其存入累加器 ACC。最后，"MOV 20H,A"将计算出的平方数保存到内存地址 20H 中。

```
       ADD   A,#rel              ;修正偏移量
       MOVC  A,@A+PC             ;查表得到平方数
       MOV   20H,A               ;存平方数
HERE:  SJMP  HERE
TABLE: DB    00H,01H,04H,09H,16H ;平方表 02-92
       DB    25H,36H,49H,64H,81H
```

以上程序为近程查表法，其中地址偏移量 rel=TABLE-(查表指令地址+1)，MOVC 指令为单字节。首先，通过"ADD A,#rel"指令对累加器 ACC 的内容进行修正，其中 rel 是一个相对于查表指令地址的偏移量，这个偏移量的计算是基于查表指令的位置和 TABLE 标签之间的差距。然后，"MOVC A,@A+PC"指令被用来从查找表中获取平方数。此处 PC 代表程序计数器，因此@A+PC 实际上是相对于查表指令位置的平方数偏移量。最后，"MOV 20H,A"指令将计算得到的平方数存储到内存地址 20H 中。

7.3.1.5 数据交换指令

在 MCS-51 系列单片机的指令集中，数据交换指令用于实现累加器 ACC 与内部数据存储单元或寄存器之间的字节(8 位)或半字节(4 位)数据的双向交换。数据交换指令共有 5 条，主要分为两种，即整字节交换指令组和半字节交换指令组，下面将分别进行介绍。

1. 整字节交换指令组

这类指令的功能是将累加器 ACC 与源操作数的字节内容互换。源操作数有寄存器寻址、直接寻址和寄存器间接寻址等寻址方式。其指令组如表 7-8 所示。

表 7-8 整字节交换指令组

操作码	目的	源操作数	功能
XCH	A	Rn A,direct A,@Ri	(A)↔(Rn)、(direct)、(Ri)

整字节交换指令组在数据交换指令中发挥重要作用,实现了 ACC 与内部数据存储单元或寄存器之间的整字节数据的双向交换。这组指令使得处理器能够高效地在累加器和存储单元之间传输完整的 8 位数据,为各种应用场景提供了灵活而方便的数据传输机制。

例如 ACC 的初始值为 0x25,内部数据存储器中地址为 0x30 的位置的值为 0x4F。执行指令为:

```
XCH    A,0x30
```

执行这段代码后,ACC 的值将变为 0x4F,而内部数据存储器地址 0x30 处的值将变为 0x25,实现了数据的交换。

2. 半字节交换指令组

半字节交换指令组主要用于实现累加器 ACC 中的半字节数据(4 位)的交换。这组指令分为两种,分别用助记符 XCHD 和 SWAP 表示,下面将分别进行介绍。

```
XCHD   A,@Ri
```

这类指令的功能是将 Ri 间接寻址单元的低 4 位内容与 ACC 的低 4 位内容互换,而它们的高 4 位内容均不变。此指令不影响标志位。

例如 (R1) = 30H,(A) = 45H(01000101B),内部数据存储器中(30H) = 66H(01100110B),执行指令为:

```
XCHD   A,@R1
```

执行这段代码后,内部数据存储器中(30H) = 01100101B = 65H,ACC 的内容(A) = 01000110B = 46H。

```
SWAP   A
```

这类指令的功能是用于交换 ACC 中的高 4 位和低 4 位,适用于需要在累加器内部进行高低位数据交换的场景,如图 7-14 所示。

假设 ACC 的初始值为 0xAB(十六进制),执行指令为:

```
MOV    A,#0xAB
SWAP   A
```

执行完这段代码后,累加器 ACC 的值将由 0xAB 变为 0xBA,实现了高低位的数据交换。SWAP 指令很方便地在累加器内部进行高低位切换,适用于一些需要对数据进行调整的应用场景。

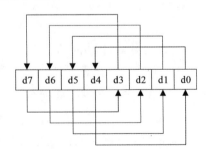

图 7-14 半字节交换指令示意图

【例 7-3】 数据交换。

```
XCH    A,10H
XCH    A,R2
XCH    A,@R0
XCHD   A,@R0
SWAP   A
```

设(A)=2CH,(R0)=10H,(R2)=0E8H,(10H)=75H,分别对累加器ACC执行以上5条指令,则执行完 XCHA,10H 指令后,(A)=75H,(10H)=2CH;执行 XCH A,R2 指令后,(A)=0E8H,(R2)=2CH;执行 XCHA,@R0 指令后,(A)=75H,(10H)=2CH;执行 XCHDA,@R0 指令后,(A)=25H,(10H)=7CH;执行 SWAPA 指令后,(A)=0C2H。

7.3.1.6 堆栈操作指令

堆栈操作指令有 2 条,分别用于数据进栈、出栈操作,其操作码分别为 PUSH 和 POP。例如:

```
PUSH   direct
POP    direct
```

第一条指令称为推入,就是将 direct 中的内容送入堆栈中,第二条指令称为弹出,就是将堆栈中的内容送回到 direct 中。推入指令的执行过程是,首先将 SP 中的值加 1,然后把 SP 中的值当作地址,将 direct 中的值送进以 SP 中的值为地址的 RAM 单元中。此操作不影响标志位。

例如中断响应时(SP)=25H,DPTR 的内容为 2003H,执行指令为:

```
PUSH   DPL      ;低 8 位数据指针寄存器 DPL 内容入栈
PUSH   DPH      ;高 8 位数据指针寄存器 DPH 内容入栈
```

执行第一条指令后,可得(SP)+1=26H→(SP),(DPL)=03H→(26H);执行第二条指令后,可得(SP)+1=27H→(SP),(DPH)=20H→(27H)。所以,在片内数据存储器中,(26H)=03H,(27H)=20H,(SP)=27H。

例如(SP)=27H,片内数据存储器的 25H~27H 单元中的内容分别为 14H、18H、35H,执行指令为:

```
POP    DPH      ;((SP))=(27H)=35H→DPH
                ;(SP)-1=27H-1=26H→SP
POP    DPL      ;((SP))=(26H)=18H→DPL
                ;(SP)-1=26H-1=25H→SP
```

在给定的指令中,通过执行 POP 指令,首先将栈中的数据 35H 弹出存储在 DPH 寄存器中,栈指针 SP 递减为 26H。接着执行第二个 POP 指令,将栈中的数据 18H 弹出存储在 DPL 寄存器中,栈指针 SP 再次递减为 25H。因此,执行结果为 DPH 寄存器的值为 35H,DPL 寄存器的值为 18H,而栈指针 SP 的值为 25H。这表示栈中的数据被成功弹出并存储在相应的寄存器中。

数据传送类指令是程序设计中用得最多的一类指令,数据传送类指令汇总见附录 9。下面是传送类指令的例题。

【例 7-4】 4 位 BCD 码倒序。

```
        MOV     R0,#2AH
        MOV     R1,#2BH
        MOV     A,@R0           ;2AH 单元内容送入 A
        SWAP    A               ;A 的高 4 位与低 4 位交换(a2 a3)
        MOV     @R0,A
        MOV     A,@R1           ;2BH 单元内容送入 A
        SWAP    A               ;A 的高 4 位与低 4 位交换(a0 a1)
        XCH     A,@R0           ;2AH 与 2BH 单元内容交换
        MOV     @R1,A
HERE:   SJMP    HERE
```

以上汇编程序的目标是将内部数据存储器中 2AH、2BH 单元中连续存放的 4 位 BCD 码数符进行倒序排列。首先，通过 MOV 指令将 2AH 单元的内容送入寄存器 A，然后使用 SWAP 指令交换 A 寄存器中的高 4 位和低 4 位，得到一个新的 BCD 码数符。接着，通过 MOV 指令将这个新的 BCD 码数符存回 2AH 单元。接下来，将 2BH 单元的内容送入 A 寄存器，同样使用 SWAP 指令得到另一个新的 BCD 码数符，再通过 XCH 指令交换 2AH 和 2BH 单元的内容，完成两个 BCD 码数符的倒序排列。最后，程序通过一个无限循环（SJMP HERE）保持在标签 HERE 处，使程序不会退出。这样，执行结果是 2AH、2BH 单元中的 BCD 码数符被倒序排列，并且程序持续执行在 HERE 标签处。

【例 7-5】 检查传送结果。

```
        MOV     R0,#30H         ;(R0)=30H
        MOV     A,@R0           ;(A)=(30H)=40H
        MOV     R1,A            ;(R1)=40H
        MOV     B,@R1           ;(B)=(40H)=10H
        MOV     @R1,P1          ;(40H)=11001010B
        MOV     P2,P1           ;(P2)=11001010B
        MOV     10H,#20H        ;(10H)=20H
```

已知内部数据存储器(10H)=00H,(30H)=40H,(40H)=10H,P1 口为 11001010B，分析指令执行后各单元内容。首先通过"MOV R0,#30H"将立即数 30H 存储到寄存器 R0 中。然后，通过"MOV A,@R0"将 R0 寄存器中的值 30H 读取到累加器 ACC 中，得到(A)=30H。接着，通过"MOV R1,A"将 ACC 的值传送到寄存器 R1 中，此时(R1)=30H。接下来，通过"MOV B,@R1"将寄存器 R1 中的值 30H 读取到寄存器 B 中，因此(B)=30H。然后，通过 MOV @R1,P1 将 P1 口的值 11001010B（二进制）写入存储器地址为 30H 的位置。此时 (30H)=11001010B。接着，通过"MOV P2,P1"将 P1 口的值传送到 P2 口，所以(P2)= 11001010B。最后，通过"MOV 10H,#20H"将立即数 20H 存储到内部数据存储器地址为 10H 的位置，因(10H)=20H。

综上所述，执行结果为：(10H)=20H,(30H)=40H,(40H)=CAH,(P1)=(P2)= CAH,(A)=40H,(B)=10H,(R0)=30H,(R1)=40H。

7.3.2 算术运算类指令

算术运算类指令通过算术逻辑运算单元 ALU 执行数据运算处理,其中包括加法、减法、乘法和除法四则运算。MCS-51 系列单片机还支持带借位的减法和比较指令,这些运算指令显著增强了单片机的运算能力。需要注意的是,ALU 仅执行无符号二进制整数的算术运算,对于带符号数则需要进行额外的处理。

具体而言,使用的助记符包括:ADD(加法)、ADDC(带进位的加法)、INC(加 1 操作)、DA(二-十进制调整)、SUBB(带借位的减法)、DEC(减 1 操作)、MUL(乘法)、DIV(除法)8 种。在这些运算中,除了加 1 和减 1 指令外,算术运算的结果会影响进位标志 CY、半进位标志 AC 和溢出标志 OV,这些标志将被置位或复位以提供额外的运算信息。

1. 加法指令

这组指令的操作码为 ADD,其指令组如表 7-9 所示。

表 7-9 加法指令组

操作码	目的	源操作数	功能
ADD	A	Rn	(A)+(Rn)→(A)
		direct	(A)+(direct)→(A)
		@Ri	(A)+((Ri))→(A)
		#data	(A)+data→(A)

这 4 条指令第一个操作数必须为累加器 ACC。执行过程如下:先把 ACC 的内容与第二个操作数的内容相加,然后把相加后的结果送回到 ACC 中。ACC 相加时作为一个加数,相加完后又用于存放结果,执行前后内容发生变化,而第二个操作数执行前后内容不变。另外,在进行加法运算过程中会影响标志位 CY、AC、OV 和 P。

无论是哪一条加法指令,参加运算的一般都是两个 8 位二进制数。对于使用者来说,这 8 位二进制数可以看成无符号数(0~255),也可以看成有符号数,即补码数(-128~+127)。例如对于一个二进制数 10011011,用户可以认为它是无符号数,即为十进制数 155,也可以认为它是有符号数,即为十进制负数-101。但计算机在作加法运算时,总按以下规定进行。

(1)在求和时,只是把两个操作数直接相加,而不做其他任何处理。例如若 A=10011011,R0=01001011 或 11001011,执行指令"ADD A,R0"时,其加法过程如下图 7-15 所示,相加后 A=11100110 或 01100110,若认为是无符号数,则表示十进制数 230 或 102;若认为是有符号数,则表示十进制数-26 或+102。

(2)对于进位标志 CY,当相加时最高位向前还有进位则置 1,否则清 0。对于两个无符号数相加,若进位标志 CY 置 1,则表示溢出(超过 255);对于有符号数,进位标志没有意义。加法过程如图 7-15 所示。

(3)对于溢出标志 OV,当相加的两个操作数最高位相同,而结果最高位不同,则溢出标志 OV 置 1,否则清 0。溢出标志用于有符号数的溢出判断,对于无符号数没有意义。当一个为正数(符号位为 0)和一个负数(符号位为 1)相加时,结果肯定不会溢出,OV 清 0;当两个正数(符号位为 0)相加结果为负数(符号位为 1),或者两个负数(符号位为 1)相加结果为正数(符

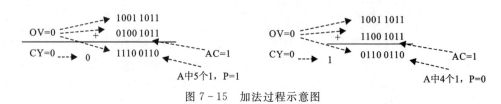

图 7-15 加法过程示意图

号位为 0),结果都会溢出,超出有符号数的范围(-128~+127),溢出标志 OV 置 1。

(4)辅助进位标志 AC,相加时低 4 位向高 4 位有进位置 1,否则清 0。

(5)对于奇偶标志 P,当运算结果中 1 的个数为奇数置 1,否则清 0。

例如(A)=C3H,(R1)=AAH,执行指令为:

ADD A,R1

$$
\begin{array}{r}
11000011B \\
+10101010B \\
\hline
01101101B
\end{array}
$$

(A)=6DH,CY=1,OV=1,AC=0,P=1

由计算过程可知,和的第 3 位无进位,所以 AC=0;和的第 7 位有进位,所以 CY=1;第 6 位无进位而第 7 位有进位,故 OV=1。两个带符号数相加,即出现两个负数相加,结果为正数的错误。

2.带进位加法指令

带进位的加法指令用于实现多字节的加法运算。它们与不带进位的加法指令一一对应,区别仅是操作码中多了字母"C",这代表参与加法运算的除了目的操作数和源操作数外还有指令执行前进位标志 CY 的数值,这组指令的操作码为 ADDC,其指令组如表 7-10 所示。

表 7-10 带进位加法指令组

操作码	目的	源操作数	功能
ADDC	A	Rn	(A)←(A)+(Rn)+(CY)
		direct	(A)←(A)+(direct)+(CY)
		@Ri	(A)←(A)+((Ri))+(CY)
		#data	(A)←(A)+data+(CY)

上表展示了带进位加法指令组,包括将工作寄存器 Rn、直接操作数 direct、间接地址存储器中的内容@Ri 或立即数♯data,与累加器 ACC、当前进位标志 CY 的内容相加。这类指令经常用于处理多字节数的相加,如实现 16 位、32 位等位数的加法运算。

例如设(A)=C3H,(R0)=AAH,执行指令为:

ADDC A,R0

$$
\begin{array}{r}
11000011 \\
+10101010 \\
+1(CY) \\
\hline
01101110
\end{array}
$$

(A)=6EH,CY=1,OV=1,AC=0

由计算过程可知,和的第 3 位无进位,所以 AC=0;和的第 7 位有进位,所以 CY=1,因此计算中应加上进位 1;第 6 位无进位而第 7 位有进位,故 OV=1,即溢出标志为 1,两个带符号数相加,即出现两个负数相加,结果为正数的错误。

3. 加 1 指令

这组指令的操作码为 INC,其指令组如表 7-11 所示。

表 7-11 加 1 指令组

操作码	目的	源操作数	功能
INC	Rn	Rn	(Rn)←(Rn)+1
	direct	direct	(direct)←(direct)+1
	@Ri	@Ri	((Ri))←((Ri))+1
	A	A	(A)←(A)+1
	DPTR	DPTR	(DPTR)←(DPTR)+1

这组指令的功能是将工作寄存器 Rn、片内数据存储器单元中的内容、间接地址存储器中的 8 位二进制数、累加器 ACC 和数据指针 DPTR 的内容加 1,相加的结果仍存放在原单元中,这组指令不影响各个标志位。

例如(R0)=7EH,(7EH)=FFH,(7FH)=40H。执行指令为:

```
INC    @R0        ;FFH+1=00H 仍存入(7EH)
INC    R0         ;7EH+1=7FH 存入(R0)
INC    @R0        ;40H+1=41H 存入(7FH)
```

初始时寄存器(R0)的内容为 7EH,(7EH)存储器单元中的内容为 FFH,而(7FH)存储器单元中的内容为 40H。首先,执行"INC @R0"指令,将(7EH)中的 FFH 加 1 得到 00H,并将结果存储回(7EH)。接着,执行"INC R0"指令,将(R0)中的 7EH 加 1 得到 7FH,并将结果存储回(R0)。最后,执行"INC @R0"指令,将(7FH)中的 40H 加 1 得到 41H,并将结果存储回(7FH)。

```
(R0)=7FH,(7EH)=00H,(7FH)=41H
```

因此,整个过程的执行结果是,(7EH)中的内容由 FFH 变为 00H,(R0)中的内容由 7EH 变为 7FH,(7FH)中的内容由 40H 变为 41H。这是通过使用 INC 指令进行逐步增加操作,分别对存储器单元和寄存器进行加 1 操作的结果。

4. 二-十进制调整指令

在 MCS-51 系列单片机指令系统中,十进制调整指令只有一条为:

```
DA  A
```

它只能用在 ADD 或 ADDC 指令的后面,用来对两个二位压缩的 BCD 码数通过用 AD 或 ADDC 指令相加后存于累加器 ACC 中的结果进行调整,使之得到正确的十进制结果。通过该指令可实现两位十进制 BCD 码的加法运算。本指令是根据 A 的原始数值和 PSW 的状态,决定是否对 A 的高低 4 位进行加 06H 的操作,调整过程如下。

(1)若 A 的低 4 位为十六进制的 A~F 或辅助进位标志 AC 为 1,则 A 低 4 位加 0110B

(06H)调整。例如：

(A0~3)+6→(A0~3)

运算结果进行低4位加6修正，即(A)=(A)+06H。

(2)若A的高4位为十六进制的A~F或进位标志CY为1，则A高4位加0110B(06H)调整。例如：

(A4~7)+6→(A4~7)

运算结果进行高4位加6修正，即(A)=(A)+60H。

【例7-6】 加法运算BCD调整。

```
MOV   A,R3
ADD   A,R2
DA    A
MOV   R5,A
```

在R3中有十进制数67，在R2中有十进制数85，用十进制运算，运算的结果放于R5中。十进制数67在R3中的压缩BCD码表示为01100111B(67H)，十进制数85在R2中的压缩BCD码表示为10000101B(85H)，加法过程与调整过程如下所示。

```
              0110 0111
   加  →   +  1000 0101
              ─────────
              1110 1100    ← 低4位为十六进制C
低位调整 → +       0110
              ─────────
              1111 0010    ← 高4位为十六进制F
高位调整 → +  0110
              ─────────
           1  0101 0010
```

加法过程得到的结果为11101100B(ECH)。调整过程分两步：首先，低4位为十六进制数C，低4位加0110(6)调整；其次，低4位调整后高4位为十六进制的F，再对高4位加0110(6)调整。调整后的进位放于CY中作为结果的最高位，所以调整后结果为000101010010(152)。

【例7-7】 多字节无符号BCD码数相加。

```
MOV   R0,#50H    ;被加数首址
MOV   R1,#60H    ;加数首址
MOV   A,@R0      ;取被加数
ADD   A,@R1      ;与加数相加
DA    A          ;二-十进制调整
MOV   40H,A      ;存和的低8位
INC   R0         ;修正地址
INC   R1
MOV   A,@R0      ;高位相加
ADDC  A,@R1
DA    A          ;二-十进制调整
MOV   41H,A      ;存和的高8位
```

两个4位BCD码分别存在内部数据存储器的50H、51H和60H、61H单元中，编写以上

指令程序，求得两个 BCD 码数之和并将结果存入内部数据存储器 40H、41H 单元。分析过程如下：首先，使用 MOV 指令将被加数的首址 50H 和加数的首址 60H 加载到 R0 和 R1 寄存器中；然后，通过 MOV A,@R0 和 ADD A,@R1 分别取被加数和加数，并将它们与 A 相加；最后，通过 DA A 进行二-十进制调整，将和的低 8 位存储在内部数据存储器的 40H 单元中。

继续执行修正地址的 INC R0 和 INC R1 指令后，再次使用"MOV A,@R0"和"ADDC A,@R1"取高位相加，并通过 DA A 进行二-十进制调整。最后，通过"MOV 41H,A"将和的高 8 位存储在内部数据存储器的 41H 单元中。

这一过程综合运用了 MOV、ADD、ADDC、DA 等指令，完成了 BCD 码的加法运算，并将结果正确存储在指定的内部数据存储器单元中。

5. 带借位减法指令

在 MCS-51 系列单片机指令系统中，没有一般的减法指令，只有带借位的减法指令。第一个操作数也必须是 A。执行过程为：先用 A 减去第二个操作数的内容，再减借位标志 CY，最后把结果送回给 A。与加法运算类似，SUBB 指令既可作无符号数运算，又可作有符号数运算。这组指令的操作码为 SUBB，其指令组如表 7-12 所示。

表 7-12 带借位减法指令组

操作码	目的	源操作数	功能
SUBB	A	Rn	(A)-(Rn)-(CY)→(A)
		direct	(A)-(direct)-(CY)→(A)
		@Ri	(A)-((Ri))-(CY)→(A)
		#data	(A)-data-(CY)→(A)

这组指令的功能是从 A 中减去进位 CY 和指定变量，差存入 A 中。减法指令也影响标志 CY、AC、OV 和 P。其中，借位标志 CY 可作为无符号数比较大小的标志。当 A 大于第二个操作数的内容，则 CY 清 0；若 A 小于第二个操作数的内容，则 CY 置 1。借位标志 CY 对无符号数没有意义。溢出标志 OV 对无符号减法没有意义。溢出标志 OV 也用于溢出判断，对于减法，当正数（符号位为 0）减正数或负数减负数，结果肯定不会溢出，OV 清 0；当正数减负数结果为负数或负数减正数结果为正数，结果超出范围，则溢出，OV 置 1。

对于辅助借位标志 AC，如果相减时低 4 位向高 4 位有借位则置 1，否则清 0。针对奇偶标志 P，结果中 1 的个数为奇数时，置 1，否则清 0。

需要注意的是，在 MCS-51 系列单片机指令系统中没有不带借位的减法。如果需要，可以在"SUBB"指令前，用"CLR C"指令将 CY 先清零。

例如(A)=C9H,(R2)=54H,(CY)=1。执行指令为：

```
SUBB    A,R2
```

```
        1100 1001
    —   0101 0100
    —   0000 0001
        0111 0100
```

(A)=74H,CY=0,AC=0,OV=1

执行结果如上,可得若作为无符号数,则结果是正确的;反之,C9H 和 54H 是两个有符号数,则由于溢出,表明运算结果是错误的,因为负数减正数其差不可能为正数。

6. 减 1 指令

减 1 指令共有 4 条,这类指令的操作码为 DEC,其指令组如表 7‑13 所示。

表 7‑13　减 1 指令组

操作码	目的	源操作数	功能
DEC	Rn	Rn	(Rn)-1→(Rn)
	direct	direct	(direct)-1→(direct)
	@Ri	@Ri	((Ri))-1→((Ri))
	A	A	(A)-1→(A)

与加 1 指令类似,减 1 指令不会影响 PSW 中的标志位,包括 AC、OV、CY。值得注意的是,在 MCS‑51 系列单片机的指令系统中,并没有提供 DPTR 减 1 的指令。

例如(A)=0FFH,(R7)=0FH,(30H)=0F0H,(R0)=40H,(40H)=00H,执行指令为:

```
DEC   A
DEC   R7
DEC   30H
DEC   @R0
```

在执行指令过程中,累加器 ACC 中的值从 0xFF 减少为 0xFE,寄存器 R7 中的值从 0x0F 减少为 0x0E,内部数据存储器单元 30H 的值从 0xF0 减少为 0xEF,而 R0 寄存器指向的内部数据存储器单元的值从 0x40 减少为 0x3F。这些减 1 操作都不会影响标志位。

7. 乘法/除法指令

算术运算类指令中乘法指令和除法指令各有一条,都是单字节指令,下面分别进行介绍。

(1)乘法指令:是将 A 和 B 寄存器中的 2 个 8 位无符号整数进行相乘,结果为 16 位无符号数,高 8 位存于 B 中,低 8 位存于 A 中。若相乘结果大于 255,也就是 B 的内容不为 0 时,溢出标志位 OV 置 1,否则置 0。乘法指令执行后,CY 总是被清 0。执行指令为:

```
MUL   AB
```

例如(A)=4EH,(B)=5DH,则执行上述乘法指令后,结果为:(B)=1CH,(A)=56H(即乘积为 1C56H),OV=1,CY=0。

(2)除法指令:在除法指令中,被除数在 A、除数在 B 中,两个数均为 8 位无符号整数。相除结果是,商存于 A,余数存于 B。若除数为 0,溢出标志位 OV 置 1,否则置 0。除法指令执行后,CY 总是被清 0。执行指令为:

```
DIV   AB
```

例如(A)=FBH(251D),(B)=12H(18D)。执行指令为:

```
DIV   AB
```

执行结果:(A)=0DH(商为 13),(B)=11H(余数为 17),OV=0,CY=0。

【例7-8】 数的码制转换。

```
BINBCD: MOV     B,#100
        DIV     AB          ;A÷100,百位数在A,余数在B
        MOV     30H,A       ;百位数送30H
        MOV     A,B         ;将余数放在A
        MOV     B,#0AH
        DIV     AB          ;余数÷10,十位数在A低4位,个位数在B
        SWAP    A           ;十位数放A的高4位
        ADD     A,B         ;十位数和个位数组合后送31H
        MOV     31H,A
        RET
```

把累加器ACC中无符号二进制整数（00～FFH）转换为三位压缩BCD码（0～255）并存入片内数据存储器30H和31H单元。在这段汇编代码中，首先用A除以100，得到百位数并将其存储在片内数据存储器30H单元中。接着，将余数赋给A，再用A除以10，得到十位数和个位数。通过SWAP指令将A的十位数移到高4位，然后与B中的个位数相加，得到最终结果。最终，百位数存储在30H单元，十位数和个位数组合后存储在31H单元。

这个过程实现了将无符号二进制整数转换为三位压缩BCD码的功能，结果存储在30H和31H单元。

7.3.3 逻辑运算类指令

逻辑运算类指令包括ANL（与）、ORL（或）、XRL（异或）、RL（循环左移）、RLC（带进位循环左移）、RR（循环右移）、RRC（带进位循环右移）、CPL（按位取反）、CLR（清零）9种指令。这些指令主要用于对寄存器和内部数据存储器中的数据进行按位逻辑操作，如位的设置、清除、求反，以及位的移位。重要的是，逻辑运算的结果不会影响PSW（程序状态字）中的标志位。

1. 逻辑"与"运算指令

逻辑"与"运算指令有6条，助记符为ANL，用符号"∧"表示，其指令组如表7-14所示。

表7-14 逻辑"与"运算指令组

操作码	目的	源操作数	功能
ANL	A	Rn	(A)∧(Rn)→(A)
		Direct	(A)∧(direct)→(A)
		@Ri	(A)∧(Ri)→(A)
		#data	(A)∧data→(A)
	direct	A	(direct)∧(A)→(direct)
		#data	(direct)∧data→(direct)

其中，前4条指令均以累加器ACC为目的，后2条指令以直接地址direct单元为目的，指令功能是将目的地址单元中的操作数和源地址单元中的操作数按位相"与"，并将其结果放回目的地址单元中，常用于屏蔽字节数据中的某些位。

例如(A)=1FH,(30H)=83H,执行指令为：

```
ANL   A,30H
```

$$\begin{array}{r}00011111\\ \wedge\ 10000011\\ \hline 00000011\end{array}$$

通过分析计算可得执行结果为：(A)=03H,(30H)=83H。

【例7-9】数据屏蔽。

```
MOV   A,#0F0H    ;将掩码 0F0H 加载到累加器 ACC 中
ANL   P1,A       ;对 P1 进行数据屏蔽,只保留 A 掩码位为 1 的部分
```

已知例中(P1)=FFH,在这个例子中,执行了对端口 P1 的数据屏蔽和清除操作。通过使用累加器 ACC 加载掩码 0F0H,然后对 P1 进行按位"与"运算,可得执行结果(P1)=F0H。保留了掩码中为 1 的位,将 P1 的低 4 位清 0。这样的操作使得端口 P1 的低 4 位数据被屏蔽为 0,而高 4 位保持不变,实现了对 P1 的数据清除和屏蔽的优化操作。

2. 逻辑"或"运算指令

字节操作的逻辑"或"运算指令有 6 条,这组指令的助记符为 ORL,用符号"∨"表示,其指令组如表 7-15 所示。

表 7-15 逻辑"或"运算指令组

操作码	目的	源操作数	功能
ORL	A	Rn	(A)∨(Rn)→(A)
		direct	(A)∨(direct)→(A)
		@Ri	(A)∨((Ri))→(A)
		#data	(A)∨data→(A)
	direct	A	(direct)∨(A)→(direct)
		#data	(direct)∨data→(direct)

逻辑"或"运算指令的功能是将目的地址单元中 8 位操作数和源地址单元中的操作数按位相"或",并将其结果放回目的地址单元中,常用作指定位强迫置位为 1。

例如(A)=B3H(10110011B),(R0)=85H(10000101B),执行指令为：

```
ORL   A,R0
```

$$\begin{array}{r}10110011\\ \vee\ 10000101\\ \hline 10110111\end{array}$$

通过分析计算可得执行结果为：(A)=B7H,(R0)=85H。

3. 逻辑"异或"运算指令

逻辑"异或"运算指令有 6 条,这组指令的助记符为 XRL,用符号"⊕"表示,其运算规则为：

0⊕0=0   1⊕1=0   0⊕1=1   1⊕0=1

其指令组如表 7-16 所示。

表 7-16 逻辑"异或"运算指令组

操作码	目的	源操作数	功能
XRL	A	Rn	(A)⊕(Rn)→(A)
		direct	(A)⊕(direct)→(A)
		@Ri	(A)⊕((Ri))→(A)
		#data	(A)⊕data→(A)
	direct	A	(direct)⊕(A)→(direct)
		#data	(direct)⊕data→(direct)

其中，前 4 条指令均以累加器 ACC 为目的，后 2 条指令以直接地址 direct 单元为目的，指令功能是将目的地址单元中的操作数和源地址单元中的操作数按位相"异或"，其结果放回目的地址单元中。常用于对目的操作数的某些位取反或用于判断两个数是否相等，若相等则结果为 0。

例如(A)=A3H(10100011B)，(R0)=45H(01000101B)。执行指令为：

```
XRL  A,R0
```

```
     10100011
  ⊕  01000101
  ----------
     11100110
```

通过分析计算可得执行结果为：(A)=E6H，(R0)=45H。

4. 累加器循环移位指令

累加器循环移位指令的操作对象为累加器 ACC，包括带进位 C 和不带进位 C 的循环左移与循环右移等 4 条指令。对于带进位的循环移位，C 的状态由移入的数位决定，其他状态标志位不受影响。

(1) 循环右移指令：它是将累加器 ACC 的内容逐位循环右移一位，并且 d0 的内容移到 d7，如图 7-16 所示。此操作不影响标志位。执行指令为：

```
RR  A
```

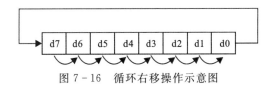

图 7-16 循环右移操作示意图

例如：(A)=A5H(10100101)，执行指令为：

```
RR  A
```

通过将其逐次向右移位可得执行结果为：(A)=D2H(11010010B)

(2) 带进位循环右移指令：带进位循环右移指令与循环右移指令均是将累加器 ACC 的内容逐位循环右移一位，不同的是，带进位循环还要带进位标志 CY 进行循环移位。并且 d0 移入进位 CY，CY 的内容移到 d7，如图 7-17 所示。此操作不影响 CY 之外的标志位。执行指令为：

```
RRC  A
```

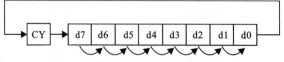

图 7-17　带进位循环右移操作示意图

例如:设(A)=D2H(11010010B),CY=1,执行指令为:

```
RRC  A
```

将其带进位 CY 逐次向右移位得执行结果:(A)=E9H(11101001B),CY=0。

(3)循环左移指令:它是将累加器 ACC 的内容逐位循环左移一位,并且 d7 的内容移到 d0,如图 7-18 所示。此操作不影响标志位。执行指令为:

```
RL  A
```

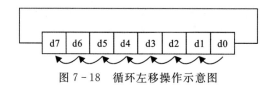

图 7-18　循环左移操作示意图

例如(A)=4AH(01001010B),执行指令为:

```
RL  A
```

通过将其逐次向左移位可得执行结果为:(A)=94H(10010100B)。

(4)带进位循环左移指令:带进位循环左移指令与循环左移指令均是将累加器 ACC 的内容逐位循环左移一位。不同的是,带进位循环还要带进位标志 CY 进行循环移位。并且 d7 移入进位 CY,CY 的内容移到 d0,如图 7-19 所示。此操作不影响 CY 之外的标志位。执行指令如下:

```
RL  A
```

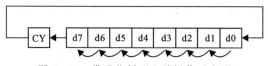

图 7-19　带进位循环左移操作示意图

例如(A)=3AH(00111010B),CY=1,执行指令为:

```
RLC  A
```

将带进位 CY 逐次向左移位得:(A)=75H(01110101B),CY=0。

【例 7-10】字节移位。

```
CLR   C
MOV   A,R3
RLC   A        ;低字节左移一位,位 0 补零,位 7 进入 CY
MOV   R3,A
MOV   A,R2
RLC   A        ;高字节左移一位,CY 状态进入位 8,位 15 进入 CY
MOV   R2,A
```

将 R2、R3 中的一个双字节数左移一位，最低位补零，最高位存 CY 中，假设 R2 存放的是高字节，R3 中为低字节，执行指令如上。这段指令序列是对 R2、R3 中的一个双字节数进行左移一位的操作。首先，从低字节 R3 开始，通过 RLC 指令实现左移一位，将最低位补 0，并将原最低位的值存储到进位标志位 CY 中。然后，将结果移回 R3。接着，从高字节 R2 开始，同样通过 RLC 指令实现左移一位，但这次最低位的值是来自上一步操作的进位标志位 CY，同时最高位的值会进入新的进位标志位 CY。最后，将结果移回 R2。这样，整个操作完成了对 R2、R3 中的双字节数左移一位的过程。

5. 累加器按位取反指令

累加器按位取反指令实现对累加器的内容逐位取反，结果仍存在 A 中。此操作不影响标志位。执行指令为：

CPL A

例如(A)=23H(00100011B)，执行指令为：

CPL A

通过将其内容逐位取反可得执行结果为：(A)=DCH(11011100B)。

6. 累加器清 0 指令

累加器清 0 指令实现对累加器 ACC 进行清 0，此操作不影响标志位。执行指令为：

CLR A

例如(A)=44H，执行指令为：

CLR A

通过将其内容进行清 0 可得执行结果为：(A)=00H。

7.3.4 控制转移类指令

程序的顺序执行是由 PC 自动加 1 来实现的，但在应用系统中，往往会遇到一些情况，需要强迫改变程序执行顺序，如调用子程序、根据检测值与设定值的比较结果要求程序转移到不同的分支入口等。

MCS-51 系列单片机指令系统控制转移类指令通常用于实现循环结构和分支结构，共有 17 条，包括无条件转移指令、条件转移指令、子程序调用指令、返回指令和空操作指令。指令助记符有 LJMP、AJMP、SJMP、JMP、JZ、JNZ、CJNE、DJNZ、LCALL、ACALL、RET 和 RETI。

7.3.4.1 无条件转移指令

无条件转移指令是指当执行该指令后，程序将无条件地转移到指令指定的地方去。无条件转移指令包括相对转移指令(短转移指令)、绝对转移指令、长转移指令、间接转移指令。其指令组如表 7-17 所示。

表 7-17 无条件转移指令组

操作码	目标地址	机器码
SJMP	rel	80 rel
AJMP	addr11	a10 a9 a8 00001 a7~a0
LJMP	addr16	02 addr15~8 addr7~0
JMP	@A+DPTR	73

这类指令的功能是程序无条件地转移到各自指定的目标地址去执行,不同的指令形成的目标地址不同。

1. 相对转移指令(短转移指令)

SJMP 指令为双字节相对转移指令,操作数采用相对寻址方式,助记符为 SJMP,执行指令为:

```
SJMP    rel    ; PC←PC+2+rel
```

助记符后面的操作数 rel 是 8 位带符号补码数。执行时,先将程序指针 PC 的值加 2(该指令长度为 2 个字节),然后再将 PC 的值与指令中的位移量 rel 相加得到转移的目的地址,即当前 PC 值=SJMP 指令所在地址+SJMP 指令的字节数(指令长度为 2 个字节)+rel。

程序可以无条件向前或向后转移,rel 值大于 80H,程序向地址减小的方向转移;rel 值小于 80H,程序向地址增大的方向转移。转移的范围仅为以当前 PC 值为基础,向前 128 个单元、向后 127 个单元的范围,因而被称为"短转移指令"。

例如在 MCS-51 系列单片机汇编程序设计中,通常用到一条 SJMP 指令:

```
SJMP    $
```

该指令的功能是在自己本身上循环,进入等待状态。其中,符号 $ 表示转移到本身,它的机器码为 80FEH。在程序设计中,程序的最后一条指令通常用它,使程序不再向后执行以避免执行后面的内容而出错。

2. 绝对转移指令

绝对转移指令为双字节指令,助记符为 AJMP,执行指令为:

```
AJMP    addre11
```

助记符后面带的是目的地址中低 11 位直接地址,执行时先将程序指针 PC 的值加 2(该指令长度为 2 个字节),然后把指令中的 11 位地址 addr11 送给程序指针 PC 的低 11 位,而程序指针的高 5 位不变,执行后转移到 PC 指针指向的新位置。

由于 11 位地址 addr11 的范围是 00000000000~11111111111,即 2KB 范围,而目的地的高 5 位不变,所以程序转移的位置只能是和当前 PC 位置(AJMP 指令地址加 2)在同一 2KB 范围内。转移可以向前也可以向后,指令执行后不影响标志位。

例如(PC)=0456H,标号 JMPADR 所指的单元为 0123H,执行指令为:

```
AJMP    JMPADR    ; 机器码:00100001 00100011
```

执行结果程序转向为(PC)=0123H。

3. 长转移指令

长转移指令为三字节指令,助记符为 LJMP,执行指令如下:

```
LJMP    addre16
```

长转移指令以指定的 16 位目标地址全面替换 PC 的值,使程序可以转移到 64KB 程序存储器空间任一指令去执行,因为被称为"长转移指令"。

例如 ROM 的(0000H)~(0002H)中执行指令为:

```
LJMP    1000H
```

MCS-51 系列单片机上电复位后先执行上述 LJMP 指令,然后程序无条件转至 1000H 单元去执行某指令段。

4.间接转移指令

间接转移指令为单字节指令,采用变址寻址方式,助记符为 JMP,执行指令为:

```
JMP    @A+DPTR
```

它是 MCS-51 单片机指令系统中唯一一条间接转移指令,转移的目的地址是由数据指针寄存器 DPTR 的内容与累加器 ACC 中的内容相加得到,指令执行后不会改变 DPTR 及 A 中原来的内容。DPTR 的内容一般为基址,A 的内容为相对偏移量,在 64KB 范围内无条件转移。在 MCS-51 系列单片机中,这条指令可以和一个无条件转移指令表一起实现多分支转移程序,因而又称为多分支转移指令。

例如(A)=5,(DPTR)=4567H。执行指令为:

```
JMP    @A+DPTR
```

执行结果为:(PC)=(A)+(DPTR)=05H+4567H=456CH,所以程序转向 456CH 单元。

【例 7-11】散转程序设计。

```
        MOV     R1,A            ;(A)×3
        RL      A
        ADD     A,R1
        MOV     DPTR,#TABLE     ;散转表首地址送 DPTR
        JMP     @A+DPTR
TABLE:  LJMP    PM0             ;转程序 PM0
BTABLE+3:LJMP   PM1             ;转程序 PM1
PM0:    …
PM1:    …
```

该程序的功能为根据 A 中的数值实现程序散转,给定的指令程序实现了一种散转程序设计。首先,将 A 的值乘以 3,结果存储在 R1 中;然后,通过循环左移 RL 将 A 的值左移一位;接下来,将 R1 与 A 相加,得到新的 A 值。将散列表的首地址 TABLE 加载到 DPTR 寄存器中,然后通过 A+DPTR 的方式跳转到目标地址。目标地址对应的表格中包含两个不同散列值(PM0 和 PM1)的转移指令入口地址,它们分别跳转到程序 PM0 和 PM1 的执行点。

总体而言,这个程序实现了基于散列函数的跳转机制,通过散列表来分散程序的执行流。

7.3.4.2 条件转移指令

条件转移指令是指当条件满足时,程序转移到指定位置,条件不满足时,程序将继续顺次执行。在 MCS-51 系列单片机系统中,条件转移指令有 3 种:累加器 ACC 判零条件转移指令、数值比较转移指令、减 1 不为 0 转移指令。

1.累加器 ACC 判零条件转移指令

该组指令以累加器内容是否为零作为判断转移的条件,包括以下 2 条双字节指令:

```
JZ      rel     ;若(A)=0,则(PC)=(PC+2)+rel
                ;若(A)≠0,则(PC)=(PC)+2
JNZ     rel     ;若(A)≠0,则(PC)=(PC+2)+rel
                ;若(A)=0,则(PC)=(PC)+2
```

满足各自条件时,程序转向指定的目标地址执行(相当于执行 SJMP rel)。当不满足各自条件时,程序顺序往下执行。可以看出,这类指令都是以相对转移的方式转向目标地址的。该组指令执行后不影响任何操作数和标志位。偏移量 rel 的计算方法为:

```
rel=目标地址-PC 的当前值
```

注意:差值的最高两位必须为 00H 或 FFH,否则超出偏移量允许范围,rel 取低两位;偏移量 rel 是用补码形式表示的带符号的 8 位数,因此,程序转移的目标地址为当前 PC 值的后 128B 与指令前 127B 之间。

例如(A)=01H,执行指令为:

```
        JZ      LABEL1      ;因为(A)≠0,程序继续执行
        DEC     A           ;(A)-1=00H
        JZ      LABEL1      ;(A)=00H,程序转向标号 LABEL2 指示的地址执行
LABEL1: …
LABEL2: …
```

给定的指令程序首先使用 JZ 指令检查寄存器 A 中的值是否为 0。由于初始时 A 的值为 01H,不等于 0,因此程序继续执行。接着,通过 DEC A 指令将 A 的值减 1,此时 A 的值变为 00H。再次使用 JZ 指令检查 A 的值是否为 0,由于 A 现在为 00H,程序跳转到标号为 LABEL2 的地址执行。这说明当 A 的值变为 0 时,程序会转向标号 LABEL2 指示的地址执行。在这个例子中,LABEL1 部分的代码不会执行,而程序将直接跳转到 LABEL2 处执行后续的指令。

2. 数值比较转移指令

该组指令首先通过减法比较目的操作数与源操作数的大小,根据比较的结果决定程序是否转移。其指令格式为"CJNE(操作数 1),(操作数 2),rel",包括以下 4 条三字节指令:

```
CJNE    A,direct,rel
CJNE    A,#data,rel
CJNE    Rn,#data,rel
CJNE    @Ri,#data,rel
```

根据目的操作数与源操作数比较的结果决定程序是否转移。若两数不相等,则程序转移;若两数相等,则程序顺序执行。CJNE 指令执行后对 CY 位的影响同减法指令:当目的操作数大于源操作数时,CY=0;反之,则 CY=1。根据上述特点可设计三分支程序:先执行 CJNE 指令对程序二分支,然后对于"目的操作数不等于源操作数"的这一分支,以 CY 是否为 0 为判据将其再次进行二分支。

【例 7-12】温度控制程序。

```
CMP:   CJNE    A,30H,LOOP  ;采样值-温度上限值 T30
       AJMP    FH          ;等于 T30,转 FH
LOOP:  JNC     JW          ;大于 T30,降温
       CJNE    A,20H,LOOP1 ;采样值-温度下限值 T20
       AJMP    FH          ;等于 T20,转 FH
```

```
LOOP1:  JC    SW           ;小于T20,升温
FH:     …                  ;保温
        AJMP  CMP
JW:     ….
        AJMP          CMP
SW:     …                  ;升温
        AJMP  CMP
```

如上是一个温度控制程序示例,这个程序首先通过 CJNE 指令比较 A 中温度采样值 Ta 与温度上限值 T30。如果 Ta 大于 T30,程序转到标号 JW,执行相应的降温操作。如果 Ta 不大于 T30,继续比较 Ta 与温度下限值 T20。如果 Ta 小于 T20,程序转到标号 SW,执行升温操作。如果 Ta 在 T20 和 T30 之间,程序转到标号 FH,执行保温操作。这样程序通过对温度的比较和跳转实现了根据不同温度范围执行相应操作的控制流程。在 FH 处,执行了保温操作,然后通过 AJMP CMP 跳转回程序的起始位置,循环执行温度控制程序。在 JW 和 SW 处,分别执行了降温和升温的相关操作,然后同样通过 AJMP CMP 跳转回程序的起始位置,实现对温度变化的实时监控和控制。这种结构可以实现对温度在不同范围内进行相应控制的简单温度控制系统。

3.减 1 不为 0 转移指令

这种指令是先减 1 后判断,若不为 0 则转移。指令有两条:

```
DJNZ    Rn,rel
DJNZ    direct,rel
```

指令功能是:每执行一次本指令,先将指定的 Rn 或 direct 的内容减 1,再判别其内容是否为 0。若不为 0,转向目标地址,继续执行循环程序;若为 0,则结束循环程序段,程序往下执行。当 direct 所指示的变量为 I/O 口时,该变量应读自该口的输出锁存器,而不是引脚。

例如从 P1.7 引脚输出 5 个方波,执行指令为:

```
        MOV  R2,#10       ;5个方波,10个状态
LOP:    CPL  P1.7         ;P1.7状态变反
        DJNZ R2,LOP
```

这段指令程序首先通过 MOV R2,#10 将寄存器 R2 的值初始化为 10,因为 5 个方波每个方波有两个状态,所以总共有 10 个状态。接下来,通过 LOP 标签实现一个循环,其中使用 CPL P1.7 指令反转 P1.7 引脚的状态,这将导致 P1.7 在高电平和低电平之间切换。然后,使用 DJNZ R2,LOP 指令对 R2 进行递减,并检查是否为 0。如果 R2 不为 0,继续执行循环,反复切换 P1.7 状态,直到完成 5 个方波的输出。这段程序的效果是在 P1.7 引脚上输出 5 个周期的方波信号,每个周期包含 2 个状态。

7.3.4.3 子程序调用指令

为了优化程序总体结构,通常将需要反复执行的某段程序设计成子程序,而主程序则可以在需要时进行调用。这样的程序结构就要利用到子程序调用指令。

子程序调用指令有绝对调用指令 ACALL 和长调用指令 LCALL 两条,它们在程序转移的功能上分别完全等同于绝对转移指令 AJMP 和长转移指令 LJMP。

1. 绝对调用指令

该指令执行过程与 AJMP 一样只能实现在 2KB 范围转移,执行的结果是将指令中的 11 位地址 addr11 送给 PC 指针的低 11 位。执行指令为:

`ACALL  addr11`

该指令无条件地调用首地址为 addr11 处的子程序,操作不影响标志位,可完成下列操作。

(1)断点地址压栈:把 PC 加 2 以获得下一条指令的地址(当前 PC),将这 16 位的地址压进堆栈(先 PCL,后 PCH),同时栈指针加 2。

(2)将指令提供的 11 位目标地址,送入 PC10~PC0,而 PC15~PC11 的值不变,程序转向子程序的首地址开始执行。目标地址由指令第一个字节的高 3 位和指令第二个字节组成。所以,所调用的子程序的首地址必须与 ACALL 后面指令的第一个字节在同一个 2KB 区域内。

例如(SP)=60H,(PC)=0123H,子程序 SUBRTN 的首地址为 0456H,执行指令如下:

`ACALL   SUBRTN       ;机器码:91 56`

执行结果为:(PC)+2=0123H+2=0125H→(PC);然后将(PC)=0125H 压入堆栈,25H 压入(SP)+1=61H,01H 压入(SP)+1=62H,此时(SP)=62H,ADD11→PC10~PC0,(PC)=0456H。

2. 长调用指令

该指令执行时,先将当前的 PC 值(指令的 PC 加指令的字节数 3)压入堆栈保存,入栈时先低字节,后高字节。然后转移到指令中 addr16 所指定的地方执行。由于后面带 16 位地址,因而可以转移到程序存储空间的任意位置。执行指令为:

`LCALL  addr16`

该指令无条件地调用首地址为 addr16 的子程序,操作不影响标志位,本指令完成下列操作。

(1)断点地址压栈:把 PC 加 3 以获得下一条指令的地址,将这 16 位的地址压进堆栈(先 PCL,后 PCH),同时栈指针加 2。

(2)将指令第二个和第三个字节所提供的 16 位目标地址,送 PC15~PC0,程序转向子程序的首地址开始执行,所调用的子程序首地址可以在 64KB 范围内。

例如(SP)=60H,(PC)=0123H,子程序 SUBRTN 的首地址为 3456H,执行指令为:

`LCALL  SUBRTN`

执行结果为:(PC)+3=0123H+3=0126H→(PC);然后,将(PC)压入堆栈:26H 压入(SP)+1=61H 中,01H 压入(SP)+1=62H,此时(SP)=62H,(PC)=3456H,执行子程序。

7.3.4.4 返回指令

返回指令用于子程序结尾处,其功能主要是从堆栈中弹出断点地址交给 PC,使子程序返回到上一级程序中断的位置继续执行。该类指令有子程序返回指令(RET)和中断返回指令(RETI)两条指令。

1. 子程序返回指令

该指令的助记符为 RET,执行指令为:

```
RET
```
执行时表示结束子程序,返回调用指令 ACALL 或 LCALL 的下一条指令(即断点地址),继续往下执行,往往与子程序调用指令配对使用。执行时将栈顶的断点地址送入 PC(先 PCH,后 PCL),并把栈指针减 2,本指令的操作不影响标志位。

例如设(SP)=56H,RAM 中(56H)=24H,(55H)=31H。执行指令为:

```
RET
```

执行结果为:(SP)=54H,(PC)=2431H。

2.中断返回指令

该指令的助记符为 RETI,执行指令为:

```
RETI
```

它除了执行从中断服务程序返回中断时保护的断点处继续执行程序外(类似 RET 功能),还清除内部相应的中断状态寄存器。因此,中断服务程序必须以 RETI 为结束指令。

CPU 执行 RETI 指令后至少再执行一条指令,才能响应新的中断请求。利用这一特点,可用来实现单片机的单步操作。

例如(SP)=56H,中断时断点是 0245H,RAM 中的(56H)=24H,(55H)=31H。执行指令为:

```
RETI
```

执行结果为:(SP)=54H,(PC)=0245H,程序回到断点 0245H 处继续执行,清除内部相应的中断状态寄存器。

7.3.4.5 空操作指令

该指令的助记符为 NOP,执行指令为:

```
NOP
```

本指令不作任何操作,仅将程序计数器 PC 加 1,使程序继续往下执行。它为单周期指令,在时间上仅占用一个机器周期,常用于精确延时或时间上等待一个机器周期的时间以及给程序预留空间。

7.3.5 位操作类指令

MCS-51 系列单片机内部有一个位处理器,具有较强的位变量处理能力。它同样由位 CPU、程序存储器 ROM、数据存储器 RAM、布尔累加器 C、特殊功能寄存器 SFR 和 I/O 端口等组成。对位地址空间具有丰富的位操作指令,包括位传送指令、位状态控制指令、位逻辑操作指令及位条件转移指令。助记符有 MOV、CLR、CPL、SETB、ANL、ORL、JC、JNC、JB、JNB、JBC 共 11 种。所有位处理指令均属于直接寻址方式,出现在指令中的位地址可以用以下几种方式表示。

(1)直接用位地址 0~255 或 0~FFH 表示,如 D5H。
(2)采用字节地址的位数方式表示,两者间隔用".",如 20H.0;D0H.5 等。
(3)采用字节寄存器名加位数表示,两者间隔用".",如 P1.5;PSW.5 等。
(4)采用位寄存器的定义名称表示,如 F0。

上述位地址 D5H、D0H.5、PSW.5 和 F0 等表示的是同一位。

7.3.5.1 位传送指令

位传送指令是将源操作数(位地址或累加器)送到目的操作数(位地址)中的指令。当直接寻址位为 P0、P1、P2、P3 口的某一位时,指令先把端口的 8 位全读入,然后进行位传送,再把 8 位内容传送到端口的锁存器中,是"读-修改-写"指令。执行指令为:

```
MOV  C,bit    ;(bit)→(C)
MOV  bit,C    ;(C)→(bit)
```

例如设(C)=1。执行指令为:

```
MOV  P1.1,C
```

指令表示通过将布尔累加器 C 的值移动到端口 P1 的第一位,得到执行结果为 P1.1 口输出为 1。

7.3.5.2 位状态控制指令

位状态控制指令是通常用于对特定位进行设置、清除或测试的指令。

1. 位清除指令

位清除指令 CLR 通常用于将 C 或指定位(bit)置 0。执行指令为:

```
CLR  C      ;(0)→(C)
CLR  bit    ;(0)→(bit)
```

例如设 P2 口的内容为 11111011B。执行指令为:

```
CLR  P2.0
```

程序 CLR P2.0 表示将端口 P2 的第 0 位(或者说 P2.0)清 0,得到执行结果为(P2)=11111010B。

2. 位置 1 指令

位置 1 指令 SETB 通常用于将 C 或指定位(bit)置 1。执行指令为:

```
SETB  C      ;(1)→(C)
SETB  bit    ;(1)→(bit)
```

例如设(C)=0,P2 口的内容为 11111010B。执行指令为:

```
SETB  P2.0
SETB  C
```

指令 SETB P2.0 表示将端口 P2 的第 0 位(或者说 P2.0)设置为 1。同样,SETB C 表示将寄存器 C 的值设置为 1。得到执行结果为(C)=1,P2.0=1,即(P2)=11111011B。

3. 位取反指令

位取反指令 CPL 用于翻转某个指定位,将 0 变为 1,将 1 变为 0。执行指令为:

```
CPL  C      ;(/C)→(C)
CPL  bit    ;(/bit)→(bit)
```

例如设(C)=0,P2 口的内容为 00111010B。执行指令为:

```
CPL  P2.0
CPL  C
```

指令 CPL P2.0 表示将端口 P2 的第 0 位(或者说 P2.0)进行翻转。同样,SETB C 表示将寄存器 C 的值翻转。执行结果为(C)=1,P2.0=1,即(P2)=00111011B。

7.3.5.3 位逻辑操作指令

位逻辑操作指令主要用于对二进制位进行逻辑运算,包括与、或、异或及取反等。

1. 位逻辑"与"操作指令

位逻辑"与"操作指令 ANL 是将指定位(bit)的内容与 C 的内容进行逻辑"与"运算,结果仍存于 C 中。执行指令为:

```
ANL  C,bit    ; (C)·(bit)→(C)
ANL  C,/bit   ; (C)·(/bit)→(C)
```

例如设(C)=1,P2 口的内容为 11111011B。执行指令为:

```
ANL  C,P2.0   ; (C)=1
```

指令表示将寄存器 C 与 P2.0 进行逻辑"与"操作,并将结果存储回寄存器 C。P2.0 位是 1,(C)也为 1,两者进行"与"操作后则执行结果为(C)=1。

2. 位逻辑"或"操作指令

位逻辑"或"操作指令 ORL 是将指定位(bit)的内容与 C 的内容进行逻辑"或"运算。结果仍存于 C 中。执行指令为:

```
ORL  C,bit    ; (C)+(bit)→(C)
ORL  C,/bit   ; (C)+(/bit)→(C)
```

例如设(C)=1,P2 口的内容为 11111010B。执行指令为:

```
ORL  C,P2.0   ; (C)=1
```

指令表示将寄存器 C 与 P2.0 进行逻辑"或"操作,并将结果存储回寄存器 C。P2.0 位是 0,(C)为 1,两者进行"或"操作后则执行结果为(C)=1。

7.3.5.4 位条件转移指令

位条件转移指令用于根据某个条件是否成立来改变程序的执行流程。

1. 位累加器条件转移指令

位累加器条件转移指令通常用于根据累加器的某个位的状态(设置或清除)来进行条件性的跳转。对布尔累加器 C 进行检测,当 C=1 或 C=0 时,程序转向当前 PC 值(转移指令地址+2)与第二个字节中带符号的相对地址(rel)之和的目标地址,否则程序往下顺序执行。因此,转移的范围是-128~+127B。操作不影响标志位。执行指令为:

```
JC   rel
JNC  rel
```

例如设(C)=0。执行指令为:

```
JC   LABEL1   ;(C)=0,则程序顺序往下执行
CPL  C        ;C 取反置 1
JC   LABEL2   ;(C)=1,程序转 LABEL2
```

指令表示通过将进位位取反变为 1 后,程序跳转 LABEL2 单元执行,执行结果为(C)=1。

2. 位测试条件转移指令

位测试条件转移指令是检测指定位,当位变量分别为 1 或 0 时,程序转向当前 PC 值(转移指令地址+3)与第二字节中带符号的相对地址(rel)之和的目标地址,否则程序往下顺序执行。转移的范围是-128~+127B,执行指令为:

```
JB   bit,rel
JNB  bit,rel
```

例如设累加器 ACC 中的内容为 FEH(11111110B)。执行指令为：

```
JB   ACC.0,LABEL1   ;ACC.0=0,程序顺序往下执行
JB   ACC.1,LABEL2   ;ACC.1=1,转 LABEL2
```

指令表示 ACC.0 为 0,程序将顺序执行下一条指令;如果 ACC.1 为 1,程序将跳转到 LABEL2 处执行;否则,将跳转到 LABEL1 处执行。程序执行结果为转向 LABEL2 单元执行。

3. 位测试条件转移并清 0 指令

位测试条件转移并清 0 指令是检测指定位,当位变量为 1 时,将该位清 0,且程序转向当前 PC 值(转移指令地址+3)与第二字节中带符号的相对地址(rel)之和的目标地址,否则程序往下顺序执行。因此,转移的范围是-128~+127B。操作不影响标志位。执行指令为：

```
JBC  bit,rel
```

例如:设累加器 ACC 中的内容为 7FH(11111101B)。执行指令为：

```
JBC  ACC.1,LABEL1   ;ACC.1=0
JBC  ACC.0,LABEL2   ;ACC.0=1
```

指令表示 ACC.1 为 0,程序将顺序执行下一条指令;如果 ACC.0 为 1,程序将跳转到 LABEL2 处执行,并且清零该位。执行结果为程序转向 LABEL2 单元执行,并将 ACC.0 位清为 0,(A)=3FH(11111100B)。

【例 7-13】程序实现逻辑表达式功能。

设 8 位输入信号从 P1 口输入,Y 信号从 P3.0 输出。

$$Y=\overline{X0}+X1\,\overline{X2}+\overline{X1}X2+\overline{X4X5X6X7}$$

分析:表达式中 4 项之间为"或"关系,只要其中一项为 1,输出 Y 为 1。

```
        MOV   A,P1
        JB    ACC.0,MM
        SETB  C
        SJMP  OUT          ;X0,转出口
MM:     MOV   C,ACC.1
        ANL   C,/ACC.2
        JC    OUT          ;X1 X2=1,转出口
        MOV   C,ACC.2
        ANL   C,/ACC.1
        JC    OUT          ;X1X2=1,转出口
        MOV   C,ACC.7
        ANL   C,/ACC.4
        ANL   C,/ACC.5
        ANL   C,/ACC.6     ;X4X5X6X7
OUT:    MOV   P3.0,C       ;Y 信号从 P3.0 输出
```

表达式中 4 项之间为"或"关系,只要其中一项为 1,输出 Y 就为 1。程序主要思路为首先从外部输入端口 P1 读取数据,并将其存储到累加器 ACC。随后,通过检查 ACC 的第 0 位(ACC.0),如果为 1,则设置进位标志 C 为 1;接着,进入标签 MM 处,依次将 ACC 不同位的

值移动到 C 寄存器,并进行"与非"操作,检查是否满足一系列条件。如果条件满足,程序跳转到标签 OUT,否则继续执行下一条指令。最终,根据条件判断的结果,将布尔累加器 C 的值输出到 P3.0 端口。

思政导入　　　　　太空巧手机械臂

2023 年 12 月 21 日,神舟十七号航天员汤洪波首次出舱,他登上机械臂转移至核心舱太阳翼的相关作业点位,进行巡检和修复作业。在空间站机械臂和地面科研人员的配合下,神舟十七号乘组对天和核心舱太阳翼的正面与外侧面进行了观察、拍照记录及试验性修复等工作,机械臂的辅助极大地提高了宇航员出舱作业的效率。

空间机械臂是一个机、电、热、控一体化高度集成的空间机电系统,其本身实际上是一个智能机器人。20 世纪 70 年代,机械臂等机器人系统就开始应用于航天领域,替代航天员在恶劣的太空环境中完成在轨组装、维修和回收空间设备的任务。此次亮相的空间站机械臂是我国首个可长期在太空轨道运行的机械臂,它能真实模拟人手臂的灵活转动,通过旋转结构,能在前后左右的任何角度和部位抓取物体,抓取能力可以达 25t,具有 7 个自由度的活动能力,整个展开之后的长度超过 10m,末端定位精度达到 45mm,可实现大负载、大范围操作以及局部精细化操作。

除了具有灵活的手臂,机械臂还有敏锐的触觉神经和明亮的眼睛——视觉系统。机械臂的肩部与腕部各有一个末端执行器,负责移动、爬行以及飞行器捕获,它可以像人的手掌一样,抓取在轨的舱段或者货物。机械臂末端配置了腕部相机,通过相机的监视,可以实时完成舱外图像拍摄,包括空间站表面、航天员操作场景等(高晓雷等,2021)。2023 年 4 月 24 日,在第八个中国航天日到来之际,中国空间站推出独家直播《天宫之镜》,小臂肘部相机还从多个角度带着大家巡游了中国空间站与地球。

整个机械臂在舱体上的连接,包括机械上的、电气上的、信息上都是靠末端执行器来完成。通过"爬行",机械臂的工作范围可以覆盖整个空间站,这就为未来的众多任务提供了保障。在后续任务中,机械臂还将承担舱段转位、悬停飞行器捕获和辅助对接、舱外货物搬运、空间环境试验平台照料等重要任务。

空间站机械臂在设计和制造时,需要考虑到太空的特殊环境下所面临的各种因素,如重力、温度、宇宙射线和微小粒子等。这些因素都可能对机械臂的安全性能造成影响,因此在设计和制造时需要采取相应的措施进行防护。

例如在机械臂的控制器选型上,需要选择能够适应太空环境的高可靠性、高抗辐射和高温度稳定性的电子元件,以保证机械臂的正常运行。同时,在机械臂的结构设计上,需要考虑到可能出现的外部碎片撞击和宇宙射线辐射等因素,采用高强度、高韧性和高防护性的材料,以确保机械臂的安全性能。

此外,空间站机械臂还需要经过一系列地面试验和太空环境下的实际验证,确保其在不同条件下的安全性和可靠性。如果在使用过程中出现了异常情况,机械臂还需要具备自我检测、故障诊断和自动恢复等功能,保证其能够及时应对各种突发情况,保障空间站的安全运行和任务完成。

7.4 汇编语言程序设计案例分析

7.4.1 汇编语言程序设计的基本步骤

用汇编语言设计程序和用高级语言设计程序有相似之处,其设计过程大致可以分为以下几个步骤。

(1)明确项目对程序功能、运算精度、执行速度等方面的要求及硬件条件。

(2)分解复杂问题为若干个模块,画出分模块流程图和总流程图,确定各模块的处理方法。

(3)合理安排存储器资源分配,如各程序段的存放地址、数据区地址、工作单元分配等。

(4)编写程序,根据程序流程图选择合适的指令和寻址方式来编制源程序。

(5)对程序进行汇编、调试和修改。将编制好的源程序进行汇编,检查修改程序中的错误,执行目标程序,对程序运行结果进行分析,直至正确为止。

7.4.2 汇编源程序的组成结构

7.4.2.1 顺序程序设计

顺序程序结构是基本的程序结构之一,程序从起始点开始,逐步执行每一条指令,直到程序结束或者遇到控制流程改变的指令(如跳转指令)。

【例 7-14】双字节加法程序段。

设被加数存放在片内 RAM 的 32H、33H 两单元中,低位字节存放在 32H 单元中,加数存放于 35H、36H 两单元中,同样低位字节在前,相加结果和数存放于 32H、33H、34H 单元中。同样,低位字节在前,其程序为:

```
START:  PUSH  A           ;将 A 进栈保护
        MOV   R0,#32H      ;将地址码送 R0
        MOV   R1,#35H      ;将地址码送 R1
        MOV   34H,#00H     ;将 34H 单元清 0,以备存放和的最高字节数
        MOV   A,@R0        ;将被加数低字节送 A
        ADD   A,@R1        ;低字节相加
        MOV   @R0,A        ;低字节和存于 32H 单元
        INC   R0           ;地址数分别加 1
        INC   R1
        MOV   A,@R0        ;被加数高字节数送 A
        ADDC  A,@R1        ;带进位两高字节数相加
        MOV   @R0,A        ;高字节和存于 33H 单元
        MOV   A,#00H       ;将 A 清 0
        ADDC  A,#00H       ;求高字节求和的进位
        INC   R0           ;R0 指针指向 34H 单元
        MOV   @R0,A        ;将高字节和立出的进位右 34H 单元
        POP   A            ;将原 A 出栈
```

这段汇编程序旨在执行双字节加法操作。首先，在初始化和准备工作段，通过将累加器 ACC 内容压入栈中，设置被加数和加数的地址码，并清 0 用于存放和的最高字节数的 34H 单元，进行必要的初始化。接下来，程序处理被加数的低字节，将其与加数的低字节相加，并将结果存储在 32H 单元中。随后，递增地址指针 R0 和 R1，以便处理被加数的高字节。程序处理被加数的高字节，将其与加数的高字节以及进位相加，并将结果存储在 33H 单元中。最终，程序将高字节的进位存储在 34H 单元中。在整个加法过程完成后，通过将栈中的 A 弹出，恢复原始 A 值。

总体而言，该程序通过逐步执行每一条指令，实现了对两个双字节数的相加，并将结果正确存储在指定的内存单元中。这包括对低字节和高字节的分别处理，以及对进位的正确处理。程序的每一步都遵循汇编语言的指令集，实现了基本的加法算法。

7.4.2.2 分支程序设计

程序的执行流程根据条件的不同分为不同的分支。在 MCS-51 系列单片机的指令系统中，分支程序设计通常使用条件分支指令，包括 JZ、JNZ、CJNE、DJNZ 及位状态条件转移指令 JC、JNC、JB、JNB、JBC 等，使用这些指令可以完成各种条件下的程序分支转移。分支程序可分为单分支程序和多分支程序。

1. 单分支程序

单分支程序是只使用一次条件转移指令的分支程序。

【例 7-15】进制数转换为 ASCII 码。

将一位十六进制数转换为 ASCII 码。设十六进制数在累加器 ACC 中，转换结果仍存于 ACC 中。转换算法：十六进制数的 0～9，加 30H 即可转换为 ASCII 码，而 0AH～0FH 加 37H 才能转换为 ASCII 码。

```
        ORG     0000H
        AJMP    MAIN
        ORG     100H
MAIN:   CJNE    A,#0AH,NOEQ     ;A 的内容与 0AH 比较
NOEQ:   JC      LP1             ;(C)=1 即(A)<0AH,转移
        ADD     A,#37H          ;(A)≥0AH,加 37H
        AJMP    HERE
LP1:    ADD     A,#30H          ;(A)<0AH,加 30H
HERE:   SJMP    HERE
        END
```

这里单分支程序旨在将一位十六进制数转换为对应的 ASCII 码。程序开始于地址 0000H，通过跳转到主程序的起始点（MAIN 标签）进行执行。在主程序中，程序首先使用条件跳转指令 CJNE 比较累加器 ACC 的内容与 0AH，即 10 的十六进制表示。如果 A 不等于 0AH，程序将跳转到 NOEQ 标签，否则继续执行。

在 NOEQ 标签处，程序使用条件跳转指令 JC 检查 Carry 标志（C），如果 Carry 标志为 1，表示 A 小于 0AH，程序将跳转到 LP1 标签。在 LP1 标签处，程序将 A 的值加上 30H，以将 0 到 9 的十六进制数转换为对应的 ASCII 码。

如果在 NOEQ 标签处 Carry 标志为 0,表示 A 大于等于 0AH,程序直接跳转到 HERE 标签。在 HERE 标签处,程序将 A 的值加上 37H,以将 10 到 15 的十六进制数转换为对应的 ASCII 码。

程序执行完加法操作后,通过 SJMP 指令无条件跳转回 HERE 标签,继续循环执行。整个程序通过使用单一的条件转移指令实现了对 A 的不同取值情况下的不同处理逻辑,实现了将十六进制数转换为 ASCII 码的功能。

2. 多分支程序

在多分支程序中,因为可能的分支会有 N 个,若采用多条 CJNE 指令逐次比较,程序的执行效率会降低很多,特别是分支较多时。这时一般采用跳转表的方法,通过两次转移来实现。假定分支序号的最大值是 n,则多分支转移结构如图 7-20 所示。

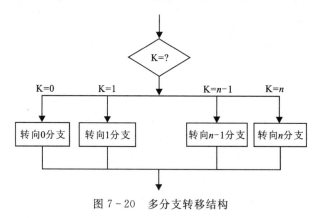

图 7-20 多分支转移结构

【例 7-16】多个无符号数处理。

设内部 RAM 的 30H 单元中有一个 0~10 的无符号数,根据数值的不同转移到不同的程序段进行处理。

```
        MOV   A,30H              ;取数
        RL    A                  ;乘以 2 以适应跳转表
        MOV   DPTR,#JMPTAB       ;跳转表的首地址
        JMP   @A+DPTR            ;转向跳转表
JMPTAB: AJMP  PROC00             ;转分支 0
        AJMP  PROC01             ;转分支 1
         ⋮
        AJMP  PROC10             ;转分支 10
```

这段汇编程序旨在处理一个 0~10 的无符号数,根据数值的不同转移到不同的程序段进行处理。程序开始通过将内部 RAM 中 30H 单元的值加载到累加器 ACC 中,然后通过循环左移指令 RL 将该值乘以 2,以适应后续跳转表的索引。随后,程序通过将跳转表 JMPTAB 的首地址加载到数据指针 DPTR 中,使用 JMP 指令跳转到跳转表的相应位置。跳转表 JMPTAB 包含 11 个目标地址,分别指向 PROC00~PROC10 等 11 个处理程序段。

在每个处理程序段中,程序执行相应的操作,具体取决于 0~10 的无符号数的值。这样根据输入的数值,程序能够通过单一的跳转表实现对应处理程序的跳转,从而实现对多个不

同情况的处理。这种设计利用了跳转表的便捷性,通过数值索引直接跳转到相应的处理程序,使得程序结构更加清晰,并且易于维护和扩展。整体而言,该程序展示了一种通过跳转表实现多个无符号数处理分支的有效方法。

7.4.2.3 循环程序设计

循环是为了重复执行一个程序段。与高级语言不同,汇编语言中没有专用的循环指令,但可以使用条件转移指令通过判断来控制循环是继续还是结束。通常循环程序包含4个部分。

(1)循环初始化:设置循环次数、起始地址及结果初值等参数。

(2)循环体:循环程序的主体,是要求重复执行的部分。

(3)变量参数修改:修改循环次数及有关变量参数等。

(4)循环控制:根据循环结束条件来判断是否结束循环。

【例 7 - 17】双重循环软件延时程序。

```
START:  MOV   R1,#data1      ;外层循环次数送 R1
LOOP1:  MOV   R2,#data2      ;内层循环次数送 R2
LOOP2:  NOP
        NOP
        NOP
        DJNZ  R2,LOOP2       ;(R2)-1≠0 转 LOOP2
        DJNZ  R1,LOOP1       ;(R1)-1≠0 转 LOOP1
        END
```

以上汇编程序实现了一个双重循环的软件延时程序,用于在嵌入式系统中进行简单的延时操作。在循环初始化部分,程序首先将外层循环次数 data1 设置为 R1 寄存器的值,即"MOV R1,♯data1"。接着,内层循环次数 data2 被设置为 R2 寄存器的值,即"MOV R2,♯data2"。

在循环体部分,通过一系列 NOP 指令实现了简单的延时操作。NOP 是空指令,不执行任何操作。因此,在内层循环中的一系列 NOP 指令实际上用于占用 CPU 时间,从而实现延时效果。

在变量参数修改部分,通过使用 DJNZ 指令对 R2 和 R1 进行递减,实现了内层和外层循环次数的修改。DJNZ 将寄存器的值减 1,并根据减小后的值判断是否跳转到指定的标签。

最后,在循环控制部分,程序使用 DJNZ 指令判断 R2 和 R1 是否减为 0,如果不为零则继续跳转回内层和外层循环的起始点,实现了双重循环。一旦循环次数减为 0,程序结束执行,跳转到 END 标签。

整个程序的结构符合典型的循环程序框架,通过嵌套的 DJNZ 指令实现了双重循环的软件延时,适用于一些简单的延时需求,例如在嵌入式系统中等待一定时间。

7.4.2.4 子程序设计

子程序结构是汇编语言中一种重要的程序结构。在一个程序中经常会碰到反复执行某程序段的情况,可以采用子程序结构,即把重复的程序段编写为一个子程序,通过主程序调用它。这样不但可以提高编制和调试程序的效率,而且可以缩短程序长度,从而节省程序存储空间,但并不节省程序运行的时间。

调用子程序的程序称为主程序，主程序和子程序之间的调用关系如图 7-21 所示。

【例 7-18】求平方程序。

根据累加器 ACC 中的数 x(0～9 之间)查 x 的平方表 y，根据 x 的值查出。

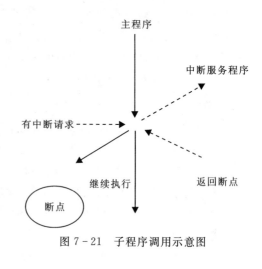

图 7-21 子程序调用示意图

```
LLL:    PUSH  DPH              ;保存 DPH
        PUSH  DPL              ;保存 DPL
        MOV   DPTR,#TAB1
        MOVC  A,@A+DPTR
        POP   DPL              ;恢复 DPL
        POP   DPH              ;恢复 DPH
        RET
TAB1:   DB    00H,01H,04H,09H,10H
        DB    19H,24H,31H,40H,51H
```

子程序的第一条指令前面必须有标号 LLL，表示主程序调入子程序的入口地址。PUSH DPH 和 PUSH DPL 这两条指令将数据指针寄存器 DPTR 的高位 DPH、低位 DPL 分别压入栈中，以保存它们的当前值。"MOV DPTR,♯TAB1"表示将 DPTR 设置为指向表 TAB1 的地址。"MOVC A,@A+DPTR"是一种相对间接寻址方式，它从地址(A+DPTR)处读取一个字节的数据，并将其存储在累加器 ACC 中。其中，A 的值是 TAB1 中的索引，因此它将读取 TAB1 中相应索引位置的值。POP DPL 和 POP DPH 这两条指令将之前保存在栈中的数据指针寄存器的高位和低位弹出，以恢复它们的原始值。RET 为返回指令，用于退出子程序。表 TAB1 包含了一组字节数据：00H、01H、04H、09H、10H、19H、24H、31H、40H、51H。代码通过读取这个表并将结果存储在累加器 ACC 中来完成其功能。

7.4.3 汇编程序设计举例分析

7.4.3.1 数制转换程序

在 MCS-51 系列单片机系统的输入、输出中，人们常常习惯使用十进制数；而在单片机内部的数据存储和计算时，通常采用二进制数。因此，经常需要做这两种进制数转换的程序。

【例 7-19】8 位二进制数转换为 3 位 BCD 码。

把累加器 ACC 中的 8 位无符号二进制整数(0～255)变换成 3 位 BCD 码(双字节)，百位数置于 31H 中，十位数和个位数合并置于 30H 中。

```
BINBCD: MOV   B,#100     ;除数 100,用以提取百位数
        DIV   AB         ;将 ACC 中的值除以 B,商存 A,余数存 B
        MOV   31H,A      ;将百位数存储在内存地址 0x31 中
        MOV   A,#10      ;除数 10,用以提取十位数
        XCH   A,B        ;交换累加器 ACC 和寄存器 B 的值
        DIV   AB
        SWAP  A          ;交换 A 中的高 4 位和低 4 位,得到压缩的 BCD 码
        ADD   A,B        ;压缩 BCD 码
        MOV   0H,A       ;将最终的 BCD 码存储在内存地址 0x00 中
        RET
```

这段汇编程序旨在将累加器 ACC 中的 8 位无符号二进制整数(范围在 0 到 255 之间)转换为 3 位 BCD 码。程序首先通过除法操作将 A 除以 100,得到百位数,并将结果存储在内存地址 0x31 中。接着,程序将 A 设置为 10,用以提取十位数,通过交换 A 和 B,再次进行除法操作,得到十位数。此时,通过 SWAP 指令交换 A 中的高四位和低四位,得到压缩的 BCD 码。最后,将十位数与个位数合并,并将结果存储在内存地址 0x00 中。

整个程序的设计采用了除法操作和 BCD 码的特性,通过一系列计算和交换操作,将 8 位二进制数转换为 3 位 BCD 码。程序中的注释清晰地解释了每一步的目的和操作,使得程序易于理解。这样的转换程序在 MCS-51 系列单片机系统中常用于处理输入、输出的数据格式转换,确保适应不同进制的需求。

7.4.3.2 多字节无符号数的加减运算程序

在 MCS-51 系列单片机的指令系统中,只有单字节无符号数的加减指令:ADD、ADDC 和 SUBB。而在实际应用系统,时常需要进行多字节的加减算术运算。以下介绍多字节无符号数的加减运算程序设计。

【例 7-20】 四字节无符号数加法子程序。

设被加数存放在内部 RAM 的 33H、32H、31H、30H 单元,加数存放在 43H、42H、41H、40H 单元,结果将和存放在 33H、32H、31H、30H 单元中,最高位进位存放在 34H 单元中。数据高位存入高地址。

解题分析:根据题意要求列出下列算式:

$$
\begin{array}{r}
(33H)(32H)(31H)(30H) \\
+\quad (43H)(42H)(41H)(40H) \\
\hline
(34H)(33H)(32H)(31H)(30H)
\end{array}
$$

由此算式可知,只要将各对字节逐一相加即可,用循环结构程序解上述问题。

```
DADD:   MOV  R0,#30H      ;被加数低位地址
        MOV  R1,#40H      ;加数低位地址
        MOV  R7,#04H      ;加法次数
        CLR  C            ;清除进位标志寄存器 C
LOOP:   MOV  A,@R0
        ADD  A,@R1
        MOV  @R0,A
        INC  R0
        INC  R1
        DJNZ R7,LOOP

        CLR  A
        ADDC A,#00H       ;A-0+(CY)+0
        MOV  @R0,A
        RET
```

这段程序的思路是首先进行初始化,将寄存器 R0 设置为指向被加数低位的内存地址,将寄存器 R1 设置为指向加数低位的内存地址,将寄存器 R7 设置为加法的次数(这里是 4 次),

并清除进位标志寄存器(C)。然后,进入循环,通过使用 DJNZ 指令,设置一个循环,循环次数由寄存器 R7 控制。在每次循环中,执行以下步骤。

(1)从被加数和加数的当前地址读取一个字节,将它们加到累加器 ACC 中。

(2)将累加器 ACC 中的结果存储回被加数的当前地址。

(3)递增被加数和加数的地址,以处理下一个字节。

(4)判断是否需要继续循环(使用 DJNZ 指令)。

最后处理最终进位,清除累加器 ACC,然后将进位标志寄存器 C 中的内容和 0 相加,并将结果存储回被加数的内存地址。

7.4.3.3 软件定时程序

在 MCS-51 系列单片机应用系统中,常有定时进行某些处理的需要,如定时检测、定时扫描等。定时功能除利用可编程定时器定时外,在定时时间较短或系统实时性要求不高的情况下,可利用一些"哑指令",通过执行这些哑指令的固有延时来实现软件定时的目的。

所谓"哑指令",是指对 MCS-51 系列单片机内部状态无影响的指令,不影响存储单元的内容,也不影响标志位的状态,只是起到调节机器周期的作用,如 NOP 指令。下面就使用 NOP 指令说明软件定时程序的设计。

1. 单循环软件定时

单循环软件定时是一种使用程序中的循环来实现时间延时的技术。这种延时是通过在程序中插入一些指令或子程序,使其在执行过程中占用一定的时间,从而实现定时效果。例如:

```
DELAY:  MOV   R7,#TIME
LOOP:   NOP
        NOP
        DJNZ  R7,LOOP
        RET
```

代码通过使用空操作和循环来产生一定的延时,具体的延时时间由预定义的 TIME 值和循环执行的次数决定。这是一种基本但不精确的定时方法,因为它依赖于处理器的执行速度。这种简单的延时函数通常在需要控制程序执行速度或与外部设备进行同步时使用。

2. 多循环软件定时

为得到更长的软件定时,可以使用多个循环嵌套的方法。

例如:当使用双重循环时,总执行机器周期数为 $1+(1+4\times TIME1+2)\times TIME2+2$,当使用 6MHz 晶体时,最长定时时间为 $[1+(1+4\times 256+2)\times 256+2]\times 2=(1+1027\times 256+2)\times 2=525\ 830\mu s$。

```
DELAY:  MOV   R6,#TIME2
LOOP2:  MOV   R7,#TIME1
LOOP1:  NOP
        NOP
        DJNZ  R7,LOOP1
        DJNZ  R6,LOOP2
        RET
```

这段汇编程序实现了多循环软件定时的方法,通过嵌套两个循环来延时一定的时间。程序中使用了两个嵌套的循环,其中外层循环由 R6 寄存器控制,内层循环由 R7 寄存器控制。每个循环体内包含两个 NOP 指令,用于占用 CPU 时间,实现延时效果。

在外层循环(LOOP2)开始时,R6 被设置为 TIME2,表示外层循环的次数。内层循环(LOOP1)开始时,R7 被设置为 TIME1,表示内层循环的次数。通过 DJNZ 指令、对 R7 进行递减,实现内层循环次数的计数和判断。当内层循环结束后,通过 DJNZ 对 R6 进行递减,实现外层循环次数的计数和判断。

整个程序结构简单明了,通过循环嵌套实现了软件定时的目的。这样的程序可以用于需要较长软件延时的场景,如在嵌入式系统中等待一段时间或进行时间精确的任务。

7.4.3.4 查表程序

预先将数据以表格的形式存放在存储器中,然后用程序将其读出来,这种程序称为查表程序。查表程序是 MCS-51 系列单片机的指令系统中一种常用的程序,可以完成数据补偿、计算、转换等功能。

【例 7-21】查表程序。

表 TAB1 中存放一组 ASCII 码,试使用查表方法,将 R2 的内容转换为与其对应的 ASCII 码,并从 P1 口输出。按照查表的思路,程序为:

```
TB1:    MOV     A,R2
        MOV     DPTR,#TAB1
        MOVC    A,@A+DPTR
        MOV     P1,A
        RET
TAB1:   DB      30H, 31H, 32H, 33H
        DB      34H, 35H, 36H, 37H
        DB      38H, 39H, 41H, 42H
        DB      43H, 44H, 45H, 46H
```

上面这个查表程序所查表的范围局限于表格长度不超过 256B。当表格长度不超过 256B 时,可以利用"MOVC A,@A+PC"指令。当表格长度大于 256B 时,必须使用"MOVC A,@A+DPTR"指令。当数据表格存放于外部 RAM 中时,就必须使用 MOVX 指令访问。

这段程序的思路是首先移动索引值,将寄存器 R2 的值移动到累加器 ACC 中,作为查找表的索引。然后设置数据指针,将数据指针寄存器 DPTR 设置为指向表 TAB1 的起始地址。再相对寻址获取表中的值,使用相对寻址方式(MOVC 指令)将表中索引为 R2 的位置的值加载到累加器 ACC 中。最后移动结果到端口,将累加器 ACC 中的值移动到端口 P1 输出。

7.4.3.5 极值查找程序

极值查找就是在给定的数据区中找出最大值或最小值。

【例 7-22】极值查找程序。

在内部 RAM 20H~27H 单元中存放 8 个无符号数,编制一段程序找出其中的最大值并存入 28H 单元中。程序为:

```
            MOV   R0,#20H        ;置数据区首地址
            MOV   R7,#07H        ;置比较次数
            MOV   A,@R0          ;将20H单元的内容送A
  LOOP:     INC   R0
            MOV   B,@R0          ;取下一个数
            CJNE  A,B,NEXT
  NEXT:     JNC   NEXT1
            MOV   A,B            ;若(A)<(B),则A←(B)
  NEXT1:    DJNZ  R7,LOOP
            MOV   28H,A
            SJMP  $
```

这段程序的思路是首先进行初始化,设置寄存器 R0 到数据区的首地址(0x20),并将寄存器 R7 设置为比较次数(0x07)。将数据区首地址(0x20)的内容送入累加器 ACC。再进行循环比较,进入一个循环,每次迭代中进行以下操作。

(1)递增数据区地址,移动到下一个数据。

(2)将下一个数据加载到寄存器 B 中。

(3)比较累加器 ACC 和寄存器 B 的值。如果不相等,跳转到标签 NEXT。

(4)如果没有进位(A=B),跳转到标签 NEXT1。

(5)如果(A)<(B),则将 A 的值更新为 B。

(6)处理比较后的逻辑(NEXT1 标签)。

然后,使用 DJNZ 指令递减寄存器 R7 的值,如果不为零,则跳转回循环开始的位置。将最大值(A)存储在内存地址 0x28 中。最后,通过 SJMP 指令形成一个无条件跳转到当前位置的无限循环,程序停止。

思政导入　　中国光谷:科技自立自强,引领全球光电创新之路

党的十八大以来,习近平总书记曾 3 次考察光谷,并强调"科技自立自强是国家强盛之基、安全之要"。2022 年 6 月,习近平总书记在光谷考察时指出:"湖北武汉东湖新技术开发区在光电子信息产业领域独树一帜"。

"中国光谷"因为"光"得名,这里是中国第一根石英光纤诞生地,是全球最大的光纤光缆研制基地,是全国第二个国家自主创新示范区。1988 年,时值改革开放如火如荼,高科技产业飞速发展,武汉市政府以武汉邮电科学研究院(烽火科技集团)为基础,建立了东湖高新技术开发区。

起初,光谷以基础光电子元件研究为主,逐渐实现产业化并在城市科技建设中崭露头角。进入 21 世纪,光谷成为全球光电子技术领域的引领者,不仅聚集了世界水平最高的光电产业集群,还是全国最大的光器件研发生产基地和最大的激光产业基地,为中国在全球光电舞台上赢得了令人瞩目的声望。

灯光秀作为城市文化宣传、主题活动等的一种表演形式,不仅能够呈现出独特的视觉效果,更能衬托城市文化、创新之路。在 2021 年 4 月的中国光谷光影秀中,光谷通过现代光影

技术展示了15款"硬核"高科技产品和区域形象,其中有国内最大功率的"10万瓦光纤激光器"、6代柔性AMOLED显示面板和全球首颗北斗高精度AI控制芯片。通过科技光影技术将"中国光谷"的创新产品投射在黄鹤楼和两江四岸,一场震撼人心的灯光秀向民众展示了光谷在科技创新领域的引领地位和充满冒险与创新能量的光谷精神。

截至目前,中国光谷拥有国家级孵化器28个,以企业为主体的国家级创新平台76家,以武汉产业创新发展研究院(武创院)为代表的新型研发机构17家,形成了"重大科技基础设施＋国家创新中心＋湖北实验室＋新型研发机构"战略科技力量矩阵。这些举措进一步促进了中国光谷在科技创新领域的发展,为区域经济的持续增长和产业升级做出了重要贡献。

7.4.3.6 光立方设计

"微机原理及应用"课程是自动化类等专业的核心课程,在教学环节中起着承上启下的作用,其课程建设具有重要的现实意义。单片机原理及应用课程的理论性和实践性都很强,通过利用汇编语言进行光立方设计的实验项目,不仅可以提升对微机原理课程的深刻理解,同时也锻炼了运用实际编程技能解决问题的能力。

1. 设计任务要求

本项目设计要求利用80C51单片机汇编语言控制64颗按照4×4×4的布局连接的WS2812型号LED进行不同颜色闪烁,同时通过硬件串行连接进行编号;使用全局变量数组存储颜色数据,实现LED立方体的动态显示。编写汇编代码时需考虑时序要求和层级控制,确保LED按照编号顺序正确显示。

2. LED灯组选择和制作

项目采用的发光单元为WS2812型号LED,是一个集控制电路与发光电路于一体的智能外控LED光源,包含有高精度的内部振荡器和可编程定电流控制部分,具有低电压驱动、环保节能、亮度高、散射角度大、一致性好、低功率及超长寿命等优点。

改变一颗LED的颜色需要一组24位的数据,其中G、R、B各8位,分别代表绿、红、蓝3种颜色,通过3种颜色LED的明亮组合就可以获得任意的LED颜色。WS2812协议格式如图7-22所示。

图7-22　WS2812协议格式

当需要多颗芯片共同工作时,PWM控制信号从第一颗的LED的DI引脚输入,从其DO引脚输出,芯片内部自动移位输出,每移过一个芯片数据减少24位。其串联工作状态指示如图7-23所示。

图7-23　串联工作状态指示

LED 灯组由 64 个 WS2812 全彩 LED 组成 4×4×4 的光立方,共 4 个水平层面,每层为 1 块 4×4 的 LED 点阵屏(16 颗全彩 LED 灯珠)组成。LED 点阵实物如图 7-24 所示,其硬件电路设计图如图 7-25。

3. 系统设计

本项目的系统设计分为电源供电、输入控制、单片机控制、输出控制和 LED 阵列显示 5 个部分,如图 7-26 所示。

在电源设计中,需确保系统的稳定供电以满足单片机和 LED 阵列的工作要求。使用一个合适的直流电源,通常在 5V 左右,以满足 WS2812 型号 LED 的工作电压,可以考虑使用稳压器来提供稳定的电源。

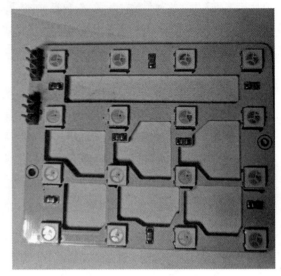

图 7-24 4×4 LED 点阵实物图

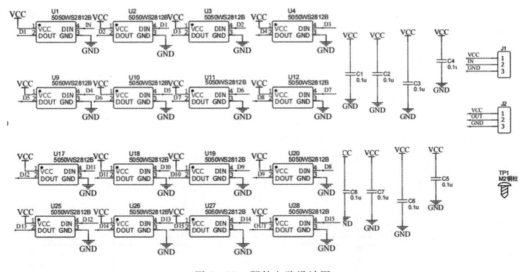

图 7-25 硬件电路设计图

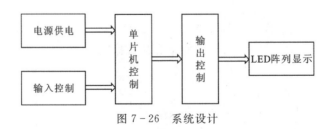

图 7-26 系统设计

输入控制可以通过外部设备(例如按钮、开关等)或者其他传感器来实现。这些输入设备可以连接到单片机的 IO 引脚上,通过程序进行相应的处理,如通过按钮触发不同的 LED 显示效果。

使用 80C51 单片机作为主控制单元,需要与其他模块协同工作。单片机需要能够读取输入信号、控制 LED 阵列,并按照设计要求进行时序控制。编写汇编程序来实现 LED 显示的逻辑,确保时序精确、稳定。

输出控制模块负责将单片机处理后的数据传递给 LED 阵列。这涉及输出引脚的设置,以确保与 WS2812 型号 LED 的串行通信协议一致。时序要求是关键,确保单片机与 LED 之间的数据传输稳定、可靠。

LED 阵列的显示设计需要考虑每颗 WS2812 型号 LED 的控制。在汇编程序中,需要根据全局变量数组 leds 中的颜色数据,实现 LED 立方体的动态显示。考虑到 WS2812 的时序要求,编写代码需确保时序精确、符合协议,以正确控制 LED 的颜色。

整个系统设计需要协调各个模块,确保它们之间的连接正确、信号稳定,以实现 LED 立方体的预期效果。同时,要考虑电源电流满足 LED 的需求,保障系统的稳定性。

4. 汇编程序设计

在控制程序中,首先应定义一个全局变量数组 leds 用来存储所需显示图像的最新数据。在硬件上,各层的 WS2812 灯珠依次串接,在驱动显示时,将各层的灯珠按串接顺序依次从 0~65 编号,leds[i][j]中,i 取 0~3,分别表示 4 层 LED 点阵,j 取 0~15,分别表示各层的 16 颗 LED 灯珠。通过输出各层数据,从而实现分别控制各灯珠的亮灭与颜色。汇编程序指令为:

```
        ORG    0x8000                    ;设置代码起始地址
        DATA_SEG SEGMENT DATA
        leds   DB   4,16 DUP(?)          ;4层,每层16颗LED灯珠,
        DATA_SEG ENDS
        CODE_SEG SEGMENT CODE
START:          MOV   DPTR,#leds         ;DPTR指向leds数组
                MOV   DPTR,#leds         ;DPTR指向leds数组
                MOV   R0,#0              ;初始化层号
LAYER_LOOP:     MOV   R1,#0              ;初始化LED号
                MOV   R1,#0              ;初始化LED号
LED_LOOP:       MOV   A,R0               ;当前层号
                MOVX  A,@DPTR            ;读取颜色数据
                CALL  SendColorToLED     ;发送颜色数据到LED
                INC   R1                 ;下一个LED
                INC   DPTR               ;下一个颜色数据
                DJNZ  R1,LED_LOOP        ;循环
                INC   R0                 ;下一层
                DJNZ  R0,LAYER_LOOP      ;循环
                SJMP  $                  ;无限循环
```

```
SendColorToLED:
    ; 这里需要编写代码按照 WS2812 通信协议发送颜色数据到 LED
    ; 具体的时序要求,请参考 WS2812 的数据手册
    ; 这里提供一个示例,实际上需要更精细的时序控制
    CALL SendLowBit ; 发送低电平
    CALL SendHighBit ; 发送高电平
    RET
SendLowBit:
    ; 发送低电平,需要按照 WS2812 时序要求生成相应的脉冲
    ; 具体的时序要求,请参考 WS2812 的数据手册
    ; 这里提供一个示例,实际上需要更精细的时序控制
    CLR P1.0 ; P1.0 置为低电平
    NOP ; 空指令,根据实际时序要求可能需要调整
    NOP ; 空指令
    SETB P1.0 ; P1.0 置为高电平
    RET
SendHighBit:
    ; 发送高电平,需要按照 WS2812 时序要求生成相应的脉冲
    ; 具体的时序要求,请参考 WS2812 的数据手册
    ; 这里提供一个示例,实际上需要更精细的时序控制
    SETB P1.0 ; P1.0 置为高电平
    NOP ; 空指令,根据实际时序要求可能需要调整
    NOP ; 空指令
    NOP ; 空指令
    RET
CODE_SEG ENDS
END START
```

这段汇编程序旨在通过 80C51 单片机的汇编语言实现对 64 颗 WS2812 型号 LED 进行控制,构建一个 4×4×4 的光立方。程序设计分为数据存储、循环控制、LED 数据发送等部分。

首先,全局变量数组 leds 被定义,用于存储 LED 颜色数据,每个元素代表一个 LED 的颜色信息。程序开始时,通过 MOV 指令设置 DPTR 指向 leds 数组,初始化 R0 为 0,表示当前层号。

进入循环控制部分,外层循环(LAYER_LOOP)负责遍历 4 个水平层面。在外层循环内,内层循环(LED_LOOP)通过 MOV 指令将当前层号存入 A 寄存器,然后通过 MOVX 指令读取颜色数据,调用子程序 SendColorToLED 发送颜色数据到 LED。

子程序 SendColorToLED 负责按照 WS2812 通信协议发送颜色数据到 LED。其中,通过调用 SendLowBit 和 SendHighBit 子程序实现发送低电平和高电平的时序要求,确保符合 WS2812 的数据手册要求。

子程序 SendLowBit 和 SendHighBit 分别用于发送低电平和高电平,通过 CLR 和 SETB

指令将 P1.0 引脚置为相应电平,同时通过 NOP 指令实现时序控制。这里提供了示例时序,实际情况需要更精细的调整以满足 WS2812 的时序要求。

整个程序通过嵌套的循环结构,逐层遍历 LED 光立方,并按照 WS2812 通信协议发送颜色数据,实现 LED 的动态显示。这种程序设计适用于实际工程中对 LED 进行复杂控制的场景,如在嵌入式系统中创建具有特定图案和颜色效果的 LED 光立方。

7.5　学赛共轭:中国机器人大赛

中国机器人大赛(原中国机器人大赛暨 RoboCup 中国公开赛)是一个旨在促进机器人技术发展和创新的全国性竞赛。该比赛通常包含多个不同类型的竞赛项目,涉及各种机器人应用领域。

中国机器人大赛分为 RoboCup 赛区和中国机器人大赛赛区。中国机器人大赛暨 RoboCup 中国公开赛中 RoboCup 比赛项目和 RoboCup 青少年比赛项目合并在一起,举办 RoboCup 机器人世界杯中国赛(RoboCup China Open)。中国机器人大赛暨 RoboCup 中国公开赛中非 RoboCup 项目继续举办中国机器人大赛,并且项目也设置调整为 17 个大项 39 个子项目,在将原有的子项目进行了充分合并的基础上,邀请国内多所知名高校,设置了空中机器人、救援机器人等多项符合机器人发展热点和难点的比赛项目。

RoboCup 赛区进行国际性的机器人竞赛,主要比赛项目是足球机器人,即由机器人组成球队,通过自主决策和协作实现在足球场上的比赛。此外,还包括其他领域的竞赛,如救援机器人、家庭服务机器人等。而中国机器人大赛更强调国内机器人技术的创新和发展,包含多个不同类型的比赛项目,涵盖多个领域。下面主要对中国机器人大赛赛区的部分比赛项目进行介绍和解读。

7.5.1　医疗机器人

医疗机器人赛项主要包括骨科手术机器人和送药巡诊机器人两个子赛项。

1. 骨科手术机器人

骨科手术机器人赛项引导参赛师生面向骨科手术,例如面向脊柱手术中脊髓或神经根精准减压需求,研制椎板切除手术机器人系统,完成精准打孔、切割等动作,后期继续研发具备术前规划、术中精准导航与椎板切除操作的机器人系统,实现安全、高效、精准、便捷的椎板切除手术(陆波等,2023)。

比赛要求分析病人的 CT 图像,给出定位钻孔方案,自主设计制作机器人。在组委会提供的模拟折断的骨头上,通过参赛选手的控制在指定位置钻 3 个孔。以手术精准度(比较孔的直径)、手术熟练程度(比较时间),结合选手现场编程能力进行评定。技术难点在于骨科手术医生主控台与骨科手术床旁系统的精准配合,以及工作时针对骨头的不同部分智能采用不同的钻速、力量进行工作等。比赛根据完成任务数量和所用时间计算参赛队分数,决定排名。骨科手术机器人系统工作场景示意图如图 7-27 所示。

2. 送药巡诊机器人

送药巡诊机器人赛项引导参赛师生协助医生完成远程查房巡诊任务和协助护士完成送药任务,向医院实际应用又跨进了一大步。技术难点在于比赛的场景基本模拟了医院实际场合,因此需要解决识别环境、构建地图和定位;自主导航、智能避障、床位识别、药品条码识别、药品定位摆放、音视频传输、获取病人的血压、心率、体温等生命体征信息等功能(王天驰等,2023)。比赛根据完成任务数量和所用时间计算参赛队分数,决定排名。比赛场景图如图7-28所示。

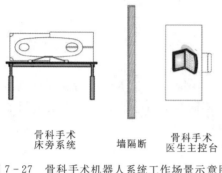

图7-27 骨科手术机器人系统工作场景示意图

图7-28 送药巡诊机器人比赛场景图

思政导入　　医疗机器人:助力国家医疗健康事业发展

随着我国老龄人口的急剧增加和慢性病患病率的持续攀升,医疗资源的紧缺问题变得愈发严峻。近些年通信、人工智能、机器人、传感器等技术与远程医疗技术等的快速发展和融合,使得医疗机器人得以崭露头角。医疗机器人的广泛应用可以在一定程度上缓解医疗资源的紧张状况,提高医疗服务的效率和质量,受到了广泛的社会关注和认可(秦江涛等,2022)。从城市的大型医院到乡村的基层医疗机构,医疗机器人的身影逐渐普及,它们不分昼夜地工作,确保每一个需要医疗服务的人都能得到及时、准确的帮助。

医疗机器人有一个非常宽泛的概念,可以定义为用于医疗大健康领域的机器人或者机器人化设备,如手术机器人、康复机器人、医用服务机器人和智能设备,能辅助医生的工作、扩展医生的能力。医疗机器人是需求量最大最实用的机器人之一。医疗机器人比人更精准、更快捷、更稳定,且能长时间地在高温、低温、辐射等恶劣环境下工作,所以吸引了全球越来越多的科研人员参与研发。

对于骨科手术来说,由于手术过程中脊柱等骨头周边往往布满神经中枢,医生任何一个意外的手指抖动都可能给患者带来巨大风险或严重后果,骨科手术机器人操作的精确性、稳定性超过经验丰富的骨外科医生,已经得到医疗界及患者的认可(Bai et al.,2019)。同时,骨科手术过程中,需要多次影像拍片等确认定位是否准确。骨科手术机器人术前能将病人的X片、CT、核磁共振等影像资料叠加分析,进行手术路径规划,术中结合导航系统,机器人能高精度导航、控制,精准定位,完成钻孔、切割等各种手术动作(Wang et al.,2019)。因此,骨科手术时极其需要这样的手术机器人辅助,骨科手术机器人已经是当前机器人研究的热点。

送药巡诊医疗服务在一些特殊情况下,如传染病爆发或其他紧急情况,服务需求量激增将超过医疗条件的支持水平,送药巡诊医疗服务需要更加灵活和高效的方式,而送药巡诊机器人的引入可以大大提高医疗服务的效率。药品的自动配送和机器人的巡诊可以更迅速地满足患者的需求,缓解医疗机构的工作压力。特别是在传染病流行期间,机器人的运用可以减少医护人员与患者之间的直接接触,降低传染的风险,保护医疗从业者和患者的安全(曹耀匀等,2023)。除此之外,机器人可以搭载各种传感器和监测设备,实时监测患者的健康状况,这样的数据反馈可以帮助医护人员更好地了解患者的情况,及时采取措施。

此项目旨在增强选手的动手能力,引领我国大学生、教师投身到医疗大健康领域机器人的研发中来,让智能机器人向实际应用方向发展,助力我国医疗健康事业的发展。

7.5.2 救援机器人

救援机器人赛项主要包括智能四足救援机器人、越障与搜救和环境自主建图 3 个子赛项。

1. 智能四足救援机器人

该赛项通过模拟救援场景来考评四足机器人的全地形通行和作业能力,以及环境感知和自主决策的能力。侧重考察四足机器人在复杂地形环境下的运动控制能力和环境感知能力,目的在于引导参赛队将各种人工智能算法与四足机器人相结合,培养参赛队员创新设计四足机器人智能感知与控制算法的能力、四足机器人解决实际问题的能力。展示四足机器人的相关功能,如跟随、识别、导航等。比赛场景示意图如图 7-29 所示。

2. 越障与搜救

该赛项研究重点为移动机器人机械结构设计、非直视情况下的机器人遥控技术、图像视频传输等。技术难点主要在于如何提高移动机器人穿越复杂地形的能力、机械臂灵巧操作能力、图像视频和控制信号的鲁棒传输等。比赛场景示意图如图 7-30 所示。

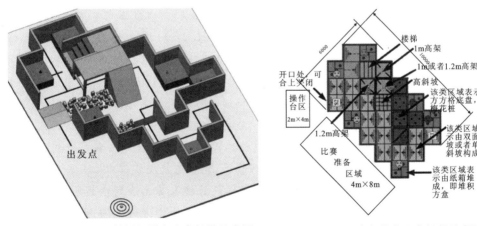

图 7-29 智能四足救援机器人比赛场景示意图　　图 7-30 越障与搜救比赛场景示意图

3. 环境自主建图

该赛项研究重点为移动机器人基于激光雷达或者 RGB-D 传感器的环境自主建图、环境探索自主规划、基于视觉的二维码及目标识别等。技术难点主要在于如何鲁棒地实现机器人同步定位与建图,保证建图的高精度,如何实现未知环境探索中机器人自主的运动规划与控制。比赛场地示意图同越降与授权。

思政导入　　救援机器人：助力灾难救援和人道主义援助

2021年，土耳其和希腊边境发生7.4级地震，造成了严重的破坏和大量的人员伤亡，多个国家派遣了救援队伍，多支队伍携带了救援机器人。这些机器人被部署在废墟中，在夜间和恶劣天气条件下持续工作，通过配备的摄像头、传感器和机械臂，在人类难以到达的狭窄和危险区域中进行搜索，对困在废墟中的幸存者进行精确定位，为其后续脱困提供了关键信息。据官方统计，救援机器人在这次地震中协助救出了超过50名被困的幸存者。

救援机器人的设计目的是通过搭载先进的传感器、通信设备和机械装置，实现在灾难场景中的搜索、搜救、物资传送等任务，从而在关键时刻保护救援人员、提高响应速度，并为灾区提供及时有效的援助(董炳艳等，2020)，旨在将科技应用于人道主义行动，最大程度地减少灾害带来的损失，满足对于自然灾害、事故和紧急情况下救援效率的迫切需求。

在探测和搜救方面，救援机器人配备先进的传感器，如红外线、热成像、摄像头等，能够在灾难现场快速准确地探测受困者的位置。这有助于救援人员更迅速地定位和营救被困人员。一些救援机器人还具有生命迹象检测功能，可以检测心跳、呼吸等生命体征，帮助确定受困者的健康状况，从而指导救援行动。除此之外，在搜救过程中救援机器人能够穿越复杂和危险的地形，执行地形勘察任务(栾宪超等，2022)，为救援人员提供有关灾难现场的详细信息，包括道路状况、建筑物稳定性等。配备气体传感器的救援机器人可用于检测有毒气体或危险化学物质，提前警示救援人员并制订安全计划。在地震或建筑倒塌的情况下，救援机器人可以检测建筑物结构的沉降情况，有助于评估建筑物的安全性。

在物资运输方面，救援机器人可以用于在灾难或紧急情况中向受灾地区快速、安全地运送急需的物资。机器人通常配备了先进的导航系统和传感器，能够穿越复杂的地形和应对不同环境的挑战。在灾难现场，救援机器人可以运载食品、药品、医疗用品等急需物资，确保这些资源能够及时送达到受灾者手中，穿越被毁坏的道路、桥梁或其他障碍物，执行物资分发任务，帮助减轻救援人员的负担，提高救援效率。此外，一些无人机或地面机器人还能通过空中或地面运输，快速到达目的地，尤其在灾难现场交通困难的情况下，发挥独特的优势。

在通信中继方面，在灾难、紧急情况或偏远地区，通信基础设施常常受到破坏或无法正常运作，这时救援机器人可以充当移动的通信中继站，提供临时的通信支持。救援机器人通常配备有高效的通信设备，包括卫星通信、无线网络等，能够与救援指挥中心或其他救援团队进行稳定的通信。它们可以进入受灾区域、危险区域或救援人员无法到达的地方，建立起可靠的通信链路，帮助救援人员获取实时信息、指导行动，并与受灾者进行沟通。此外，救援机器人还可以配备摄像头和传感器，通过实时图像和数据传输提供灾难现场的情报，协助救援人员更好地了解现场状况。通过搭载先进的通信技术，救援机器人在灾难应对和救援行动中发挥了关键的支持作用，提高了整体的应急响应效率。

7.5.3　创新创意赛

创新创意赛项主要包括"AI＋智造未来"、文化艺术创新创意和人工智能与机器人创意设计3个子赛项。各赛项均采用开放式命题的方式进行,由参赛队自主选择作品命题。

1. "AI+智造未来"

该赛项在技术上以人工智能去赋能,包括机电控制、智能制造、机器视觉、自然语言处理、深度学习、机器学习、大数据处理、群体智能、决策管理等技术;在应用上围绕低碳经济、生态经济、生活出行等方面,重点考核创新创意的质量,参赛队可自行选择。在参赛方向上可以有以下选择:AI+食品、AI+高端装备制造、AI+金融、AI+医疗、AI+交通、AI+公益、AI+农业、AI+城市、AI+酒店、AI+家居、AI+安防、AI+教育、AI+文化创意等,围绕经济生活中当下或今后必然面临和迫切需要解决的问题,去捕捉创意的火花。

2. 文化艺术创新创意

该赛项为学生创建一种艺术与科技的交叉融合跨学科的交互式共生模式,希望学生形成跨领域的产业创新成果。赛项要求机器人在自选项目下完成一段由3台及以上机器人表演的创意节目。项目种类包含小品、相声、话剧、舞台剧等创新创意形式。

3. 人工智能与机器人创意设计

该赛项鼓励新思路、新理论、新技术在机器人设计和应用中的探索与创新,鼓励学生自己动手设计制作人工智能与机器人智能硬件或系统。面向社会需求和热点问题提出人工智能与机器人创新设计方案,并完成人工智能与机器人智能硬件或系统设计工作,锻炼系统感知、通信、控制、决策与执行算法的编写,展现自主学习能力;培养创新设计意识、结构设计能力、系统性思维,加强工程实践的训练。

在人工智能与机器人创新设计方面,由于当前理疗机器人的需求不断增长,设计软机器人进行气动理疗是一个创新方向。这种设计可以充分发挥人工智能和机器人技术的优势,提供更个性化、高效的康复服务。控制算法方面通过使用PID闭环控制算法,实现对气动理疗的精准调节和优化。以下是PID控制算法控制气动理疗的思路。

压力控制(P):利用比例控制(P)部分,可以根据患者的康复需求和生理状况,实时调整气动执行器输出的压力。这确保了康复过程中施加在患者身上的压力是适当的,既有效促进康复,又避免了可能的不适感。

频率控制(I):利用积分控制(I)部分,可以根据患者的康复进展,动态调整气动执行器的工作频率。这允许系统在长时间内保持一定的康复力度,帮助患者更好地适应和改善。

压力变化率控制(D):利用微分控制(D)部分,可以平滑调整气动执行器的压力变化率,防止突然的压力变化对患者造成不适。这对于康复过程中的舒适性和安全性非常重要。

整合PID闭环控制算法到气动理疗执行器中,可以实现更加智能、个性化的康复治疗。这不仅提高了治疗的效果,也提供了一种高度可控的康复方案,有助于患者更好地进行康复训练。同时,在设计和调试PID算法的过程中,也将培养系统控制和工程实践的技能。

以下是一个PID控制算法的气动理论程序框架:

```c
#include<stdio.h>
#include<unistd.h>
//定义PID参数
float Kp=0.5;   //比例系数
float Ki=0.2;   //积分系数
float Kd=0.1;   //微分系数
```

```c
//设定目标压力
float target_pressure=50.0;    //期望的气动理疗压力
//初始化 PID 控制器
float previous_error=0.0;
float integral=0.0;
//模拟获取当前气动理疗执行器的压力
float get_current_pressure(){
    //模拟获取当前压力的函数,实际中需要替换为真实的传感器读取
    return/* 实际的获取压力的代码*/;
}
//模拟将 PID 输出应用于气动理疗执行器,调整压力
void adjust_pressure(float output){
    //模拟将 PID 输出作用于气动执行器的函数,实际中需要替换为真实的执行代码
    //output 参数表示 PID 输出,用于调整气动执行器的压力
    /* 实际的调整压力的代码*/
}
int main(){
    //主循环
    while(1){
        //实时获取当前气动理疗执行器的压力
        float current_pressure= get_current_pressure();
        //计算误差
        float error=target_pressure-current_pressure;
        //计算比例项
        float proportional=Kp* error;
        //计算积分项
        integral=integral+Ki* error;
        //计算微分项
        float derivative=Kd* (error-previous_error);
        //计算 PID 输出
        float output=proportional+integral+derivative;
        //实时将 PID 输出应用于气动理疗执行器,调整压力
        adjust_pressure(output);
        //更新误差和积分
        previous_error=error;
        //在适当的时间间隔内循环,sleep 函数用于模拟时间延迟
        usleep(100000);//100 毫秒,单位为微秒
    }
    return0;
}
```

首先，这段 C 语言程序进行了 PID 控制算法的初始化，定义了比例系数（Kp）、积分系数（Ki）、微分系数（Kd）以及期望的气动理疗压力。接下来，初始化了 PID 控制器的相关变量，包括先前误差和积分项。这些变量在 PID 算法中起到重要作用，用于计算比例项、积分项和微分项。

其次，程序定义了模拟函数 get_current_pressure()，用于获取当前气动理疗执行器的压力。这个函数在实际应用中需要替换为真实的传感器读取。获取当前压力是 PID 控制算法中计算误差的关键步骤，误差是目标压力与当前压力之差。

最后，程序进入主循环，其中实施了实时的 PID 控制算法。在循环中，首先计算当前压力与目标压力之间的误差，然后分别计算比例项、积分项和微分项。这些项相加得到 PID 输出，通过调用 adjust_pressure() 函数，将 PID 输出应用于气动理疗执行器，实现对压力的调整。随后，更新先前误差和积分项，通过 sleep() 函数模拟时间延迟，以控制循环的执行速率。

总体而言，该程序通过 PID 控制算法实现了对气动理疗执行器的智能调节，使其能够根据患者的康复需求和生理状况进行精准的压力调整，从而提高康复治疗的效果和个性化程度。

思政导入　　"AI＋"：发扬创新创意精神

人工智能是当今科技发展的前沿领域之一，"AI＋"的应用对于一个国家实现科技强国建设至关重要（周子洪等，2020）。通过鼓励"AI＋"的创新和创意，有助于推动社会的科技创新和产业升级，提高国家在全球科技竞争中的地位，为人类社会的可持续发展贡献重要力量。但推动人工智能创新也对当今时代高水平的人才的发展提出了新的要求，强调要在思政教育中培养出具备创新精神、道德伦理和社会责任感的人才。通过借助人工智能领域的创新，也可以促使教育体系更好地培养适应未来社会需求的人才。

人工智能创新创意赛涉及技术、创新和应用，通过参与人工智能创新创意赛，学生能够深入实际问题，锻炼解决问题的创新思维和实践能力。借助竞赛过程引导学生关注社会现实问题，培养对社会责任的认识。在团队合作中，有助于培养学生的团队协作和沟通能力，加强对于团队合作精神的引导。除此之外，还可以引导参赛者思考他们的创新对社会的影响，鼓励他们关注科技创新与社会责任的平衡，理解科技的发展应当服务于社会的可持续发展和人的整体福祉，以及人工智能涉及的伦理和法治等方面的问题。可以引导参赛者思考他们的创意在伦理和法治框架下的合理性，强调技术创新应当符合社会的法律和伦理标准。

人工智能创新创意赛鼓励参赛者跨学科学习，注重理论知识与现实世界的相互联系，强调综合素养的培养，引导学生在技术创新的同时，注重人文、社会科学等领域的知识。通过将人工智能创新创意赛与思政教育有机结合，可以使学生在技术创新的同时更全面地认识社会、提升综合素养，并在未来的科技发展中发挥更积极的作用。

8 C51 程序设计

8.1 C51 语言概述

MCS-51 系列单片机通常存在两种编程语言,即 C 语言和汇编语言。C51 语言是由 C 语言继承而来的单片机编程语言。与 C 语言不同的是,C51 语言运行于单片机平台,而 C 语言可以运行于多种平台,包括普通的桌面平台。C51 语言具有 C 语言结构清晰的优点,便于学习。在通常情况下,C51 语言由于允许直接访问物理地址,能直接对硬件进行操作,可实现汇编语言的部分功能,因而兼有高级和低级语言的特点,使用范围广。汇编语言是一种面向机器的编程语言,能直接操作单片机的硬件系统,如存储器、I/O 端口、定时/计数器等,但汇编语言属于低级编程语言,程序可读性差,移植困难,且编程时必须具体组织、分配存储器资源和处理端口数据,编程工作量大。

与汇编语言相比,C51 语言在功能、结构性、可读性、可维护性上有明显优势,且易学易用。现在 C51 语言已经成为高效、简洁的单片机实用高级语言。

思政导入   **从代码开源看知识产权**

在计算机发展早期阶段,开源软件并不常见。大部分计算机使用者也是相关领域的专家,他们通常通过编写和共享源代码来改进与维护软件,这种自发的合作和共享是当时的主要模式。

然而,随着计算机行业的发展和商业化的兴起,一些人开始意识到软件的商业潜力。比尔·盖茨是其中之一。1976 年,比尔·盖茨和保罗·艾伦共同创办了微软公司,并于 1981 年推出了磁盘操作系统(Disk Operating System,简称 DOS)。与此同时,盖茨提出了一种新的商业模式,即将软件视为商品,并采用闭源的方式将软件的源代码保密起来(王莹等,2024)。这种商业模式获得了巨大的成功。微软的 Windows 操作系统成为全球应用最广泛的闭源操作系统,催生了巨额利润和全球软件产业的繁荣。

然而,在商业软件兴起的同时,人们对开源软件的需求也逐渐增加。开源软件的优势在于其源代码公开,用户可以自由查看、修改和共享软件。开源软件的共同开发模式有助于促进技术创新和知识共享(黄庆桥等,2024)。

尽管比尔·盖茨首先提出了软件闭源和版权问题,但开源运动在接下来的几十年中逐渐壮大。1983 年,理查德·斯托曼创立了自由软件基金会(Free Software Foundation,简称 FSF),倡导自由软件的使用和开发。1991 年,林纳斯·托瓦兹发布了 Linux 操作系统的内核,为开源软件开辟了新的篇章。

虽然开源项目的代码是公开的,但也受知识产权的保护。用户在使用开源项目时需要遵守项目所采用的开源协议。开源协议规定了使用和分发开源软件的条件和限制,包括源代码是否可以转为闭源、是否需要对修改处提供说明文档、是否要继续使用相同的开源协议等(王志强等,2022.)。

因此,如果用户想要使用开源项目的代码,就需要了解该项目所采用的开源协议,并遵守其中的规定。一般情况下,用户需要在他们的衍生作品中保留原始版权声明和许可证,并且将其开源。如果用户想要将衍生作品用于商业目的,那么他们通常需要获得原作者的许可。

如果用户违反了开源协议,可能会面临法律责任。例如用户将开源项目的代码用于商业目的,但又没有遵守原始许可证的规定,那么原作者有权起诉用户侵犯他们的版权,并要求用户停止使用该项目代码(纪守领等,2023)。

常见的开源协议包括 MIT、Apache 2.0、GPL 协议等,如图 8-1 所示。

MIT 协议是一种宽松的开源协议,允许使用、复制、修改、合并、发布、分发、销售和授权软件,而无须做出任何特别要求。MIT 协议

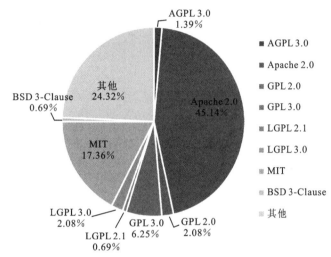

图 8-1　国内经典开源项目使用开源协议情况

几乎没有限制,只要在软件和文档中包含版权声明及许可证条款即可,用户可以将该软件用于闭源软件中,甚至可以将代码用于商业目的。

Apache 协议也是一种宽松的开源协议,与 MIT 协议类似,允许使用、修改、复制、分发和销售软件,但要求在衍生作品中保留原始版权声明和许可证,并明确注明任何更改的日期。除此之外,Apache 协议还规定了使用 Apache 标志和商标的规定,以及其他限制。

GPL 协议是一种强制性开源协议,必须遵守其规定才能使用或分发被 GPL 协议保护的软件。GPL 协议要求任何修改或衍生作品都必须采用同样的 GPL 协议进行发布,并且必须公开源代码。这意味着,如果用户要将 GPL 许可协议下的软件用于商业目的,则需要将他们的衍生作品开源,以便其他人可以自由使用和修改。使用 GPL 协议的经典开源项目有 Linux、MySQL 等。

8.1.1　C51 的数据类型

数据是单片机操作的对象,是具有一定格式的数字或数值,数据的不同格式就称为数据类型。C51 基本数据类型包括标准 C 语言支持的基本数据类型和 C51 扩展的数据类型(参见表 8-1 中最后 4 行)两部分,其中扩展的数据类型不能使用指针对其进行存取。此外,C51 也支持数组、结构体、联合体、枚举等构造数据类型。通过合理选择和使用不同的数据类型,可

表 8-1 C51 的基本数据类型

数据类型		位数	字节数	值域范围
字符型(char)	signed char	8	1	−128～127
	unsigned char	8	1	0～255
整型(int)	signed int	16	2	−32768～32767
	unsigned int	16	2	0～65535
长整型(long)	signed long	32	4	−2147483648～2147483647
	unsigned long	32	4	0～4294967295
浮点型(float)	float	32	4	±1.175494E−38～±3.402823E+38
	double	32	4	±1.175494E−38～±3.402823E+38
扩展型	sbit	1		0,1
	bit	1		0,1
	sfr16	16	2	0～65535
	sfr	8	1	0～255

以提高程序的效率和可读性。在实际编程中,根据具体需求选择合适的数据类型非常重要。

下面对部分数据类型进行说明。

1. 位变量 bit

用于访问 MCS-51 系列单片机中可寻址的位单元。MCS-51 系列单片机中有很多可以按位(bit)进行读写操作的存储单元,如片内 RAM 中位地址为 00～7FH 的 128 个位存储单元。用 bit 数据类型定义的变量其值只能是 1(True)或者 0(False)。用 bit 定义的位变量在 C51 编译器编译时,不同时候的位地址是可以变化的。需要注意的是,位变量通常不能用来定义指针和数组。

位变量的一般定义形式与整型变量的定义形式基本相同。例如:

```
bit bit_name=1;      //指定变量 bit_name 为位变量,初值为 1
```

2. 特殊功能位 sbit

sbit 是指 MCS-51 系列单片机内特殊功能寄存器的可寻址位。用 sbit 定义的位变量必须与 MCS-51 系列单片机的一个可以寻址位单元或可位寻址的字节单元中某一位联系在一起,在 C51 编译器编译时,其对应的位地址是不可变化的。sbit 型变量的定义通常有以下 3 种不同形式。

绝对位地址:

```
sbit 位变量名=位地址;
```

例如:

```
sbit CY=0xD7;        //将位的绝对地址赋给变量名
//位地址必须位于 0x80～0xFF 之间
```

相对位地址:

```
sbit 位变量名=字节地址^位位置;
```
　　例如:
```
sbit CY=0xD0^7;
```
　　相对位位置:
```
sbit 位变量名=SFR 名称^位位置;
```
　　例如:
```
sfr PSW=0xD0;
sbit CY=PSW^7;
//SFR 名称必须是已定义的 SFR 名字
//位位置是一个 0~7 之间的常数
```

　　3.特殊功能寄存器 sfr

　　sfr 为字节型特殊功能寄存器,占用一个内存单元,利用它可以访问 MCS-51 系列单片机内部的所有特殊功能寄存器。sfr 型变量的一般定义形式为:

类型说明符　变量名=8 位地址常量;

　　例如:
```
sfr P1=0x90;      //指定变量 P1 为 sfr 型变量,对应地址为 0x90
sfr PSW=0xD0;     //指定变量 PSW 为 sfr 型变量,对应地址为 0xD0
```

　　上例中,"sfr P1=0x90"定义了 P1 端口在片内的寄存器,在程序后续的语句中可以用"P1=0xff"使 P1 的所有引脚输出为高电平来操作特殊功能寄存器。

　　4.特殊功能寄存器 sfr16

　　sfr16 为双字节型特殊功能寄存器,占用两个内存单元。sfr16 和 sfr 一样用于操作功能寄存器,不同的是,sfr16 用于操作占用两个字节的特殊功能寄存器。例如:
```
sfr16 DPTR=0x82;    //指定变量 DPTR 为 sfr16 型变量,即 DPL=0x82,DPH=0x83
```

　　上例中,"sfr16 DPTR=0x82"语句定义了片内 16 位数据指针寄存器 DPTR,其低 8 位字节地址为 0x82H,高 8 位字节地址为 0x83H,在程序的后续语句中可对 DPTR 进行操作。

　　对于 C51 编译器的数据类型,值得注意的有如下方面。

　　(1)bit 和 sbit 定义的都是位型变量,但两者存在区别:①bit 型变量的位地址是由编译器为其随机分配的(定义时不能由用户指定),位地址范围在片内 RAM 的可位寻址区(bdata 区)中;②sbit 型变量的位地址则是由用户指定的,位寻址区的字节地址范围为 20H~2FH(利用 bdata 限定变量存储类型后可将位地址范围扩大到 bdata 区)。

　　(2)sfr 型变量和 sbit 型变量都必须定义为全局变量,即必须在所有 C51 函数之前进行定义,否则就会编译出错。

　　(3)程序中如果使用了头文件"reg52.h"后,原先定义 P1 变量的语句"sfr P1=0x90"便可省略。

　　(4)在通常情况下,bit 和 unsigned char 这两种数据类型都可以直接支持单片机机器指令,因此代码的执行效率最高,signed char 型变量虽然也只占用一个字节,但 CPU 需要进行额外的操作来测试代码的符号位,从而降低了代码执行效率。因此,编程时应尽量选用 bit 和 unsigned char 这两种变量。

(5) 使用浮点型变量时,编译系统将调用相应的库函数来保证运算精度,这将明显增加运算时间和程序代码长度,因此不是十分必要时应尽量避免使用 float 数据类型。

C51 编译器除了能支持以上基本数据类型之外,还能支持一些复杂的组合型数据类型,如数组类型、指针类型、结构体类型、联合体类型、枚举类型等数据类型。下面对这些组合型数据类型进行简要介绍。

数组和指针:数组是一种存储相同类型数据的集合,可以通过下标访问其中的元素。指针存储一个变量的内存地址,通过指针可以间接访问和修改变量的值,实现动态内存分配和数据传递。

结构体和联合体:结构体是一种由不同类型的数据组合而成的数据类型,可以将多个变量打包成一个整体。联合体允许在相同的内存空间中存储不同类型的数据。

枚举类型:枚举类型是一种由一组常量组成的数据类型,用于定义一些具有特殊取值范围的变量。枚举类型可以使程序更加易读和易维护。

在 C51 语言程序中,运算过程中可能会出现数据类型不一致的情况,C51 允许任何标准数据类型的形式转换,转换的优先级顺序为:

bit→char→int→long→float→unsigned→signed

即当 char 型与 int 型数据进行运算时,先自动将 char 型数据扩展为 int 型数据,然后与 int 型数据进行运算,运算结果为 int 型。

【例 8-1】 C51 对 MCS-51 系列单片机特殊功能寄存器的定义方法。

MCS-51 系列单片机通过特殊功能寄存器 SFR 实现对其内部主要资源的控制。MCS-51 系列单片机有 21 个 SFR,有的单片机还有更多的 SFR,它们分布在片内 RAM 的高 128 个字节中,其地址能够被 8 整除的 SFR 一般可以进行位寻址。对 SFR 只能用直接寻址方式访问,C51 允许通过使用关键字 sfr、sbit 或直接引用编译器提供的头文件来实现对 SFR 的访问。

第一,使用关键字定义 sfr。为了能直接访问特殊功能寄存器 SFR,C51 提供了一种自主形式的定义方法。这种定义的方法是引入关键字"sfr",语法为:

```
sfr 特殊功能寄存器名字=特殊功能寄存器地址;
```

以串口控制寄存器 SCON 和定时器/计数器方式控制寄存器地址 TMOD 为例,具体的写法为:

```
sfr SCON=0x98;/* 串口控制寄存器地址 98H*/
sfr TMOD=0X89;/* 定时器/计数器方式控制寄存器地址 89H*/
```

第二,通过头文件访问 SFR。为了用户处理方便,C51 编译器把 MCS-51 系列单片机常用的特殊功能寄存器和特殊位进行了定义,放在一个"reg51.h"或"reg52.h"的头文件中。当用户要使用时,只需要在使用之前用一条预处理命令"#include<reg51.h>"把这个头文件包含到程序中,然后就可以使用特殊功能寄存器名和特殊位名称了。用户可以通过文本编辑器对头文件进行增减。

第三,SFR 中位定义。在 MCS-51 系列单片机的应用问题中,经常需要单独访问 SFR 中的位,C51 的扩充功能使之成为可能,使用关键字"sbit"可以访问位寻址对象。特殊位

(sbit)的定义,像 SFR 一样不与标准 C 兼容。与 SFR 定义一样,用关键字"sbit"定义某些特殊位,并接受任何符号名,"="号后将绝对地址赋给变量名。这种地址分配有 3 种方法。

第一种方法:sbit 位名=特殊功能寄存器名^位置。当特殊功能寄存器的地址为字节(8位)时,可使用这种方法。特殊功能寄存器名必须是已定义的 SFR 的名字。"^"后的"位置"语句定义了基地址上特殊位的位置,所以必须是 0~7 中的一个数。

第二种方法:sbit 位名=字节地址^位置。这种方法是以一个整常数为基地址,该值必须在 0x80~0xFF 之间,并能被 8 整除,确定位置的方法同上。

第三种方法:sbit 位名=位地址。这种方法将位的绝对地址赋给变量,地址必须在 0x80~0xFF 之间。

8.1.2 C51 的数组与指针

在 C51 的程序设计中,数组和指针的使用较为广泛。数组是一种构造类型的数据,通常用来处理具有相同属性的一批数据。数组中的单个变量称为数组元素。数组中元素顺序用下标表示,下标为 n 的元素可表示为"数组名[n]"。数组有一维、二维、三维和多维数组之分,C51 常用的有一维数组、二维数组和字符数组。

C51 支持两种不同类型的指针:通用指针和存储器指针。任何一个变量都要在存储器中占用一定的连续地址单元。如果要访问变量 a,可以通过直接访问变量 a 占用的连续单元首地址 &a,也可以先把 &a 存放在另一变量的 ip 中,然后利用 ip 找到变量 a 对应的首地址,从而实现对变量 a 的访问。变量 ip 就是指针变量,其存放变量 a 对应的首地址 &a,即 ip 指向变量 a。

8.1.2.1 C51 的数组

1. 一维数组

具有一个下标的数组元素组成的数组称为一维数组,数组必须先定义后使用。一维数组定义的基本形式为:

数据类型 [存储器类型] 数组名 [元素个数];

其中,数组名是一个标识符,元素个数是一个常量表达式,不能是含有变量的表达式。存储器类型是可选项,没有时 C51 根据编译模式分别默认为 data 型(small 模式)、pdata 型(compact 模式)、xdata 型(large 模式)。

例如在外部存储区定义一个数组保存 8 位 A/D 芯片采样的 16 个数据:

unsigned char xdata adsample[16];

定义数组时,可对数组进行整体初始化,初值个数必须小于或等于数组长度,不指定数组长度则会在编译时由实际的初值个数自动设置。声明数组时,初始化赋值数组元素可以采用以下几种形式:完整声明初始化、部分初始化、省略数组大小。

示例如下:

unsigned int a[3]={1,2,3};   //给全部元素赋值,a[0]=1,a[1]=2,a[2]=3
unsigned int b[3]={1};   //给部分元素赋值,b[0]=1,其他数组元素默认值为 0
unsigned int c[]={4,5,6,7,8};   //没有指定数组长度,编译器自动设置

若定义后对数组赋值,则只能对每个元素分别赋值,即动态初始化。

【例8-2】打印数组中的元素。

```c
#include< stdio.h>         //头文件
void main() {
  int i,num[4];            //定义整型变量i和整型数组num
  printf("请输入4个整数\n");//打印说明字符
  for(i=0;i<4;i++)         //循环输入数组num中的元素
  {
   scanf("% d",&num[i]);
  }
  for(i=0;i<4;i++)         //循环输出数组num中的元素
  {
   printf("num[%d]=%d",i,num[i]);
  }
}
```

对数组进行引用时,只能逐个引用数组元素,不能一次引用整个数组。例如:
a[0]=a[5]+a[7]-a[2*3];

2.二维数组

具有两个下标的数组称为二维数组,二维数组定义的基本形式如下:

数据类型[存储器类型]数组名[行数][列数];

其中,数组名是一个标识符,行数和列数都是常量表达式。例如:

float xdata a[3][4];

二维数组可以在定义时进行整体初始化,也可以在定义后逐个赋值。例如:

int array1[3][4]={{1,2,3,4},{5,6,7,8},{9,10,11,12}}; //array1数组全部初始化
int array2[3][4]={{1,2,3,4},{5,6,7,8},{}}; //array2数组未初始化的元素默认为0
int array3[3][4]; //array3数组定义时未初始化赋值,可在后续程序中逐个赋值

思政导入　　　　　　奇妙的杨辉三角

杨辉三角是公元1261年我国宋代数学家杨辉在其著作《详解九章算法》中给出的一个用数字排列起来的三角形阵。由于杨辉在书中引用了贾宪的《开方作法本源》和"增乘开方法",因此这个三角形也称"贾宪三角"。杨辉的数学著作在当时就引起了广泛的关注和学习。他的著作不仅得到了南宋官方的认可和推广,还吸引了朝鲜、日本等邻国的学者进行翻译和研究。在欧洲,这个三角形叫帕斯卡三角形,是帕斯卡在1654年研究出来的,比杨辉晚了近400年时间。21世纪以来国外也逐渐承认这项成果属于中国,所以有些书上称这是"中国三角形"(Chinese Triangle)。

这个看上去平平无奇的数字三角形,有着一些非常奇妙甚至神秘的特性。杨辉三角是二项式系数在三角形中的一种几何排列,其中蕴含着二项式系数的几个相关性质,包括二项式系数的对称性、增减性与最大值、各二项式系数的和等。利用杨辉三角的性质,我们可以把这一古代优秀创造发展推广到很多数学应用中去。例如它可以直接联系到二项式定理,可用来

作为开方的工具。另外发现高阶等差级数的计算规律,推导高次方程的计算方法,解释堆垛术、混合级数以及无穷级数的概念等,都可以与杨辉三角联系起来讨论。因此,直到现在,它仍然受到世界上数学家们的重视。例如在英国中学数学教科书中,根据杨辉三角提出了几个有趣的问题,这些问题的讨论对于丰富中学数学教学活动有着一定的价值。

杨辉的算法和方法在中国乃至世界范围内广泛传播,并对后来的数学研究产生了深远的影响。他的贡献被后世学者称为"辉术",成为当时数学教育的重要组成部分。杨辉算法也为后来的数学家和科学家提供了启示,对于概率论、组合数学、离散数学等领域的发展产生了积极影响。至今,杨辉算法仍然是数学教育中的重要内容之一,被广泛用于解决各类数学问题和算法设计。

除了数学方面,杨辉三角也与许多诗文形成映射,展现了诗文之美。唐代白居易做过一首《一七令·诗》:

诗,

绮美,瑰奇。

明月夜,落花时。

能助欢笑,亦伤别离。

调清金石怨,吟苦鬼神悲。

天下只应我爱,世间唯有君知。

自从都尉别苏句,便到司空送白辞。

这种诗体名为宝塔诗,都是宽底尖顶、两侧对称的结构。每行每句相比上一行两边各增加一字。从外形上看,富有美感的宝塔诗和杨辉三角很是相似。

【例 8-3】用二维数组输出杨辉三角。

```c
#include < stdio.h >
int main(){
    int i=0;
    int j=0;     //定义两个数据控制循环
    int a[10][10];//定义二维数组
    //将最外端元素置为1
    for(i=0;i< 10;i++ ){
        a[i][0]=1;
        a[i][i]=1;
    }
    //计算其他位置上的元素
    for(i=2;i<10;i++){
        for(j=1;j<i;j++){
            a[i][j]=a[i-1][j-1]+a[i-1][j];//计算
        }
    }
    //输出杨辉三角
```

```
    for(i=0;i<10;i++){
        for(j=0;j<=i;j++){
            printf("% 5d",a[i][j]);//输出
        }
        printf("\n"); //换行
    }
    return 0;
}
```

3. 多维数组

多维数组通常指的是具有多个维度的数组,多维数组定义的基本形式为:

数据类型 [存储器类型] 数组名 [第 n 维长度] [第 n-1 维长度]…[第 1 维长度];

示例如下:

```
char c[2][2][3];      //定义一个字符型的三维数组
int d[2][3][3][4];    //定义一个整型的四维数组
```

4. 字符数组

若一个数组的元素是字符型的,则该数组就是一个字符数组。字符数组中的每一个元素都用来存放一个字符,字符数组类型定义的形式同前文介绍的数值数组相同。例如:

```
char a[5];
char a[5][10];        //即为二维字符数组 字符数组也允许在类型说明时作初始化赋值
char a[5]={'S','T','U','D','Y'};    //当对全体元素赋值时也可以省去长度说明
```

C51 还允许用字符串直接给字符数组置初值,例如:

```
char str[6]={"STUDY"};
```

用字符串方式赋值相比用字符逐个赋值要多占用一个字节,用于存放字符串结束符'\0'。

【例 8-4】 定义一个二维数组,存放字符串"china"和"CHINA",并输出。

```
# include <stdio.h>    //头文件
void main(void)   //主函数
{
    int i,j;
    char a[][5]={{'c','h','i','n','a'},{'C','H','I','N','A'}};
    for(i=0;i<=1;i++)
    {
        for(j=0;j<=4;j++)
        printf("% c",a[i][j]);
        print("\n")
    }
}
```

8.1.2.2 C51 的指针

指针是 C 语言中一个重要的概念。指针类型数据在 C 语言程序中使用十分普遍,正确使用指针类型数据可以有效表示复杂的数据结构、动态分配存储器及直接处理内存地址。

C51 支持两种不同类型的指针:通用指针和存储器指针。通用指针需要占用 3 个字节,

具有较好的兼容性但运行速度较慢;基于存储器的指针只需要占用 1~2 个字节,具有较高的运行速度。

1. 通用指针

在 C51 中通用指针的变量的一般定义为:

类型标识符 * 标识符;

例如:

```
char * sptr;      //定义一个指向字符变量的指针变量 sptr
```

例中 sptr 就是通用指针,用 3 个字节来存储指针,第一字节表示存储器类型,存放该指针的存储器类型编码,第二、第三字节分别是指针所指向数据地址的高字节和低字节。

指针变量通过定义后可以像其他基本类型变量一样进行引用。例如:

```
int x,*px,*py;   //变量及指针变量定义
px=&x;           //将变量 x 的地址赋给指针变量 px,使 px 指向变量 x
*px=5;           //等价于 x=5
py=px;           //将指针变量 px 中的地址赋给指针变量 py,使指针变量 py 也指向变量 x
```

通用指针可用于存取任何变量而不必考虑变量在 MCS-51 系列单片机存储器空间的位置,许多 C51 库函数采用了通用指针。函数可以通过通用指针来存取任何存储空间的数据。

2. 基于存储器的指针

由于通用指针所指对象的存储空间位置只有在运行期间才能确定,编译器在编译期间无法优化存储方式,必须生成一般代码以保证能对任意空间的对象进行存取。因此,通用指针所产生的代码运行速度较慢,若希望加快运行速度则应采用存储器指针。

存储器指针在定义时指明了存储器类型,并且指针总是指向特定的存储器空间(片内数据 RAM、片外数据 RAM 或程序 ROM)。例如:

```
char data * str;     //指向 data 空间 char 型数据的指针
int xdata * num;     //指向 xdata 空间 int 型数据的指针
long code * pow;     //指向 code 空间 long 型数据的指针
```

定义基于存储器的指针还可以指定指针本身的存储器空间位置。例如:

```
char data * xdata str;      //指向 data 空间 char 型数据的指针,指针本身在 xdata 空间
int xdata * data num;       //指向 xdata 空间 int 型数据的指针,指针本身在 data 空间
long code * idata pow;      //指向 code 空间 long 型数据的指针,指针本身在 idata 空间
```

使用存储器的好处是节省了存储空间,编译器不用为存储器选择和决定正确的存储器操作指令来产生代码,这使代码更为简短,但必须保证指针不指向所声明的存储区以外的地方,否则会产生错误。

3. 指针类型转换

通用指针与基于存储器的指针可以相互转换。在某些函数调用中,进行参数传递时需要采用通用指针。例如 C51 的库函数 printf()、sprintf()、gets()等便是如此,当传递的参数是基于存储器的指针时,若不特别指明,C51 编译器会自动将其转换为通用指针。

如果采用基于存储器的指针作为自定义函数的参数,而程序中又没有给出该函数原型,则基于存储器的指针就自动转换为通用指针。

8.1.2.3　C51 数组和指针的关系

指针是一个用于存储变量地址的变量,数组是一系列相同类型的元素的集合。虽然指针

和数组是两个不同的概念,但在 C 和 C++等编程语言中,它们之间有着密切的联系。

1. 指针与数组的关系

指针和数组都可以用于访问和操作内存中的数据。在 C 语言中,数组名本身就是一个特殊类型的指针常量,它存储了数组首元素的地址。因此,数组名可以像指针一样用于访问数组元素。例如:

```
int arr[5]={2,4,6,8,10};
int*ptr=arr;        //数组名 arr 就是指向数组首元素的指针
```

【例 8-5】通过指针访问数组元素。

```
int arr[5]={2,4,6,8,10};
int*ptr=arr;
for(int i=0;i<5;i++)
{
    printf("%d",ptr[i]);    //输出:2 4 6 8 10
}
```

在内存中,数组元素是连续存储的。数组名指向数组的首元素地址,通过对数组名进行指针运算,可以访问数组的不同元素。

2. 指针的算术运算

指针支持算术运算,包括指针的加法、减法和比较运算。通过指针算术运算,可以在数组中移动指针,实现对数组元素的遍历和访问。

【例 8-6】指针算术运算:访问数组元素。

```
int arr[5]={2,4,6,8,10};
int*ptr=arr;
for(int i=0;i<5;i++)
{
    printf("%d",*ptr);      //输出:2 4 6 8 10
    ptr++;                  //指针向后移动一个元素
}
```

3. 数组指针

数组指针是一个指向数组的指针,它可以像数组名一样访问数组的元素。与指针不同,数组指针在声明时需要指定数组的大小和类型。

【例 8-7】使用数组指针访问数组元素。

```
int arr[5]={2,4,6,8,10};
int (*ptr)[5]=&arr;    //声明一个指向含有 5 个整数的数组的指针
for(int i=0;i<5;i++)
{
    printf("%d",(*ptr)[i]);    //输出:2 4 6 8 10
}
```

8.1.3 C51 的运算符和表达式

C51 的运算符包括算数运算符、逻辑运算符、关系运算符、赋值运算符、位运算符、逗号运算符、条件运算符等。根据 C51 规则将不同对象用运算符连接起来就构成了 C51 的表达式。

1. 算数运算符

C51中的算数运算符如表8-2所示。对于除法运算，若相除的两个数为浮点数，则运算的结果也为浮点数；若相除的两个数为整数，则运算的结果也为整数即为整除。例如"25.0/20.0"结果为1.25，而"25/20"结果为1。对于取余运算，要求参加运算的两个数必须为整数，运算结果为它们的余数。例如"x=5÷3"结果 x 的值为2。

C51中表示加1和减1可采用自增运算符和自减运算符，自增和自减运算符是使变量自动加1或减1，自增和自减运算符放在变量前和变量后是不同的。例如（设 x 的初值为4）：

表8-2 算术运算符及其说明

符号	说明
＋	加法运算
－	减法运算
＊	乘法运算
／	除法运算
％	取余数运算
++	自增运算
--	自减运算

```
y= x++ ;      //y为4,x为5
y=++ x;       //y为5,x为5
y= x-- ;      //y为4,x为3
y=-- x;       //y为3,x为3
```

用算数运算符和括号将运算对象连接起来的式子称为算术表达式。运算对象包括常量、变量、函数、数组、结构体等。算数运算符的优先级规定为先乘、除、模，后加、减，括号中的内容优先级最高。算数运算的结合性规定为自左至右方向，称为"左结合性"。

2. 逻辑运算符

C51提供3种逻辑运算符，即逻辑与、逻辑或、逻辑非，如表8-3所示。用逻辑运算符将关系表达式或逻辑量连接起来的式子称为逻辑表达式，逻辑表达式的结合性为自左向右，逻辑运算的结果只有"真"和"假"两种，"1"表示真（True），"0"表示假（False）。例如若 a＝8,b＝3,c＝0，则"! a"为假，"a&&b"为真，"b&&c"为假。

表8-3 逻辑运算符及其说明

符号	说明
&&	逻辑与
||	逻辑或
!	逻辑非（求反）

C51逻辑运算符与算数运算符、关系运算符、赋值运算符之间的优先级从高到低次序为：!（非）—＞算数运算—＞关系运算—＞&& 和||—＞赋值运算。

3. 关系运算符

比较两个量大小关系的符号称为关系运算符。C51中的关系运算符如表8-4所示。

上表关系运算符中，前4个关系运算符具有相同的优先级，后2个关系运算符也具有相同的优先级，但是前4个关系运算符的优先级要高于后2个关系运算符。关系运算符都是双目运算符且符合左结合。

表8-4 关系运算符及其说明

符号	说明
＜	小于
＞	大于
＜＝	小于等于
＞＝	大于等于
＝＝	等于
!=	不等于

用关系运算符将两个表达式连接起来形成的式子称为关系表达式。关系运算符的运算结果只有0和1两种，即逻辑的真和假。例如：

```
a>b;          //若 a 大于 b,则表达式的值为 1(True)
b+c<a;        //若 b,c 之和大于 a,则表达式的值为 0(False)
```

4. 赋值运算符

在 C51 中,赋值运算符的功能是将一个数据的值赋给一个变量。利用赋值运算符将一个变量与一个表达式连接起来的式子称为赋值表达式,在赋值表达式后面加";"便构成了赋值语句。使用"="的赋值语句格式为:

```
int a,b,c,d,e,f;
a=0x10;       //将常数十六进制数 10 赋予变量 a
b=c=2;        //同时将 2 赋值给变量 b,c
d=e;          //将变量 e 的值赋予变量 d
f=d-e;        //将变量 d-e 的值赋予变量 f
```

5. 位运算符

C51 语言能对运算对象按位进行操作,它和汇编语言使用一样方便。C51 中共有 6 种位运算符,其说明如表 8-5 所示。

位运算符的作用是按位对变量进行运算,但是并不改变参与运算的变量的值。如果要求按位改变变量的值,则要利用相应的赋值运算。应当注意的是位运算符不能对浮点型数据进行操作。位运算符同样有优先级。从低到高依次是:"|"→"^"→"&"→"≫"→"≪"→"~"。

表 8-5 位运算符及其说明

符号	说明
&	按位与
|	按位或
^	按位异或
~	按位取反
≪	位左移
≫	位右移

思考题:设 a=0x54(01010100B),b=0x3b(00111011B),则 a&b、a|b、a^b、~a、a≪2、b≫2 分别为多少?

答案:a&b=00010000b=0x10;a|b=01111111B=0x7f;a^b=01101111B=0x6f;~a=10101011B=0xab;a≪2=01010000B=0x50;b≫2=00001110B=0x0e。

6. 逗号运算符

在 C51 语言中,逗号","是一个特殊的运算符,可以用它将两个或两个以上的表达式连接起来,称为逗号表达式。逗号表达式的一般形式为:

表达式 1,表达式 2,表达式 3,…,表达式 n

用逗号运算符组成的逗号表达式在程序运行时,按从左至右的顺序计算出各个表达式的值,而整个用逗号运算符组成的表达式的值等于最右边表达式的值,也即"表达式 n"的值。例如:

```
x= (a=3,6* 3);    //x 的值为 18
```

在实际的应用中,大部分情况使用逗号表达式只是为了分别得到各个表达式的值,而不一定要得到和使用整个逗号表达式的值。

7. 条件运算符

条件运算符"?:"是 C51 语言中唯一一个三目运算符,要求有 3 个运算对象,用它可以将 3 个表达式连接在一起构成一个条件表达式。条件表达式的一般形式为:

逻辑表达式? 表达式 1:表达式 2

其功能是先计算逻辑表达式的值,当逻辑表达式的值为真时,将计算的表达式 1 的值作为整个条件表达式的值;当逻辑表达式的值为假时,将计算的表达式 2 的值作为整个条件表达式的值。例如条件表达式"max=(a>b)? a:b"的执行结果是将 a 和 b 中较大的数赋值给变量 max。

8.2 C51 的函数

在 C51 程序中,每个函数都用于完成某项特定的任务或功能,这种机制有力地支持了模块化和自顶而下、逐步细化的编程思想。C51 语言不限制程序中的函数个数,任何一个完整的 C51 程序都必须有且仅有一个主函数(main 函数),主函数是 C51 程序的入口,所有的 C51 程序都是从主函数开始执行的。

为了有利于程序的模块化、促进资源的共享,C51 语言允许用户使用自定义函数。同时,C51 提供了大量功能强大的库函数,这些库函数都是编译系统自带的已经定义好的函数,用户可以直接在程序中调用。合理使用库函数可以简化程序设计、加快程序执行速度。

8.2.1 C51 函数的定义和调用

1. C51 函数的定义

在 C51 语言中,函数定义的一般形式为:

返回值类型说明符 函数名(形式参数列表)
形参类型说明
{
  语句
  return 语句
}

在定义中,"返回值类型说明符"声明了函数返回值的类型,该返回值可以是任何有效类型。如果没有类型说明符,函数返回一个整型值。如果函数没有返回值,则可以采用 void 说明符。函数类型的说明必须处于对它的首次调用之前,这样 C51 程序编译时才能为返回非整型值的函数生成正确代码。"形式参数列表"是一个用逗号分隔的参数变量表,当函数被调用时,这些变量接收调用参数的值。如果函数是无参函数,这时函数表是空的,但括号仍然需要存在。"形参类型说明"声明了函数内部的类型,其数据类型为 C51 语言支持的数据类型。"return 语句"用于返回函数执行的结果,如果没有返回值,可以省略该语句。

【例 8-8】定义一个返回两个整数的最大值的函数 max()。

```
int max(int x,int y)
{
  int z;
  z=x>y? x:y;
  return(z);
}
```

2. C51 函数的调用

在一个函数中需要用到某个函数的功能时,就调用该函数。调用者称为主调函数,被调用者称为被调函数。

函数调用的一般形式为：

`函数名(实际参数列表);`

若被调函数是有参函数，则主调函数必须把被调函数所需的参数传递给被调函数。传递给被调函数的数据称为实际参数（简称实参），实参必须与形参的数据在数量、类型和顺序上都一致。实参可以是常量、变量和表达式。实参对形参的数据传递是单向的，即只能将实参传递给形参。

主调函数对被调函数的调用有以下 3 种方式。

第一种函数调用语句把被调用函数的函数名作为主调函数的一个语句，即：

`print_message();`

此时，并不要求函数返回结果数值，只要求函数完成某种操作。

第二种函数结果作为表达式的一个运算对象，即：

`result=2* gcd(a,b);`

被调函数以一个运算对象出现在表达式中。这要求被调函数带有 return 语句，以便返回一个明确的数值参加表达式的运算。上述例中，被调函数 gcd() 为表达式的一部分，它的返回值乘 2 再赋给变量 result。

第三种被调函数作为另一个函数的实际参数，即：

`m=max(a,gcd(u,v));`

其中，gcd(u,v) 是一次函数调用，它的值作为另一个函数 max() 的实参之一。

在一个函数调用另一个函数时，必须具备以下条件。

(1) 被调函数必须是已经存在的函数（库函数或用户自定义的函数）。

(2) 如果程序中使用了库函数，或使用了不在同一文件中的另外自定义函数，则应该在程序的开头处使用"#include"包含语句，将所有的函数信息包含到程序中来。例如"#include <stdio.h>"，将标准的输入、输出头文件 stdio.h（在函数库中）包含到程序中来。编译时，系统会自动将函数库中的有关函数调入程序中去，编译出完整的程序代码。

(3) 如果程序中使用了自定义函数，且该函数与调用其的函数在同一个文件中，则根据主调函数与被调函数在文件中的位置，决定是否对被调函数作出说明。

8.2.2 C51 的库函数

C51 提供了丰富的可直接调用的库函数，库函数的使用不仅可以加快开发效率，还能提供友好的程序跨平台移植特性。C51 划分的库函数类别主要有本征库函数、字符判断转换库函数、输入输出库函数、字符串处理库函数、类型转换及内存分配库函数、数学计算库函数等。

1. 本征库函数

本征库函数是指编译时直接将固定的代码插入到当前行，而不是用汇编语言中的"ACALL"和"LCALL"指令来实现调用，从而大大提高了函数的访问效率。Keil C51 的本征库函数数量少但非常有用，如表 8-6 所示。使用本征库函数时，C51 源程序中必须包含预处理命令"#include <intrins.h>"。

表 8-6 keil C51 的本征库函数及其说明

函数名及定义	功能说明
unsigned char _crol_(unsigned char val,unsigned char n)	将字符型数据 val 循环左移 n 位
unsigned int _irol_(unsigned int val,unsigned char n)	将整型数据 val 循环左移 n 位
unsigned long _lrol_(unsigned long val,unsigned char n)	将长整型数据 val 循环左移 n 位
unsigned char _cror_(unsigned char val,unsigned char n)	将字符型数据 val 循环右移 n 位
unsigned int _iror_(unsigned int val,unsigned char n)	将整型数据 val 循环右移 n 位
unsigned long _lror_(unsigned long val,unsigned char n)	将长整型数据 val 循环右移 n 位
void _nop_(void)	产生一个 NOP 指令

2. 字符判断转换库函数

字符判断转换库函数的原型声明在头文件 ctype.h 中定义。可用于检查字符是否是字母、改字或控制字符,以及将字符转换为大写或小写等功能。

3. 输入输出库函数

输入输出库函数的原型声明在头文件 stdio.h 中定义,通过 MCS-51 系列单片机的串行口工作,如表 8-7 所示。如果希望支持其他 I/O 接口,只需要改动_getkey()和 putchar()函数,库中所有其他的 I/O 支持函数都依赖于这两个函数模块。

表 8-7 输入输出库函数及其说明

函数名及定义	功能说明
char _getkey(void)	等待从 MCS-51 系列单片机串口读入一个字符并返回读入的字符
char getchar(void)	使用_getkey 从串口读入字符,并将读入的字符马上传给 putchar 函数输出,其他与_getkey 函数相同
char ungetchar(char c)	将输入字符回送到输入缓冲区
char putchar(char c)	通过 MCS-51 系列单片机串行口输出字符

在使用 MCS-51 系列单片机的串行口之前,应先对其进行初始化。例如以 2400 波特率(12MHz 时钟频率)初始化串行口的语句为:

```
SCON=0x52;   //SCON 置初值
TMOD=0x20;   //TMOD 置初值
TH1=0xF3;    //T1 置初值
TR1=1;       //启动 T1
```

4. 字符串处理库函数

字符串处理库函数的原型声明包含在头文件 string.h 中,如表 8-8 所示,字符串函数通常接收指针串作为输入值。一个字符串包括两个或多个字符,字符串的结尾以空字符表示。在函数 memcmp、memcpy、memchr、memccpy、memset 和 memmove 中,字符串的长度由调用者明确规定,这些函数可工作在任何模式。

表 8-8　字符串处理库函数及其说明

函数名及定义	功能说明
char memcmp(void * s1,void * s2,int len)	逐个字符比较串 s1 和 s2 的前 n 个字符，成功时返回 0，如果串 s1 大于或小于 s2，则相应地返回一个正数或一个负数
char strcmp(char * s1,char * s2)	比较串 s1 和 s2，如果相等则返回 0；如果 s1＜s2，则返回一个负数；如果 s1＞s2，则返回一个正数
char strncmp(char * s1,char * s2,int n)	比较串 s1 和 s2 中的前 n 个字符
int strlen(char * s1)	返回串 s1 中的字符个数，不包括结尾的空字符

5. 类型转换及内存分配库函数

类型转换及内存分配库函数的原型声明包含在头文件 stdlib.h 中，如表 8-9 所示，利用该库函数可以完成数据类型转换以及存储器分配操作。

表 8-9　类型转换及内存分配库函数及其说明

函数名及定义	功能说明
float atof(char * s1)	将字符串 s1 转换成浮点数值并返回
void * calloc(unsigned int n,unsigned int size)	为 n 个元素的数组分配内存空间
void free(void xdata * p)	释放指针 p 所指向的存储器区域
int rand()	返回一个 0～32767 之间的伪随机数
void srand(int n)	将随机数发生器初始化成已知（或期望）值

6. 数学计算库函数

数学计算库函数的原型声明包含在头文件 math.h 中，如表 8-10 所示。

表 8-10　数学计算库函数及其说明

函数名及定义	功能说明
int abs(int val)	abs 计算并返回 val 的绝对值
float exp(float x)	exp 计算并返回浮点数 x 的指数函数
float sqrt(float x)	计算并返回 x 的正平方根

8.2.3　C51 的中断函数

C51 中提供了一类用以处理中断的特殊函数，称为中断函数。由于标准 C 语言没有处理单片机中断的定义，为了能进行 MCS-51 系列单片机的中断处理，C51 编译器对函数的定义进行了扩展，增加了一个扩展关键字 interrupt。使用 interrupt 可以将一个函数定义成中断函数。

C51 的中断函数的一般形式为：

```
函数类型 函数名(形式参数列表) interrupt n using m
{
    函数体语句
}
```

以上形式中,关键字 interrupt 后的 n 是中断号。使用中断函数时要注意以下问题。

(1)在设计中断时,要注意哪些功能应该放在中断程序中,哪些功能应该放在主程序中。一般来说中断服务程序应该做最少量的工作。

(2)中断函数不能传递参数,如果中断函数中包含任何参数声明都会导致编译出错。

(3)中断函数没有返回值。

(4)中断函数调用其他函数,则要保证使用相同的寄存器组,否则会产生不正确的结果。

(5)中断函数使用浮点运算要保存浮点寄存器的状态。

关键字 using 后面的 m 是所选择的寄存器组,using 是一个选项,可以省略不用。如果没有使用 using 关键字指明寄存器组,中断函数中所有工作寄存器的内容将被保存到堆栈中。应注意 using m 不能用于有返回值的函数,因为 C51 函数的返回值是存放在寄存器中的,如果寄存器组改变,返回值就会出错。

【例 8-9】中断函数定义示例。

```
#include<reg51.h>
unsigned char status;
bit flag;
void service_int1() interrupt 2 using 2   //INT1中断服务程序,使用第2组工作寄存器
{
  flag=1;             //设置标志
  status=p1;          //存输入口状态
}
```

8.3 C51 的基本程序结构

在 C51 程序中,执行程序功能的部分由一系列语句构成。每个语句都是一个基本的执行单位,它可以完成特定的操作或执行特定的任务。这些语句可以按照程序逻辑和需求组合使用,从而实现所需的功能和流程控制。通过编写不同的语句,可以实现各种复杂的程序功能。

8.3.1 顺序程序

顺序程序是按照编写顺序依次执行每条语句的程序结构,一个语句接着一个语句,适用于那些没有条件或判断的简单程序或需要按照固定顺序执行的操作。

1. 说明语句

说明语句一般是用来定义声明变量,可以说明其类型和初始值,或者在预处理重新定义一些常用关键词、常用变量。其中,类型说明符指定变量的类型,变量名即变量的标示符,如果在声明变量的时候进行赋值,则需要使用"="指定初始值。典型的说明语句示例如下。

【例8-10】常见说明语句示例。

```c
#define unsigned int uint;    //使用 uint 代替 unsigned int
#define 3.1415                //定义符号常量
int a=1;                      //定义并初始化整型变量
float b;                      //声明浮点型变量
char c[5]="first";            //声明并初始化字符数组
sfr P1=0x80;                  //声明并初始化寄存器
```

2. 表达式语句

表达式语句是C51编程中最基本的一种语句，用于给变量或表达式赋予一个特定的值，主要用于计算和产生一个值，或者执行一些操作，而不是用于控制程序流程。表达式语句可以包含一个或多个表达式，并以分号结尾。下面是几个简单的表达式语句举例。

【例8-11】常见表达式语句示例。

```c
x=1;       //简单的赋值语句,从等号右边向左边赋值
y=2+3;     //使用其他表达式作为值并将结果赋值给一个变量
z=x;       //将变量 x 的值被赋给变量 z
i++ ;      //变量 i 的值自增 1
```

来看一个说明语句和表达式语句在C51编程中的使用场景。

【例8-12】控制电机正反转。

```c
sbit PINA=P1^0;    //定义 P1^0 为电机驱动 A 端
sbit PINB=P1^1;    //定义 P1^1 为电机驱动 B 端
void foreward() {
    PINA=1;        //驱动 AB 端信号电压差为正值,电机正转
    PINB=0;
}
void backward() {
    PINA=0;        //驱动 AB 端信号电压差为负值,电机反转
    PINB=1;
}
```

直流电机的正反转可以通过改变施加在电机上的电流方向来实现,但电机所需的电压已经超过了单片机可以提供的,所以这里需要H桥驱动器。当改变驱动A、B端的信号电压时,驱动输出到电机的电流方向也会改变,电机运动方向随之变化。

在forward和backward两个函数中就是运用了赋值语句来改变引脚P1^0和P1^1的输出信号值。

3. 函数调用语句

函数调用语句通常由函数名和一对括号来实现的,一般形式为"function_name (arguments);"。其中,function_name表示函数的名称,可以是系统提供的标准库函数,也可以是用户自定义的函数。arguments表示传递给函数的参数,可以是零个或多个。

printf函数用于输出格式化的数据到标准输出设备(通常是终端),可以打印字符串、变量和其他数据类型的值。C51中库函数语句的调用需要在程序入口前就声明该库函数所属的头文件,以printf函数为例,其是属于I/O流类(Stream I/O Routines)的函数,需要使用的头

文件为 stdio.h,可以看下面这个例子。

【例 8-13】 在终端输出电机速度。

```
#include <stdio.h>
printf("电机的速度为:\n");          //打印字符串
printf("%d\n",x);                    //打印表示电机速度的变量 x 的值
```

库函数的使用不仅可以加快开发效率,还能提供友好的程序跨平台移植特性。不同的函数可能需要声明不同的头文件,图 8-2 是 C51 编程中最常用的分类及其头文件。

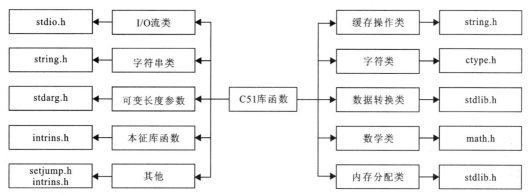

图 8-2 C51 主要库函数类别

函数调用语句的执行过程通常包括以下几个步骤:①程序执行到函数调用语句时,会将控制权转移到被调用的函数;②如果函数需要接收参数,那么在函数调用语句中传递的参数值会被赋值给函数定义中对应的参数变量;③被调用的函数开始执行其中的语句块,执行完毕后返回到函数调用语句处;④如果函数有返回值,那么返回值可以被用于表达式计算、赋值等操作。

4. 复合语句

复合语句指的是由多个语句组成的一个单元。在 C51 中,通常使用花括号"{}"将多个语句组合成一个复合语句块。这种语法使得在程序中可以将多条语句视为一个单元进行处理。下面是一个简单的 C51 复合语句的例子。

【例 8-14】 在终端输出电机速度。

```
void motor{
    unsigned int i,j;        //声明无符号整数变量 i,j
    printf("计时器开始计时!");
    TL0=0x9c;                //设置定时器 0 的初始值,使用的是十六进制
    TH0=0xff;                //TL0 是低字节,TH0 是高字节
    i++ ;
    j++ ;                    //变量 i,j 做自增运算
}
```

在这个例子中有说明语句、表达式语句,也有函数调用语句,花括号"{}"中的多条语句被视为一个复合语句块。使用复合语句能够让程序更加结构化,使得逻辑更加清晰,并且便于组织和管理代码。

8.3.2 分支程序

分支程序通常是指在编程中使用条件语句来执行不同的代码块,根据条件程序会选择不同的路径执行,图 8-3 中用程序流程图的形式描述了分支程序。

1. if-else 语句

在 C51 编程中 if-else 语句可以省略 else 部分,这种结构被称为单独的 if 语句,如图 8-4 所示。

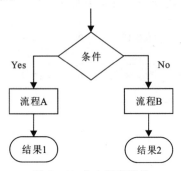

图 8-3 分支程序结构

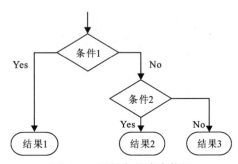

图 8-4 if 语句的嵌套使用

if-else 语句用于执行条件性的语句块,判断条件是一个逻辑表达式,可以是任何返回真(非零)或假(零)值的表达式。如果判断结果为真,则执行 if 语句块中的语句;如果条件为假,则执行 else 语句块中的语句(如果存在的话)。

【例 8-15】使用 if-else 语句控制占空比输出。

```
void make_PWM() interrupt 1    //占空比控制
{
  if(i< PWML) {
      LENA=LENB=1;}
  else{
      LENA=LENB=0;
      if(i>=100){
          i=0;}
  }
}
```

在占空比控制函数中,使用了 if 语句的嵌套结构。if 语句在 C51 中的使用与在 C 语言中类似,但需要注意单片机编程时要对存储空间进行限制及实时性考量。在实际应用中,if 语句经常与其他语句如循环语句配合使用,以实现复杂的逻辑控制。那么在资源有限的情况下,就必须注意程序的效率和资源利用情况,避免过多的 if 语句嵌套或者复杂的条件判断,以确保程序的性能和稳定性。

2. switch-case 语句

switch-case 语句用于根据表达式的值执行不同的语句块,如图 8-5 所示。基本结构中 switch 判断一个变量或者表达式的值并逐个匹配各个 case 后面的常量。若匹配成功,则执行对应的语句块;没有匹配成功,则执行 default 标签下的语句块。

8 C51程序设计

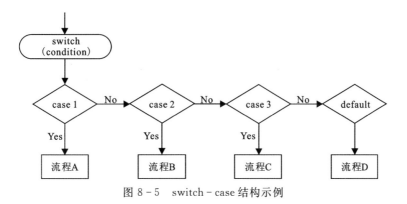

图 8-5 switch-case 结构示例

【例 8-16】 接收一个数字代表星期几,在终端输出对应的英文。

```
printf("请输入一个数字:");
scanf("%d",&day);
switch (day) {
  case 1:
      printf("Monday\r\n");
      break;           //break 语句将在循环程序部分介绍
  case 2:
      printf("Tuesday\r\n");
      break;
  case 3:
      printf("Wednesday\r\n");
      break;
  case 4:
      printf("Thursday\r\n");
      break;
  case 5:
      printf("Friday\r\n");
      break;
  case 6:
      printf("Saturday\r\n");
      break;
  case 7:
      printf("Sunday\r\n");
      break;
  default:     //变量 day 的值不是 1~7 之间的任何一个
      printf("无效输入!\r\n");
      break;
}
```

8.3.3 循环程序

循环程序可以重复执行特定的任务，常见的循环结构有 while 循环、do – while 循环和 for 循环。

1. while 语句

while 语句在条件为真的情况下，将重复执行循环体，一般每次循环结束后条件值都会变化，直到判断条件为假，结束 while 循环。如果 while 语句的循环条件始终不变且为真，循环就会成为无限循环，可能会导致系统死锁，或者无法退出成为死循环。

【例 8 – 17】用 while 循环嵌套实现的延时函数。

```
void Delay(unsigned int time) {
    while(time> 0){
        TMOD=0x01;          //设置16位定时器0为模式1
        TL0=0;
        TH0=0;
        TR0=1;              //启动定时器0
        while(TF0== 0)      //等待定时器溢出
        TF0=0;              //清除溢出标志
        TR0=0;              //停止定时器0
        time-- ;
    }
}
```

在这个示例中，Delay 函数接受一个参数 time，表示需要延时的时间。在函数内部，使用 while 循环来进行延时。每次循环启动定时器，等待定时器溢出，然后停止定时器，直到达到指定的延时时间。

在实际使用中，延时函数的使用需要根据具体的需求和硬件平台进行调整，以避免出现阻塞 CPU 的情况。

2. do – while 语句

do – while 循环与 while 循环的区别在于，它会先执行循环体内的代码，然后再判断循环条件是否满足。这意味着无论循环条件是否满足，循环体内的代码至少会被执行一次。

例如使用 do – while 语句实现流水灯效果时，会用到延时函数 Delay，这是因为人眼能观察到的频率范围有限，一般情况下人的眼睛可以观察到 50~60 次/s 的光闪烁，这就是所谓的"刷新率"。Delay 函数可以控制 LED 灯的亮灭时间，使得亮灭的频率在人眼的可观测范围内，从而产生流水灯效果。

【例 8 – 18】用 do – while 语句实现流水灯效果。

```
unsigned char i;
while(1){
    P2=0xfe;         //共阴极LED阵列
    for(i=0;i<8;i++){
        Delay(10);
        P2=P2<<1;    //P2的二进制表示向左移动一位,最低位补0
    }
```

```
        if(P2==0){           //所有 LED 亮起后复位
            P2=0xfe;
        }
}
```

3. for 语句

for 语句在执行特定次数的循环操作时,首先判断是否满足循环条件,然后再进行循环体操作。图 8-6 用流程图的方式展示了 while、do-while、for 三种循环语句的结构区别。

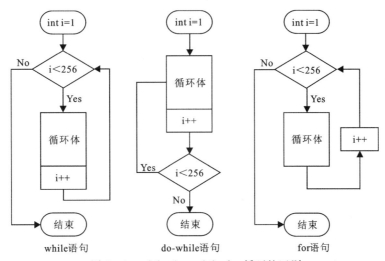

图 8-6 while、do-while、for 循环的区别

在实际使用时,3 种循环结构在逻辑上是等价的,但在使用上有一些细微的差别。for 循环适合在循环开始前进行初始化,并且可以清晰地定义循环变量的变化规律;while 循环适合在循环体执行前判断循环条件;do-while 循环适合至少要执行一次循环体的情况。

【例 8-19】 计算 apple 中 p 的个数。

```
int countP(){
    int count=0;
    char str[]="apple";
    char*p=str;
    while(*p!='\0'){
        if(*p=='p'){
            count++ ;
        }
        p++ ;
    }
    printf("p 的个数是:%d",count);
}
```

4. break 和 continue 语句

在演示 switch 语句的用法时就已经使用到了 break 语句,break 语句通常用于中断循环或者 switch 语句的执行,用于控制循环程序的执行流程。在循环内部,当执行到 break 语句时，会立即跳出当前循环，继续执行循环后面的代码。在嵌套的循环结构中也可以在内外层循环中使用 break 语句，跳出整个循环结构。

【例 8-20】while 嵌套循环结构中 break 语句的使用。

```
unsigned int i=0;
unsigned int j=0;
while(i<5){
  while(j<10){
      if(j==5){
          break;      //提前结束内层循环
      }
      j++ ;
  }
  i++ ;
}
```

continue 语句用于跳过当前循环中剩余的代码，直接进入下一次循环。它可以在循环体内的任何位置使用。当程序执行到 continue 语句时，会立即停止当前循环迭代，然后开始下一次循环迭代。

【例 8-21】for 循环结构中 continue 语句的使用。

```
for(int i=1;i<=10;i++){
  if(i%2==0){
      continue;      //当 i 是偶数，跳过当前循环，开始下一次迭代
  }
  printf("%d",i);    //只打印奇数
}
```

break 语句在某些情况下，可以立即结束循环，节省计算资源，提高程序运行效率。continue 语句可以简化代码逻辑，使代码更加灵活、高效。但 break 和 continue 的过度使用或不当使用也可能会导致程序可读性下降，因此在实际编码中需要慎重考虑如何使用这两个语句。

8.3.4 子程序及其调用

主程序在执行过程中执行子程序，称为子程序调用。如图 8-7 所示。在 C51 中自定义子程序调用对头文件的要求主要包括两个方面：函数声明和寄存器定义。

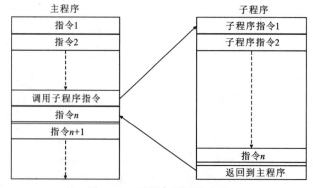

图 8-7 子程序调用的流程

在使用自定义子程序之前,需要在主程序中提供子程序的声明,以便编译器知道这些子程序的存在以及它们的接口信息。在通常情况下,函数声明应该放在头文件中,并且在需要使用这些子程序的主程序声明中包含该头文件。

例如有一个名为"Delay"的延时子程序,在头文件中应该包含如下声明:

```c
void Delay(unsigned int count);
```

同时,调用了"Delay"延时子程序的主程序声明中应该包括该头文件:

```c
#include <Delay.h>
```

如果自定义子程序涉及对特定的硬件寄存器进行操作,例如访问特定的寄存器来控制外设,那么相关寄存器的定义也需要放在头文件中,以便在需要的地方进行引用。接下来看一个完整的举例。

【例 8-22】创建并调用一个子程序。

首先,创建一个名为"Delay.h"的头文件,其中包含所需的寄存器定义和延时函数声明:

```c
#ifndef DELAY_H
#define DELAY_H

#include <reg51.h>

sfr P1=0x90;        //假设 P1 是一个外设控制寄存器
void Delay(unsigned int count);

#endif
```

然后,在一个名为"Delay.c"的子程序中实现延时函数:

```c
#include "Delay.h"

void Delay(unsigned int count)
{
  unsigned int i,j;
  for(i=0;i<count;i++)
  {
     for(j=0;j<1000;j++)
     {
        //在这里可以使用 P1 寄存器进行外设控制
        P1=0xFF;   //例如,将 P1 设置为全高电平
     }
  }
}
```

现在,可以在需要使用延时功能的地方引用"Delay.h"头文件,并调用"Delay()"函数来实现延时操作:

```
#include< stdio.h>
#include"Delay.h"        //引用 Delay.h 头文件

int main()
{
  printf("Start\n");
  Delay(1000);           //调用延时函数进行延时操作
  printf("End\n");

  return 0;
}
```

通过这种方式,可以在需要的地方引用"Delay.h"头文件,并使用其中定义的寄存器和延时函数,更好地组织代码并提高可重用性。

8.4 C51程序设计案例分析

8.4.1 智能循迹车

智能车是学科竞赛中常见的项目,涉及的技术领域包括传感器应用、嵌入式系统设计、控制算法、机械设计等。在教育部认可的84项全国大学生学科竞赛中,设有智能车项目赛道或者以智能车为主要赛项的比赛非常多。例如全国大学生电子设计大赛、全国大学生智能汽车竞赛、中国机器人大赛等,都是智能车项目的经典赛事。智能车提供了一个综合性的实践平台,可以在实际操作中学习运用微机原理课程的理论知识。

1. 设计任务要求

设计一辆智能循迹车,采用STC89C52单片机作为主控,通过传感器模块检测比赛场地的路线,并根据实际路况调整运动状态达到循迹的目的。

2. 设计思路及要点

分析总结设计任务要求,智能车系统的输入量为地面黑色路径的变化信息,通过单片机控制两侧车轮的差速,可以控制智能车运动状态中速度、方向等输出量(李培,2022)。而考虑到智能车灵巧度和负载能力的限制,单片机和电机要共用供电电源。最终确认智能循迹车的系统框架如图8-8所示。

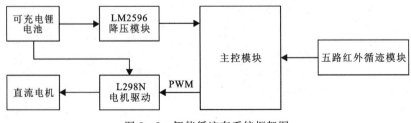

图8-8 智能循迹车系统框架图

采用STC89C52单片机作为主控,通过红外传感器模块检测比赛场地的黑线路径;设计各种路况下的传感器识别结果和对应的行驶模式,编写对应的电机控制程序,通过改变电机转速来控制智能车前进速度及方向,达到循迹的目的。

3. 硬件方案设计

根据设计任务要求以及设计思路,可以将智能车系统分为以下几个功能模块,为每个模块选择合适的硬件方案,并对各个功能模块及硬件选择进行分析。表8-11中的硬件方案仅为示例,可以结合对智能车功能拓展的需求自由选择硬件。

表8-11 系统功能模块及硬件选择方案示例

模块	硬件
主控模块	STC89C52最小系统板
循迹模块	五路循迹红外传感器
电机模块	直流减速电机(配有麦克纳姆轮)
电机驱动模块	L298N电机驱动板
降压模块	LM2596S DC-DC可调降压模块
电源模块	可充电锂电池组

STC89C52是STC公司生产的一种低功耗、高性能CMOS8位微控制器,使用经典的MCS-51系列单片机内核,但相对传统MCS-51系列单片机改进后具有更多功能,原理图如图8-9所示。Flash Memory存储器和RAM容量虽然并不突出,但灵巧的8位CPU搭配32位I/O接口,还有3个16位定时器/计数器和4个外部中断,使得其可以满足大部分简单电子设计中主控模块的需要。

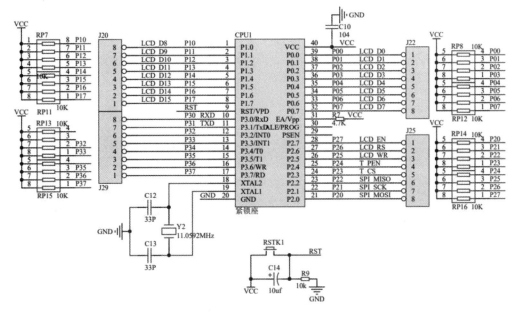

图8-9 STC89C52最小系统板原理图

STC89C52最小系统板在芯片的基础上提供了板载的时钟电路、复位电路及P0口的上拉电阻,用于智能循迹车的主控模块可以省去自行焊接的麻烦,外扩多路VCC、GND便于使用电池组供电。采用IC锁座,既可以使用外拓的排针配合TTL下载器进行程序烧写,也可以将芯片取下使用开发板进行程序烧写。

红外传感器是反射光式传感器,检测黑色路径的原理是:红外发射管发射的红外光会被黑色路面吸收大部分,但会被白色路面反射大部分,红外接收管根据是否检测到反射回来的红外光判断路面状况。

STC89C52使用的五路循迹红外传感器共有5组红外对管,如图8-10所示,从单片机引出5V供电,固定在智能车前部。五路循迹红外传感器中每一路都有一个电源指示灯和输出指示灯,可以通过关注输出指示灯来直接判断传感器的检测结果。

图8-10 五路循迹红外传感器

五路循迹红外传感器上共有7个引脚,其中GND为电源负极接口,VCC为电源正极接口,OUT1~5为5组红外传感器的信号输出口,通过杜邦线连接到单片机的I/O接口,将信号传输给单片机。接通电源后,若检测到黑色路径,传感器模块会输出低电平,输出指示灯亮;若未检测到黑色路径,则输出高电平,此时输出指示灯灭。

电机模块选用的是配有麦克纳姆轮的直流减速电机,如图8-11所示。减速电机又称齿轮电机,是普通电机加上了减速箱,这样降低了转速,增加了扭力,更适用于智能车。麦克纳姆轮又称万向轮,在轮毂的轮缘上斜向分布着许多辊筒,故麦克纳姆轮可以向任意方向滑移。

图8-11 直流减速电机(左)和麦克纳姆轮(右)

L298N是一种常用的H桥驱动芯片,如图8-12所示,一块驱动芯片可同时控制两个直流减速电机做不同动作,智能车使用了两个L298N电机驱动板,单侧前后轮为一组连接到一个驱动的 A、B 相。L289N 在 6~46V 的电压范围内,提供 2A 的电流,通过主控芯片的 I/O 输入对其控制电平进行设定,控制逻辑如表 8-12 所示,从而对电机进行正转反转驱动。

驱动板接电源模块 12V 输入,ENA、ENB、IN1、IN2、IN3、IN4 引脚连接到单片机。ENA 和 ENB 通过定时器调节输出 PWM 波,实现电机差速转动使智能车转弯。

L298N 电机驱动板有板载 5V 输出可以用于给单片机供电,但由于对电机的驱动采用的是调节占空比的方式,所以这种供电方式提供给单片机的电压并不稳定,故采用 LM2596S DC-DC

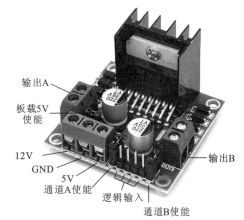

图 8-12 L298N 电机驱动板各引脚示意图

可调降压模块调节电池电压,如图 8-13 所示,为单片机提供合适的稳定电源。

表 8-12 L298N 驱动 A/B 相控制逻辑

输入信号			电机运动
使能端 A/B	输入引脚 IN1/3	输入引脚 IN2/4	
1	1	0	前进
1	0	1	后退
1	1	1	停止
1	0	0	停止
0	X	X	停止

将锂电池的正极(+)连接到 LM2596S DC-DC 可调降压模块的输入端"VIN+"引脚上,将负极(-)连接到模块的输入端的"GND"引脚上。通过旋转模块上的可调电位器,调整 LM2596S DC-DC 可调降压模块的输出电压为 5V。最后,将 LM2596S DC-DC 可调降压模块的输出端的"VOUT+"引脚连接到单片机的供电引脚(如 VCC 或 VIN),将模块的输出端的"GND"引脚连接到单片机的地引脚(如 GND)。

图 8-13 LM2596S DC-DC 可调降压模块

4. 软件程序设计

循迹函数的功能是对红外传感器发送的电平信号进行分析并对应设定电机控制函数,提供函数入口。如例 8-23 所示,将五路循迹红外传感器由左至右分别定义为 D1、D2、D3、D4、D5,通过 if 语句设定 5 个信号的不同组合所对应的电机控制函数入口。

【例8-23】 循迹函数及电机控制函数入口。

```
/*****五路循迹函数*****/
void follow_black() {
  if (D1==1&&D2==1&&D3==0&&D4==1&&D5==1){    //直线行驶
    forward();
  }
  if (D1==1&&D2==0&&D3==1&&D4==1&&D5==1){    //左修正一档
    turnleftA();
  }
  if (D1==0&&D2==1&&D3== 1&&D4==1&&D5==1){    //左修正二档
    turnleftB();
  }
  if (D1==1&&D2==1&&D3==1&&D4==0&&D5==1){    //右修正一档
    turnrightA();
  }
  if (D1==1&&D2==1&&D3==1&&D4==1&&D5==0){    //右修正二档
    turnrightB();
  }
  if (D1==0&&D2==0&&D3==0&&D4==0&&D5==0){    //十字路口
    forward();
  }
}
```

例如五路循迹红外传感器中的第三路定义为D3,当检测到黑线发送低电平信号,而其他四路没有检测到时发送高电平信号,说明此时智能车所遇到的路况为直线行驶,对应直线行驶模式。根据赛道的实际情况,循迹函数中共设置了6种情况,确保单片机能够处理智能车正常行驶过程中所遇到的大部分传感器电平信号组合,并对应不同的行驶模式。

单片机通过电机驱动对直流电机间接控制,L298N的IN1、IN2引脚输入信号控制A相电机,IN3、IN4引脚输入信号控制B相电机,ENA和ENB分别控制两相的信号占空比。首先,要将两个电机驱动的12个引脚对应到STC89C52上的I/O接口进行定义,例8-24中给出的是4个使能端和电机驱动引脚的定义。

【例8-24】 引脚定义。

```
/*****电机驱动引脚定义*****/
//PWM调速//
sbit LENB=P1^0;        //左后轮PWM输入
sbit LENA=P1^1;        //左前轮PWM输入
sbit RENA=P1^2;        //右后轮PWM输入
sbit RENB=P1^3;        //右前轮PWM输入
//电机驱动模块R//
sbit RBIN0=P0^0;       //右后轮
sbit RBIN1=P0^1;
sbit RFIN2=P0^2;       //右前轮
sbit RFIN3=P0^3;
```

```
//电机驱动模块 L //
sbit LFIN0=P0^4;        //左前轮
sbit LFIN1=P0^5;
sbit LBIN2=P0^6;        //左后轮
sbit LBIN3=P0^7;
```

循迹函数中会对行驶模式进行判断并提供电机控制函数的入口,仍然以前进模式为例,前进电机控制函数中通过对引脚的定义控制车轮正转、反转或停止,再结合PWML/R的设置调节电机速度,可以让智能车左、右两侧车轮转速不同,利用差速完成转弯。

【例8-25】直线行驶模式电机控制函数。

```
/*****直线行驶*****/
void forward(){
  RBIN0= 0;       //右后轮正转
  RBIN1= 1;
  RFIN2= 0;       //右前轮正转
  RFIN3= 1;
  PWMR= 50;       //右侧50% 速度输出
  LFIN0= 0;       //左前轮正转
  LFIN1= 1;
  LBIN2= 0;       //左后轮正转
  LBIN3= 1;
  PWML= 50;       //左侧50% 速度输出
}
```

PWM又叫脉宽调制,占空比是一个周期中高电平脉冲占总脉冲个数的百分比。电机两端加高电平脉冲时电机转动,低电平脉冲时由于转动惯性作用和脉冲的较高频率并不会停止转动但速度会减慢。一个周期加在电机两端的高电平脉冲越多,电机转动越快,可以实现对电机转动速度的控制。

【例8-26】PWM程序。

```
void make_PWM()interrupt 1{
  unsigned char i,j;
  TL0=0x9c;       //设置定时初始值156
  TH0=0xff;       //设置定时初始值256
  i++ ,j++ ;
  if(i< PWML){
      LENA=LENB=1;
  }
  else{
       LENA=LENB=0;
       if(i>=100){
          i=0;
       }
  }
```

```
if(j< PWMR){
    RENA=RENB=1;
}
else{
    RENA=RENB=0;
    if(j>=100){
        j=0;
    }
}
}
```

这里给出 PWM 产生程序,以左侧电机驱动的占空比部分为例,将占空比的一个周期设置为单片机的 100 个定时器周期,在电机控制程序中直接设置 PWML 或 PWMR 的值,即可决定 i 的变化周期。当 i 处于 0～PWML/PWMR 之间时,对左侧电机驱动 A/B 使能端输出高电平;当 i 处于 PWML/PWMR～100 之间时,对左侧电机驱动 A/B 使能端输出低电平。

思政导入　　　穿越千年的中国之声——曾侯乙编钟

1977 年 9 月,一支部队在湖北随县(今随州)擂鼓墩作业时,偶然发现一座战国早期大型墓葬——曾侯乙墓。次年 5 月,考古挖掘工作正式开始,国家一级文物曾侯乙编钟就此现世(刘彬徽,2022)。

曾侯乙编钟高 273cm,宽 335cm,架长 748cm,钟体总重 2567kg,加上钟架(含挂钩)铜质部分,合计 4 421.48kg,整体外观如图 8-14 所示。钟架由长短不同的两堵立面垂直相交,呈曲尺形,7 根彩绘木梁两端以蟠龙纹铜套加固,由 6 个佩剑武士形铜柱和 8 根圆柱承托,构成上、中、下 3 层。钟架及挂钩(含可以拆装的构件)达 246 个。钟笋、钩钩、钟体共有铭文 3755 字,内容有编号、铭记、标音及乐律。编钟出土时,在近旁还有 6 个"丁"字形彩绘木槌和两根彩绘木棒,是用来敲钟和撞钟的。

图 8-14　曾侯乙编钟

曾侯乙编钟制造时间大约在公元前433年至前431年间，是中国先秦科学文化的集大成者。从乐器音域的角度，曾侯乙编钟是中国迄今发现数量最多、保存最好、音律最全、气势最宏伟的一套编钟。音高接近于现代的C大调，全套编钟音域跨度达5个八度，自C2至D7，只比现代钢琴少1个八度。曾侯乙编钟的出土证明了中国古人已经有了七声音阶，而且12个半音都具备。

从冶铸工艺的角度，编钟合金成分铜、锡、铅要符合一个固定比例，含锡量要保持在13%～16%时，音色才会丰满、悦耳；采用了"复合陶范"铸造技术和以铅锡为模料的熔模法，加上钟壁厚度的合理设计、鼓部钟腔内的音脊设置和炉火纯青的热处理技术，造就了中国特有的"合瓦钟造型"，敲击正鼓部和侧鼓部，可以实现"一钟双音"，两音呈和谐的三度关系；编钟表面的浮雕花饰，不仅采用了铜焊、铸镶、错金等工艺技术，以及圆雕、浮雕、阴刻、髹漆彩绘等装饰技法，而且对其所在的振动区起到负载作用，达到加速高频的衰减，有助于编钟进入稳态振动。

著名考古学家邹衡先生曾说："什么能够代表中国？在我看来无外乎两者，一是秦始皇兵马俑，二是曾侯乙编钟。"曾侯乙编钟的出土改写了世界音乐史，代表了中国先秦礼乐文明与青铜器铸造技术的最高成就，在考古学、历史学、音乐学、科技史学等多个领域产生了巨大的影响，是文化自信的彰显。

8.4.2 智能奏乐电子编钟

1979年，湖北省博物馆邀请中国科学院自然科学史研究所、武汉机械工艺研究所等单位上百名科技人员展开曾侯乙编钟的复制工作，在曾侯乙编钟原件上进行翻模制作，这项工作到1984年才全部完成。

智能奏乐电子编钟作为一种创新的艺术形式，以编钟音乐为文化载体，既传承了传统文化的精髓，又融入了现代科技的元素。制作过程不仅能够欣赏古老而美妙的编钟音乐，还可以熟悉C51程序设计流程、3D建模与增材打印、单片机与外设等相关的知识（张昕怡，2023）。

1. 设计任务要求

通过SolidWorks软件重建编钟的三维模型，使用3D打印机分别制作多个单体编钟和编钟架，放置蜂鸣器并规划布线。编写程序控制蜂鸣器发声，使电子编钟能够根据编排好的音乐曲目进行自动演奏。

2. 三维建模与制造

首先，通过Solidworks软件设计单体编钟模型，如图8-15所示，在外貌上和原件等比放缩，并对表面浮雕、花饰、铭文等局部细节进行优化。

SolidWorks软件是世界上第一个基于Windows操作系统开发的三维CAD软件，可以直接导出用于3D打印的.stl格式文件。3D打印技术是一种自动化的增材制造（AM）工艺，是一种能够从数字文件生产三维实体对象的技术。通过计算机辅助设计（CAD）建模，并应用相关材料以逐层打印的方式建出三维物体，是第三次工业革命核心技术之一。3D打印的主流成型技术包括光固化法、熔融沉积法、直接金属粉末激光烧结法、选择性激光熔化及分层实体制造法等。常见的打印材料有PLA（聚乳酸）、ABS（丙烯腈-丁二烯-苯乙烯共聚物）、树脂等，

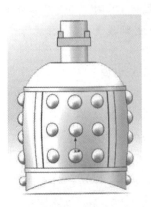 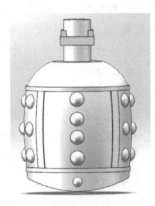

图 8-15　编钟模型正鼓部（左）和侧鼓部（右）

在航空航天、汽车制造和医疗等领域也会使用金属、纤维增强材料作为打印材料。

打印出的编钟模型如图 8-16 所示，3D 模型打印完成后还要进行一些处理工作，包括拆除支撑件、打磨细节、喷涂保护和上色。

图 8-16　3D 打印的电子编钟模型

3. 发声装置

蜂鸣器是一种简单的电子元件，由振荡器和共振腔组成，采用直流电压供电，广泛应用于各种报警器、汽车电子设备、定时器等电子产品中作发声器件。蜂鸣器按其驱动方式可分为有源蜂鸣器和无源蜂鸣器，无源蜂鸣器的底部通常不会浇注，区别如图 8-17 所示。

图 8-17　有源蜂鸣器（左）和无源蜂鸣器（右）

有源蜂鸣器内部自带振荡源,将正负极接上直流电压即可持续发声,发声频率固定;无源蜂鸣器内部不带振荡源,需要控制器提供振荡脉冲才可发声,调整提供振荡脉冲的频率,可发出不同频率的声音,工作原理如图 8-18 所示。

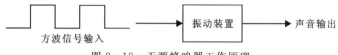

图 8-18 无源蜂鸣器工作原理

想让蜂鸣器发出音高不同的声音以模拟青铜材质的编钟敲击时的乐音,显然应该选用无源蜂鸣器。无源蜂鸣器需要一个频率在 1.5~2.5kHz 的方波来驱动,首先要将单片机的 GPIO 引脚配置为输出模式,然后使用定时器功能设置一个适当的计数值,以产生所需频率的方波信号,并编写相应的代码驱动无源蜂鸣器发出乐音。

4. 软件程序设计

蜂鸣器的发声频率是由方波决定的,要产生对应音高的频率的方波并输出,下面是方波产生函数。

【例 8-27】蜂鸣器频率设定。

```
/***** 蜂鸣器频率设定 *****/
void Timer0_Routine() interrupt 1
{
  if(FreqTable[FreqSelect])                //未到休止符
  {
    /****** 取对应频率值的重装载值到定时器 ******/
    TL0=FreqTable[FreqSelect]% 256;        //设置定时初值
    TH0=FreqTable[FreqSelect]/256;         //设置定时初值
    Buzzer=! Buzzer;                       //翻转蜂鸣器电平
  }
}
```

然后,要定义蜂鸣器频率与音阶的对照表,这里使用的是 C 大调音阶,分低音、中音、高音三部分,分别用字母 L、M、H 代表,加上数字 1~7 对应 C 大调音阶中的 C、D、E、F、G、A、B。

【例 8-28】音符和频率对照表。

```
/***** 频率对照表 *****/
unsigned int FreqTable[]={0   ,63628,63835,64021,64103,64260,64400,64528
                  ,64580,64684,64777,64820,64898,64968,65030
                  ,65058,65110,65157,65178,65217,65252,65283   };


/***** 音符对照表 *****/
//L:低音 M:中音 H:高音
#define P   0
#define L1  1
#define L2  2
#define L3  3
```

```
#define L4    4
#define L5    5
#define L6    6
#define L7    7
#define M1    8
#define M2    9
#define M3    10
#define M4    11
#define M5    12
#define M6    13
#define M7    14
#define H1    15
#define H2    16
#define H3    17
#define H4    18
#define H5    19
#define H6    20
#define H7    21
```

定义引脚连接、播放速度后就是主函数,蜂鸣器演奏音乐的两大要点一个是通过不同频率的方波控制音高,另一个就是通过 Delay 函数确定音长。

【例 8 - 29】定义与乐谱演奏。

```
/***** 引脚连接及定义 *****/
unsigned int FreqSelect,MusicSelect;
sbit Buzzer=P2^5;
# define SPEED 500


while(1){
  if(Music[MusicSelect]!=0xFF){           //未到终止标志位
      FreqSelect=Music[MusicSelect];      //选择音符对应的频率
      MusicSelect++ ;
      Delay(SPEED/4* Music[MusicSelect]); //选择音符对应的时值
      MusicSelect++ ;
      TR0=0;
      Delay(5);      //音符间短暂停顿
      TR0=1;
  }
  else {         //已到终止标志位
      TR0=0;
      while(1);
  }
}
```

最后,加上想要演奏的歌曲的乐谱。

【例 8-30】 音符和频率演奏乐谱。

```
/*****《歌唱祖国》乐谱*****/
unsigned int code Music[]={
//音符,时值,
  L5,3,   M5,1,   M1,4,   L5,4,   M3,4,   M1,4,
  M5,6,   M6,2,   M5,4,   M5,2,   M5,2,
  H1,4,   H1,4,   M6,3,   M5,1,   M4,2,   M6,2,
  M5,12,  L5,2,   M5,2,
  M6,4,   M6,4,   M2,4,   M2,3,   M2,1,
  M5,6,   M4,2,   M3,4,   L5,2,   L5,2,
  M5,4,   M5,2,   M6,2,   M5,2,   M4,2,   M3,2,   M2,2,
  M1,8,
  0xFF    //终止标志
}
```

8.5 "蓝桥杯"全国软件和信息技术专业人才大赛

软件和信息技术产业作为我国的核心产业,是经济社会发展的先导性、战略性产业,软件和信息技术产业在推进信息化与工业化融合、转变发展方式、维护国家安全等方面发挥着重要作用。为推动软件和信息技术产业的发展,促进软件和信息技术专业技术人才培养,工业和信息化部人才交流中心已连续举办 15 届(截至 2024 年)"蓝桥杯"全国软件和信息技术专业技术人才大赛,该大赛入选中国高等教育学会"全国普通高校大学生竞赛排行榜"榜单赛事。

8.5.1 单片机设计与开发

单片机设计与开发组竞赛试题由客观题和基于统一硬件平台的程序设计与调试试题两部分组成。客观题涉及 C 语言设计基础、模拟/数字电子技术基础、MCS-51 单片机基础等知识。参赛学生需要学习 C 语言及单片机等课程,掌握 C 语言及 C51 编程基本语法,包括数组、字符串、条件表达式、函数等。

8.5.1.1 客观题

例 1:使用 Keil μVision 编写 51 单片机的 C 程序时,若定义一个变量 x,并由编译器将其分配到外部 RAM 中,应定义_____语句。

  A. code unsigned char x;   B. pdata unsigned char x;
  C. idata unsigned char x;   D. xdata unsigned char x;
  答案:D

例 2:以下哪个选项不是 C51 的基本数据类型?

  A. char   B. double   C. byte   D. long
  答案:C

例3：在 Keil C51 集成开发环境中使用_nop_( )函数时,需要包含_____头文件。
A. reg52.h   B. stdlib.h   C. absacc.h   D. intrins.h
答案：D

8.5.1.2 程序设计与调试试题

1. Keil C51 集成开发环境

Keil C51 是美国 Keil Software 公司出品的 MCS-51 系列兼容单片机 C 语言软件开发系统。Keil 提供了包括 C 编译器、宏汇编、链接器、库管理和一个功能强大的仿真调试器等在内的完整开发方案,通过一个集成开发环境(μVision)将这些部分组合在一起。运行 Keil 软件需要 WIN98、NT、WIN2000、WINXP 等操作系统。如果使用 C 语言进行编程,Keil 软件几乎就是不二之选。

开发人员可用 IDE 本身或其他编辑器编辑 C 语言(C51)或汇编语言(A51)源文件。然后分别由 C51 及 A51 编译器编译生成目标文件(.obj)。目标文件可由 LIB51 创建生成库文件,也可以与库文件一起经 L51 连接定位生成绝对目标文件(.abs)。abs 文件由 OH51 转换成标准的 hex 文件,以供调试器 dScope51 或 tScope51 进行源代码调试,也可由仿真器直接对目标板进行调试,还可以直接写入程序存储器如 EPROM 中。

2. STC-ISP 程序下载软件

STC-ISP 是一款单片机下载编程烧录软件,是针对 STC 系列单片机而设计的,可下载 STC89 系列、12C2052 系列和 12C5410 等系列的 STC 单片机程序。

3. 程序设计模块

国信长天单片机竞赛实训平台包含的功能模块如表 8-13 所示。

单片机设计与开发项目模块程序设计包括以下内容：① LED 程序设计；②数码管程序设

表 8-13　国信长天单片机竞赛实训平台功能模块表

功能模块	配置
单片机芯片	IAP15F2K61S2 单片机
显示模块	8 路 LED 输出 L1～L8,8 位 8 段共阳极数码管 DS1～DS2、LCM1602 和 12860 液晶接口
输入/输出模块	4×4 矩阵按键 S4～S19、继电器和蜂鸣器、功率放大电路驱动扬声器
传感模块	光敏电阻、数字温度传感器 DS18B20、红外发射管及红外一体头 1838、超声波收发探头及相应的驱动电路
电源	USB 和外接 5V 直流电源双电源供电
通信功能	板载 USB 转串口功能、单总线扩展、I^2C 总线
存储 I/O 扩展	EEPROM 芯片 AT24C02
程序下载	板载 USB 下载功能、板载 USB 转串口功能
ADC/DAC 模块	PCF8591ADC/DAC 芯片
信号发生模块	555 方波发生器

计;③矩阵键盘程序设计;④定时和中断程序设计;⑤串口程序设计;⑥DS1302时钟芯片、DS18B20温度传感器、PCF8591 ADC/DAC及超声波传感器驱动程序设计;⑦频率测量程序设计(陈忠平和刘琼,2021)。

例1:(截取自第十三届蓝桥杯单片机设计与开发项目省赛)通过读取IAP15F2K61S2单片机上的DS18B20温度传感器,获取环境温度数据。部分示例性代码为:

```c
# include "reg52.h"
sbit DQ=P1^4;    //单总线接口
//单总线延时函数
void Delay_OneWire(unsigned int t)    //STC89C52RC
{
  while(t--);
}
//通过单总线向DS18B20写一个字节
void Write_DS18B20(unsigned char dat)
{
  unsigned char i;
  for(i=0;i<8;i++)
  {
      DQ=0;
      DQ=dat&0x01;
      Delay_OneWire(50);
      DQ=1;
      dat >>= 1;
  }
  Delay_OneWire(50);
}
//从DS18B20读取一个字节
unsigned char Read_DS18B20(void)
{
  unsigned char i;
  unsigned char dat;

  for(i=0;i<8;i++)
  {
      DQ=0;
      dat >>=1;
      DQ=1;
      if(DQ)
      {
        dat|=0x80;
```

```c
        }
        Delay_OneWire(50);
    }
    return dat;
}
//DS18B20设备初始化
bit init_ds18b20(void)
{
    bit initflag=0;

    DQ=1;
    Delay_OneWire(120);
    DQ=0;
    Delay_OneWire(800);
    DQ=1;
    Delay_OneWire(100);
    initflag=DQ;
    Delay_OneWire(50);

    return initflag;
}
unsigned long Temp_get(void)
{
   unsigned char low,high;
   unsigned long temp;
   init_ds18b20();
   Write_DS18B20(0XCC);
   Write_DS18B20(0X44);
   Delay_OneWire(200);

   init_ds18b20();
   Write_DS18B20(0XCC);
   Write_DS18B20(0XBE);
   low=Read_DS18B20();
   high=Read_DS18B20();
   //精度为0.0625摄氏度
   temp=(high&0x0f);
   temp<<=8;
   temp|=low;
   return temp;
}
```

8.5.2 嵌入式设计与开发

嵌入式,一般指嵌入式系统(Embedded System)。嵌入式开发,指对嵌入式系统的开发。全球最大的非营利性专业技术学会电气与电子工程师协会(Institute of Electrical and Electronics Engineers,简称 IEEE,总部位于美国纽约)对嵌入式系统的定义是:"用于控制、监视或者辅助操作机器和设备的装置"。嵌入式系统的典型架构如图 8-19 所示。

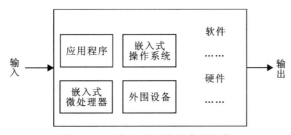

图 8-19 嵌入式系统的典型架构

从硬件角度来看,嵌入式系统就是以处理器为核心,依靠总线进行连接的多模块系统。嵌入式系统的核心就是嵌入式处理器。嵌入式处理器的典型类型如图 8-20 所示。

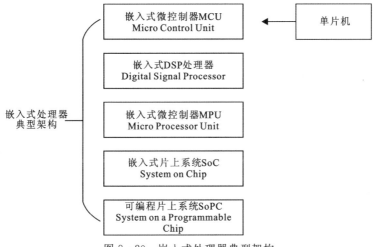

图 8-20 嵌入式处理器典型架构

(1)嵌入式微控制器 MCU(Micro Control Unit):MCU 内部集成 ROM/RAM、总线逻辑、定时/计数器、看门狗、I/O、串口、A/D、D/A、FLASH 等。典型代表是 8051、8096、C8051F 等。

(2)嵌入式 DSP 处理器(Digital Signal Processor):DSP 处理器专门用于信号处理,对系统结构和指令算法进行了特殊设计。在数字滤波、FFT、频谱分析中广泛应用。典型代表是 TI(德州仪器)公司的 TMS320C2000/C5000 系列。

(3)嵌入式微处理器 MPU(Micro Processor Unit):MPU 由通用处理器演变而来,具有较高的性能,拥有丰富的外围部件接口。典型代表是 AM186/88、386EX、SC-400、PowerPC、MIPS、ARM 系列等。

此外,还有嵌入式片上系统 SoC(System on Chip)和可编程片上系统 SoPC(System on a

Programmable Chip)。

蓝桥杯大赛嵌入式设计与开发组所用到的单片机，就属于上述的第一种——MCU(嵌入式微控制器)。竞赛试题由客观题和基于硬件的程序设计题组成，综合考察选手运用 STM32 微控制器相关知识解决工程实际问题的能力。试题涉及以下基础知识：①C 程序设计基础知识；②模拟/数字电子技术基础；③ARM Cortex M4 软件编程与调试；④基于 STM32 微控制器的程序开发与应用。

8.5.2.1 客观题

例 1：STM32F103RBT6 微控制器的内核是_____。
A. Cortex - M0　　　B. Cortex - M7　　　C. Cortex - M3　　　D. Cortex - M4
答案：C

例 2：Cortex M3 处理器中的寄存器 r14 代表_____。
A. 通用寄存器　　　B. 链接寄存器　　　C. 程序计数器　　　D. 程序状态寄存器
答案：B

例 3：STM32 嵌套向量终端控制器 NVIC 具有可编程的优先等级_____个。
A. 16　　　　　　　B. 32　　　　　　　C. 48　　　　　　　D. 64
答案：A

8.5.2.2 程序设计题

1. STM32

STM32 是意法半导体公司推出的基于 ARM Cortex - M 内核的通用型单片机，STM32 的硬件配置可以满足大部分的物联网开发需求，开发工具和相关的文档资料齐全，已经成为目前单片机学习的首选对象。

2. Keil MDK

Keil MDK 是面向各种 STM32 微控制器产品的全面软件开发解决方案，提供创建、编译和调试嵌入式应用程序时所需的一切资源。MDK 包括真正的 Arm 编译器和易于使用的 Keil uVision IDE/调试器，可与 STM32CubeMX 和软件包连接。MDK 还提供各种专业的中间件组件。

3. 集成开发环境(IDE)

STM32 的集成开发环境有 MDK - ARM、EWARM、TrueSTUDIO、HiTOP 和 RIDE 等，这里仅简单介绍 MDK - ARM。MDK - ARM 是 ARM 收购 Keil 后推出的 ARM MCU 开发工具，是 Keil 集成开发环境 μVision 和 ARM 高效编译工具 RVCT(RealView Complie Tools)的完美结合。

MDK - ARM 经历了以下几个阶段：①DK - ARM V1.0～V1.4；②Keil Development Tools for ARM V1.5；③Keil Development Suite for ARM V2.00～V2.42；④RealView Microcontroller Development Kit V2.50，V3.00～V3.80，V4.00～V4.20；⑤Microcontroller Development Kit V4.21～V4.73，V5.00～V5.25。

4. 程序设计模块

国信长天嵌入式竞赛实训平台的功能模块如表 8 - 14 所示。

表 8-14 国信长天嵌入式竞赛实训平台功能模块表

功能模块	个数	功能模块	个数
STM32F103RBT6(U2)	1	SD 卡插座(CN4)	1
用户按键(B1~B4)	4	EEPROM 芯片 24C02(U6)	1
有源蜂鸣器(LS1)	1	可调模拟电压输入(R37)	1
用户 LED(LD1~LD8)	8	扩展插座(J3)	1
2.4 寸 TFT-LCD	1	USB 设备接口(CN5)	1
UART 接口	2	板载 Coocox 调试器	1

嵌入式设计与开发项目模块程序设计包括内容有：①LED 指示灯程序设计；②数码管静态显示程序设计；③独立按键扫描程序设计；④LCD 应用程序设计；⑤AT24C02 存储器应用程序设计；⑥USART 应用程序设计；⑦ADC 应用程序设计；⑧TIM 应用程序设计；⑨DHT11 湿度传感器、DS18B20 温度传感器及 LIS302DL 加速度传感器程序设计。

思政导入　　　　　　　灵境世界元宇宙

1992 年，一本名为《雪崩》的科幻小说首次提到了"元宇宙"这个概念。但早在 1990 年，钱学森就给虚拟现实这个抽象的概念取了个极具有中国风的名字——"灵境"。

目前，"元宇宙"尚无公认、权威、统一的定义。一般而言，元宇宙是指下一代互联网，是移动互联网的升级版。"真假难辨""身临其境"的沉浸式体验是元宇宙最核心的特征。元宇宙的本质是新型的互联网应用和社会形态，是利用科技手段链接，与现实世界映射与交互的虚拟世界（王文喜等，2022）。

过去几年中，虚拟现实（Virtual Reality，简称 VR）、增强现实（Augmented Reality，简称 AR）、区块链（Blockchain）、人工智能（Artificial Intelligence，简称 AI）等关键技术得到了快速发展，为元宇宙的实现提供了基础，使得创造出更加逼真和沉浸式的虚拟世界成为可能。2021 年，许多科技巨头和知名公司开始加大对元宇宙的投资与研发。例如 Facebook 推出了 Horizon Workrooms 和 Metaverse 战略，Meta 宣布将成为一个"元宇宙公司"，亚马逊、谷歌、微软等也纷纷加大对元宇宙相关技术和平台的投入。

人们逐渐意识到元宇宙可以为各种行业带来巨大商业机会。从游戏、电影、艺术到教育、医疗、旅游等领域，元宇宙有潜力改变人们的体验和业务模式（刘家红和李小华，2023）。许多公司开始探索如何在元宇宙中创造价值和盈利，进一步推动了元宇宙的发展。

元宇宙概念逐渐进入公众视野，各种媒体报道、学术研究和行业讨论都在推动公众对元宇宙的认知和理解。人们开始意识到元宇宙可能是未来科技发展的重要方向，因此将 2021 年称作元宇宙元年。

2023 年 5 月 27 日，"钱学森数字人"在中关村论坛正式发布。科研团队仅参照一两张泛黄的老照片，在数字空间内生动还原了钱学森的音容笑貌。"钱学森数字人"会在互动中微笑着与观众打招呼，并阐释对"灵境"一词的理解："大家好，好久不见了。1990 年我曾将 VR 翻译成灵境。今天元宇宙概念兴起,我觉得灵境较之元宇宙表达的意境更为广阔深远,也更有中国味。灵境是一个崭新的信息空间,将推动思维科学与大成智慧的发展,引发一系列震撼世界的变革。很高兴以灵境中人的形式与大家交流。"

2023年9月7日,中山大学孙逸仙纪念医院通过元宇宙技术成功实施了全国首例可视化皮瓣移植术。在传统手术中,医生只能基于术前平扫图像,凭借印象和经验大致估算病灶的位置范围。当元宇宙走入手术台,医生好比拥有了3D透视眼,如同投影仪直接将病灶投射在体表,精准"临摹"勾勒出手术区域,高效辅助诊疗决策(孔祥溢等,2023)。

2022年4月,中国人民大学交叉科学研究院成立了国内高校首家元宇宙研究中心。同年9月,南京信息工程大学发布文件,宣布人工智能学院(未来技术学院)信息工程系更名为元宇宙工程系,这也是国内高校首个以元宇宙命名的院系。

元宇宙提供了一个创造和创新的虚拟空间,人们可以在其中设计、构建和展示各种内容,包括艺术、游戏、教育、商业等。这为创意产业提供了更广阔的发展机会和展示平台,但元宇宙技术同时涉及大量个人数据的收集、存储和共享,因此隐私和安全问题是一个重要的隐患。未经充分保护和授权的个人信息可能受到滥用、泄露或盗取,导致个人隐私权的侵犯和潜在的安全风险(苟尤钊等,2023)。

元宇宙的沉浸式体验还可能导致用户过度沉迷其中,对现实世界的关注和参与度降低,这可能对个人的社交关系、心理健康和生活平衡产生负面影响。因此,在推动和应用元宇宙技术时,需要考虑和解决这些潜在的隐患,以确保其发展和使用符合道德、法律和社会的规范,并最大程度地实现其潜在好处。

9 微型计算机在化工过程控制中的应用

9.1 微机控制系统概述

微型计算机控制系统简称微机控制系统，用于对工业生产进行过程控制，使工业生产和制造过程更加自动化、效率化、精确化，并具有可控性及可视性。微机控制系统一般包括CPU、硬盘、内存、工业标准接口、测量控制仪表、数模转换模块等，还有专用于工业控制的多任务多线程操作系统、适用于工业现场的网络协议及友好的人机交互界面。

在工业自动化领域，微机控制系统主要用于生产线控制、过程控制、设备控制、参数监测与控制及数据采集分析，实现对工业生产过程的检测、控制、优化、调度、管理和决策等。

微机控制系统的工作场合与普通的微型计算机不同，组成硬件和软件系统也有所不同，具有安全可靠、强实时、易扩展等特点。

工业生产现场环境一般比较恶劣，微机控制系统需要长时间的稳定运行，通常会进行加固、防尘、防潮、防腐蚀、防震动、防辐射、抗强干扰等特殊设计，并设置数据备份和系统状态恢复功能，确保系统在发生故障时能够快速恢复到正常运行状态。工业生产中的控制系统异常可能会导致严重事故，合理的异常处理机制可以监测系统运行状态，及时发现并解决问题，降低事故发生的概率，因此微机控制系统一般都配备系统监控和远程维护功能。

工业生产中的控制系统通常不需要运算速度非常快的处理器，在上位机中采用仿真环境来开发程序，下载到微处理器中后采用脱机方式运行。控制程序的工作过程一般分为实时数据采集、实时决策和实时控制3个环节。

(1) 实时数据采集：对被控参数的瞬时值进行检测和输入。

(2) 实时决策：对采集到的被控参数的状态量进行分析，并按给定的控制规律决定进一步控制过程。

(3) 实时控制：根据决策向控制机构发出控制信号。

从这3个基本环节可以得知，控制系统需要对控制对象实现高精度的连续控制，使工业控制过程参数保持稳定的运行状态。此外，计算机输入、输出的是数字信号，而工业现场采集到的数据和送到执行机构的控制信号大多是模拟量，所以模数转换的速度与精度对微机控制系统也非常重要。

应用于工业控制的微型计算机控制系统具有更强的扩展能力，以便各种工业标准接口与外设进行通信和数据交换。工业控制系统中的拓展需要注意拓展安全，可以采用单向技术隔离、边界防护失效报警等手段，并使用专用设备维护接口与外设。

9.1.1 化工领域中的微机控制系统

在化工领域中，微机控制系统扮演着重要的角色，它利用计算机技术和自动控制技术，对化工生产过程中的各个环节进行实时监控、调节和控制。如图9-1所示，现代化工园区中拥有大量基于微机控制系统的自动化设备，它集成了计算机硬件、软件和通信设备，以及传感器、执行机构等辅助设备，实现对化工生产过程的自动化控制。微机控制系统在化工领域中有着广泛的应用，其能够提高生产效率、降低成本、提高产品质量，并确保化工领域生产过程的安全性。化工生产过程中存在着许多复杂的物理、化学和生物反应过程，其中温度、压力、浓度、流量、pH等参数的实时监测和控制对于保证产品质量至关重要。传统的手动控制方法存在着人为误差大、响应时间

图9-1　现代化工园区中的过程控制

长、无法实现精确控制等问题，而微机控制系统则能够通过实时采集数据、分析反馈信息，并根据预设的控制策略进行反馈控制，实现对化工过程的精确控制。

化工领域中的微机控制系统主要包括以下几个部分。

(1) 硬件部分：微机控制系统的硬件部分主要包括计算机、传感器和执行机构。计算机作为微机控制系统的核心，负责数据处理、控制算法的实现以及用户界面的显示与操作。传感器则用于采集化工过程中的各种参数信息，如温度传感器、压力传感器、流量传感器等，将其转换成电信号并输入到计算机中进行处理。执行机构根据计算机的指令，对化工过程中的某些操作进行调节或控制，如阀门、泵等。

(2) 软件部分：微机控制系统的软件部分主要包括控制算法、数据处理和用户界面等。控制算法是微机控制系统的核心部分，它根据采集到的数据信息，经过处理和分析后，生成相应的控制策略，并将控制指令发送给执行机构。数据处理模块负责对采集到的原始数据进行滤波、去噪、校正等处理，以提高数据的准确性和可靠性。用户界面模块则提供了一个交互界面，使操作人员可以方便地对控制系统进行监控和操作。

(3) 通信部分：微机控制系统需要与其他设备进行信息交换和数据传输，以实现化工过程的全面控制。通信部分主要包括局域网、远程监控与控制等。局域网可以实现计算机与传感器、执行机构之间的数据传输，使得监测和控制操作更加方便与高效。远程监控与控制则可以通过互联网实现对化工生产过程的远程监控和控制，使得操作人员可以随时随地对生产过程进行监控和调节。

以石油化工行业为例，石油炼制、化肥生产、塑料加工等环节都需要对温度、压力、流量等参数进行精确控制，通过微机控制系统，可以实现对反应器温度、压力等参数的实时监控和自动调节，从而控制反应速率和产品质量。此外，在化肥生产过程中，微机控制系统可以实现对氮、磷、钾等元素含量的实时监控和调节，以提高化肥产品质量。

另外，在化工领域中，微机控制系统还可以应用于安全监测与报警系统，通过监测和控制化工过程中的各种参数，及时发现并处理异常情况，避免事故的发生。例如在化工装置中，当温度、压力等参数超过设定范围时，微机控制系统可以自动发出警报，并采取相应的措施，如

关闭阀门、切断电源等,以保障设备和人员的安全。

化工领域中的微机控制系统在化工生产过程中起到了至关重要的作用。它能够实现对化工过程的实时监控、调节和控制,提高生产效率、降低成本、提高产品质量,并确保生产过程的安全性。随着计算机技术、通信技术的不断发展,微机控制系统在化工领域中的应用将会越来越广泛,为化工行业的发展带来新的机遇和挑战。

9.1.2 微机控制系统的基本组成

微机控制系统是利用微型计算机(通常称为工业控制计算机)来实现工业过程自动控制的系统。在微机控制系统中,由于工业控制计算机的输入和输出是数字信号,而现场采集到的信号或送到执行机构的信号大多是模拟信号,与传统的闭环负反馈控制系统相比,微机控制系统需要有 D/A 转换和 A/D 转换这两个环节。

微机控制系统的基本组成如图 9-2 所示,其中包括微型计算机系统、数字接口电路、基本外部设备(显示器、键盘、外存、打印机等)以及用于连接检测传感器和控制对象的外围设备。图 9-2 中右侧的 8 路通道中,上边 4 路是输入通道,下边 4 路是输出通道,对应于 4 种类型的检测传感器和被控对象,即:模拟量(如电压、电流)、数字量(如数字式电压表或某些传感器所产生的数字量)、开关量(如行程开关等)、脉冲量(如脉冲发生器产生的系列脉冲)。输入通道通过 4 种类型的传感器实现对不同信息的检测,输出通道则可以产生相应的控制量。

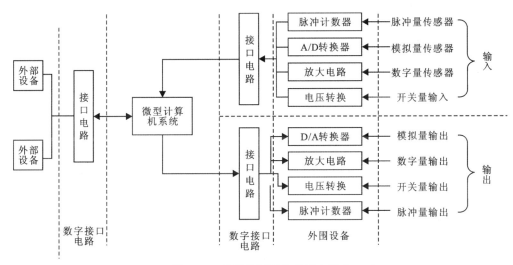

图 9-2 微机控制系统的基本组成

图 9-2 是将各种可能的输入/输出信号和电路结构都集中在了一起,实际工程中,并非所有系统都包含这些变量类型。图 9-3 给出了一般情况下的微机控制系统结构框架。

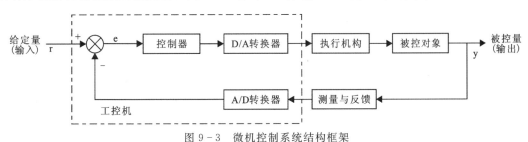

图 9-3 微机控制系统结构框架

在实际的微机控制系统中，A/D 转换和 D/A 转换常作为工业控制计算机中的组成部件，分别实现模拟变量输入和对模拟被控对象的控制。计算机把通过测量元件和 A/D 转换器传送来的数字信号直接与给定值进行比较，然后根据一定的算法（如 PID 算法）进行运算，运算结果经过 D/A 转换器送到执行机构，对被控对象进行控制，使被控变量稳定在给定值上。

9.2 化工园区反事故装置

化工园区反事故装置是因化工企业生产过程中存在安全隐患和事故风险，为了保障人员生命财产安全和环境安全，从而采取的相应反事故措施的装置。随着科技的发展，化工园区反事故装置得到了广泛的应用。现如今，化工园区反事故装置的种类繁多，涉及火灾、气体泄漏、爆炸、腐蚀、电气等方面。这些装置的主要目的是通过实时监测和预警系统，对园区内可能发生的危险情况进行及时预防和控制。一些先进的化工园区反事故装置还具备智能化和自动化的特点，如自动灭火系统、应急停车断电装置等。这些装置可以在园区内自动检测和处理危险情况，从而避免人工干预的误差和延迟，提高园区的安全性和安全水平。此外，化工园区反事故装置的现状也是不断发展和完善的。

随着新技术的不断涌现，如物联网、人工智能、大数据等技术的应用，化工园区反事故装置的性能和功能也在不断升级。这些技术的应用使得反事故装置更加智能化、自动化和可靠化，进一步提高了化工企业的安全生产水平。下面列举几种常见的化工园区反事故装置。

(1) 火灾自动报警系统：该系统通过烟雾、火焰或温度等传感器实时监测化工园区内的火灾情况，并及时发出警报信号，以便工作人员能够立即采取措施进行扑灭或疏散。

(2) 泄漏监测与处理系统：该系统通过气体传感器监测化工园区内的有害气体泄漏情况，一旦检测到泄漏，系统将自动发出警报，并触发相应的应急措施，如关闭相关设备、启动排风系统等。

(3) 抗腐蚀设备与材料：在化工园区中，存在许多腐蚀性物质和条件，因此使用抗腐蚀设备和材料非常重要。这包括使用耐酸碱材料、防腐涂层、防腐设备等，以减小事故发生的风险。

(4) 自动灭火系统：该系统通过火灾探测器、喷淋头等设备实现自动火灾扑灭。一旦检测到火灾，系统将自动启动喷淋装置，释放灭火剂进行扑灭。

(5) 紧急停车与断电装置：在化工园区内的设备和机器中安装紧急停车装置，当发生事故或紧急情况时，能够立即切断电源，停止设备运行，以降低事故后果，避免事故的扩大。

本节着重介绍智能监测与预警系统、火灾报警与灭火系统、泄漏监测与应急处理，以下是这几种系统的详细介绍。

9.2.1 智能监测与预警系统

1. 智能监测

化工园区存在数量过多、增速过快、盲目引进项目以及部分园区的规划、建设与发展管理体制尚不完善等问题，导致管理建设水平落后。园区的基础设施本应该统一规划、集中建设，体现"一体化"理念，然而许多化工园区尚未建立完善的项目准入标准和综合配套服务，且随着园区建设的深入，园区危险源和风险因素还将持续增多，化工园区风险监管的压力随之也逐渐增大。近年来,中国石油天然气股份有限公司大连石化分公司爆炸、惠州大亚湾石化区3年3次火灾、"4·6"福建漳州古雷石化厂区爆炸等一系列事故频频发生,化工园区面临的风险管控形势十分严峻。

化工园区风险管理中一个比较突出的问题就是对突发事件的预测预警不到位。预测是处理整个化工园区突发事件的首要环节,其目的是有效地预防事件进一步发展,避免影响进一步扩大。化工园区风险预警技术区别于经济、环境等领域常见的预测性预警技术,其不具有显著的时间或趋势的预测性,它主要通过对生产各环节所有出现的可能导致事故发生的危险状态进行辨识,即潜在风险因素的动态监控,掌握其风险状态,并进行评价得出一定等级,实时地给出风险等级的警示信息,提示相关部门采取措施预防事故的发生,是一种基于全面识别和动态监控、重在实现超前防控的微观预控性预警技术(窦珊等,2019)。随着物联网技术、组网传输技术的发展和应用,风险预警系统在化工园区逐渐兴起,并集中在对大气环境、水环境、危险运输等领域的监控和预警上。常见的化工园区物联网风险监控系统架构如图9-4所示。

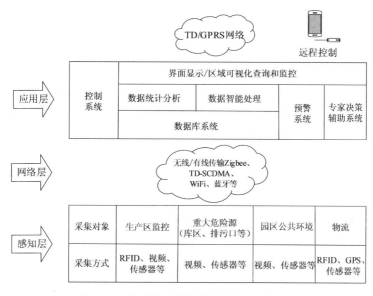

图9-4　化工园区物联网风险监控系统架构

企业区域是化工园区风险监管的核心,重大危险源也多集中于此。根据危化品企业的生产特点,对企业危险源实施全面监控覆盖,并突出危险化学品"两重点一重大"的监管思路。企业区域的风险监测主要是针对危险装置失效引起的介质泄漏事件,介质泄漏通常会引起气体泄漏扩散和环境污染事件,其中可燃气体泄漏极易诱发火灾爆炸事故,而有毒气体泄漏易导致人员中毒和大气污染等。因此,需要在企业重大危险源附近(储罐区、生产场所、库区)布设相应的感知终端,以监测过程工艺参数的变化。

公共区域是园区内企业与外界进行物流运输的必经区域,特别是厂区边界及主干道路,一方面需要承受移动危险源、公共管廊设施等多重事故风险压力,另一方面还可能受到超过厂界范围企业的事故伤害波及。相比企业区域,公共区域的风险动态性特征更加明显。公共区域需要及时感知介质泄漏扩散事件,并对环境气象参数进行监测,避免诱发"多米诺"效应事故对更多企业造成影响。确定监测区域内的重点监测对象后,结合现场环境和设备技术参数要求,依据《危险化学品重大危险源安全监控通用技术规范》(AQ 3035—2010)、《危险化学品重大危险源(罐区)现场安全监控装备设置规范》(AQ 3036—2010)等规范,选取与参数对应的监测终端类型,为风险态势研判提供底层数据,如表9-1所示。

表9-1 化工园区典型监测参数感知终端需求表

参数类型	感知终端	信号传输类型	监测范围
可燃气体	可燃气体探测器	数字信号	公共区域和企业危险源的可燃气体浓度
有毒有害气体	有毒有害气体探测器	数字信号	公共区域和企业危险源的有毒有害气体浓度
风速/风向	风速风向仪	数字信号	化工园区环境风速和风参数
环境温度/湿度	温湿度传感器	数字信号	化工园区环境温度和湿度
装置内部压力	压力传感器	4-20mA 标准信号	企业危险装置压力
内部介质液位	液位传感器	4-20mA 标准信号	企业危险装置介质液位
内部介质温度	温度传感器	4-20mA 标准信号	企业危险装置介质温度

依据《危险化学品重大危险源(罐区)现场安全监控装备设置规范》(AQ 3036—2010)等规范的规定,主要监测参数风险波动阈值设置如表9-2所示。

表9-2 主要监测参数风险波动阈值设置

监测参数	监测类型	波动阈值
温度	过程工艺参数	正常工作温度的上限
液位	过程工艺参数	高位限和低位限
压力	过程工艺参数	正常工作压力的上限
可燃气体浓度	罐外参数	25% LEL
有毒有害气体浓度	罐外参数	最高允许浓度的75%
风速	气象参数	风速13.8m/s(相当于6级风)

2. 预警系统

化工园区风险预警体现了全面风险管理的思想,是基于对化工园区全方位、全过程风险监测的基础上的风险管理模式。风险预警的核心是提前判断系统的风险状态,实现事故灾害"关口前移""防患于未然"是风险预警的最高目标。预警分为预测和报警两个方面,预警系统会根据收集的风险相关信息以及风险状态,评判系统当前的运行态势,并对未来的态势做出预测性的判断,从而决定是否发出警告。化工园区风险预警三维结构模型如图9-5所示。

化工园区风险预警结构可以从逻辑维、时间维和知识维3个维度来衡量。逻辑维从系统角度来分析风险预警的逻辑过程,并对化工园区预警框架进行设计,明确预警的对象、预警的判据并制订相应措施防控警情。时间维表示开展预警工作时间的先后顺序,即从风险态势的识别到风险控制的全过程,与风险态势感知的"察觉→理解→预测→响应"的时间进程相对应。此外,成功的风险预警依赖于各类系统理论和技术方法,即知识维针对化工园区系统风险研判和预测,涵盖了风险理论、复杂系统理论和突变理论等多种系统分析方法。

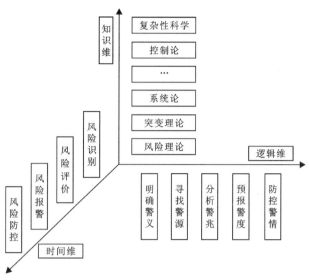

图 9-5 化工园区风险预警三维结构模型

通常人们会根据化工园区风险参数的监测绝对值设置相应的报警阈值，一般只能反映单个点位的监测值情况，而且大多是在风险表现出某些显性征兆后才发出报警信号。

化工园区区域性整体监控通信网络按传输方式可分为有线传输和无线传输。有线传输方式包括工业现场串行总线（RS485）、以太网和光纤，无线传输方式包括 ZigBee、GPRS 等（表 9-3）。为兼顾大范围监控系统通信传输网络对稳定性、可靠性及灵活性的要求，采取"有线传输为主，无线传输为辅"的组网策略。

表 9-3 化工园区数据采集通信传输方式

传输类型	传输技术	数据信号	传输特点
工业串行总线	有线传输	可燃气体浓度、有毒有害气体浓度、气象参数数据	采用屏蔽双绞线传输，可联网构成分布式系统，同一总线上最多可接挂32个节点
光纤通信	有线传输	所有有线传输数据	适用于化工园区采集信号的远距离传输，通信容量大、信号干扰小
以太网	有线传输	工艺参数数据、视频信号	数据传输速率高（100Mbps 以上），易集成到信息技术平台
ZigBee	无线传输	气象参数数据	短距离、低功耗、低成本、低复杂度，适用于传感器数据采集和控制数据的传输，以及现场监测终端的快速部署与组网传输
GPRS	无线传输	GPS 定位数据	以封包（Packet）式来传输，提供端到端的、广域的无线 IP 连接，适用于远距离、分散终端的常态传输

风险监测参数采集平台设计的主要内容集中于两个层面，即感知层和网络层，具体由感知终端、传输网络、监控中心及远程访问接口 4 个部分组成。

(1)公共区域:包括可燃气体探测器、温湿度传感器、风速风向仪等监测感知终端设备,采集信息通过通信传输网络与监控中心主干光纤网络连接,最终传入数据采集服务器。

(2)企业端:包括可燃气体探测器、烟雾传感器、过程工艺参数(罐内温度、罐内压力、介质液位等)感知终端及其主控设备,通过企业端前置机实现对企业监测参数的接入,同时与位于监控中心的数据采集服务器建立连接。

(3)监控中心:主要包括 WEB 服务器、数据库服务器、数据采集服务器和工作站,用于对监测数据的测试分析及系统平台的开发。

(4)远程访问接口:为授权用户提供系统远程联网访问的权限。

参数采集平台涵盖了对公共区域和企业端两方面的内容,体现对化工园区分布式监控的特征。如图 9-6 所示,公共区域包括监控区 A 和监控区 B 这两个子区域的气体参数采集,分别部署两个可燃气体探测器,另外还有采集环境气象参数的移动式气象监测仪;如图 9-7 所示,企业端为模拟储罐重大危险源,参照《危险化学品重大危险源(罐区)现场安全监控装备设置规范》(AQ 3036—2010)对储罐压力、介质液位、介质温度等工艺参数及其邻近区域进行监测。

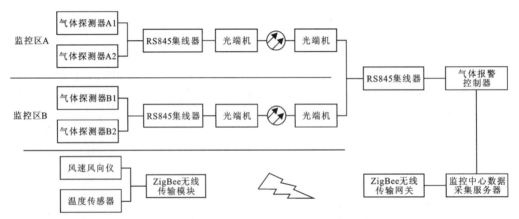

图 9-6 参数采集平台公共区域组网通信链路图

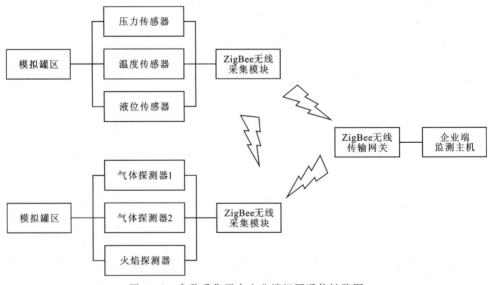

图 9-7 参数采集平台企业端组网通信链路图

(1)公共区域监测:公共区域组网通信链路如图9-6所示,在监测区A、B分别布设两个可燃气体探测器,经一级总线集线器和数据光端机建立有线传输网络,并由二级总线集线器汇集数字总线信号接进气体报警控制器。移动式气象监测仪由风速风向仪和温湿度传感器组装而成,通过ZigBee传输模块与监控中心数据采集服务器建立无线通信。

(2)企业端监测:企业端储罐组网通信链路如图9-7所示,布设有对储罐内部压力、温度及液位等参数监测的传感终端,储罐外围布设可燃气体探测器和火焰探测器,通过ZigBee传输模块对监测信号进行采集,并以无线传输方式接入企业端监控主机。

9.2.2 火灾报警与灭火系统

石油化工企业的火灾特点之一是容易引起爆炸。这是因为石油化工企业内部存放有大量的易燃、易爆物质,如石油、天然气、乙烯等,一旦这些物质遭受到明火、高温、高压等因素影响,就很容易发生爆炸事故。另外,在石油化工企业中,涉及多种设备,如压力容器、储罐、管道等,这些设备在使用过程中也可能会发生泄漏、过热、过压等问题,引起火灾和爆炸等事故。

火势蔓延速度快也是石油化工企业火灾的特点之一。这主要是因为石油化工企业中的化学品或使用的原材料具有易燃、易爆的特性,一旦着火,火势很容易蔓延,形成大面积的火灾。在发生火灾时,石油化工企业中的设备和管道也很容易受火灾的影响,会加速火势的蔓延速度,给石油化工企业带来很大的危害。首先,火灾蔓延速度快会导致石油化工企业内部的安全防护措施无法及时使用,造成人员伤亡和财产损失;其次,火灾蔓延速度快会对周边环境造成污染,给周边居民的生命和财产安全带来威胁。

火灾和气体安全系统(Fire Alarm and Gas Detector System,简称FGS)广泛用于石化工厂、油罐区、油气开采区域等场所,其作用是当出现危险性气体泄漏或者出现火警时启动相应的报警或控制动作。FGS通过对危险事件的早期发现并采取相应的应对措施,避免危险事件进一步繁衍,降低其后果。图9-8是典型的FGS构成图。

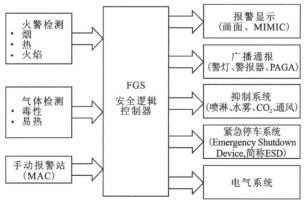

图9-8 典型的FGS构成图

1.检测元件

火警检测元件包括烟感、热感、火焰探头。气体检测元件包括可燃性气体和毒性气体探头。在一些操作区域设置手动报警站,当发现火警时,击碎手动报警器表面的玻璃,触点信号将触发控制逻辑,执行相应的响应动作。检测元件的选型和安装是需要考虑的重要因素。

2.FGS 安全逻辑控制器

安全逻辑控制器采用专门的系统硬件和软件。FGS 采用励磁(得电)动作的"负"逻辑,即在正常时,输入/输出逻辑"0";危险时,输入/输出逻辑"1"。安全逻辑控制器配有专门的"回路监视"I/O 卡来监视回路是否出现断线故障,避免误动作。另外,配置有与 FGS 探头相匹配的专用现场终端连接器。在应用程序组态编程时,对检测信号进行处理,判断检测信号是否正常。

3.应用软件组态

根据工艺特点绘制 FGS 报警总貌图和局部单元图。在组态时采用投票表决方式,在多个检测信号中有若干个都指向火灾/燃气泄漏时,即可做出判定。如果是系统卡件出现故障而不能引发联锁动作,要给出报警显示。在设置维护旁路功能时,报警信号不能被旁路,要禁止某一火区内输出启动动作信号。此外,在报警存在时,不能"淹没"此间存在的后续报警。一般对气体检测设置高报警值和低报警值用于启动相对应的联锁动作。

9.2.3 泄漏监测与应急处理

近几年不乏有化工园区事故的发生,其中大部分的事故原因就是储罐泄漏、管道破裂导致可燃、易爆、毒性的化学物质大规模溢出。化工园区泄漏事故的危害后果非常严重,首先,直接造成人员的伤亡;其次,泄漏的化学物质可能对土壤、水体和空气等环境造成污染,对生态系统和生物多样性造成不可逆转的损害;此外,事故还可能引发火灾、爆炸等次生灾害,造成财产损失和社会恐慌。因此,国家政府和社会公众十分重视化工园区的安全管理。为了响应国家号召,许多化工厂也陆陆续续地进入了安全防范系统改进的行列中。

随着检测技术、计算机技术、控制技术、通信技术等不同学科的高速发展,监测(控)系统的研究和应用空前活跃,目前广泛地应用在化工、过程控制、国防、航空、航天、环境监测、工业自动化制造等领域。对于化工园区的泄漏事故,监测(控)系统起到了不可忽视的作用。

20 世纪 80 年代初,监测(控)系统开始应用于生产过程的监测,从功能上可以定义为"测+控",即监测各种环境安全参数、设备工况参数和过程控制参数等,并根据监测的参数控制生产设备、执行机构等。随着各学科技术的发展和应用领域的不断扩展,监测(控)系统在不同学科研究的重点各有侧重,比如测控领域对监控系统的研究重点在于现场化、网络化的分布式测控系统(Distributed Measurement and Control System,简称 DMCS)。DMCS 狭义的概念是指通过局域网(Local Area Network,简称 LAN)的通信媒介把分布于某个区域内各测控节点、独立完成特定功能的测量设备、测量用计算机、各种传感器、控制器、执行器等连接起来,以达到测量资源共享、分散操作、集中管理、协同工作、负载均衡、测控结合、实时性好、测量过程和控制过程监控以及设备诊断等目的。广义的概念包括狭义的概念,包括通过 Intranet(内联网)甚至 Internet(互联网)实现对工厂车间、生产线、现场测控设备的监视与控制等。在现代电子信息系统中,信息采集传感器技术、信息传递通信技术、信息处理微处理器技术是现代电子信息技术的三大核心技术;在计算机领域,随着监控软件功能的复杂化和智能化,复用、复杂软件建模、智能体等技术在软件构造中应用,各种预测、评估、决策的算法也被广泛使用。

同时,针对不同的应用领域,根据监控系统服务对象的不同,各应用领域的研究也各具特色,比如化工过程控制领域目前监控系统研究的重点在于对有害化学物质泄漏的监测,包括气体、液体等。从智能信息处理的角度,监测(控)系统可广义地定义为监测对象的数据采集、数据传输和数据综合信息处理过程,其过程可以看作是对数据流的处理过程。主要的数据流可以分为:①监测数据流,即从监测(控)对象到智能数据处理中心的数据流;②控制数据流,即从智能数据处理中心到监测对象的数据流。

常见的化工园区泄漏监测与应急处理系统结构如图 9-9 所示。在监测模块中,数据采集前端系统包括传感器及数据采集子系统,其中,传感器模块中包括各种气体传感器、红外传感器等,利用多种传感器完成对化工园区泄漏重点区域的监测、对有害物质的感知和信息获取,再将其转换为电信号模拟量(如电压、电流或电脉冲等)。然后通过适当的信号调理将信号送给 ADC,使其转换为可以进一步处理的数字信号并传送给数字信号处理器或微处理机;反之,数字信号处理器或微处理机可通过 DAC 将其产生的数字信号转换为模拟信号,再通过信号调理进行输出。

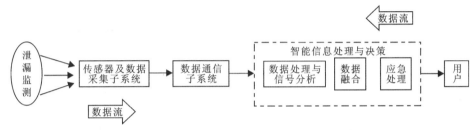

图 9-9 化工园区泄漏监测与应急处理系统结构图

数据传输子系统主要包括数据通信子系统,可以把数据采集子系统采集的数据和数据分析结果可靠、有效、及时地传输给智能信息处理与决策子系统。为此,数据传输子系统的传输可以选择不同方式,如有线的(如基于光纤的高速以太网),或无线的[如基于通用分组无线服务技术(General Packet Radio Service,简称 GPRS)的无线传输]。

智能信息处理与决策子系统是监测系统的数据处理中心。最早的数据处理中心只对采集的数据进行显示、存储和统计。但是随着社会技术的日益发展,用户对监测系统的功能提出了新的需求,最常见的功能包括监测对象的状态评估、报警预测、决策分析等。在化工园区泄漏监测与应急处理系统中,智能信息处理与决策子系统包括数据处理与信号分析、数据融合与应急处理,通过对前端采集到的监测数据进行数据处理与分析,判断化工园区是否出现了有害物质的泄漏,若已出现,则立即采取应急处理行动。如可燃气体出现大规模泄漏,则立即采取预防措施(如释放大量 CO_2)以阻止爆炸事故的发生。

监测系统中智能信息处理技术的发展体现了计算机、检测、控制、通信及各应用领域不同学科技术的发展情况。本系统从数据与信息流处理的角度分为提取传感器与数据采集技术、信号处理与特征生成、模式分类与预测、智能信息处理与决策 4 个方面,从理论和应用两个角度说明监测系统中智能信息的基本原理、目前的研究状况和具体应用中需要解决的问题。

思政导入　　　　　化工事故警钟长鸣

化工行业是国民经济发展的重要支柱之一,与人们的日常生活密不可分。生活用品、医药制造等众多领域都离不开化工产业的支持。但是,化工生产存在着工艺复杂、原材料和产品性质不稳定、生产装置自动化程度低等特点,同时具有封闭化、重大化和集中化等特点,这些因素使得化工生产过程中存在着不少风险隐患,容易引发大小不一的破坏性事故(张建文等,2021)。

2023年1月7日,山东泰汶盐化工有限责任公司发生一起中毒事故,造成2人死亡和1人受伤。事故发生在PVC车间,氯化氢合成装置氯气输送阀门爆裂导致氯气泄漏。事故的原因是:三氯化氮排放不当,导致其在管道阀门低处积聚。作业时仪表风阀门开启过大,使压力迅速升高,导致系统压力不平衡,并加剧了气流对底部积存液相的扰动。这最终引发了三氯化氮分解爆炸,导致自控阀及前后管道爆裂、氯气缓冲罐出口管道焊缝及新旧合成装置氯气连接截止阀阀门开裂,造成氯气泄漏。

2023年5月23日,江西九江金久再生资源有限公司发生一起中毒窒息事故,造成3人死亡。事故发生在裂解车间,当时3名工人在进入裂解炉清渣过程中中毒窒息。事故的原因是:该企业未经审批,在受限空间作业时未采取适当的安全防护措施,擅自组织工人进入裂解炉内作业。这导致2人晕倒在炉内,而车间主任在没有任何防护措施的情况下盲目施救,造成事故扩大。

2023年3月10日,安徽金星钛白集团有限公司发生一起中毒窒息事故,造成5人死亡和1人受伤。事故发生在粗品一部黑渣压滤车间,在维修1号泥浆桶内蒸汽盘管时发生了事故。事故的原因是:作业人员违反受限空间作业安全管理规定,未采取有效的安全隔离措施、通风和气体检测,并未按标准要求佩戴个体防护装备就进入泥浆桶内作业。这导致他们吸入了硫化氢等有毒气体,从而引发了事故。在施救过程中,施救人员也没有做好个体防护措施,导致伤亡进一步扩大。

3起化工事故都是由于人为失误或不规范操作导致的,虽然化工企业有着严格的安全教育和培训规定,但在实际生产中仍然会出现违反规定操作的情况,这是主观能动性在指导人们通过行动认识和改造世界的过程中可能会出现的问题。

许多国家的统计数据显示,工业企业发生的爆炸事故中约有30%发生在化工企业。一旦化工企业发生爆炸、泄漏或火灾等事故,不仅会导致企业生产停滞、机器设备损坏,还可能造成企业人员伤亡,并且可能对周边地区产生严重的环境污染和人身伤害(吕彦杰,2022)。

近年来,我国化工行业取得了显著的发展成果,但同时也伴随着一系列安全生产事故的发生。化工企业需要不断创新和发展自动化控制技术,以更广泛地应用于安全生产中,促进化工行业的发展壮大。事实上,目前大部分化工企业已经增设了自动联锁报警系统、自动化检测、自动水灭火系统、紧急停车系统等自动化控制技术,及时发现化工生产中的问题和各类安全事故,精准定位危险源,并迅速发出警报提醒作业人员控制并处理故障。但在推动生产设备、安全系统自动化的过程中,化工企业不能止步于此,还需要进一步引进智能化的自动化控制技术,开展智能化自动控制。这样机械设备在运行过程中就能够通过智能化控制系统进行检测和自动化工作,及时发现故障并自行调节、维修,实现化工企业生产的现代化和智能化。

9.3 智能化钢铁冶炼生产设备

锅炉是钢铁、化工、石油、发电等工业过程中必不可少的装置。目前,我国工业锅炉行业生产制造自动化程度不高。随着激光切割、数控机床、自动焊接机器人等的运用,部分企业摆脱了原先粗放式的生产方式,使生产逐步迈向精细化、智能化,工业生产的总体自动化水平在不断提升,但总体上还处在一个比较初级的阶段。如何通过新材料、新结构和新技术的研发,提高锅炉智能制造的水平,从而设计出标准化的工业锅炉产品,成为近年来工业锅炉企业发展的重要方向。

一般的工业锅炉利用燃料燃烧释放热能,用于生产规定参数和品质的蒸汽、热水或其他物质。锅炉设备因为燃料种类、蒸汽压力和温度、炉型结构、制造工艺等差异,有各种各样的工艺流程,但是产生蒸汽的原理基本相同。

常见的锅炉设备工艺流程如图 9-10 所示,给水经给水泵、给水控制阀、省煤器进入锅炉的汽包,燃料与经预热的空气按一定配比混合,在燃烧室燃烧产生热量;汽包生成饱和蒸汽,经过热器形成过热蒸汽,汇集到蒸汽母管;燃烧过程的废气将饱和蒸汽过热,并经省煤器对锅炉的给水和空气预热,最后烟气经引风机送烟囱排空。

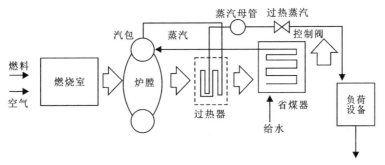

图 9-10 锅炉工艺流程

为使锅炉设备安全地运行,需要根据生产负荷供应适当的蒸汽。主要的控制要求为:①蒸汽温度在一定范围内;②汽包水位保持在一定范围内;③保持锅炉燃烧在一定范围内。因此,需要对应的控制系统对锅炉汽包水位进行控制、对锅炉燃烧进行自动控制、对过热蒸汽系统进行自动控制。

微机具有高性能、低成本等优点,它能够依据锅炉工作时所收集的数据,根据锅炉工作的数学模型,对执行机构的设定值进行自动调整,从而达到智能控制的目的,确保锅炉工作在最佳状态,从而达到确保安全、降低煤耗、改善供汽品质的目标。这样不仅能最大限度地保证锅炉的安全、稳定、经济运行,减轻操作人员劳动强度,而且可对锅炉进行自动检测、自动控制,有效地避免人员检测的不足,提升检测效率。锅炉控制的自动化,在减轻人员劳动强度的同时,也减少了操作人员的数量,节约了单位成本。

锅炉微机控制系统已经经过了较长时间的发展,它是微型计算机软件、硬件、自动控制及锅炉节能等几项技术紧密结合的产物,提高热效率,降低能耗,用微机进行控制是一件具有深远意义的工作。在早期的锅炉控制中,由于对锅炉控制系统功能要求较低,所以小型锅炉大多采用由常规仪表组成的控制系统实现控制。但是随着工业生产中对生产安全、环保以及控制系统功能要求的提高,在工业锅炉控制中,由常规仪表组成的控制系统已逐渐被其他高级控制系统所取代。锅炉微机控制系统主要分两种方式:集散式和集中式。集散式主要用于大型锅炉系统控制,主要包括中央微机,现场微机,可编程逻辑控制器(Programmable Logic Controller,简称PLC)及现场仪表。集中式适用于小型锅炉,包括工业控制计算机,外围设备,工业自动化仪表。

一般整个控制系统中,传感器用于采集锅炉的运行状态数据,如温度、压力、水位等参数。常见的传感器有温度传感器、压力传感器、液位传感器等。数据通信模块负责与其他系统进行数据交换和通信,它可以与上位机、网络、数据采集系统等进行数据通信,实现数据的传输和共享。控制器负责运行控制软件、数据处理和决策,通常是由一个高性能的工控计算机执行器根据主控计算机的控制信号进行操作,以实现对锅炉的控制,常见的执行器有电机等。

信息化技术和工业互联网的出现也为工业锅炉的发展指明了新的方向。通过在工业锅炉中加入智能中控系统,锅炉的燃烧器可以根据运行功率的不同,自动调节燃料和助燃物的比例;通过加入预测算法,可分析过往运行历史数据,不断优化锅炉燃耗,提升运行效率;借助大数据和云平台技术,通过云端服务器和终端设备实现对锅炉运行状态的实时监控,在锅炉运行异常时进行预警和诊断,从而有效预防事故的发生;锅炉制造企业通过访问云端存储的海量运行数据,将同类型、同规格锅炉的运行数据进行深入挖掘,对比不同运行环境下锅炉的性能与效益,为锅炉的更新迭代提供数据支撑。锅炉简易的微机控制如图9-11所示。

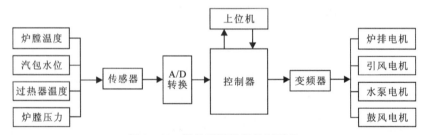

图9-11 锅炉简易微机控制系统

工业锅炉采用微机控制与仪表控制相比,其具有以下明显优势。

直观而集中地显示锅炉的各个运行参数。能快速计算出机组在正常运行和启停过程中的有用数据,能在显示器上同时显示机组运行的水位、压力、炉膛负压、烟气含氧量、测点温度、燃煤量等数十个运行参量的瞬时值、累计值及给定值,并能按需要在锅炉的结构示意画面的相应位置显示参数值,给人感觉直观形象,减少观察的疲劳和失误。可以按需要随时打印或定时打印,能对运行状况进行准确地记录,便于事故的追查和分析,避免事故的瞒报和错报现象。在运行过程中可以随时修改各个运行参数的控制值,并修改系统的控制参数。减少了显示仪表,还可以用软件来代替许多复杂的仪表单元(如加法器、微分器、滤波器、限幅报警器等),从而减少了投资也降低了故障率。提高锅炉的热效率,从目前大部分使用的工业锅炉来看,采用计算机控制后,热效率方面有明显的提高。

锅炉系统中的鼓风机、引风机、给水泵等大功率电机,由于锅炉本身特性和选型因素,这些设备在大部分时间里是不会满负荷运行的,原有的控制方式利用阀门和挡风板控制系统的流量,大大增加了系统的阻力,增加了耗电量。通过对风机和水泵的变频控制可以达到节电的效果。锅炉是一个多输入多输出、非线性动态对象,诸多调节量和被调节量之间存在耦合通道。如当锅炉负荷发生变化时,所有的被调节量都会发生变化。因此,理想控制应该采用多变量解耦控制方案,建立解耦模型和算法通过计算机实现比较方便。

PLC 是随着现代社会生产的发展和技术进步,现代工业生产自动化水平的日益提高及微电子技术的飞速发展,在继电器控制的基础上产生的一种新型的工业控制装置,是将微型计算机技术、自动化技术及通信技术融为一体,应用到工业控制领域的一种高可靠性控制器。是应用单片机构成的比较成熟的控制系统,是单片机集成外设资源并且经过调试成熟稳定的单片机应用系统的产品,硬件结构如图 9-12 所示。PLC 有较强的通用性。同时,因为其可靠性高,受到大量用户的青睐。常见的产品有西门子公司的 S7-200 系列和 S7-1200 系列、三菱公司的 FX 系列和 L 系列、欧姆龙公司的 CxxP 系列(C20P、C28P 等)和 CV 系列(CV500、CV1000 等)、松下公司的 FP0 系列和 FPX 系列、施耐德公司的 TSX08 系列和 TSX 57 系列。

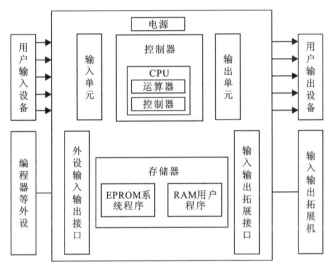

图 9-12 PLC 硬件结构图

PLC 的硬件结构设计灵活,采用积木式结构,各种模块之间可以通过插拔方式进行组合和扩展。这种模块化设计使得 PLC 具有良好的通用性和可扩展性,适用于各种工业控制场合。PLC 的硬件结构主要包括以下几个部分。

(1)CPU 模块:作为 PLC 的大脑,CPU 模块负责执行程序指令、进行数据处理及与其他模块之间的通信。

(2)存储器模块:存储器模块用于存储程序指令、数据及其他相关信息。常见的存储器类型有 RAM、ROM 和 Flash Memory 等。

(3)输入/输出模块:输入模块用于接收外部信号,如按钮、传感器等输入信号;输出模块则负责将 CPU 模块处理后的指令输出给外部设备,如继电器、电磁阀、执行器、脉冲输出模块、模拟输出模块等。

(4)通信模块:负责实现 PLC 与上位机、其他设备或传感器之间的通信,常见的通信方式有串行通信、以太网通信、并行通信等。

(5)特殊模块:根据不同的应用场景和需求,PLC还可能配备特殊功能模块,如模拟量模块、脉冲模块、高速计数模块等。

(6)电源模块:为PLC提供稳定的电源供应,常见的电源类型有交流电源和直流电源。

(7)编程设备:用于编写和修改PLC程序,常见的编程设备有编程器、计算机等。

(8)外部设备:如人机界面、执行器、传感器等,用于与PLC进行交互和实现控制功能。

集散控制系统(DCS)是随着以微处理器为基础的工业控制计算机的发展,以及工业控制中对控制系统功能要求的提高,同时为了解决在直接数字控制(Direct Digit Control,简称DDC)和监督计算机控制(Supervisory Computer Control,简称SCC)中生产过程全部信息集中于一台计算机的同时使危险集中的重大缺陷,而产生的一种高级过程控制系统,工艺过程较复杂,其系统结构如图9-13所示。目前,因DCS控制因相对集中、开放性较差、价格相对偏高等特点使其反而在大型锅炉和锅炉群控系统中应用较多。主要产品由美国霍尼韦尔公司的Experion系列、北京和利时公司的HOLLiAS MACS-K系列,浙大中控的JX-300XP等提供。

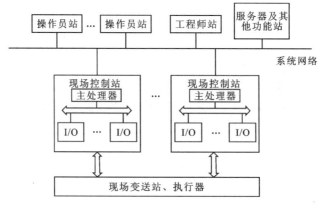

图9-13 DCS系统结构图

采用现场总线技术构成的控制系统称为现场总线控制系统(FCS),是应用在生产现场、连接智能现场设备和自动化测量控制系统的数字式、双向传输、多分支结构的网络系统与控制系统,它以单个分散的、数字化、智能化的测量和控制设备作为网络节点,用总线相连接,实现信息的相互交换,共同完成自动控制功能。而随着计算机网络技术的迅速发展,由全数字的现场总线控制系统(FCS)代替数字与模拟的集散控制系统(DCS)已成为工业控制系统发展的必然趋势。目前,由于FCS控制系统的价格相对来说仍然比较昂贵,在工业锅炉的控制中一般应用于一些大中型锅炉,而在小型锅炉中则应用较少。

9.3.1 汽包水位的控制

汽包水位是工业生产过程中非常关键的参数之一,其变化会直接影响汽水分离速率和产生的过热蒸汽的质量,对于确保生产过程的安全意义重大。因此,如何在保障充分释能的同时综合考虑对汽包水位的控制以降低不良效果影响,显得极为重要。由于锅炉是一种非常复杂的非线性设备,很难建立精确的数学模型进行科学调控,进一步增加了控制难度。许多相关领域的研究人员对锅炉汽包水位控制系统进行了分析与研究,提出了单冲量、双冲量和三冲量控制。在20世纪20年代,一些学者提出了采用进程控制符(Process Identifier,简称PID)控制的想法,随着专家们的不断努力和探索,这种控制方式已经被广泛应用于各个领域。

PID控制器是目前工业过程控制中应用最为广泛的闭环控制器。随着计算机和各种微控制器进入控制领域,用计算机或微控制器芯片代替模拟PID控制电路组成控制系统,不仅可以用软件实现PID控制算法,而且可以利用计算机和微控制器芯片的逻辑功能,使PID控制更加灵活。将模拟PID控制规律进行适当变换后,以微控制器或计算机为运算核心,利用软件程序来实现PID控制和校正,就是数字(软件)PID控制。数字控制是一种采样控制,它只能根据采样时刻的偏差值来计算控制量,因此需要对连续PID控制算法进行离散化处理。对于实时控制系统而言,尽管对象的工作状态是连续的,但如果仅在离散的瞬间对其采样并进行测量和控制,就能够将其表示成离散模型,当采样周期足够短时,离散控制形式能很接近连续控制形式,从而达到与其相同的控制效果。其结构如图9-14所示。

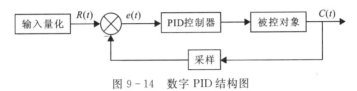

图9-14 数字PID结构图

(1)单冲量锅炉汽包水位控制系统具有设计成本低、系统结构简单、参数整定便捷等优点。但在实际的生产过程中会有"虚假水位"存在,在生产中如果突然增加用汽量时,实际的水位值是下降的,而这种单冲量控制系统的反馈却是上升的,当系统接收到这种错误信号后会减少水的流入量及阀门的开度,等"虚假水位"现象消散之后,会导致其水位发生骤降而引起安全事故。因此,这种控制系统不适用于蒸汽流量变化较大的大中型锅炉。

(2)双冲量水位控制系统目前采用的是"前馈—反馈"的复合结构,在长期生产实践探索中得出直接利用蒸汽流量的变化作为输入量,不经过闭环通道,直接作用于水阀门,从而进行相关补偿,这样就有效地解决了单冲量汽包水位控制系统中难以解决的问题,高效抑制了"虚假水位"对系统的影响。

(3)三冲量水位控制系统是根据"汽包水位、蒸汽流量、给水流量"的变化控制汽包的水位,并通过给水调节阀来实现水位变化,从而达到稳定的目的。工业上采用较多的是三冲量控制方法,它不仅能克服"虚假水位"现象引起阀的误动作,还能及时解决给水流量对汽包的扰动问题。三冲量控制系统如图9-15所示。

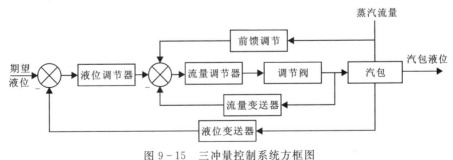

图9-15 三冲量控制系统方框图

9.3.2 燃烧系统的控制

锅炉燃烧过程的控制目的是:保证出口蒸汽压力稳定。蒸汽压力是锅炉稳定运行的关键参数,对汽轮机的正常运行起着重要作用。通过控制燃料量与送风量的比例,调节锅炉热负荷,使高温高压蒸汽的压力变化适应汽轮机的要求,从而保持出口蒸汽压力的稳定。燃烧经济性是指在满足蒸汽需求的前提下,尽可能降低燃料消耗,提高能源利用效率。通过调节燃料供应量和送风量,使燃料燃烧更加充分,减少燃料浪费,提高燃烧效率,达到经济性的控制目标。保持锅炉炉膛有一定的负压,控制炉膛的负压,可以控制燃烧过程中的排烟速度,防止炉膛内部的烟气倒灌,保证锅炉的安全运行。

为了实现以上控制目标,可以采用蒸汽压力控制系统和炉膛负压控制系统。蒸汽压力控制系统主要通过调节燃料供应量和送风量的比例来调节蒸汽压力,实现蒸汽压力的稳定控制。炉膛负压控制系统则通过控制引风机的排烟速度,维持炉膛内部一定的负压,确保燃烧过程的安全性。燃料量的调节主要使高温高压蒸汽的压力变化适应汽轮机的正常运行,或者由锅炉运行人员调节锅炉各个阀门开度来控制燃料量,以获得稳定的蒸汽压力。锅炉过热器出口蒸汽压力是锅炉稳定运行的关键参数,不单单会影响到燃气锅炉的正常工作,而且压力的稳定直接表现了能量的传递关系。锅炉的正常运行直接影响着汽轮机的正常运行,所以锅炉蒸汽压力的波动会直接影响蒸汽量,而汽轮机负荷又是汽轮机稳定运行的关键指标,可以采用蒸汽压力-燃料量串级控制方案来实现锅炉蒸汽压力的自动控制。蒸汽压力控制系统如图 9-16 所示。

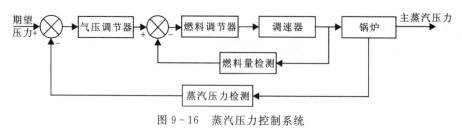

图 9-16 蒸汽压力控制系统

9.3.3 蒸汽过热系统的控制

蒸汽过热控制系统的主要任务是使过热器的出口温度维持在工艺要求允许的范围内,并保护过热器使管壁不超过允许的工作温度,使生产过程经济、高效地持续运行。蒸汽过热系统包括一级过热器、减温器、二级过热器。过热蒸汽温度过高或过低,对锅炉运行以及其他用户设备都是不利的。过热器温度过高将导致过热器损坏,同时还会危及汽轮机的安全运行。过热器温度过低则将使设备效率降低,影响经济指标。影响过热蒸汽温度的因素很多,其中主要有:蒸汽量、燃烧工况、锅炉给水温度、进入过热蒸汽的热量,流经过热器的烟气温度及流速的变化等。过热器是一种具有多重容滞特性的惰性链,设备结构设计与控制要求存在着矛盾,各种扰动因素之间相互影响。而对各种不同的扰动,过热蒸汽温度的动态特性也各不相同。因此,过热蒸汽温度控制的主要任务就是:①克服各种干扰因素,将过热器出口蒸汽温度维持在规定允许的范围内,从而保持蒸汽品质合格;②保护过热器管壁温度不超过允许的工作温度。

过热蒸汽温度控制系统目前常采用减温水流量作为控制变量,过热器出口温度为被控变量。但由于控制通道的时间常数及纯滞后时间均较大,组成的单回路控制系统往往不能满足生产工艺的要求。因此,可选减温器出口温度为副被控变量组成串级控制系统,提高对过热蒸汽温度的控制质量。气温串级控制系统如图 9-17 所示。

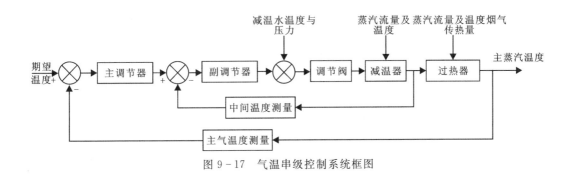

图 9-17 气温串级控制系统框图

思政导入　　　　　　探究可持续能源

石油、天然气和煤炭等传统化石燃料是自然形成的有限资源，无法在人类时间尺度内再生，随着消耗的增加其储量将逐渐减少。燃烧化石燃料会释放大量的二氧化碳和其他温室气体，加速全球气候变化；同时还会排放大量的空气污染物，如二氧化硫、氮氧化物和颗粒物，对人类健康和生态环境造成严重影响。

核能是一种清洁能源，因为它在发电过程中不会产生过多的温室气体和空气污染物，且相对化石燃料能源而言，其二氧化碳排放量更低。探索清洁能源的意义在于减轻环境压力和促进可持续发展。目前广泛应用的清洁能源包括太阳能、风能、水能、核能等，这些能源在未来将会逐渐替代传统化石燃料能源，成为人类主要的能源来源。

核能的优势在于其高效、稳定、可靠、安全，使用寿命长，且不会受到天气条件的限制。同时，核能还可以作为基础电力，为其他不稳定的可再生能源提供支撑，从而实现能源的平衡和可持续发展。

我国在 20 世纪 50 年代开始建立核工业体系，1964 年 10 月 16 日第一颗原子弹在新疆罗布泊爆炸成功。1967 年 6 月 17 日，同样在罗布泊，我国第一颗氢弹爆炸试验成功。1970 年 12 月 26 日，我国首艘核潜艇下水。1994 年 2 月，大亚湾核电站成为中国首座商业运营的核电站。截至 2023 年 6 月 30 日，我国运行核电机组共 55 台（不含台湾省），2023 年 1—6 月，全国运行核电机组累计发电量为 $2\,118.84\times10^8$ kW·h，与燃煤发电相比减少燃烧标准煤 5 963.73 万 t，减少排放二氧化碳 15 624.96 万 t、二氧化硫 50.69 万 t、氮氧化物 44.13 万 t。

位于山东荣成的华能石岛湾高温气冷堆核电站，是我国具有完全自主产权的全球首座第四代核电站，该核电站始建于 2012 年 12 月，由中国华能集团有限公司（简称中国华能）、清华大学和中国核工业集团有限公司（简称中核集团）共同合作建设。2023 年 12 月，圆满完成 168h 连续运行考验，正式投入商业运行，标志着我国在第四代核电技术研发和应用领域达到世界领先水平。目前，石岛湾高温气冷堆核电站共拥有 2200 多台设备，其中创新型设备超过 600 台，设备的国产化率达到 93.4%（史力等，2021）。

核电站利用的能量来自核裂变反应。在核裂变反应中，重核（如铀、钚等）被中子轰击后分裂成两个或更多的中等质量核，并释放出大量的能量。一座 1000×10^4 kW 的核能电厂一年只需 30t 的铀燃料，一个航次的飞机就可以完成运送。但是核裂变反应的过程中会产生大量的放射性废物,对核废料处理需求非常大。

目前,普遍认为核聚变是未来核电站更好的发展方向。核聚变利用氢同位素(如氘和氚)进行反应,而这些同位素在地球上非常丰富。与核裂变不同,核聚变反应本身并不产生长寿命的高放射性废物,因此对环境和人类健康的影响较小。同时,核聚变反应在发生事故时会自动停止,避免了类似核裂变事故的产生。核聚变反应释放出的能量非常大,比化石燃料和核裂变反应更高,这意味着核聚变可以提供更高的电力输出,以满足日益增长的能源需求。然而,要在地球上实现可控核聚变的困难程度非同小可。

托卡马克装置是一种用于核聚变研究的实验装置,被视为探索、解决未来稳态聚变反应堆工程及物理问题的最有效途径(王波,2016)。托卡马克装置的核心是一个称为托卡马克的磁场配置,通常是一个环形磁场,通过磁场的约束,等离子体被保持在一个受控的环形区域内,受到外部加热系统(如射频加热或微波加热)的加热以维持其高温状态的同时,通过等离子体周围的磁场保持等离子体远离容器壁,并防止其与壁面接触而损失能量,以此模拟太阳等恒星内部的高温高压等条件来实现可控核聚变反应。

"一团耀眼的白光从山脉尽头升起……"科幻小说作家刘慈欣在《三体2:黑暗森林》中这样描述太空飞船的核聚变发动机所发出的耀眼光芒。2023年4月12日,有"人造太阳"之称的全超导托卡马克核聚变实验装置(EAST)创造了新的世界纪录,成功实现稳态高约束模式等离子体运行403s,刷新了2017年托卡马克装置高约束模式运行101s的纪录。可控核聚变已不再仅仅是科幻小说中的美好愿景,而是逐渐成为现实。

9.4 现代化磷矿产业中的自动化设备

磷矿是一种重要的矿石资源,其中磷是一种必需的养分元素,被广泛应用于农业和工业领域。磷矿的开采与加工是现代化农业和工业发展的重要环节。在农业方面,磷是植物生长所必需的养分元素之一,没有足够的磷会限制作物的生长和产量。因此,现代农业依赖于合理的磷肥使用来提高农作物的产量和质量。磷矿的开采和加工可以提供磷肥的原材料,确保农业生产的现代化和高效率。在工业方面,磷也是重要的原材料之一。磷化工产品广泛应用于油脂、食品添加剂、医药、化妆品等行业。

现代化磷矿产业中,随着人工智能与机器人技术的发展,微型计算机在磷矿产业中的应用也越来越广泛。为了提高生产效率、降低劳动强度,同时提高安全性和减少环境污染,普遍采用自动化技术,主要集中在无人驾驶机器人、自动化挖掘机和装载机、远程监控和控制系统及自动化化学处理设备等方面。这些设备的引入和应用可以提高生产效率、保障安全、减少环境污染,并推动整个磷矿产业的现代化发展。例如在矿石开采过程中的钻孔、爆破、装载等环节,都可以利用微型计算机进行精确控制和自动化操作。此外,自动化传感器和监测设备的应用也使得磷矿生产过程中的各项参数能够实时监测和调整,从而确保生产过程的稳定性和安全性。

无人机市场从业务规模、销售额和需求量等方面呈现出快速增长的趋势。根据市场研究报告,无人机市场预计将在未来保持高速增长,到2025年可能达到数百亿美元。无人机市场的发展得益于无人机技术的不断革新,关键技术包括飞行控制、导航系统、传感器技术、通信技术、无线充电技术等。这些技术的不断进步推动了无人机功能的提升和应用场景的扩展。随着无人机技术的精进,在矿山区域无人机也越来越多地用于矿山检查流程,用于磷矿矿山探测、测绘、巡检等业务,为矿山提供更安全、高效及低成本的解决方案。

如今,随着芯片、人工智能、大数据技术的发展,无人机开始了智能化、终端化、集群化的趋势,这得益于自动化、机械电子、信息工程、微电子等的飞速发展。不可否认,飞控技术的发展是无人机变化的最大推手。几款开源飞控板实物如图 9-18 所示。

a.Pixhawk　　　　　　b.APM　　　　　　c.Openpilot

图 9-18　开源飞控板实物

飞行控制系统(Flight Control System)简称飞控,可以看作飞行器的大脑。飞行器的飞行、悬停、姿态变化等,都是由多种传感器将飞行器本身的姿态数据传回飞控,再由飞控通过运算和判断下达指令,由执行机构完成动作和飞行姿态调整。可以将飞控理解成无人机的 CPU 系统,是无人机的核心部件,其功能主要是发送各种指令,并且处理各部件传回的数据。类似于人体的大脑,对身体各个部位发送指令,并且接收各部件传回的信息,运算后发出新的指令。

飞控可分为软件部分和硬件部分。其中,软件部分是飞行器的大脑,用于处理信息和发送信息。硬件部分一般包括以下组件:①全球定位系统(Global Positioning System,简称 GPS)模块,主要用于得到飞行器的全球定位信息;②惯性测量单元(Inertial Measurement Unit,简称 IMU),包括三轴加速度计、三轴陀螺仪、电子罗盘(或三轴磁力计),主要用来得到飞行器的姿态信息,市面上的六轴 IMU 包含三轴加速度计和三轴陀螺仪,九轴 IMU 包含三轴加速度计、三轴陀螺仪和三轴磁力计,十轴 IMU 则是在九轴 IMU 基础上多了气压计这一轴;③高度传感器,主要包括气压计和超声波测量模块,分别用来测量飞行器绝对高度(海拔高度)和相对高度(距离地面高度)信息;④微型计算机,用于接收信息、运行算法和产生控制命令的平台;⑤接口,连接微型计算机与传感器、电调和遥控设备等其他硬件的桥梁。

普遍的多轴飞行器飞控系统如图 9-19 所示。其中,控制器部分是整个系统的核心,负责控制解算、指令输出、故障判读,实现飞机的起降、巡航、任务实施等,直接影响到数据采集结果的准确性以及软件指令的响应性,从而关系到飞行器的性能和安全,影响无人机性能参数指标的实现。主要的飞控设计生产厂商有大疆创新、成都纵横、极飞科技、零度智控、易瓦特、3Drobotics、Parrot。飞控按照是否公开源代码的方式分为开源飞控和商品飞控。开源飞控的代表有:APM、AutoQuad、PX4/Pixhawk 等,商品飞控主要有大疆公司的 A3 系列、零度智控的 X4-V2 无人机飞控、极飞科技 SUPERX2 等。评价飞控的好坏主要考虑 4 个方面,即适配、稳定、功能、服务。几款常用的飞控参数如表 9-4 所示。

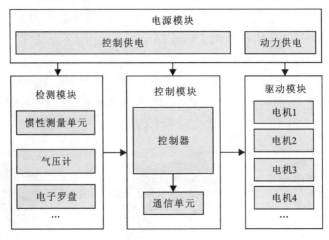

图 9-19 飞控系统框图

表 9-4 几款常用的飞控参数

类型	大小/mm	质量/g	处理器	频率/MHZ
Pixhawk	40×30.2	8	LPC2148	60
APM	66×40.5	23	ATmega2560	16
Anonymous	75×45	40	STM32F407	168
Openpilot	36×36	8.5	STM32F103CB	72
天璇	N/A	N/A	STM32F407ZG	168
大疆 A3	N/A	N/A	STM32F103C8T6	72

除了必要的飞控实现无人机底层的控制，类比人的移动需要小脑和各自肌肉及各种神经来实现具体运动，如果需要无人机能够拥有"思考的能力"，那就需要大脑。机载计算机，顾名思义，就是一台安装在无人机上的计算机，它具有小巧、能耗低、功能强的优点，在其上执行程序，能够对无人机进行智能化的控制，并能够进行自主的决策，这是一种很好的解决方案。目前，车载计算机主要有树莓派、Jetson、大疆妙算等，它们能够搭载 Ubuntu 系统，利用 ROS 等框架和库，与飞行控制相连接，对无人机进行智能控制和自主决策。飞控是无人机的小脑，机载计算机就相当于无人机大脑，也可以叫上位机。大脑小脑之间通信，需要支持这种复杂通信协议（一般为 mavros 与 mavlink）的飞控与飞控软件。

9.4.1 矿井探测无人机

矿井环境是一个复杂而特殊的工作环境，处理好矿井环境问题对于保障矿山的安全和高效生产至关重要。现代化磷矿产业在矿井环境处理方面不断创新和改进，致力于提供更好的劳动条件和保障矿工的健康与安全。

传统矿山开采的方式可分为地下开采和露天开采两种。大部分矿山为地下开采，地下作业场地狭小、阴暗、潮湿、多变，生产环节多，过程复杂，导致灾害的因素多，如地下开采的矿山主要受顶板、水、火、瓦斯、煤尘、有毒有害的物质危害。露天开采的矿山主要受到滑坡、排土场垮塌等危害;金属矿山还受到尾矿库垮塌等灾害的影响;液态、气态矿床的开采,则受到井喷、可燃气体爆炸的威胁。

矿井探测无人机具有体积较小、造价低廉、无人员伤亡风险及灵活性强等优势,已在目标跟踪、应急通信和环境监测等多个领域得到广泛应用,它可进入井下巷道进行实时侦测,利用传感器对井下的瓦斯浓度、氧气浓度、环境温度及伤员位置等信息进行采集与处理,并将这些信息通过数据及视音频实时传输到救援指挥中心,为救援指挥人员提供决策依据。

目前,矿井探测无人机在动力系统、定位系统、环境监测系统、通信系统等方面取得了很大进展。矿井探测无人机除了需要稳定的飞行控制技术外,更加需要具备自主导航和避障能力,以应对狭窄和复杂的矿井环境,利用激光雷达、超声波传感器、深度相机、视觉识别等方法来感知环境并作出相应的飞行规划和决策(单春艳等,2019)。SLAM能够通过使用传感器数据(如激光雷达、摄像头、惯性测量装置等)实时构建出矿井环境的地图,这些地图包括建筑物、道路、障碍物等信息,可以发现矿井环境下的潜在危害,可以让无人机搭载的计算机根据地图信息来完成自主定位导航与自主避障,如图9-20所示。

图9-20 矿井探测无人机

2022年5月20日Flyability在瑞士洛桑、新加坡和中国上海发布了世界上首款用于室内三维探测的防碰撞激光雷达无人机——Elios3。这款无人机搭载全新的飞行控制系统FlyAwareTM,使用了SLAM技术,使得飞机可以在飞行时同步创建3D模型,同时配有Flyability为其专门设计的新版工业软件用于回放录像和检查3D模型。通过自带球形防护罩、编写碰撞后自动修正的飞控算法、巧妙布置传感器与内部组件等核心技术,实现了无人机防碰撞的稳定飞行。再加上高清摄像头与热成像摄像头加持,使无人机拥有了代替人工进行工业设备与不同场景检测的可能性,在安全生产场景中应用广泛。澳大利亚联邦科学与工业研究组织CSIRO旗下的翼目神高科技公司研制成功地下无人机智能测量技术,可以使测量人员停留在安全区域,并尽可能减少靠近危险或不可进入区域的测量作业时间,从而降低安全风险。该方案由商用无人机、激光雷达传感器和机载电脑组成硬件系统;拥有SLAM专有核心IP快速计算技术,可以为无人机自主导航实时路径规划提供定位、避障及周边空间信息。矿山测量人员无须进入任何危险区域,就可以快速得到高质量的地下空间测量数据。翼目神Hovermap自主智能飞行测量技术已经在诸多矿企得到成功应用。

9.4.2 电力巡检无人机

电力巡检对矿区的稳定运行具有重要意义。能确保电力系统安全稳定运行,有助于及时发现和处理电力设备、线路的异常情况,避免故障和事故的发生;可以及时发现设备的磨损、老化等问题,采取相应的维修和保养措施,延长设备的使用寿命;可以及时发现和处理潜在问题,避免因故障停电等导致的生产损失,降低电力企业的运营成本。电力巡检可以提高电力行业的智能化水平,推动电力行业的创新发展。

传统人工巡检方式已显现出效率低的缺点,对比之下,无人机电力巡检具有飞行控制精度高、操作简单、起降方便、使用耗能少、效率高等优点(彭向阳等,2020)。最早在2015年国家电网就推进了无人机在线路巡检方面的尝试,并在2018年正式推出了无人机的应用技术规程。应用电力巡检应用无人机技术以后,工作效率相比人工巡检,提升5倍以上,而成本仅仅是人工巡检的1/8,优势相当明显。

无人机电力巡检的最早应用主要是在高压和超高压线路,尤其是山区和丘陵等地形复杂的区域,无人机的优势发挥得淋漓尽致。无人机巡检主要是将现代化信息技术搭载在无人机设备当中,其中包含遥感技术、可见光红外热像技术及大数据技术等,使得无人机能够在电力线路巡检中进行有效运用。无人机巡检技术的实现,主要依靠无人机系统、任务搭载系统、综合保障系统。其中,无人机系统中包含遥感设备、地面站以及通信系统,可以对无人机进行遥控,以此完成巡检工作任务。

视觉探测是指无人机中通过高清相机以及摄像机,对电力线路进行航拍,将所获取的图片和视频及时传输到地面基站,由地面基站完成对图片以及视频信息的储存与管理,对所获取的数据信息进行分析,及时了解电力线路是否存在故障问题。

红外热成像仪(图9-21)在无人机使用的过程中,可以对电力线路表面的温度数据信息进行摄取,结合摄取的数据信息可以自动生成红外光谱图像,根据图像可以对电力电路温度异常点进行全面了解,掌握电力线路、表面绝缘部位及接头等部位运行质量。此外,在紫外成像仪的使用过程中可以对电力线路因放电所产生的紫外线信号进行数据信息接收,并通过对数据信息的分析自动生成图像,在屏幕中显示图像,工程人员根据图像识别即可了解电力线路放电的具体位置及放电强度。在紫外成像的作用下,可以及时了解到电力线路是否存在导线外伤、绝缘子放电以及线路受到污染等问题。但该方式在实际运用的过程中,则需要注意避免受到太阳光干扰等问题。

图9-21 红外热成像仪(左)和激光雷达(右)

激光雷达(图9-21)探测技术在实际应用中,具备单色性和相干性等特点,加在无人机上使用可以对航行方向进行有效控制,同时利用激光还能够对电力线路的具体长度等度量完成精准检测工作。在测距工作中,红光雷达探测技术可以实现连续波相位式测距和脉冲式测距,脉冲式测距则是利用激光脉冲的发射时间和接收时间,根据激光脉冲发射的速度,做出具体计算并得出最终的距离。为此,无人机中对激光雷达探测技术的有效运用,可以在电力线路巡检中获得激光点云数据,随后结合高分辨率航空数码影像,对线路地形进行高精度管理。除此以外,通过激光雷达点云数据信息,能够对输电线路进行精准计算,了解电力线路与周围建筑结构之间的距离。因此,在无人机电力巡检工作全面开展的过程中,可以对无人机平台的实际使用任务进行全面关注,对GPS数据准确性问题进行及时解决。

无人机电力巡检虽然具有很多优势,但在实际应用中仍然存在一些问题与挑战。无人机在进行电力巡检时,其飞行时间和航程受到电池续航能力的限制。对于需要进行长距离或者长时间巡检的场景,这个问题尤为突出。无人机需要在一个强大的电磁环境中工作。强电设施周围存在的交变电磁场会对电子设备产生干扰,对无人机的稳定性产生影响。巡检时,需要将拍摄的图像传输到地面站进行实时分析和处理。然而,由于电力设施的复杂性和环境干扰等因素,图像传输可能会出现延迟或丢失等问题,这会影响到电力巡检的效率和准确性。巡检生成的数据量巨大,如何对这些数据进行有效处理和分析是一个挑战。此外,由于巡检环境的复杂性和多样性,数据的解读和分析需要具备专业知识与经验。电力巡检需要无人机能够精确定位自己的位置。虽然GPS在无人机定位中得到了广泛的应用,但是它的定位精度却很难满足某些精细巡检的需要。在巡检中,无人机需要避免碰撞到高压线等障碍物。然而,由于无人机的感知和避障技术有限,有时会出现误判或无法及时避障的情况,这会对无人机和电力设施的安全造成威胁。目前,无人机电力智能巡检的发展仍然处于初级阶段,整个体系还需要不断完善。

9.4.3 矿山测绘无人机

对矿区进行安全管理,首先需要一份矿区数字地图,对矿区的地形、地貌、植被被扰动破坏程度及范围要进行数字化信息录入,对获取钻探、槽探、坑探、浅井、施工便道、临时驻地、露天采矿、采场边坡、废渣堆位置和规模等相关数据进行管理,便于统揽矿区全局概况,辅助指挥施工作业,这是矿山规划设计、地质勘察和分析的重要组成部分(王国法,2022)。

传统的地形图绘制要求大量的测绘员利用实时动态(Real Time Kinematic,简称RTK)等在被测区开展野外作业,但是由于矿区的生产环境十分复杂,测绘人员要上下攀爬,工作强度很大,并且像控点的布设往往要花好几天的时间,从而影响了工作效率。

无人机测绘技术正在向着自动化、信息化的方向发展,与人工测绘相比,无人机测绘在成本和效益层面拥有极大优势。现阶段,无人机设备在体积方面逐渐减小,方便携带和操作,可更好地满足测绘要求。搭载差分GPS、激光雷达等设备进行大范围测量,得到地面特征点的高精度位置信息,通过图像系统,快速输出多种比例尺的地形图,并进行相应的数字化测图。无人机在矿区测量应用领域已经历了较长的时间,积累了丰富的经验。无人机可以代替人工合理减少矿区测绘工作中的危险因素,维护保养成本相对较低。无人机系统可以利用所获得的数字高程模型(Digital Elevation Model,简称DEM)、三维正射影像图、三维景观模型、三维地表模型等二维、三维可视化数据,使得模型分辨率、数据精准度高。

在矿区进行大比例尺地形的测绘。在利用无人机进行航路规划的同时,还要覆盖一定范围内的平高点和平面点,利用 RTK 和跨域资源共享(Cross Origin Resource Sharing,简称 CORS)技术获取图像点的立体坐标。将定位定姿系统(Position and Orientation System,简称 POS)数据和数字图像全部输入航拍数据处理软件,完成影像匹配、空三解算、数字正射影像图(Digital Orthophoto Map,简称 DOM)制作等基础工作,并将正射影像导入数字成图系统,实现矢量化,通过绘制包含道路、建筑物轮廓等数字化的地形图,实时更新数据库。

进行矿山堆体量的测算。在计算土方和煤层的数量时,传统的 RTK 法一般都是根据特征点和网格进行数据的采集,这不仅需要耗费大量的人力,而且还会因为受到过往经验的影响产生精度偏差。利用无人机测绘技术对堆体进行测量,通过航空摄影收集高重叠度的影像,建立三维空间模型,运用高密度点云进行土方体积的计算,可以极大地提高测量精度。

无人机探测技术能够实现矿区的可视化,利用预处理的方式建立数据模型,能够对矿山的地形地貌进行仿真模拟,可以呈现出整体的地形情况,能够更加清晰地观察整个矿区地形,同时可以将其展现在网络地形模拟图像上,标注需要特别注意的区域,进而实现多维数据的融合,如图 9-22 所示。另外,利用可视化技术,能够对矿区的开采情况以及可能发生的危害进行预判,实现预警防控。无人机利用信息技术(如遥感传感器技术、遥测遥控技术、GPS 差分定位技术和通信技术等),同时配置相应的数据处理系统,能够非常准确、高

图 9-22 矿山测绘无人机

效地得到矿区信息,包括三维数字化模型、等高线分布情况、台阶开采情况等,能够进一步提升矿山数字化建设能力(张海宾,2019)。澳大利亚必和必拓集团使用无人机,现在已经在矿区测绘、库存量量化监测、尾矿管理、植被生态监测等多个场景进行应用,已完成了 6 个矿场大约 600 次飞行任务。我国的阿尔哈达矿业公司成功使用无人机搭载三维激光扫描仪可快速多角度获取高精度点云数据,与传统测绘方式相比,具有非接触式、效率高、速度快等优势。阿尔哈达将此项技术应用于矿山测绘来完成地表废石渣头扫描收图,实现空地一体联合测绘,为智能矿山建设插上"腾飞翅膀"。

除此之外,通过较高精度的航空测量,能够构建非常清晰的地表建筑物图像,符合矿山成像标准的需要。通过地形地貌的测绘,可以了解采场的全貌及局部情况。随着矿山开采,除了开采工序更加复杂之外,很多区域的地质地貌出现了安全隐患,若没有进行及时的管控,非常容易引发泥石流、滑坡等安全问题,一旦发生就会产生严重后果。而通过无人机的高分辨率影像能够及时、准确地判定矿区安全隐患,可以非常准确地得知细节,从而为深入判定安全隐患提供数据支撑。另外,在进行矿山高温区探测方面,通过无人机探测技术也能在保证成像效果的同时降低探测成本,保证安全。

随着矿区勘测地形愈加复杂,采取传统的人工勘探方式容易引发安全问题,而通过无人机物探技术能够有效防止伤亡,确保生命安全。现阶段,无人机在低空物探方面也有应用,为

找矿工作提供了相对有效的方式,并且经过多年的发展,形成了相对成熟的技术方法和体系,无人机航空物探技术的应用效果显著,具有非常好的应用前景。

思政导入　　　　　　　无人机与农业自动化

2018年9月,国家统一部署开展第三次全国国土调查。此次调查全面采用优于1m分辨率的卫星遥感影像制作调查地图,广泛应用移动互联网、云计算、无人机等新技术,创新运用"互联网+调查"机制,历时3年,21.9万调查人员先后参与,汇集了2.95亿个调查图斑数据,全面查清了全国国土利用状况。

我国地域辽阔,东西横跨经度60多度,南北横跨纬度50多度,地貌、地形、气候等自然条件十分复杂,山区比较多,平地又比较少,各种地形交错分布。据统计,最适合开展农业机械化的平原地貌面积仅占到全国面积的约12%,丘陵、山地、高原面积合计占土地总面积的约69%,且全国约有1/3的农业人口和耕地在山区,相较于同纬度其他国家,从耕地分布来看,我国农业生产条件并不利于大规模机械化农业的开展、普及。

随着新农业和智慧农业的推进,农用和植保无人机的市场规模近年来不断扩张,目前已经深入到病虫害防控、农艺、播撒、智慧农业、授粉、果树防冻防晒等农业领域。农用植保无人机可以代替传统的人工劳动,在丘陵、山地等复杂地形中有突出优势,可以有效减轻农民的体力劳动强度,提高劳动效率;植保无人机能够提高农田管理、生产效率和农产品质量,减少农药的使用量,降低劳动成本,并为农业生产提供科学依据和技术支持。

农用和植保无人机相对于大型农用机械,成本低、覆盖范围广、适用性强,可以在不同地形、地貌、气候条件下进行作业,针对不同地块的特点进行精准的农业和植保作业,尤其适合山区等地形复杂的区域。近年来,随着政府对农业现代化政策扶持的力度加大,农用植保、监测、播种无人机的落地进程加快。

根据大疆农业2023年8月发布的《农业无人机行业白皮书》,除了传统的肥料播撒、果树喷洒等场景外,农用无人机还在不断拓展新的应用场景。在浙江省绍兴市地区,当地的龙虾养殖户使用农用无人机给小龙虾撒饲料,1000亩(1亩≈666.7m^2)地用时不到4h。在过去,1000亩虾稻田的饲料播撒需要10个人辛苦半天,不仅撒饲料速度慢,还容易踩坏水稻。

梨树是异交授粉结实作物,即需要不同株花粉互相授粉才能结实。随着规模化梨树种植的开展,仅依靠蜜蜂和自然风等自然措施并不能满足需求,果农会进行人工授粉作为补充,不仅效率低质量还不稳定。在四川广安地区,当地的果农现在普遍采用无人机液体授粉,先将花粉溶解在特制溶液里,搅拌均匀后,通过无人机在低空雾化喷洒,帮助梨花(雌蕊)完成授粉、坐果,综合授粉成本比之前降低了2/3。

广西是我国主要的柑橘类水果产地之一,全国水果摊上每3个柑橘就有1个来自广西。沃柑是近年在我国南方地区推广较成功的晚熟类柑橘新品种,营养丰富,酸甜爽口。沃柑在生长的快速膨大期如果遇上高温天气,极易形成太阳果、裂果,严重影响果品和果农收益。使用无人机喷洒的涂白剂在沃柑表面形成的防晒膜,能对沃柑的太阳照射面起到很好的覆盖作用,大大降低了坏果数量。

9.5 学赛共轭:"挑战杯"全国大学生课外学术科技作品竞赛"揭榜挂帅"专项赛

"挑战杯"全国大学生课外学术科技作品竞赛,简称"挑战杯"竞赛,是由共青团中央、中国科协、教育部、全国学联和地方政府共同主办,国内著名大学、新闻媒体联合发起的一项具有导向性、示范性和群众性的全国竞赛活动。自1989年首届竞赛举办以来,"挑战杯"竞赛始终坚持"崇尚科学、追求真知、勤奋学习、锐意创新、迎接挑战"的宗旨,在促进青年创新人才成长、深化高校素质教育、推动经济社会发展等方面发挥了积极作用,在广大高校乃至社会上产生了广泛而良好的影响,被誉为当代大学生科技创新的"奥林匹克"盛会。为深入学习贯彻习近平新时代中国特色社会主义思想,贯彻落实党的二十大关于实施科教兴国战略、强化现代化建设人才支撑的战略部署,教育引导大学生面向国家重大需求,踊跃投身科研攻关第一线,加速大学生科技创新成果向现实生产力转化,汇聚磅礴青春力量加快建设科技强国,在"挑战杯"全国大学生课外学术科技作品竞赛框架下举办"揭榜挂帅"专项赛。

"揭榜挂帅"专项赛坚持聚焦"卡脖子"技术,解决实际问题,构筑大学生投身关键核心技术攻坚战的阵地;坚持不唯地域、不唯学校、一视同仁、唯才是用,拓展大学生公平展示才华的舞台;坚持团队合作、协同创新、敢于亮剑、攻坚克难,搭建培养磨砺大学生科技自立自强精神的擂台。习近平总书记提到"可以探索搞揭榜挂帅,把需要的关键核心技术项目张出榜来,英雄不论出处,谁有本事谁就揭榜"。

第十七届"挑战杯"竞赛"揭榜挂帅"专项赛共有7家单位提供的选题正式"挂榜",分别是中国电信集团有限公司、中国软件与技术服务股份有限公司、科大国盾量子技术股份有限公司、国药中生生物技术研究院有限公司、中国电子科技集团公司第二十九研究所、中国宝武钢铁集团宝山钢铁股份有限公司、攀钢集团研究院有限公司。

第十八届"挑战杯"竞赛"揭榜挂帅"专项赛在原有工作基础上进一步广泛开放"征榜",优化赛事安排,紧扣科创强国建设最新需求导向,共有中国航天科技五院集团第五研究所五〇二研究所、中国联通、中国社会科学院社会学所等21家企事业单位、科研机构、行业协会等发布了前沿性、应用性和可赛性较强的选题。选题领域既涵盖人工智能、量子通信、数字经济、生物医药、大数据、生态环保、农业、油气勘探、新能源新材料等科技发展前沿和关键核心技术,又覆盖党的创新理论青年化阐释等理论课题及大学生就业、粮食安全等社会民生课题,着力搭建培养磨砺大学生科技自立自强精神的擂台,切实引领青年学子胸怀"国之大者",集智助力破解关键技术难题和社会现实问题。

9.5.1 钢铁关键工序生产过程中碳排放的数字化仿真

推动大数据、人工智能、5G等新兴技术与绿色低碳产业深度融合,以及推进工业领域数字化、智能化、绿色化融合发展。2021年,我国粗钢产量达到10.3亿t,占全球粗钢产量的54%。钢铁行业是高耗能和高排放的行业之一,钢铁行业能源消费量约占全国能源消费总量的11%,碳排放量约占全国碳排放总量的15%。在"双碳"目标下,碳排放的标准会越来越严格,碳排放的成本也会越来越高,钢铁企业普遍面临绿色低碳转型的压力。我国力争2030年前实现碳达峰,2060年前实现碳中和,是党中央经过深思熟虑做出的重大战略决策,事关中华民族永续发展和构建人类命运共同体,体现了一个负责任的大国对人与自然前途命运的深切关注和主动担当。在此背景下,数字技术完全可以和钢铁行业深度融合,借此减少能源与资源消耗,实现生产效率与碳效率双重提升。研究建立基于工业互联网的超低排放与低碳协同管控数字化平台,实现碳素流可视可管可控,以及企业生产全过程的碳排放监测、统计、对标,以碳效率为核心优化生产工艺及管理,实现生产工序碳排放过程目标管控、碳排放预警管控和减碳降污协同管控。

全国第十七届"挑战杯"全国大学生课外学术科技作品竞赛"揭榜挂帅"专项赛吹响"集结号",面向全国高校学生发布了挑战课题。中国宝武钢铁集团有限公司(简称中国宝武)作为征榜单位出具的课题"钢铁关键工序生产过程中碳排放的数字化仿真"位列其中。中国宝武党委书记、董事长陈德荣介绍,作为我国钢铁业龙头企业,碳中和是中国宝武的使命和机遇,中国宝武在行业内率先提出了碳达峰、碳中和的奋斗目标,而实现这一目标不仅需要企业自身的努力,同时也需要得到社会各界的认同和支持。评审专家表示,选题发布后,得到了国内众多高校的积极响应,各参赛团队结合自身特长优势,从生产制造、物流运输、数据采集分析等环节入手,采用大数据分析等先进技术手段,对钢铁生产流程中的碳排放进行了研究,并对如何通过流程再造和工艺优化降低碳排放提出了探索方案,对实际生产中的节能减排具有较强实践意义。

项目的研究对象可以是如下几类:①针对传统钢铁生产全流程或者针对某一关键工序的碳排放进行研究和数字化仿真;②开创性地提出全新的钢铁生产流程或者生产工艺,并对其碳排放进行研究和数字化仿真;③在针对传统钢铁生产流程或针对某一关键工序的碳排放进行研究和数字化仿真的基础上,提出流程再造和工艺优化的探索方案,并对该方案进行数字化仿真和建模。

对于钢铁生产全流程或某一关键工序的碳排放进行研究并数字化仿真,可以利用微机控制系统来实现生产过程的实时监控和数据采集,通过收集生产过程中的各种数据,包括生产设备的使用情况、原料、能源消耗等建立碳排放的数学模型,包括考虑关键工序的物质流动、能量转化等因素以及碳排放的产生和释放过程。

根据实际数据,对模型中的参数进行估计或优化,以使模型更准确地反映实际情况。对模型进行仿真计算,模拟钢铁生产过程中的碳排放,模拟结果可为减少碳排放提供科学的决策支持。部分优秀作品和解题思路如表9-5所示。

表9-5 钢铁关键工序生产过程中碳排放的数字化仿真

序号	作品名称	揭榜思路
1	钢铁生产长流程极致能效搜索方法与智能化系统	钢铁生产全流程多固废协同虚拟仿真平台投入产出模型、固废利用碳减排核算方法
2	钢铁企业净零排放之路——生产过程二氧化碳排放建模仿真与优化	结合钢铁企业的工艺特点,借鉴碳排放测算标准与方法,建立钢铁企业全流程的碳排放模型与碳减排运筹学优化算法
3	钢铁生产全流程碳排放数字化仿真与流程再造	优化钢铁生产流程再造方案,解决全流程碳排放仿真模型缺乏的问题,优化系统性流程

续表 9-5

序号	作品名称	揭榜思路
4	钢铁行业长流程碳排放优化方案	分析了各工艺碳排放情况,在低碳技术、约束条件下,构建钢铁生产工艺优化模型
5	基于氧迁移线的钢铁生产碳排放仿真研究	分析碳排放过程和降低碳排放的途径,建立钢铁生产各工序和全流程的氧迁移线

9.5.2 面向钢铁烧结过程的多工况碳耗建模与智能控制系统设计

第十八届"挑战杯"全国大学生课外学术科技作品竞赛"揭榜挂帅"专项赛中,中国宝武作为征榜单位出具的课题"钢铁极致能效减碳技术的数字化系统"位列其中。聚焦碳达峰、碳中和这一重大国家战略,中国宝武发布"钢铁极致能效减碳技术的数字化系统"赛题,共收到来自全国高校近80件报名作品,各项目团队锚定钢铁生产流程中的极致减碳技术集中攻关,运用数据挖掘、人工智能、视觉图像等前沿技术,针对钢铁生产全流程或某一关键工序搭建出相应的能效评估模型与数字化系统,为钢铁生产优化能源效率、降低碳排放提供了必要的理论参考和数据支撑。

中国宝武相关负责同志表示,希望通过这场中国大学生科技创新的"奥林匹克"盛会,引发广大高校师生对于钢铁行业极致能效技术的关注,为实现行业绿色、低碳、可持续发展集聚青春智慧,积累青年人才储备。项目的研究对象可以是如下几类:①针对钢铁生产流程或针对某一关键工序的极致能效减碳的技术,开发高效的搜索方法与系统;②针对钢铁生产流程或针对某一关键工序的极致能效减碳的技术,开发技术评估对标系统,包括但不限于技术指标、指标数学模型及经济性;③针对钢铁生产流程或某一关键工序的极致能效减碳技术进行高效搜索和评估对标的基础上,提出解决方案,并在钢铁企业内部应用场景进行评估。

研究钢铁生产流程极致能效减碳数字化技术,首先要了解钢铁烧结的工艺流程和过程控制原理,这是进行碳耗建模和智能控制的基础。收集烧结过程中的各种数据,如温度、湿度、压力、物料成分、碳含量等,清洗和整理这些数据,以便进行分析和建模,随后建立多工况下的碳耗模型,包括统计学模型、人工智能模型等。然后,使用智能控制技术来设计监测和控制烧结过程的系统,包括自适应控制、模糊控制、神经网络控制等控制方法。在多工况碳耗建模的基础上,可以使用算法优化来找到最优的烧结工艺参数组合,以达到最佳的碳耗效果,如使用遗传算法、粒子群算法、聚类算法等优化算法。进而,进行虚拟仿真来模拟和测试钢铁烧结过程中的碳耗情况,评估各种工艺参数和智能控制系统的效果。微机控制系统是实现实时监测和控制烧结过程的重要载体,可以用于采集数据、处理数据、执行控制算法等。表 9-6 是第十八届"挑战杯"全国大学生课外学术科技作品竞赛"揭榜挂帅"专项赛课题"钢铁极致能效减碳技术的数字化系统"中的优秀作品。

其中选取具有代表性的作品《钢铁一体化极致能效降碳智能优化系统:机理与数据融合驱动》来剖析下简要思路。

钢铁工业是典型的资源、能源密集型行业。钢铁生产过程伴随着高能耗、高排放,钢铁生产能源消耗约占全国能源消耗总量的12%,CO_2 排放约占全国 CO_2 排放总量的15%,是我国

表 9-6 "钢铁极致能效减碳技术的数字化系统"作品名称

序号	作品名称
1	钢铁生产长流程极致能效搜索方法与智能化系统
2	机理与数据驱动的烧结极限减碳数字化系统
3	钢铁一体化极致能效降碳智能优化系统:机理与数据融合驱动
4	基于多尺度预测的能效评估与优化搜索方法及其平台化应用
5	数据机理结合的铁钢界面铁水温降预测系统开发与应用
6	钢铁极致能效减碳技术的数字化系统
7	面向节电降碳的高效精细化工序排序决策优化策略研究——以炼钢-连铸生产过程为背景
8	高炉极致能效数字化系统
9	转炉炼钢数字化提质降耗工艺优化系统
10	电炉热装铁水工艺的炉控优化智能辅助决策系统

节能减排的重点行业之一。作为典型的流程制造工业,钢铁生产具有工艺复杂、多工序流程耦合关联等典型特征,复杂的生产工况要求能源管控系统具备与生产节奏高度匹配、能源与生产大数据联合决策等手段,解决能源多源并入、转换和消纳带来的能源流的变化及系统扰动等难题。但目前钢铁生产的能源管控多依靠人工经验,生产操作及管理决策多依赖于岗位人员的知识储备和认知水平,严重制约了钢铁工业能源生产的集约化、精细化及高效化提升。通过全流程信息化、数字化等手段,推进钢铁工业能源生产集成和高效管控,成为钢铁行业绿色、低碳发展转型的一项重要课题。

针对钢铁企业能源管控层级多、效率低,能源与主生产动态协同优化难度大等难题,将冶金热能工艺知识与先进智能制造技术深度融合,以钢铁能源生产的高度集成与高效管控为目标,重点开展全流程能源大数据平台、精益能效管理及动力能源集控等技术的研发,打造了基于全流程数字化的钢铁企业能源一体化智能管控系统,如图 9-23 所示。

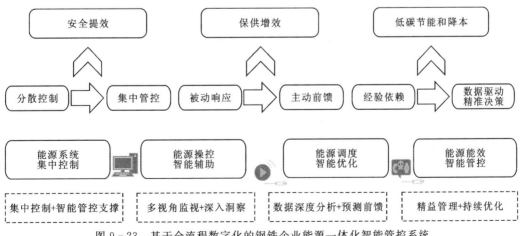

图 9-23 基于全流程数字化的钢铁企业能源一体化智能管控系统

首先，以能源生产的高效集成为目标，针对能源动力生产站所的大规模远距离集中操作监控需求研发能源动力集控技术，实现钢铁能源生产信息流和控制流全面融合与再造。同时，基于能量流、物质流与信息流高度耦合的全流程能源大数据平台的构建，支撑精细化节能管理、全局层面能源优化调度、重点用能设备提效节能调控技术与应用的研发，形成钢铁能效精益管控平台。最终，结合以上技术创新，基于工业互联网平台架构，进行能源生产管控组织变革的顶层设计研究，推进能源一体化智能闭环管控模式创新。

基于钢铁能源生产工艺特征，针对能量流与物质流强耦合复杂对象，构建反映其信息物理映射关系的数据驱动模型架构，并结合模块化与流程网络的机理建模基本原则，提出了融合数据驱动模型与机理模型的能量流数字化建模方法，以充分表征生产全流程能源产生、储配、转换及消耗过程及其静态与动态特征，为能源数据与精益能效管理应用的高效连接提供了统一的逻辑组织基础。同时，基于工业互联网技术针对钢铁生产过程中能源相关的多源异构数据的集成与开发，建立了动力能源生产与主生产全流程运行数据高度融合的数据平台，满足了企业精益能效管理对数据深度和广度的要求。

同时，以数字化精益能效管理系统促进"操-管-控"各岗位的相互融合，形成管控闭环促进节能提效。采用基于B/S架构的可视化监视技术、管网智能感知模型、能耗能效多维诊断分析模型等多项技术，实现对全厂能源介质"发生-输配-消耗"的全流程、全要素实时跟踪监视；承载能耗数据实时监视、能耗能效管理和多项智能化应用功能，全面掌握能源平衡，对异常情况进行快速应急处置，推进钢铁企业能源精细化管理，提高能源利用效率，降低企业能源成本。

通过对钢铁企业能源系统"产-储-配"全流程生产工艺的研究，基于工艺机理与机器学习算法，研发了与生产协同的能源动态产耗预测等关键技术，充分将生产过程与能源系统联系起来，利用数据分析、数据预测等方法改善能源系统管控与主工序生产组织的耦合匹配。同时，基于管网仿真技术，采用以"实时策略优化-在线仿真验证"为基础的全厂多能源介质平衡优化调度应用，提高了钢铁企业多能源介质调度决策的可操作性和可执行性，保证能源介质的柔性供应，为全厂能源系统生产安全保供、经济低碳运行提供技术支撑。

依托能源智能管控大数据平台，协同推进用能数据与碳排放数据的收集、分析与管理，推动企业碳排放核算的精细化、高效化管理。同时，以描述系统中物质和能量流动为基础的碳代谢分析方法，通过精准识别企业各类碳源及内部碳素流转情况，基于含碳物质及能源介质在企业内部各工序之间的迁移和转化进行企业碳全景画像，并支持企业针对不同碳减排路径及低碳技术应用情景进行碳排放量化分析对比，帮助企业实现碳资产清晰、碳管控到位、碳分配合理、低碳路线、碳交易高效的低碳化管理，为企业实现碳中和战略目标提供科学、专业的技术支撑。

附 录

附录1：十进制数、二进制数、BCD码、十六进制数的相互关系

十进制数（D）	二进制数（B）	BCD码	十六进制数（H）
0	0000	0000	0
1	0001	0001	1
2	0010	0010	2
3	0011	0011	3
4	0100	0100	4
5	0101	0101	5
6	0110	0110	6
7	0111	0111	7
8	1000	1000	8
9	1001	1001	9
10	1010	×	A
11	1011	×	B
12	1100	×	C
13	1101	×	D
14	1110	×	E
15	1111	×	F

附录2：8位二进制数的原码、反码和补码

二进制数	无符号数	带符号数		
		原码	反码	补码
0000 0000	0	+0	+0	±0
0000 0001	1	+1	+1	+1
0000 0010	2	+2	+2	+2
...	...	...	...	...
0111 1110	126	+126	+126	+126
0111 1111	127	+127	+127	+127
1000 0000	128	−0	−127	−128
1000 0001	129	−1	−126	−127
...	...	...	...	...
1111 1101	253	−125	−2	−3
1111 1110	254	−126	−1	−2
1111 1111	255	−127	−0	−1

附录3:ASCII 码表

行	列	0	1	2	3	4	5	6	7
		000	001	010	011	100	101	110	111
0	0000	NUL	DLE	SP	0	@	P	`	p
1	0001	SOH	DC1	!	1	A	Q	a	q
2	0010	STX	DC2	"	2	B	R	b	r
3	0011	ETX	DC3	#	3	C	S	c	s
4	0100	EOT	DC4	$	4	D	T	d	t
5	0101	ENQ	NAK	%	5	E	U	e	u
6	0110	ACK	SYN	&	6	F	V	f	v
7	0111	BEL.	ETB	'	7	G	W	g	w
8	1000	BS	CAN	(	8	H	X	h	x
9	1001	HT	EM	)	9	I	Y	i	y
A	1010	L.F	SUB	*	I	J	Z	j	z
B	1011	VT	ESC	+	t	K	[	k	{
C	1100	FF	FS	.	<	L	\	I	|
D	1101	CR	GS	−	=	M	]	m	l
E	1110	SO	RS	,	>	N	Ω	n	~
F	1111	SI	US	/	?	O	_	o	DEL

附录4：ASCII码控制符号的定义

符号	英文名称	含义	符号	英文名称	含义
NUL.	Null	空白	DLE	Data Link Escape	转义
SOH	Start of Heading	标题开始	DC1	Device Control 1	设备控制1
STX	Start of Text	正文开始	DC2	Device Control 2	设备控制2
ETX	End of Text	正文结束	DC3	Device Control 3	设备控制3
EOT	End of Transmit	传输结束	DC4	Device Control 4	设备控制4
ENQ	Enquiry	调问	NAK	Negative Acknowledge	否定
ACK	Acknowledge	事认	SYN	Synchronize	同步
BEL	Bell	响铃	ETB	End of Transmitted Block	信息组结束
BS	Back Space	退格	CAN	Cancel	作废
HT	Horizontal Tab	横向制表	EM	End of Medium	纸尽
LF	Line Feed	换行	SUB	Substitute	取代
VT	Vertical Tab	纵向制表	ESC	Escape	换码
FF	Form Feed	换页	FS	File Separator	文件分隔符
CR	Carriage Return	回车	GS	Group Separator	组分隔符
SO	Shift Out	移出	RS	Record Separator	记录分隔符
SI	Shift In	移入	US	Unit Separator	单元分隔符
SP	Space	空格	DEL	Delete	删除

附录5：微处理器性能演进过程表

芯片	地址总线/位	数据总线/位	一级缓存/KB	二级缓存/KB	工作频率/MHz	集成度/万个
8080	16	8			2	0.45
8088	20	8			5	2.8
8086	20	16			5、8、10	2.9
80286	24	16			12、20、25	13.4
80386SX	24	16			16、25、33	27.5
80386DX	32	32			16、33、40	27.5
80486DX	36	64	8		25～100	120
Pentium	32	64	16		66～200	310
Pentium MMX	32(36)	64	16		200～300	450
Pentium Pro	36	64	16	256	150～200	550
PⅡ	36	64	32	512	233～450	750
PⅡ Xeon	36	64	32	512	350～450	750
PⅢ	36	64	32	512	450～1400	950
P4	36	64	32	1024	1300～2800	4200

附录6：常用8位51单片机型号及性能表

型号	片内存储器 ROM EPROM FLASH	RAM	I/O口线	串行口	中断源	定时器	看门狗	工作频率	引脚与封装
80C31	—	128	32	UART	5	2	N	24	40
80C51	4KB ROM	128	32	UART	5	2	N	24	40
87C51	4KB EPROM	128	32	UART	5	2	N	24	40
80C32	—	256	32	UART	6	3	Y	24	40
80C52	8KB ROM	256	32	UART	6	3	Y	24	40
87C52	8KB EPROM	256	32	UART	6	3	Y	24	40
AT89C51	4KB FLASH	128	32	UART	5	2	N	24	40
AT89C52	8KB FLASH	256	32	UART	6	3	N	24	40
AT89C1051	1KB FLASH	64	15	—	2	1	N	24	20
AT89C2051	2KB FLASH	128	15	UART	5	2	N	24	20
AT89C4051	4KB FLASH	128	15	UART	5	2	N	26	20
AT89S51	4KB FLASH	128	32	UART	5	2	Y	33	40
AT89S52	8KB FLASH	256	32	UART	6	3	Y	33	40
AT89S53	12KB FLASH	256	32	UART	6	3	Y	24	40
AT89LV51	4KB FLASH	128	32	UART	6	2	N	16	40
AT89LV52	8KB FLASH	256	32	UART	8	3	N	16	40
P87LPC762	2KB EPROM	128	18	I^2C, UART	12	2	Y	20	20
P87LPC764	4KB EPROM	128	18	I^2C, UART	12	2	Y	20	20
P87LPC768	4KB EPROM	128	18	I^2C, UART	12	2	Y	20	20
P8XC591	16KB ROM/EPROM	512	32	I^2C, UART	15	3	Y	12	44
P89C51RX2	16~64KB FLASH	1K	32	I^2C, UART	7	4	Y	33	44
P89C66X	16~64KB FLASH	2K	32	I^2C, UART	8	4	Y	33	44
P8XC554	16KB ROM/EPROM	512	48	I^2C, UART	15	3	Y	16	64

附录7：MCS-51系列单片机位寻址区地址表

单元字节地址	最高位	位地址						最低位
2FH	7FH	7EH	7DH	7CH	7BH	7AH	79H	78H
2EH	77H	76H	75H	74H	73H	72H	71H	70H
2DH	6FH	6EH	6H	6CH	6BH	6AH	69H	68H
2CH	67H	66H	65H	64H	63H	62H	61H	6H
2BH	5FH	5H	5DH	5CH	5BH	5AH	59H	58H
2AH	5H	56H	55H	54H	53H	52H	51H	50H
29H	4FH	4EH	4DH	4CH	4BH	4AH	49H	48H
28H	47H	46H	45H	44H	43H	42H	41H	40H
27H	3FH	3EH	3DH	3CH	3BH	3AH	39H	38H
26H	37H	36H	35H	34H	33H	32H	31H	30H
25H	2FH	2EH	2DH	2CH	2BH	2AH	29H	28H
24H	27H	26H	25H	24H	23H	22H	21H	20H
23H	1FH	1EH	1DH	1CH	1BH	1AH	19H	18H
22H	17H	16H	15H	14H	13H	12H	11H	10H
21H	0FH	0EH	0DH	0CH	0BH	0AH	09H	08H
20H	07H	06H	05H	04H	03H	02H	01H	00H

附录 8：MCS-51 系列单片机的特殊功能寄存器

标识符号	地址	功能介绍
B	F0H	B 寄存器
ACC	E0H	累加器
PSW	D0H	程序状态字
IP	B8H	中断优先级控制寄存器
P3	B0H	P3 口锁存器
IE	A8H	中断允许控制寄存器
P2	A0H	P2 口锁存器
SBUF	99H	串行口锁存器
SCON	98H	串行口控制寄存器
P1	90H	P1 口锁存器
TH1	8DH	定时器/计数器 1(高 8 位)
TH0	8CH	定时器/计数器 1(低 8 位)
TL1	8BH	定时器/计数器 0(高 8 位)
TL0	8AH	定时器/计数器 0(低 8 位)
TMOD	89H	T0、T1 定时器/计数器方式控制寄存器
TCON	88H	T0、T1 定时器/计数器控制寄存器
DPH	83H	数据地址指针(高 8 位)
DPL	82H	数据地址指针(低 8 位)
SP	81H	堆栈指针
P0	80H	P0 口锁存器
PCON	87H	电源控制及波特率选择寄存器

附录9:MCS-51系列单片机指令一览表

类别	指令	操作码	功能	对标志位影响 CY	OV	AC	P	字节数	周期数
数据传送类指令	MOV A,#data	74H data	A←data				√	2	1
	MOV direct,#data	75H direct data	direct←data					3	2
	MOV Rn,#data	01111rrr data	Rn←data					2	1
	MOV @Ri,#data	0111011i data	(Ri)←data					2	1
	MOV DPTR,#data16	90H dataH dataL	DPTR←data16					3	2
	MOV direct2,direct1	85H direct1 direct2	direct2←(direct1)					3	2
	MOV direct,Rn	10001rrr direct	direct←(Rn)					2	2
	MOV Rn,direct	10101rrr direct	Rn←(direct)					2	2
	MOV direct,@Ri	1000011i direct	direct←((Ri))					2	2
	MOV @Ri,direct	1010011i direct	(Ri)←(direct)					2	2
	MOV A,Rn	11101rrr	A←(Rn)					1	1
	MOV Rn,A	11111rrr	Rn←(A)					1	1
	MOV A,direct	E5H direct	A←(direct)				√	2	1
	MOV direct,A	F5H direct	direct←(A)					2	1
	MOV A,@Ri	1110011i	A←((Ri))				√	1	1
	MOV @Ri,A	1111011i	(Ri)←(A)					1	1
	MOVX A,@DPTR	E0H	A←((DPTR))				√	1	2
	MOVX @DPTR,A	F0H	(DPTR)←(A)					1	2
	MOVX A,@Ri	1110001i	A←((P2)(Ri))				√	1	2
	MOVX @Ri,A	1111001i	((P2)(Ri))←(A)					1	2
	MOVC A,@A+DPTR	93H	A←((A)+(DPTR))				√	1	2
	MOVC A,@A+PC	83H	A←((A)+(PC))				√	1	2
	XCH A,Rn	11001rrr	(A)↔(Rn)				√	1	1
	XCH A,direct	C5H direct	(A)↔(direct)				√	2	1

续附录 9

类别	指令	操作码	功能	对标志位影响				字节数	周期数
				CY	OV	AC	P		
数据传送类指令	XCH A,@Ri	1100011i	$(A) \leftrightarrow ((Ri))$				√	1	1
	XCHD A,@Ri	1101011i	$(A)_{3\sim0} \leftrightarrow ((Ri))_{3\sim0}$				√	1	1
	SWAP A	C4H	$(A)_{7\sim4} \leftrightarrow (A)_{3\sim0}$					1	1
	PUSH direct	C0H direct	$SP \leftarrow (SP)+1$, $(SP) \leftarrow (direct)$					2	2
	POP direct	D0H direct	$(direct) \leftarrow ((SP))$, $SP \leftarrow (SP)-1$					2	2
算术运算类指令	ADD A,Rn	00101rrr	$A \leftarrow (A)+(Rn)$	√	√	√	√	1	1
	ADD A,direct	25H direct	$A \leftarrow (A)+(direct)$	√	√	√	√	2	1
	ADD A,@Ri	0010011i	$A \leftarrow (A)+((Ri))$	√	√	√	√	1	1
	ADD A,#data	24H data	$A \leftarrow (A)+data$	√	√	√	√	2	1
	ADDC A,Rn	00111rrr	$A \leftarrow (A)+(Rn)+(CY)$	√	√	√	√	1	1
	ADDC A,direct	35H direct	$A \leftarrow (A)+(direct)+(CY)$	√	√	√	√	2	1
	ADDC A,@Ri	0011011i	$A \leftarrow (A)+((Ri))+(CY)$	√	√	√	√	1	1
	ADDC A,#data	34H data	$A \leftarrow (A)+data+(CY)$	√	√	√	√	2	1
	SUBB A,Rn	10011rrr	$A \leftarrow (A)-(Rn)-(CY)$	√	√	√	√	1	1
	SUBB A,direct	95H direct	$A \leftarrow (A)-(direct)-(CY)$	√	√	√	√	2	1
	SUBB A,@Ri	1001011i	$A \leftarrow (A)-((Ri))-(CY)$	√	√	√	√	1	1
	SUBB A,#data	94H data	$A \leftarrow (A)-data-(CY)$	√	√	√	√	2	1
	INC A	04H	$A \leftarrow (A)+1$				√	1	1
	INC Rn	00001rrr	$Rn \leftarrow (Rn)+1$					1	1
	INC direct	05H direct	$Direct \leftarrow (direct)+1$					2	1
	INC @Ri	0000011i	$(Ri) \leftarrow ((Ri))+1$					1	1
	INC DPTR	A3H	$DPTR \leftarrow (DPTR)+1$					1	2
	DEC A	14H	$A \leftarrow (A)-1$				√	1	1
	DEC Rn	00011rrr	$Rn \leftarrow (Rn)-1$					1	1
	DEC direct	15H direct	$direct \leftarrow (direct)-1$					2	1
	DEC @Ri	0001011i	$(Ri) \leftarrow ((Ri))-1$					1	1
	MUL AB	A4H	$AB \leftarrow (A)*(B)$	0	√		√	1	4

续附录9

类别	指令	操作码	功能	对标志位影响 CY	OV	AC	P	字节数	周期数
算术运算类指令	DIV AB	84H	A←(A)/(B)的商 B←(A)/(B)的余数	0	√		√	1	4
	DA A	D4H	对A中数据进行 十进制调整	√		√	√	1	1
逻辑运算类指令及移位类指令	ANL A,Rn	01011rrr	A←(A)∧(Rn)				√	1	1
	ANL A,@Ri	0101011i	A←(A)∧((Ri))				√	1	1
	ANL A,#data	54H data	A←(A)∧data				√	2	1
	ANL A,direct	55H direct	A←(A)∧(direct)				√	2	1
	ANL direct,A	52H direct	direct←(direct)∧(A)					2	1
	ANL direct,#data	53H direct data	direct←(direct)∧data					3	2
	ORL A,Rn	01001rrr	A←(A)∨(Rn)				√	1	1
	ORL A,@Ri	0100011i	A←(A)∨((Ri))				√	1	1
	ORL A,#data	44H data	A←(A)∨data				√	2	1
	ORL A,direct	45H direct	A←(A)∨(direct)				√	2	1
	ORL direct,A	42H direct	direct←(direct)∨(A)					2	1
	ORL direct,#data	43H direct data	direct←(direct)∨data					3	2
	XRL A,Rn	01101rrr	A←(A)⊕(Rn)				√	1	1
	XRL A,@Ri	0110011i	A←(A)⊕((Ri))				√	1	1
	XRL A,#data	64H data	A←(A)⊕data				√	2	1
	XRL A,direct	65H direct	A←(A)⊕(direct)				√	2	1
	XRL direct,A	62H direct	direct←(direct)⊕(A)					2	1
	XRL direct,#data	63H direct data	direct←(direct)⊕data					3	2
	CLR A	E4H	A←0				0	1	1
	CPL A	F4H	A←($\overline{A}$)					1	1
	RL A	23H	A_{n+1}←(A_n),A_0←(A_7)					1	1
	RR A	03H	A_n←(A_{n+1}),A_7←(A_0)					1	1
	RLC A	33H	A_{n+1}←(A_n),CY←(A_7), A_0←(CY)	√			√	1	1
	RRC A	13H	A_n←(A_{n+1}),A_7←(CY), CY←(A_0)	√			√	1	1

381

续附录 9

类别	指令	操作码	功能	对标志位影响				字节数	周期数
				CY	OV	AC	P		
控制转移类指令	LJMP addr16	02H addr$_{15\sim8}$ addr$_7\sim$a$_0$	PC←addr16					3	2
	AJMP addr11	a$_{10}$a$_9$a$_8$00001 addr$_7\sim$a$_0$	PC←(PC)+2, PC$_{10\sim0}$←addr11					2	2
	SJMP rel	80H rel	PC←(PC)+2+rel					2	2
	JMP @A+DPTR	73H	PC←(A)+(DPTR)					1	2
	JZ rel	60H rel	(A)=0,转移					2	2
	JNZ rel	70H rel	(A)≠0,转移					2	2
	CJNE A,#data,rel	B4H data rel	(A)≠data,转移	√				3	2
	CJNE A,direct,rel	B5H direct rel	(A)≠(direct),转移	√				3	2
	CJNE Rn,#data,rel	10111rrr data rel	(Rn)≠data,转移	√				3	2
	CJNE @Ri,#data,rel	1011011i data rel	((Ri))≠data,转移	√				3	2
	DJNZ Rn,rel	11011rrr rel	Rn←(Rn)−1, (Rn)≠0,转移					2	2
	DJNZ direct,rel	D5H direct rel	direct←(direct)−1, (direct)≠0,转移					3	2
	LCALL addr16	12H addr$_{15\sim8}$ addr$_7\sim$a$_0$	断点入栈,PC←addr16					3	2
	ACALL addr11	a$_{10}$a$_9$a$_8$10001 addr$_7\sim$a$_0$	断点入栈, PC$_{10\sim0}$←addr11					2	2
	RET	22H	PC$_{8\sim15}$←(SP), SP←SP−1 PC$_{0\sim7}$←(SP),SP←SP−1 子程序返回指令					1	2
	RETI	32H	PC$_{8\sim15}$←(SP),SP←SP−1 PC$_{0\sim7}$←(SP),SP←SP−1 中断服务程序返回指令					1	2
	NOP	00H	PC←(PC)+1					1	1

续附录 9

类别	指令	操作码	功能	对标志位影响				字节数	周期数
				CY	OV	AC	P		
布尔操作类指令	MOV C,bit	A2H bit	CY←(bit)	√				2	1
	MOV bit,C	92H bit	bit←(CY)					2	2
	CLR C	C3H	CY←0	0				1	1
	CLR bit	C2H bit	bit←0					2	1
	SETB C	D3H	CY←1	1				1	1
	SETB bit	D2H bit	bit←1					2	1
	ANL C,bit	82H bit	CY←(CY)∧(bit)	√				2	2
	ANL C,/bit	B0H bit	CY←(CY)∨(bit)	√				2	2
	ORL C,bit	72H bit	CY←(CY)∨(bit)	√				2	2
	ORL C,/bit	A0H bit	CY←(CY)	√				2	2
	CPL C	B3H	(CY)	√				1	1
	CPL bit	B2H bit	bit←(bit)					2	1
	JC rel	40H rel	若(CY)=1,则转移					2	2
	JNC rel	50H rel	若(CY)=0,则转移					2	2
	JB bit,rel	20H bit rel	若(bit)=1,则转移					3	2
	JNB bit,rel	30H bit rel	若(bit)=0,则转移					3	2
	JBC bit,rel	10H bit rel	若(bit)=1,则转移,且 bit←0					3	2

说明：①表中，对标志位的影响处空白表示对标志位没有影响，如果标"√"表示有影响，而且要根据实际情况赋值；②表中"rrr"指代寄存器 R0～R7；③表中"i"指代该位可以为"0"或"1"

附录10：C51的基本数据类型

数据类型		位数	字节数	值域范围
字符型（char）	signed char	8	1	$-128 \sim 127$
	unsigned char	8	1	$0 \sim 255$
整型（int）	signed int	16	2	$-32768 \sim 32767$
	unsigned int	16	2	$0 \sim 65535$
长整型（long）	signed long	32	4	$-2147483648 \sim 2147483647$
	unsigned long	32	4	$0 \sim 4294967295$
浮点型（float）	float	32	4	$\pm 1.175494E-38 \sim \pm 3.402823E+38$
	double	32	4	$\pm 1.175494E-38 \sim \pm 3.402823E+38$
扩展型	sbit	1		0,1
	bit	1		0,1
	sfr16	16	2	$0 \sim 65535$
	sfr	8	1	$0 \sim 255$

主要参考文献

班晓娟,2021."健康中国"行动下的智慧医疗[J].工程科学学报,43(9):1137-1139.

卜伟海,夏志良,赵治国,等,2022.后摩尔时代集成电路产业技术的发展趋势[J].前瞻科技,1(3):20-41.

曹耀匀,孙祥铭,周静妍,等,2023.送药巡诊机器人的设计与实现[J].工业控制计算机,36(10):23-25.

陈桂林,王观武,胡健,等,2022.Chiplet封装结构与通信结构综述[J].计算机研究与发展,59(1):22-30.

陈真,王钊,2022.I/O接口综合设计实验[J].实验室研究与探索,41(8):149-152.

陈忠平,刘琼,2021.51单片机C语言程序设计经典实例[M].北京:电子工业出版社.

代浩岑,孙丹宁,赵文博,2021.工业机器人技术的发展与应用综述[J].新型工业化,11(4):5-6.

单春艳,杨维,耿翠博,2019.面向井下无人机自主飞行的人工路标辅助位姿估计方法[J].煤炭学报,44(S1):387-398.

邓中翰,2024.集成电路技术综述[J].集成电路与嵌入式系统,24(1):1-12.

丁飞,张楠,李升波,等,2022.智能网联车路云协同系统架构与关键技术研究综述[J].自动化学报,48(12):2863-2885.

丁颖,季鹏飞,2023.国内外MCU行业技术与市场分析[J].中国集成电路,32(11):22-27.

董炳艳,张自强,徐兰军,等,2020.智能应急救援装备研究现状与发展趋势[J].机械工程学报,56(11):1-25.

董嗣万,佟星元,2020.高速中高精度奈奎斯特采样ADC结构综述[J].西安邮电大学学报,25(4):19-23.

窦珊,张广宇,熊智华,等,2019.基于多源数据融合的化工园区危险态势感知[J].化工学报,70(2):460-466.

傅耀威,丁莹,薛堪豪,等,2021.非易失半导体存储器技术发展状况浅析[J].科技中国(4):38-40.

高剑刚,胡晋,龚道永,等,2021.神威太湖之光可靠性及可用性设计与分析[J].计算机研究与发展,58(12):2696-2707.

高晓雷,张宇,郭睿,2021.核心舱机械臂托举航天员顺利完成出舱任务[J].国际太空(7):12-13.

苟尤钊,季雪庭,叶盈如,等,2023.元宇宙技术体系构建与展望[J].电子科技大学学报,52(1):74-84.

何宾,2022.微型计算机系统原理及应用:国产龙芯处理器的软件和硬件集成·基础篇[M].北京:电子工业出版社.

何立民,2019.边缘计算与嵌入式系统新使命[J].单片机与嵌入式系统应用,19(6):4.

胡慧娟,王明帮,雷崎方,等,2024.数字孪生医院:改变医疗的未来[J].生物医学工程学杂志,41(2):376-382.

黄庆桥,兰妙苗,黄蕾宇,2024.中国数字技术开源开放生态面临的问题与对策研究[J].科学技术哲学研究,41(1):95-102.

纪守领,王琴应,陈安莹,等,2023.开源软件供应链安全研究综述[J].软件学报,34(3):1330-1364.

江之行,席悦,唐建石,等,2024.忆阻器及其存算一体应用研究进展[J].科技导报,42(2):31-49.

金钟,陆忠华,李会元,等,2019.高性能计算之源起:科学计算的应用现状及发展思考[J].中国科学院院刊(6):15.

孔祥溢,姜鸿南,方仪,等,2023.元宇宙在医学领域的应用现状与前景展望[J].医学信息学杂志,44(4):2-11.

雷江峰,2021.国产32位MCU的爆发与展望[J].单片机与嵌入式系统应用,21(11):6.

李冲,2021.超强大脑:洋山四期自动化码头[J].华东科技(7):38-41.

李国杰,2019.序言:发展高性能计算需要思考的几个战略性问题[J].中国科学院院刊(6):4.

李培,2022.以创造性思维培养为导向的C语言课程教学实践探索[J].计算机教育(3):162-165.

李雪,房善想,陈爽,等,2019.软体机械手研究现状及其应用[J].制造业自动化,41(5):85-92.

栗学磊,朱效民,魏彦杰,等,2020.神威太湖之光加速计算在脑神经网络模拟中的应用[J].计算机学报,43(6):1025-1037.

蔺智挺,徐田,童忠瑱,等,2022.基于静态随机存取存储器的存内计算研究进展[J].电子与信息学报,44(11):4041-4057.

刘彬徽,2022.曾侯乙编钟文化源流新识[J].江汉考古(5):142-144.

刘鼎,葛颖恩,孙金余,等,2020.海关智慧监管点设置研究:以上海洋山港全自动化码头为例[J].价值工程,39(17):208-211.

刘家红,李小华,2023.医疗健康元宇宙:技术与应用[J].数据通信(5):48-54.

刘鑫妍,刘廷卓,张馨艺,等,2024.老年髋部骨折多学科共同管理模式在我国县级医院实施的初步探讨[J].创伤外科杂志,26(2):143-147.

刘亚男,丛杉,2018.可穿戴技术在人体健康监测中的应用进展[J].纺织学报,39(10):175-179.

刘兆瑜,王春彦,张臻,等,2020.微机原理与接口技术[M].北京:电子工业出版社.

卢经纬,郭超,戴星原,等,2023.问答ChatGPT之后:超大预训练模型的机遇和挑战[J].自动化学报,49(4):705-717.

主要参考文献

陆波,刘会聪,侯诚,等,2023.手术机器人智能化视触感知与自主化操作技术的发展与应用综述[J].机械设计与制造工程,52(2):1-8.

吕彦杰,2022.化工企业火灾爆炸事故特性及对策建议[J].消防科学与技术,41(6):856-859.

栾宪超,常健,王聪,等,2022.主动关节履带式蛇形救援机器人结构参数多目标优化设计[J].机器人,44(3):267-280.

彭向阳,易琳,钱金菊,等,2020.大型无人直升机电力线路巡检系统实用化[J].高电压技术,46(2):384-396.

乔大勇,苑伟政,任勇,2023.MEMS激光雷达综述[J].微电子学与计算机,40(1):41-49.

秦江涛,王继荣,肖一浩,等,2022.人工智能在医学领域的应用综述[J].中国医学物理学杂志,39(12):1574-1578.

邱赐云,李礼,张欢,等,2018.大数据时代:从冯·诺依曼到计算存储融合[J].计算机科学,45(2):71-75.

邱俊,杨光华,李璟,等,2023.光刻对准关键技术的发展与挑战[J].光学学报,43(19):9-31.

饶文利,2021.室内三维定位分类、方法、技术综述[J].测绘与空间地理信息,44(3):164-169.

史力,赵加清,刘兵,等,2021.高温气冷堆关键材料技术发展战略[J].清华大学学报(自然科学版),61(4):270-278.

苏诺雅,2021.中国超算技术赶超发展模式探析[J].国防科技大学学报,43(3):86-97.

谭久彬,2023.超精密测量是支撑光刻机技术发展的基石[J].仪器仪表学报,44(3):1-7.

汤海波,吴宇,张述泉,等,2019.高性能大型金属构件激光增材制造技术研究现状与发展趋势[J].精密成形工程,11(4):58-63.

佟晓娜,陈祥发,权海洋,2018.数模转换器结构设计综述[J].西安邮电大学学报,23(6):31-36.

王波,2016.我国全超导托卡马克核聚变实验装置获重大突破[J].能源研究与信息,32(1):60.

王国法,2022.煤矿智能化最新技术进展与问题探讨[J].煤炭科学技术,50(1):1-27.

王李冬,安康,徐玮,2018.单片机与物联网技术应用实践教程[M].北京:机械工出版社.

王乃钰,叶育鑫,刘露,等,2021.基于深度学习的语言模型研究进展[J].软件学报,32(4):1082-1115.

王朋,郝伟龙,倪翠,等,2024.视觉SLAM方法综述[J].北京航空航天大学学报,50(2):359-367.

王天驰,罗炜松,孙强,等,2023.基于SLAM技术的巡诊送药竞赛机器人[J].机械工程与自动化(1):52-55.

王卫星,邓小玲,孙道宗,等,2019.单片机原理与开发技术[M].北京:中国水利水电出版社.

王文喜,周芳,万月亮,等,2022.元宇宙技术综述[J].工程科学学报,44(4):744-756.

王岩,金鑫,俞迎辉,2021.洋山四期自动化码头 AGV 在悬臂箱区交互作业设计[J].水运工程(7):72-75.

王叶兵,2019.锶原子光钟的研制和评估[D].北京:中国科学院大学.

王莹,伍盈欣,高天,等,2024.开源软件库生态治理技术研究综述:二十年进展[J].软件学报,35(2):629-674.

王志强,伍胜,肖国强,等,2022.开源许可证合规性研究[J].软件学报,33(8):3035-3058.

谢东,王嘉寅,2024.4K 超高清转播车音频系统设计思路及应用案例[J].广播与电视技术,51(3):80-85.

徐艳茹,刘继安,解壁伟,等,2023.科教融合培养关键核心技术人才的理路与机制:OOICCI 芯片人才培养方案解析[J].高等工程教育研究(1):20-26.

姚鹏,宋昌明,胡杨,等,2022.高算力芯片未来技术发展途径[J].前瞻科技,1(3):115-129.

姚宇豪,姜梅,2023.低功耗 SAR ADC 的高性能比较器综述[J].微电子学,53(3):492-499.

易芝玲,王森,韩双锋,等,2020.从 5G 到 6G 的思考:需求、挑战与技术发展趋势[J].北京邮电大学学报,43(2):1-9.

印健健,2021.基于 DAC0832 数/模转换电路的仿真设计[J].电子制作(17):72-73.

袁国兴,张云泉,袁良,2021 年中国高性能计算机发展现状分析[J].计算机工程与科学,43(12):2091-2097.

张海宾,2019.无人机遥感技术在现代矿山测量中的应用探讨[J].世界有色金属(6):44-46.

张佳明,王文瑞,孙浩,等,2024.基于 Proteus 仿真的微机原理与应用研究性实验教学项目设计[J].机械设计与制造(4):264-267.

张建文,王佳录,丛晓明,等,2021.基于事故因果分析的化工园区脆弱性识别[J].北京化工大学学报(自然科学版),48(1):9-16.

张乾君,2023.AI 大模型发展综述[J].通信技术,56(3):255-262.

张昕怡,2023.基于智能控制技术的曾侯乙编钟键盘化演奏系统设计[J].无线互联科技,20(19):34-36.

郑峰,2020."5G+L4"重卡智能驾驶商业落地先行者[J].上海信息化(11):22-24.

周润景,丁岩,2017.单片机技术及应用[M].北京:电子工业出版社.

周子洪,周志斌,张于扬,等,2020.人工智能赋能数字创意设计:进展与趋势[J].计算机集成制造系统,26(10):2603-2614.

朱贻玮,2016.集成电路产业 50 年回眸[M].北京:电子工业出版社.

BAI L, YANG J, CHEN X, et al., 2019. Medical robotics in bone fracture reduction surgery:a review[J]. Sensors,19(16):3593.

CHEN M, MIAO Y, HAO Y, et al., 2017. Narrow band Internet of things[J]. IEEE Access(5):20557-20577.

主要参考文献

COLWELL R,2021. The origin of Intel's Micro - Ops[J]. IEEE Micro,41(6):37 - 41.

DILUOFFO V,MICHALSON W R,SUNAR B,2018. Robot operating system 2: the need for a holistic security approach to robotic architectures[J]. International Journal of Advanced Robotic Systems,15(3):1 - 15.

JOZEFOWICZ R,ZAREMBA W,SUTSKEVER I,2015. An empirical exploration of recurrent network architectures[C]. Lille:Proceedings of the 32nd International Conference on Machine Learning,37:2342 - 2350.

MONTUSCHI P,CHANG Y H,Piuri V,2023. In - memory computing: The emerging computing topic in the post - von Neumann era[J]. Computer(10):4 - 6.

RANJAN A,RASTOGI V,VENTZEK P,2017. Challenges for Etch technology and the integration of new channel materials beyond 7 nm[J]. Ecs Transactions,77(6):67 - 73.

SAAD W,BENNIS M,CHEN M,2020. A vision of 6G wireless systems:applications, trends,technologies,and open research problems[J]. IEEE Network,34(3):134 - 142.

SEBASTIAN A,LE GALLO M,KHADDAM - ALJAMEH R,et al.,2020. Memory devices and applications for in - memory computing[J]. Nature Nanotechnology,15(1):529 - 544.

VASWANI A,SHAZEER N,PARMAR N,et al.,2017. Attention is all you need[J]. Advances in Neural Information Processing Systems,:6000 - 6010.

WALKER J,ZIDEK T,HARBEL C,et al.,2020. Soft robotics:a review of recent developments of pneumatic soft actuators[J]. Actuators,9(1):3.

WANG Y,GUO S,XIAO N,et al.,2019. Surgeons' operation skill - based control srategy and preliminary evaluation for a vascular interventional surgical robot[J]. Journal of Medical and Biological Engineering,39(1):653 - 664.

XIONG Y,CHEN S,QIN H. et al.,2020. Distributed representation and one - hot representation fusion with gated network for clinical semantic textual similarity[J]. BMC Med Inform Decis Mak,20(1):72.